全国技工院校“十二五”系列规划教材

中国机械工业教育协会推荐教材

焊接工艺与技能训练

（任务驱动模式）

主　编　姜　波　王　存

副主编　侯广斌　金海阔　夏志强

参　编　徐明亮　吴　广　郄恒昌

　　　　张文举　曲英良　张凤梅

机械工业出版社

本教材将技能训练和相关知识紧密结合，按照任务驱动模式组织编写。在本教材编写过程中，按照知识目标和技能目标设计相应的教学模块和工作任务，将知识和技能融入任务中。全书共分7个单元，主要介绍了焊条电弧焊、气体保护焊、气焊与气割、埋弧焊以及其他焊接方法与技术等内容。

本教材可供技工院校、职业技术院校的焊接专业师生使用，也可供相关的工程技术人员使用。

图书在版编目（CIP）数据

焊接工艺与技能训练：任务驱动模式/姜波，王存主编. —北京：机械工业出版社，2014.7(2023.8 重印)

全国技工院校“十二五”系列规划教材

ISBN 978-7-111-47273-5

Ⅰ.①焊…　Ⅱ.①姜…②王…　Ⅲ.①焊接工艺-技工学校-教材　Ⅳ.①TG44

中国版本图书馆 CIP 数据核字（2014）第 148076 号

机械工业出版社（北京市百万庄大街 22 号　邮政编码 100037）

策划编辑：侯宪国　责任编辑：侯宪国　版式设计：赵颖喆

责任校对：张玉琴　封面设计：张　静　责任印制：郜　敏

北京富资园科技发展有限公司印刷

2023 年 8 月第 1 版第 6 次印刷

184mm×260mm · 19.5 印张 · 470 千字

标准书号：ISBN 978-7-111-47273-5

定价：45.00 元

凡购本书，如有缺页、倒页、脱页，由本社发行部调换

电话服务

服务咨询热线：010-88379833

读者购书热线：010-88379649

网络服务

机 工 官 网：www.cmpbook.com

机 工 官 博：weibo.com/cmp1952

教育服务网：www.cmpedu.com

金　书　网：www.golden-book.com

全国技工院校“十二五”系列规划教材
编审委员会

序

“十二五”期间，加速转变生产方式、调整产业结构将是我国国民经济和社会发展的重中之重。而要完成这种转变和调整，就必须有一大批高素质的技能型人才作为后盾。根据《国家中长期人才发展规划纲要（2010—2020年）》的要求，至2020年，我国高技能人才占技能劳动者的比例将由2008年的24.4%上升到28%（目前一些经济发达国家的这个比例已达到40%）。可以预见，作为高技能人才培养重要组成部分的高级技工教育，在未来的10年必将会迎来一个高速发展的黄金期。近几年来，各职业院校都在积极开展高级工培养的试点工作，并取得了较好的效果。但由于起步较晚，课程体系、教学模式都还有待完善与提高，教材建设也相对滞后，至今还没有一套适合高级技工教育快速发展需要的成体系、高质量的教材。即使一些专业（工种）有高级工教材也不是很完善，或是内容陈旧、实用性不强，或是形式单一、无法突出高技能人才培养的特色，更没有形成合理的体系。因此，开发一套体系完整、特色鲜明、适合理论实践一体化教学、反映企业最新技术与工艺的高级工教材，就成为高级技工教育亟待解决的课题。

鉴于高级技工教材短缺的现状，机械工业出版社与中国机械工业教育协会从2010年10月开始，组织相关人员，采用走访、问卷调查、座谈等方式，对全国有代表性的机电行业企业、部分省市的职业院校进行了历时6个月的深入调研。对目前企业对高级工的知识、技能要求，各学校高级工教育教学现状、教学和课程改革情况以及对教材的需求等有了比较清晰的认识。在此基础上，他们紧紧依托行业优势，以为企业输送满足其岗位需求的合格人才为最终目标，组织了行业和技能教育方面的专家精心规划了教材书目，对编写内容、编写模式等进行了深入探讨，形成了本系列教材的基本编写框架。为保证教材的编写质量、编写队伍的专业性和权威性，2011年5月，他们面向全国技工院校公开征稿，共收到来自全国22个省（直辖市）的110多所学校的600多份申报材料。组织专家对作者及教材编写大纲进行了严格的评审后，决定首批启动编写机械加工制造类专业、电工电子类专业、汽车检测与维修专业、计算机技术相关专业教材以及部分公共基础课教材等，共计80余种。

本系列教材的编写指导思想明确，坚持以达到国家职业技能鉴定标准和就业能力为目标，以各专业的工作内容为主线，以工作任务为引领，由浅入深，循序渐进，精简理论，突出核心技能与实操能力，使理论与实践融为一体，充分体现“教、学、做合一”的教学思想，致力于构建符合当前教学改革方向的，以培养应用型、技术型、创新型人才为目标的教材体系。

本系列教材重点突出了如下三个特色：一是“新”字当头，即体系新、模式新、内容新。体系新是把教材以学科体系为主转变为以专业技术体系为主；模式新是把教材传统章节模式转变为以工作过程的项目为主；内容新是教材充分反映了新材料、新工艺、新技术、新方法。二是注重科学性。教材从体系、模式到内容符合教学规律，符合国内外制造技术水平实际情况。在具体任务和实例的选取上，突出先进性、实用性和典型性，便于组织教学，以提高学生的学习效率。三是体现普适性。由于当前高级工生源既有中职毕业生，又有高中生，各自学制也不同，还要考虑到在职人群，教材内容安排上尽量照顾到了不同的求学者，适用面比较广泛。

此外，本系列教材还配备了电子教学课件，以及相应的习题集，实验、实习教程，现场操作视频等，初步实现教材的立体化。

我相信，本系列教材的出版，对深化职业技术教育改革，提高高级工培养的质量，都会起到积极的作用。在此，我谨向各位作者和所在单位及为这套教材出力的学者表示衷心的感谢。

原机械工业部教育司副司长

中国机械工业教育协会高级顾问

郝广发

前言

本教材是根据近年来职业院校教学改革需要，为满足理实一体化教学对教材建设的要求而编写的。本书以国家职业标准为根本依据，以达到国家职业技能鉴定标准和就业能力为目标，以各种焊接方法与设备为主线，贯彻“注重素质，理论够用，突出技能”的职业教育教学原则，突出核心技能与实操能力，较好地处理了理论教学与技能训练的关系，充分体现了“教、学、做合一”的教学思想。

本教材以教学任务为单位，每个教学任务主要包含了任务描述、任务分析、相关知识、任务准备、任务实施、检查评议、问题及防治、扩展知识和考证要点9方面内容，同时根据具体情况设计穿插了一些小栏目（如提示、小知识等）。

本教材主要讲述各种常用焊接方法的原理、特点、相应设备及工艺等知识，以及常用焊接方法的操作技术，并对焊接方法的新发展作了介绍。本书共7个单元。

本教材由黑龙江技师学院姜波和石家庄机械技工学校王存任主编，黑龙江技师学院侯广斌，辽宁冶金职业技术学院金海阔、夏志强任副主编，徐明亮、吴广、郄恒昌、张文举、曲英良和张凤梅参加编写，全书由姜波进行统稿。

本教材在编写过程中，参阅了许多相关教材和资料，充分吸收了职业院校近年来的教学改革经验，在此谨向所有参考资料的作者及所有支持帮助本书编写的人们表示衷心的感谢。

由于编者水平有限，书中难免存在疏漏及不妥，敬请读者批评指正。

编　者

目 录

绪　论

0

一、焊接的定义及分类

1. 焊接的定义

在实际生产中，常常需要将两个或两个以上的零件按照一定的形式和位置连接起来。连接的类型比较多，按拆开连接时零件有无损坏，可分为可拆连接和不可拆连接。在拆开连接时不损坏任何零件的连接称为可拆连接，又称为临时连接，如键、螺栓联接等，如图0-1所示。

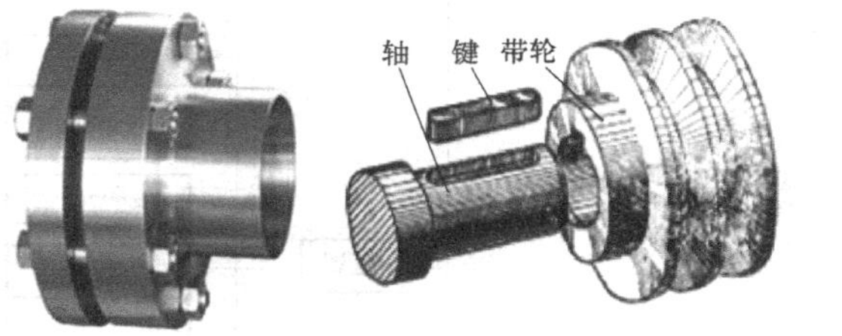

a)　　b)

图0-1　可拆连接

a）螺栓联接　b）键联接

如果不损伤组成零件就不能拆开的连接称为不可拆连接，又称为永久连接，如焊接、铆接等，如图0-2所示。

a)　　b)

图0-2　不可拆连接

a）焊接　b）铆接

目前，焊接是一种应用极为广泛的不可拆连接方法。焊接是指通过加热或加压，或两者并用，并且用或不用填充材料，使焊件达到原子间结合。

焊接不仅可以实现金属材料之间的连接，而且可以实现某些非金属材料之间或金属材料与非金属材料之间的永久性连接。因为金属材料的连接在现代工业中具有重要的实际意义，所以焊接主要用于金属材料之间的连接。

2. 焊接方法的分类

按照金属在焊接过程中所处的状态及工艺特点的不同，可以把金属的焊接方法分为熔焊、压焊和钎焊三大类，每大类又可按不同的方法细分为若干小类，如图 0-3 所示。

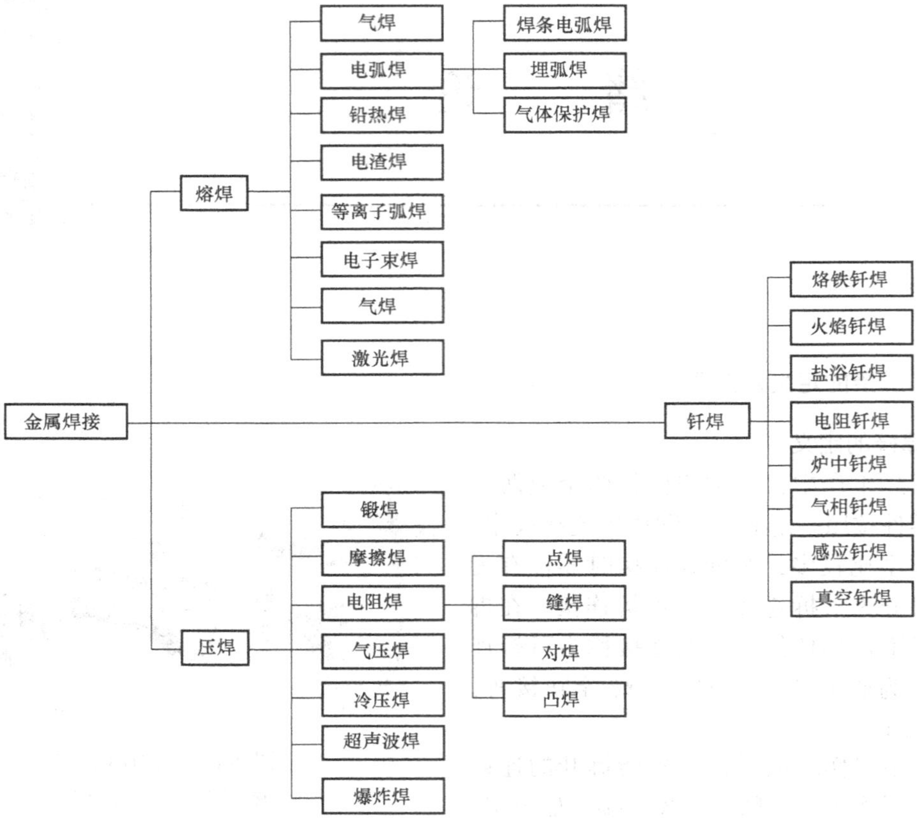

图 0-3　焊接方法的分类

（1）熔焊　熔焊是在焊接过程中，将焊件接头加热至熔化状态，不加压完成焊接的方法。实现熔焊的关键是要有一个能量集中、温度足够高的局部热源。若温度不够高，则无法使材料熔化；若能量集中程度不够，则会加大热作用区的范围，白白地增加能量损耗。常见的气焊、电弧焊、电渣焊、气体保护焊等都属于熔焊。

在熔焊时，为了防止局部熔化的高温焊缝金属与空气接触而造成接头性能恶化，在整个熔焊过程中都必须对有效的焊接区进行保护。保护的方法通常有真空焊接、气体保护和熔渣保护三种。因此，保护形式也常常是区分熔焊方法的另一个特征，如采用熔渣保护的埋弧焊、采用气体保护的气体保护焊、采用熔渣和气体联合保护的焊条电弧焊，以及在真空中焊接的真空电子束焊等。此外，电弧焊还以电极是否熔化分为熔化极电弧焊和非熔化极电弧焊两大类。

（2）压焊　压焊是在焊接过程中，必须对焊件施加一定的压力（加热或不加热），以完成焊接的方法。这种焊接方法有两种形式：一是将被焊金属的接触部分加热至塑性状态或局部熔化状态，然后施加一定的压力，以使金属原子间相互结合而形成牢固的不可拆连接接头，如锻焊、电阻焊、摩擦焊和气压焊等就是这种类型的压焊方法；二是不进行加热，仅在被焊金属的接触面上施加足够大的压力，借助于压力形成塑性变形，以使焊件的原子相互接近而获得牢固的不可拆连接的压挤接头，如冷压焊、爆炸焊等就是这种类型的压焊方法。

（3）钎焊　钎焊是采用比母材熔点低的金属材料作钎料，将焊件和钎料加热到高于钎料熔点、低于母材熔点的温度，利用液态钎料润湿母材，填充接头间隙，并与母材相互扩散，实现连接的方法。常见的钎焊方法有铬铁钎焊、火焰钎焊等。按钎料的熔点不同可以将钎焊为分硬钎焊（钎料熔点在450℃及以上）和软钎焊（钎料熔点在450℃以下）两类。

二、焊接技术的特点

作为金属结构的一种加工工艺方法，焊接与铆接、铸造等工艺方法相比，具有以下特点：

1. 焊接与铆接的比较

焊接与铆接相比，首先可以节省大量的金属材料，减少金属结构的质量。例如，起重机采用焊接结构与采用铆接结构相比，其质量可以减小15%～20%，建筑钢结构可以减小10%～20%。这是由于焊接结构的材料截面能得到充分的利用，而不必像铆接那样在被连接件上开铆钉孔，利用铆钉和辅助材料作为连接件连接金属结构。其次，焊接结构生产不需要钻孔，划线的工作量很小，简化了加工与装配的工序，因此，劳动生产率高。第三，焊接生产一般比铆接生产所需的大型设备（如多头钻床、空气压缩机等）的投资低。第四，焊接结构具有比铆接结构更好的密封性，这是压力容器特别是高温、高压容器不可缺少的性能。第五，焊接生产与铆接生产相比，具有劳动强度低、劳动条件好等优点。

2. 焊接与铸造的比较

焊接与铸造相比，首先它不需要制作模样和砂型，也不需要专门熔炼、浇注，工序简单，生产周期短，这在单件和小批量生产时特别明显。其次，焊接结构比铸件能节省材料。通常对于同一结构的工件来说，焊件质量比铸钢件质量小20%～30%，比铸铁件质量小50%～60%。这是由于焊接结构的截面可以按需要来选取，不必像铸件那样受工艺条件的限制而加大尺寸，且不需要采取过多的肋板和过大的圆角。第三，采用轧制材料的焊接结构质量一般比铸件好。即使不用轧制材料，用小铸件拼焊成大件，也比直接铸成的大件质量有保证。

另外，焊接具有一些其他工艺方法难以具有的优点，如可以根据受力情况和工作环境，在不同的结构部位可选用不同强度和不同耐磨、耐蚀、耐高温等性能的材料。

焊接也有一些缺点，如会产生焊接应力与变形，而焊接应力会削弱结构的承载能力，焊接变形会影响结构的形状和尺寸精度。另外，焊缝中还会存在一定形式的缺陷，焊接过程中也会产生有毒有害的物质等。这些都是焊接过程中需要注意的问题。

三、焊接技术发展概况

目前，焊接技术几乎取代了铆接，不少过去一直用整铸、整锻方法生产的大型毛坯也改成了焊接结构，大大简化了生产工艺，降低了成本。目前，世界各国年生产的焊接结构平均用钢量已占钢产量的45%左右。焊接之所以能迅速发展，是因为它本身具有以下特点。

1. 焊接结构生产容易实现高效益、低成本

1）焊接结构设计有很大的灵活性，可以充分运用现代的经济设计原理，促进新型结构的广泛使用。

2）节省材料，降低成本，在经济性方面有明显的优越性。

3）制造安装速度快，能适应迅速变化的市场需要。

2. 焊接结构安全可靠性得到信赖

1）焊接连接技术与焊接科学的形成，是多学科交融和相互渗透的结果。新材料的发展带来连接技术的新概念，促进新型焊接设备的发展，推动高新技术的应用，又促进了新材料的发展。

2）焊接冶金理论日益完善，在改进工程材料和完善配套的焊接材料方面，取得了显著的进展，可以保证焊接质量能完全满足产品的设计要求。

3）焊接结构理论的发展，使得设计更具有合理性，焊接结构能更好地满足设计要求，更适于承受疲劳载荷以及冲击和剧烈振动等工作条件。

4）对结构的设计、制造、安装和检验均已制定了可靠的质量控制标准，国际标准化组织（ISO）中专门主管焊接的委员会（ISO/TC 44）以及国际焊接学会（IIW）制定了相应的焊接标准。这些标准对焊接质量有了统一的控制，方便了用户的验收工作，从而更促进了焊接结构的广泛应用。

焊接技术的应用几乎涉及国民经济的各个领域，如图0-4所示。各种梁、柱、压力容器，以及汽车、人造卫星、航天飞机和空间站的主要部件的制造，广泛采用焊接技术。

a)　　　　b)

图0-4　焊接应用领域

a）建筑　b）船舶

四、焊接识图知识

1. 焊缝符号

在焊接装配图样上标注焊缝形式、焊缝尺寸及焊接方法的符号称为焊缝符号。焊缝符号的国家标准为GB/T 324—2008。焊缝符号一般包括基本符号、指引线、补充符号、尺寸符号及数据等。为了简化，在图样上标注焊缝时通常只采用基本符号和指引线，其他内容一般在有关的文件中明确。必要时还可以加上辅助符号、补充符号和焊缝尺寸符号。

（1）基本符号　基本符号是表示焊缝横截面形状的符号，见表0-1。

表0-1　基本符号

序号	名　称	示 意 图	符　号
1	卷边焊缝（卷边完全熔化）		八
2	I形焊缝		‖

（续）

序号	名　　称	示　意　图	符　　号
3	V 形焊缝		
4	单边 V 形焊缝		
5	带钝边 V 形焊缝		
6	带钝边单边 V 形焊缝		
7	带钝边 U 形焊缝		
8	带钝边 J 形焊缝		
9	封底焊缝	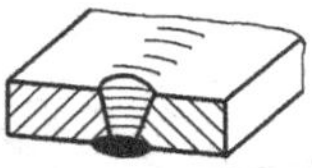	
10	角焊缝	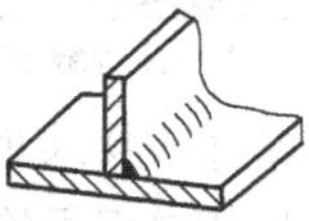	
11	塞焊缝或槽焊缝	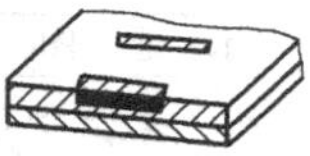	
12	点焊缝		
13	缝焊缝	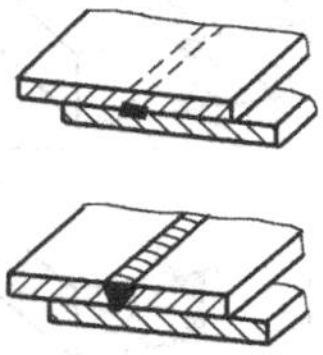	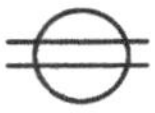
14	陡边 V 形焊缝	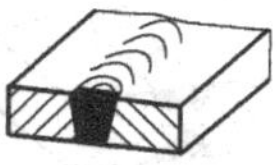	

（续）

序号	名　称	示 意 图	符　号
15	陡边单 V 形焊缝	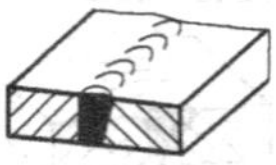	
16	端焊缝		
17	堆焊缝	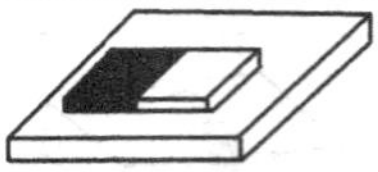	
18	平面连接(钎焊)	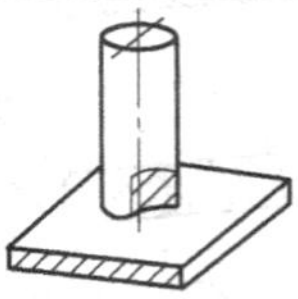 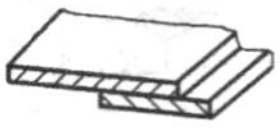	
19	斜面连接(钎焊)		
20	折叠连接(钎焊)		

注：不完全熔化的卷边焊缝用 I 形焊缝符号表示，并加注焊缝有效厚度 *S*。

（2）基本符号的组合　标注双面焊焊缝或接头时，基本符号可以组合使用，见表 0-2。

表 0-2　基本符号的组合

序号	名　称	示 意 图	符　号
1	双面 V 形焊缝(X 焊缝)	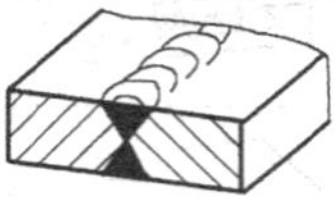	
2	双面单 V 形焊缝(K 焊缝)	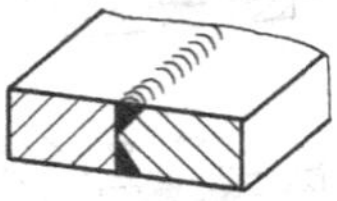	
3	带钝边的双面 V 形焊缝		
4	带钝边的双面单 V 形焊缝	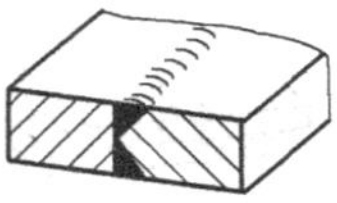	
5	双面 U 形焊缝		

3）补充符号。 补充符号是为了补充说明焊缝或接头的某些特征而采用的符号，见表0-3。

表 0-3 补充符号

序号	名　　称	符　　号	说　　明
1	平面	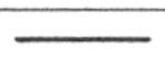	焊缝表面通常经过加工后平整
2	凹面		焊缝表面凹陷
3	凸面		焊缝表面凸起
4	圆滑过渡		焊趾处过渡圆滑
5	永久衬垫	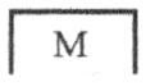	衬垫永久保留
6	临时衬垫	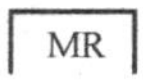	衬垫在焊接完成后拆除
7	三面焊缝		三面带有焊缝
8	周围焊缝		沿着工件周边施焊的焊缝 标注位置为基准线与箭头线的交点外
9	现场焊缝		在现场焊接的焊缝
10	尾部		可以表示所需的信息

补充符号的标注示例见表0-4。

表 0-4 补充符号的标注示例

示意图	标注示例	说　　明
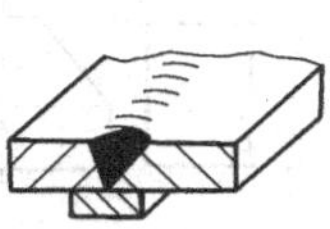	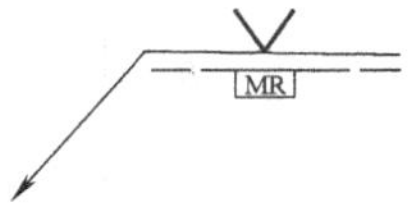	表示V形焊缝的背面底部有垫板
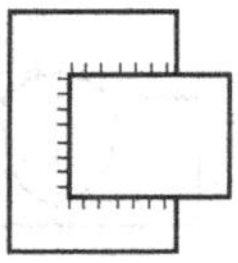	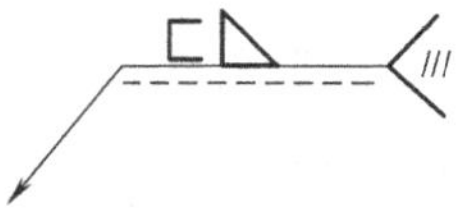	工件三面带有焊缝，焊接方法为手工电弧焊的角焊缝
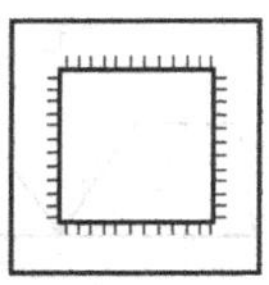	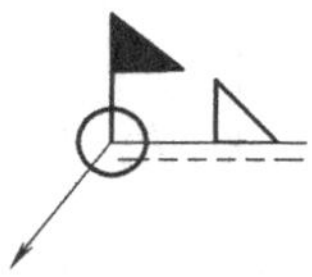	表示在现场沿工件周围施焊的角焊缝

4）焊缝尺寸符号。焊缝尺寸符号是表示坡口和焊缝特征尺寸的符号，见表0-5。

表 0-5　焊缝尺寸符号

符号	名称	示意图	符号	名称	示意图
δ	工件厚度	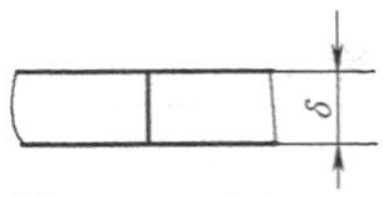	c	焊缝宽度	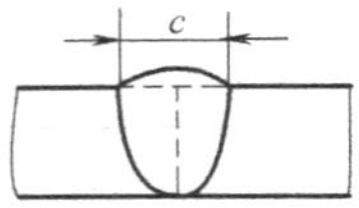
α	坡口角度	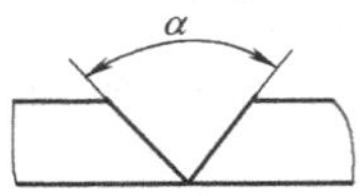	R	根部半径	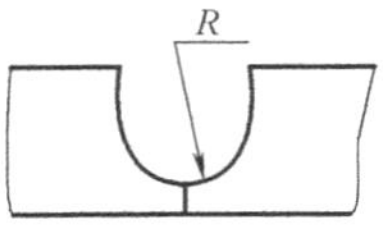
b	根部间隙	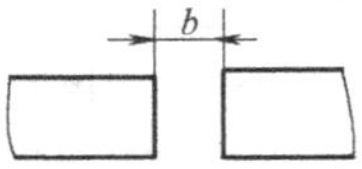	l	焊缝长度	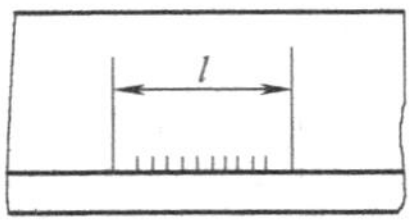
p	钝边	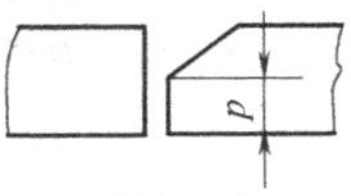	n	焊缝段数	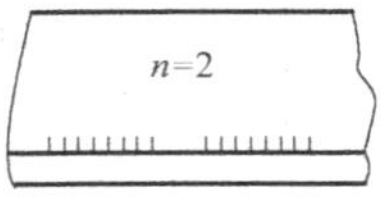
e	焊缝间距	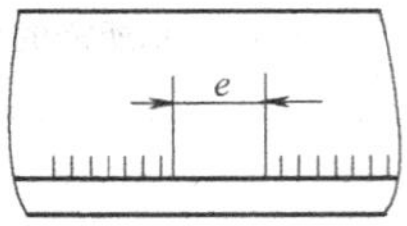	N	相同焊缝数量	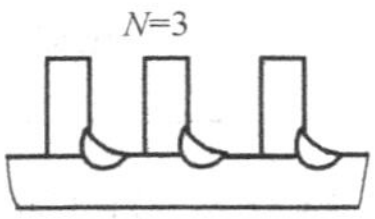
K	焊脚尺寸	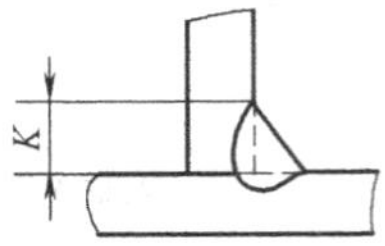	H	坡口深度	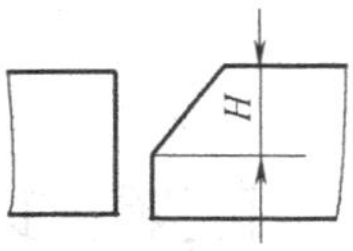
d	点焊：熔核直径 塞焊：孔径	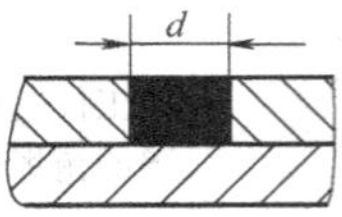	h	余高	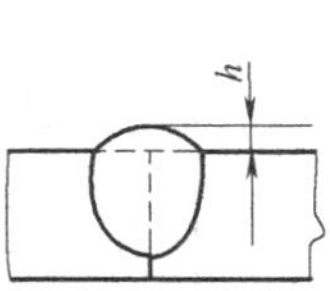
S	焊缝有效厚度	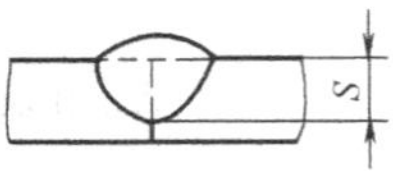	β	坡口面角度	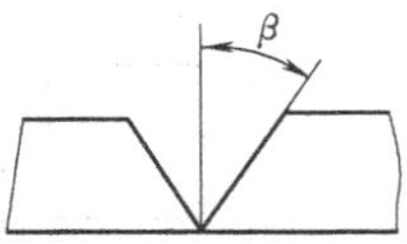

焊缝尺寸的标注示例见表 0-6。

表 0-6　焊缝尺寸的标注示例

序号	名称	示意图	焊缝尺寸符号	示例
1	对接焊缝	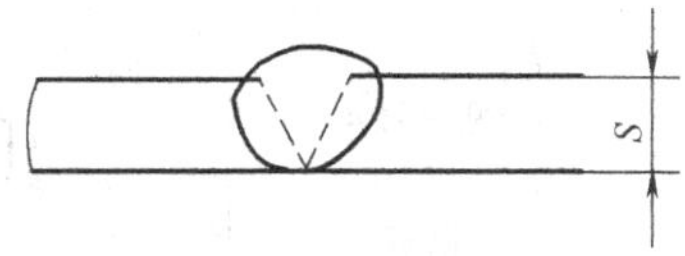	焊缝有效厚度 S	
		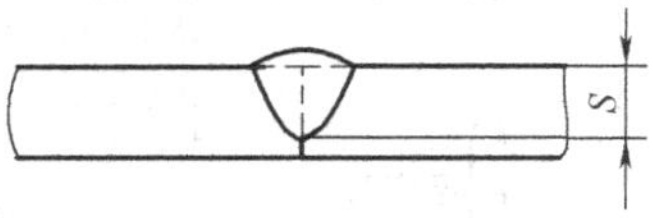		
		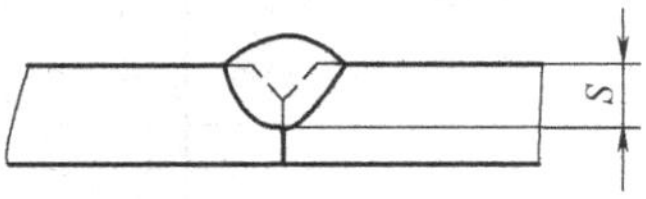		
2	卷边焊缝	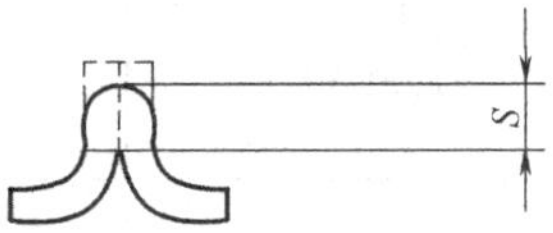	焊缝有效厚度 S	
		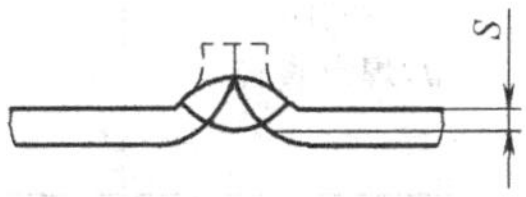		
3	连续角焊缝	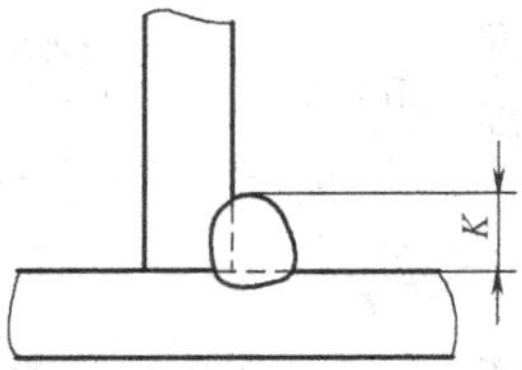	焊脚尺寸 K	
4	断续角焊缝	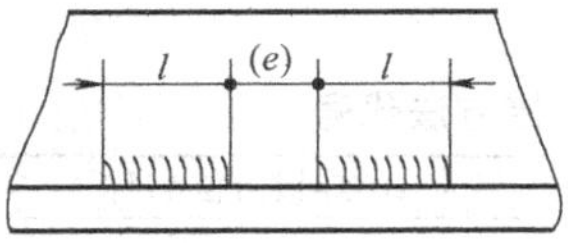	焊缝长度 l(不计弧坑) 焊缝间距 e 焊缝段数 n	
5	交错断续角焊缝	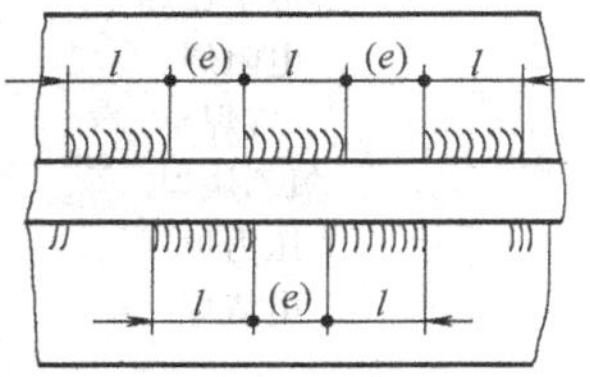	l, e, n }见序号 4 K:见序号 3	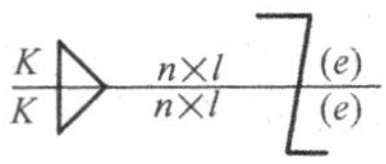

（续）

序号	名称	示意图	焊缝尺寸符号	示例
6	塞焊缝或槽焊缝	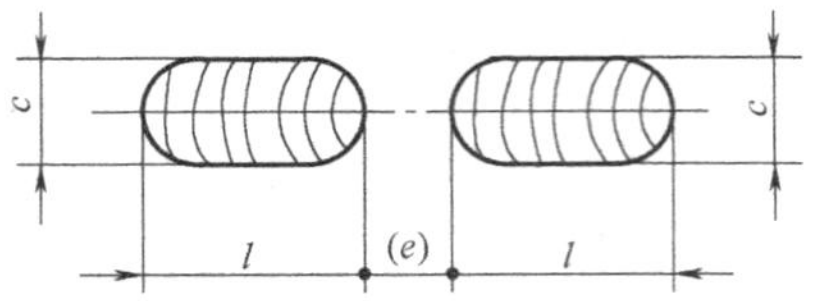	l、e、n 见序号 4 c：槽宽	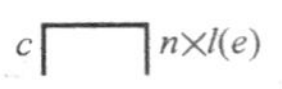
		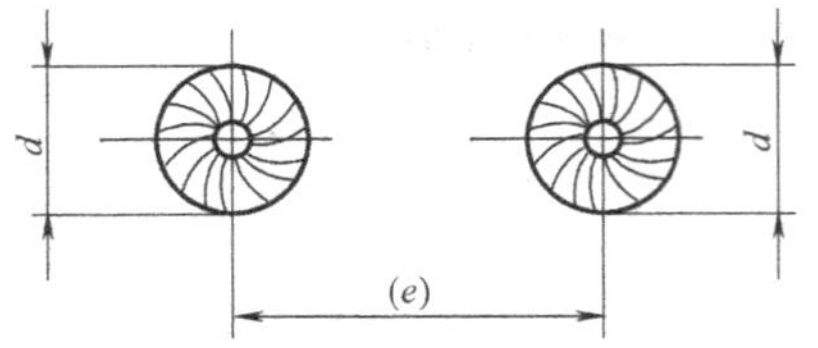	l、e、n 见序号 4 d：孔的直径	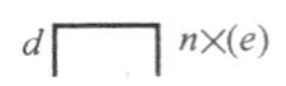
7	缝焊缝	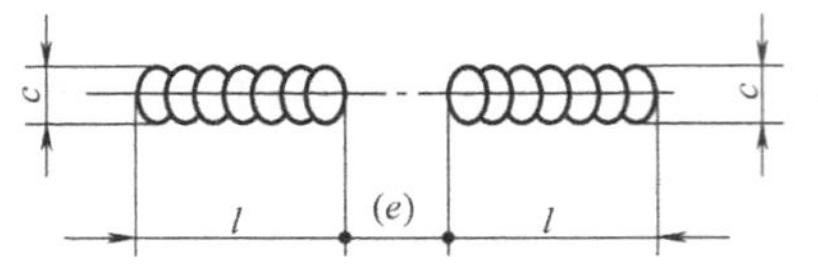	l、e、n 见序号 4 c：焊缝宽度	
8	点焊缝	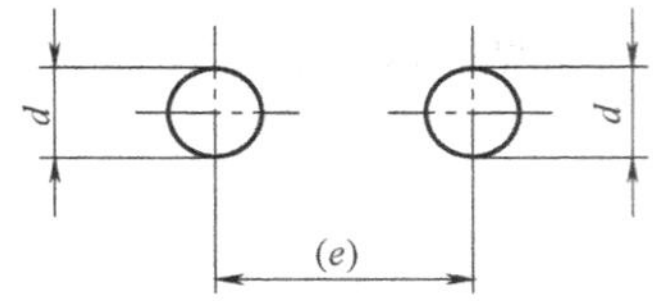	n：焊点数量 e：间距 d：焊点直径	

5）指引线。指引线一般由带箭头的箭头线和两条基准线（一条为实线，另一条为虚线）两部分组成，如图 0-5 所示，必要时可在基准线的实线末端加一尾部符号，用于其他说明（如焊接方法等）。

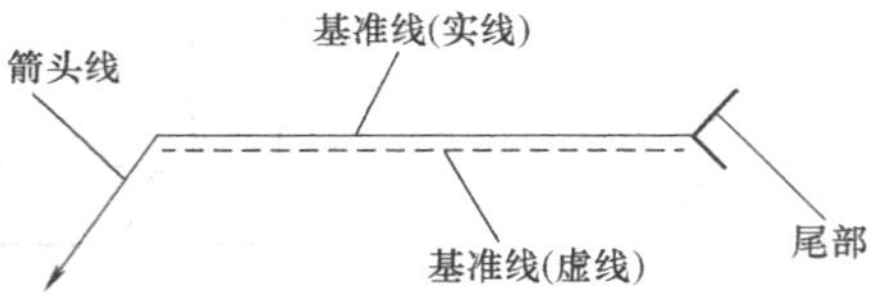

图 0-5　标注焊缝的指引线

2. 焊接方法代号

在焊接装配图样上，为了简化焊接方法的标注和说明，GB/T 5185—2005 中规定了 6 类 99 种焊接方法的代号。常用主要焊接方法的代号见表 0-7。

表 0-7　常用主要焊接方法代号

焊接方法名称	代号	焊接方法名称	代号
电弧焊	1	钨极惰性气体保护电弧焊（TIG 焊）	141
焊条电弧焊	111	等离子弧焊	15
埋弧焊	12	电阻焊	2
熔化极惰性气体保护电弧焊（MIG 焊）	131	气焊	3
熔化极非惰性气体保护电弧焊（MAG 焊）	135	氧乙炔焊	311
硬钎焊、软钎焊及钎接焊	9	压力焊	4
		电渣焊	72

五、焊缝符号和焊接方法代号在图样上的标注规定

焊缝符号和焊接方法代号（见表0-7）只有通过指引线，按照国家标准规定进行标注，才能准确无误地表示焊缝。

国家标准规定，箭头线相对于焊缝的位置一般没有特殊要求，但是在标注V、J形焊缝时，箭头线应指向带坡口一侧的工件。必要时，允许箭头线弯折一次，如图0-6所示。基准线的虚线可以画在基准线的实线上侧或下侧。基准线一般应与图样的底边平行，特殊情况下亦可与底边垂直。

如果焊缝在接头的箭头侧，则将基本符号标注在基准线的实线上，如图0-7a所示。如果焊缝在接头的非箭头侧，则将基本符号标注在基准线的虚线上，如图0-7b所示。标注对称焊缝及双面焊缝时，可不加虚线，如图0-7c、d所示。

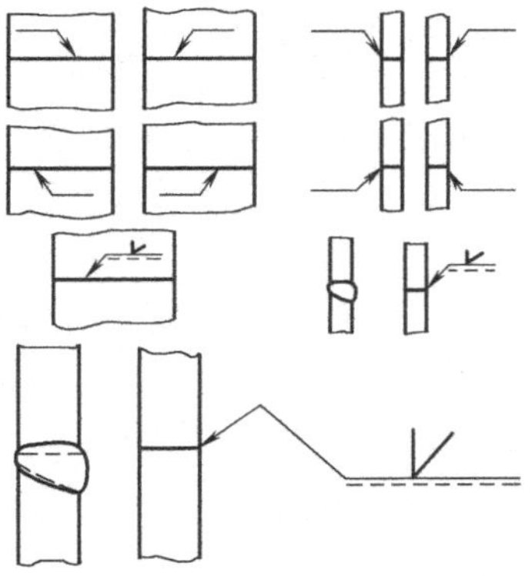

图0-6　箭头线的位置及弯折的箭头线

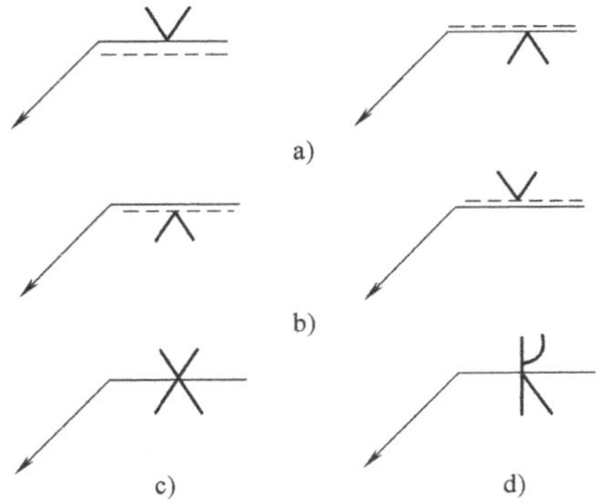

图0-7　基本符号相对基准线的位置
a）焊缝在接头的箭头侧　b）焊缝在接头的非箭头侧　c）对称焊缝　d）双面焊缝

此外，国家标准还规定，必要时基本符号可附带尺寸符号及数据，其标注原则如图0-8所示。

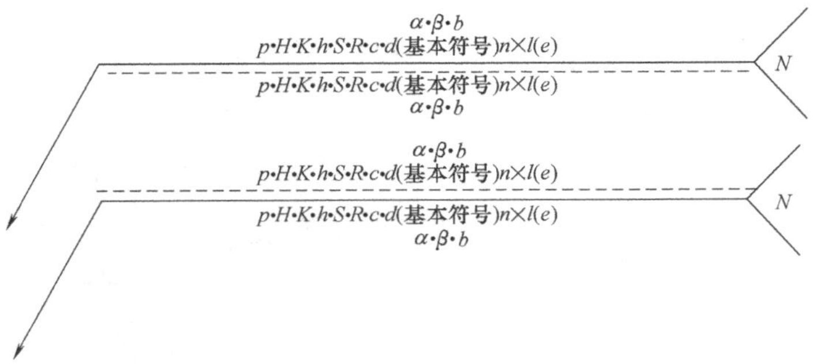

图0-8　焊缝尺寸的标注原则

这些原则如下：

1）焊缝横截面上的尺寸标注在基本符号的左侧。

2）焊缝长度方向的尺寸标注在基本符号的右侧。

3）坡口角度、坡口面角度、根部间隙等尺寸标注在基本符号的上侧或下侧。

4）相同焊缝数量符号标注在尾部。

5）当需要标注的尺寸较多，不易分辨时，可在尺寸数据前面增加相应的尺寸符号。

单元1　焊条电弧焊

1

知识目标：

1. 了解焊接操作手法及相关安全操作规程。
2. 了解焊条电弧焊的设备，焊接参数，焊条种类、特点及应用等。

技能目标：

如图1-1所示，熟悉并掌握平焊、立焊、横焊、仰焊等各种焊接位置焊条电弧焊单面焊双面成形的焊接技术。

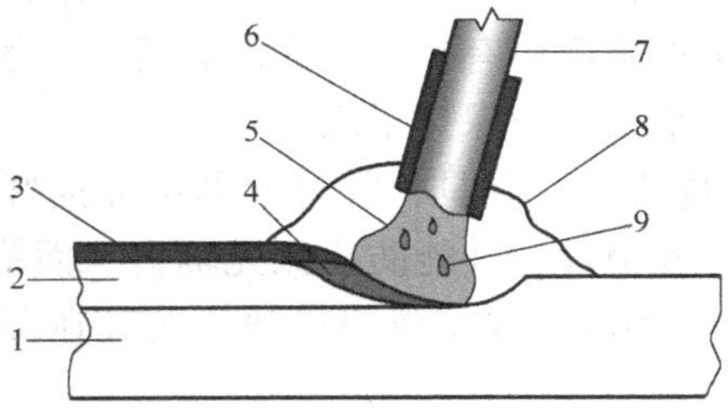

图1-1　焊条电弧焊示意图

1—母材　2—焊缝　3—熔渣　4—熔池　5—焊接电弧　6—药皮

7—焊芯　8—药皮熔化产生的气体　9—熔滴

任务1　平　敷　焊

任务描述

焊接操作一般包含引弧，运条，焊道的起头、接头和收尾等环节。本任务要完成引弧及平敷焊操作。平敷焊是在平焊位置上堆敷焊道的一种操作方法，是焊条电弧焊其他位置焊接操作的基础。学生可以通过引弧和平敷焊的练习，练好基本功，为今后焊接技能的提高打下坚实的基础。

任务分析

图1-2为平敷焊操作图。用什么方法引燃焊接电弧？焊条与工件之间的距离是多少？焊

条的运条方法是怎样形成的？想要知道以上问题的答案，就要熟悉平敷焊的操作方法。

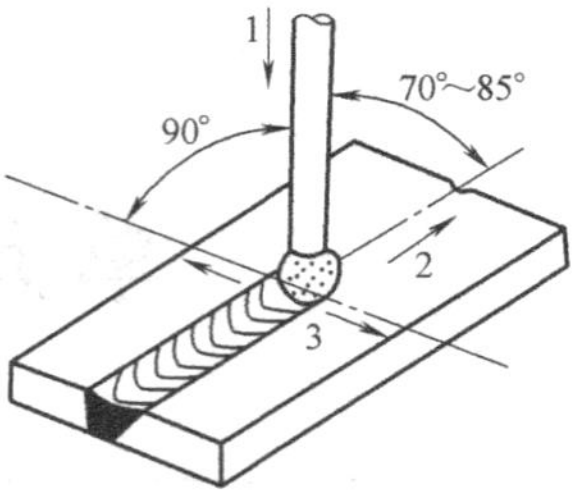

图 1-2　平敷焊操作图

相关知识

一、焊条电弧焊

1. 焊工安全操作规程

焊工操作时的劳动保护用品必须佩戴齐全，如图 1-3 所示。

图 1-3　焊工操作时劳动保护用品的佩戴

1）焊工在工作时必须穿戴规定的劳动保护用品。穿工作服时要把衣领和袖口扣好，不应将上衣扎在工作裤里边，工作服不应有破损、孔洞和缝隙，不允许穿粘有油脂或潮湿的工作服。焊工的工作服、手套、绝缘鞋应保持干燥。

2）在工作中，必须使用电焊护目面具，并将面部全部挡好，护目罩必须是用绝缘材料制成的，护目玻璃片必须是滤光镜片，并能防止弧光辐射，面罩不要漏光。

3）在工作中，不论站立或仰卧都要垫放绝缘垫，尤其在湿地上工作时，必须使用绝缘垫板（或干木板）。

4）在工作前要检查电焊线有无破裂处，工作时不得使电焊线落入水中；不准使用其他电缆线代替电焊线；在高处作业时，必须有安全防护措施并遵守《高处作业安全操作规程》的规定。

5）在工作时，要用遮光屏挡好，以免影响他人工作；工作完毕，必须将电源切断，停、送电时，必须戴防护手套，侧向拉闸。

6）严禁在易燃、易爆物品车间或场所进行焊接操作，必须在这些地方操作时，应通知消防部门和安全技术部门到现场检查，采取安全措施后方可焊接，易燃、易爆物品距离操作场地应不小于 10m；雨、雪天气禁止露天工作，在潮湿工作环境内焊接时，必须有防潮的可靠措施；禁止身穿湿衣服工作；在潮湿的场地工作时，应用干燥的木板或橡胶板等绝缘物作垫板。

7）在箱梁内作业时，电缆线的绝缘必须良好，防止触电，并要使用低压（12V 以下）手电灯。

8）在临时焊接处所作业时，不得将电缆线接头露在外面，当通过铁路、公路时，必须妥善地将线路加以掩盖保护。

9）严禁焊接内部有压力的容器；焊接锅炉等压力容器时，必须经有关部门批准后方方准施焊。

10）禁止带电移动焊机，严禁焊接带电设备。

11）焊接操作前应检查焊机电源线的绝缘是否良好，焊机应避雨雪、潮湿环境，放置在干燥处。电焊工作场地必须配备消防设施。

2. 焊条电弧焊的原理

焊条电弧焊也称为手工电弧焊，是工业生产中应用最广泛的焊接方法。焊条电弧焊的原理是，通过焊接电源在焊条与焊件间产生焊接电弧，在电弧高温作用下，焊芯端部熔化并过渡到工件表面，与工件局部熔化的母材金属形成熔池，焊条药皮在熔化过程中产生气体和熔渣，用于保护焊接区的电弧和熔池，同时与熔化的金属发生一系列的冶金反应，随着电弧以适当的电弧长度和焊接速度在焊件上向前移动，药皮熔化并冷却，产生熔渣来保护焊缝，熔池液态金属逐步冷却结晶，形成焊缝。

3. 焊条电弧焊的特点

焊条电弧焊具有以下优点：

（1）设备简单，而且成本低，维护方便　焊条电弧焊的直流焊机、交流焊机，其结构简单，设备轻便，有利于移动搬运，设备投资相对较少。

（2）工艺灵活，适应性强，并且具有较强的抗风能力　可以焊接各种形式的接头、各种厚度的焊件和各种位置的焊缝，焊接小件或复杂构件时更灵活。

（3）操作灵活，应用范围广　能够焊接大多数金属，如铸铁、高合金钢和有色金属。

（4）易于分散焊接应力和控制焊接变形　焊接是不均匀加热和冷却过程，容易产生焊接应力和发生焊接变形。焊工焊接时，应根据焊接应力与焊接变形的规律，调整焊接工艺，来减少焊接变形和改善焊接应力分布。

焊条电弧焊除有以上优点外，还具有以下不足：

（1）焊接生产率低，劳动强度大　受焊条长度的限制，不能连续焊接；焊接后需由焊工清理熔渣。

（2）对焊工操作技能要求水平高，焊工培训费用大　焊工培训时，需要大量的焊接材料和金属材料，包括焊条、板材和钢管，并需对金属材料进行剪切、矫正、坡口加工等；由于是手工操作，因此焊缝的质量在很大程度上依靠焊工的操作技术来保证。

（3）焊接时，焊工始终处于弧光辐射和有毒、有害气体的环境中　焊条电弧焊时会产生弧光，焊条熔化时会产生金属蒸气、HF、NO等有毒和有害气体。

二、弧焊电源的分类

（1）交流弧焊电源　亦称为交流弧焊变压器，是一种特殊的降压变压器。其特点是结构简单、成本低、维修方便，能减小磁偏吹，但是电弧的稳定性相对于其他弧焊电源差，主要应用于焊条电弧焊、氩弧焊、电渣焊和埋弧焊等焊接方法。

交流弧焊电源（弧焊变压器）的分类：

1）串联电抗器式弧焊变压器。按结构分为两种：同体式和分体式。

2）增强漏磁式弧焊变压器。按结构分为三种：动铁心式、动圈式和抽头式。

（2）直流弧焊电源　亦称为弧焊整流器，是将交流电经降压整流后，获得焊接所需要的直流电的设备。其特点是电弧燃烧稳定、电弧挺度好、飞溅小、噪声低、空载损耗小和维修方便等。直流弧焊电源（弧焊整流器）的分类：直流弧焊发电机（已逐渐被淘汰）、硅弧焊整流器、晶闸管弧焊整流器、晶体管弧焊整流器。

（3）脉冲弧焊电源　脉冲弧焊电源是通过可控的脉冲电流来进行焊接的。其特点是缺陷少、变形小，能控制焊件的热输入，主要用于焊接薄板和对热输入较敏感的金属材料。

（4）弧焊逆变器　弧焊逆变器将 IGBT 模块作为开关元件，采用脉宽调制技术实现电流控制。其特点是高效节能，引弧容易，电流调节方便，耐用性强，质量轻等，用于各种焊条电弧焊和氩弧焊等焊接设备。

三、弧焊电源型号

按《电焊机型号编制方法》（GB/T 10249—2010）规定：弧焊电源型号中的$\boxed{1}$、$\boxed{2}$、$\boxed{3}$、$\boxed{6}$各项用汉语拼音字母表示，$\boxed{4}$、$\boxed{5}$、$\boxed{7}$各项用阿拉伯数字表示；$\boxed{3}$、$\boxed{4}$、$\boxed{6}$、$\boxed{7}$项不用时，其他各项排紧。弧焊电源型号的编排次序及含义如下：

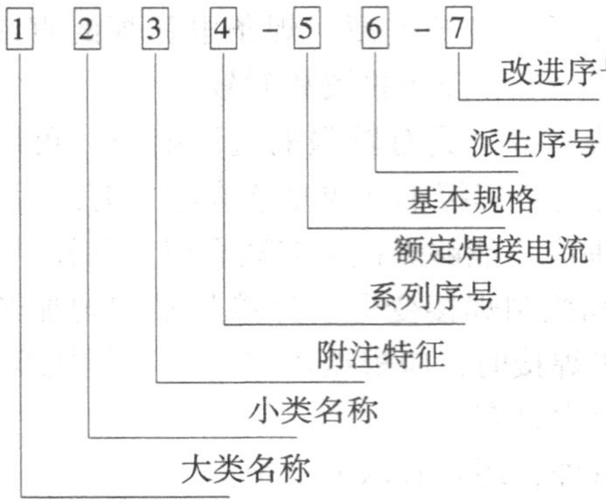

四、对弧焊电源的基础要求

1. 对弧焊电源外特性的要求

在电弧稳定燃烧的状态下，弧焊电源输出电压与输出电流之间的关系称为弧焊电源的外特性。用于表示弧焊电源输出电压与输出电流之间关系的曲线称为弧焊电源外特性曲线。弧焊电源的外特性基本上有三种类型：一是上升外特性，即随着输出电流的增加，输出电压降低；二是平外特性，即输出电流变化时，输出电压基本不变；三是下降外特性，即随着输出电流的增大，输出电压随之上升。弧焊电源外特性如图 1-4 所示，可在不同的焊接方法及工作条件下选用。对于焊条电弧焊来说，必须有下降的外特性，这样，不但能保证电弧稳定燃烧，而且能保证短路时不会因产生过大的短路电流而将焊机烧毁。

如果将焊接电弧的静特性曲线（在单元二任务二会详细介绍）与弧焊电源下降外特性曲线，按同一比例绘制在直角坐标系上，可得到两个交点 A 与 B，如图 1-5 所示。在这两个交点上，由于焊条电弧焊工作在电弧静特性的平特性区，因此 B 点是电弧工作的稳定燃烧点。所以，具有下降外特性的弧焊电源能够保证焊接电弧稳定燃烧。

在下降外特性中包括缓降的和陡降的，哪种最适合焊条电弧焊使用呢？如图 1-6 所示，将缓降外特性曲线与陡降外特性曲线绘制在同一坐标系中，L 表示正常焊接时的电弧静特性曲线，U 表示电弧正常燃烧时的电弧电压值，I 与 ΔI 分别表示陡降外特性和缓降外性的电流值，L_1、L_2 分别表示电弧伸长和电弧缩短时的电弧静特性曲线，焊接电流 I_1、I_2、ΔI_1、ΔI_2 分别表示电弧长度发生变化时的电流值。从图 1-6 中可以看出，当电弧拉长时，电弧电压值升高，电弧静特性曲线从 L 升到 L_1，电源外特性是不变的，陡降外特性的焊接电流从 I 减小到 I_1，焊接电流变化值不大；缓降外特性的焊接电流从 ΔI 减小到 ΔI_1，焊接电流值相对陡降外特性的焊接电流值变化大；当电弧长度缩短时，缓降外特性的焊接电流值比陡降外特性的焊接电流值变化大，焊接时容易造成焊件未焊透或烧穿；陡降外特性在焊接，电弧发生变化时，焊接电流值变化小，对焊接质量影响小。

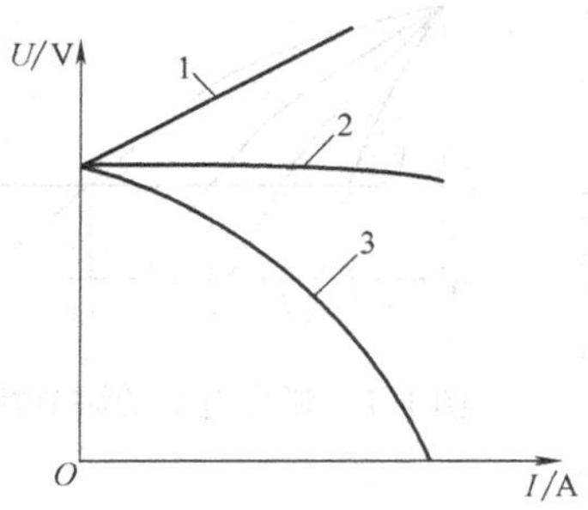

图 1-4 弧焊电源外特性

1—上升外特性 2—平外特性 3—下降外特性

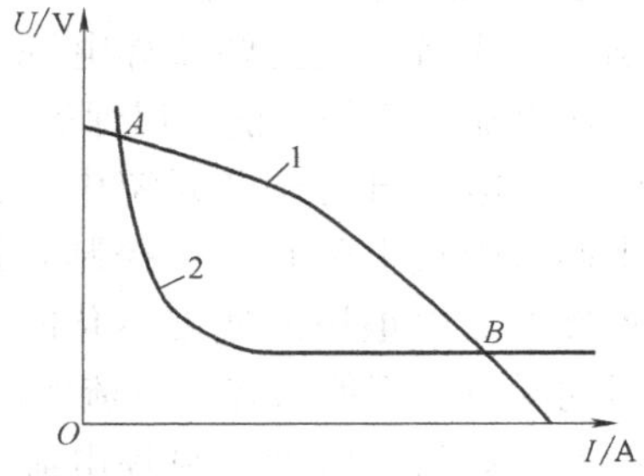

图 1-5 弧焊电源外特性与电弧静特性的关系

1—弧焊电源外特性 2—电弧静特性

综合上述讨论与分析，焊条电弧焊对电源的基本要求是具有陡降的外特性。

2. 对弧焊电源空载电压的要求

当焊机接通网络电压而输出端没有接负载时，焊接电流为零，此时输出端的电压称为空载电压。

为了保证焊接电弧容易引燃，弧焊电源必须有较高的空载电压。较高的空载电压有利于两个基本物理过程，即气体电离和电子发射，此时引弧容易，电弧燃烧稳定。可是，空载电压过高，使焊工的安全受到威胁；过高的空载电压，会增加焊机的制造成本。因此，在满足焊接工艺要求的前提下，空载电压应尽可能低一些。我国有关标准规定，弧焊整流器、弧焊变压器的空载电压一般在 80V 以下。

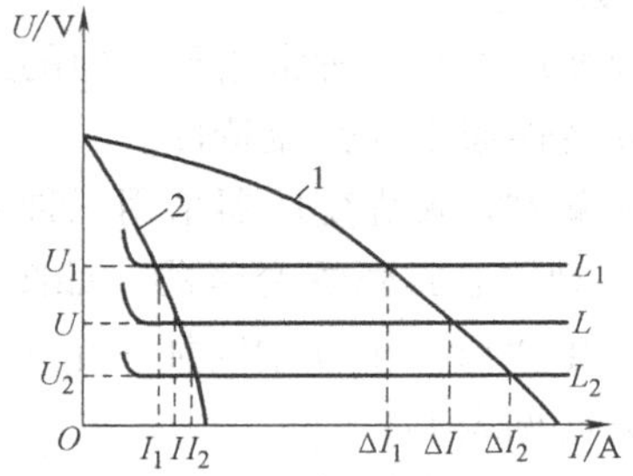

图 1-6 缓降外特性与陡降外特性对焊接电流的影响

1—缓降外特性曲线 2—陡降外特性曲线

3. 对弧焊电源短路电流的要求

在熔化极焊接方法中，当电极与母材短路时，电压瞬间为零，这时焊接电源输出的电流称为短路电流。在引弧和熔滴过渡时，经常发生短路。如果短路电流过大，就会增加电阻热，使焊条过热，药皮脱落，同时飞溅也增大，还会引起焊接电源过载，烧损焊接设备内部的绝缘层，造成焊接设备损坏或报废。如果短路电流太小，就会增加引弧的难度，同时也影响熔滴过渡，产生焊接缺陷。所以短路电流值应满足以下要求：

$$1.25 I_{工} < I_{短} < 2I_{工}$$

式中 $I_{短}$——短路电流（A）；

$I_{工}$——工作电流（A）。

4. 对弧焊电源调节特性的要求

为了完成焊接工作，应根据焊件及焊接材料、材料厚度、焊接位置选择焊接电流。不同的焊接电流，需要焊机具有很广的电流调节范围，也就是焊接电源应具有无数条电源外特性的曲线族，以在空载电压不变的情况下，获得对应的焊接电流，如图 1-7 所示。

5. 对弧焊电动特性的要求

在焊接过程中，焊接电弧长度在一定时间内是变化的，焊接电流也随着发生变化。如果焊接电流变化较大，就会影响焊接质量，就需要弧焊电源具有恢复原有电流和减小焊接电流变化的功能，以保证焊接工作稳定。

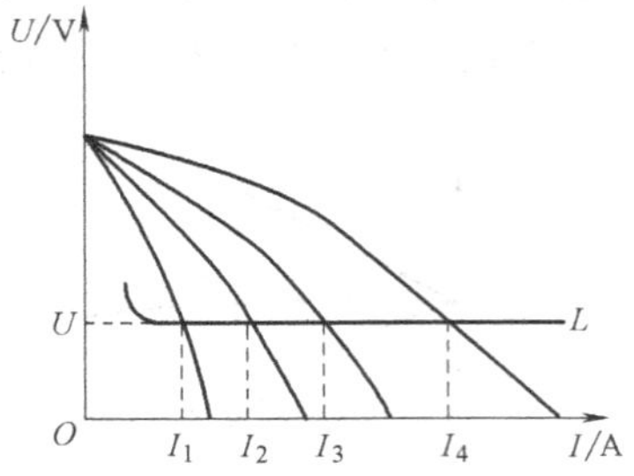

图 1-7　弧焊电源的调节特性

当然，在电弧自身调节系统中，也需要这种动特性的变化来调节焊接电弧长度，控制焊接速度。电弧动特性是当焊接电流以很快的速度变化时，某一定弧长的电弧变化时的瞬时电压值与焊接电流的瞬时值之间的关系，也称为电弧动态伏安特性。弧焊电源动特性的问题实际上也是弧焊设备与工艺研究的前沿和热点问题，是衡量弧焊电源质量的重要指标。

五、常用弧焊电源

1. 弧焊变压器

弧焊变压器是一种常用且简便的弧焊电源，应用广泛，通常用于焊条电弧焊。弧焊变压器的伏安特性通常为恒流特性。

增强漏磁式弧焊变压器采用三种方法改变漏磁：动铁心式、动线圈式和抽头式。

（1）动铁心式弧焊变压器　如图 1-8 所示，动铁心式弧焊变压器的线圈在“口”形铁的两侧，在“口”形铁中间加一个可以移动的梯形铁心。常用动铁心式弧焊变压器的型号及技术数据见表 1-1。

当移动铁心全部插入“口”形铁的磁路时，两极线圈形成漏磁磁路，产生较大的漏磁，焊接电流变小；当动铁心全部移出“口”形铁时，两极线圈所形成的漏磁磁路产生较小的漏磁，焊接电流变大。

a)

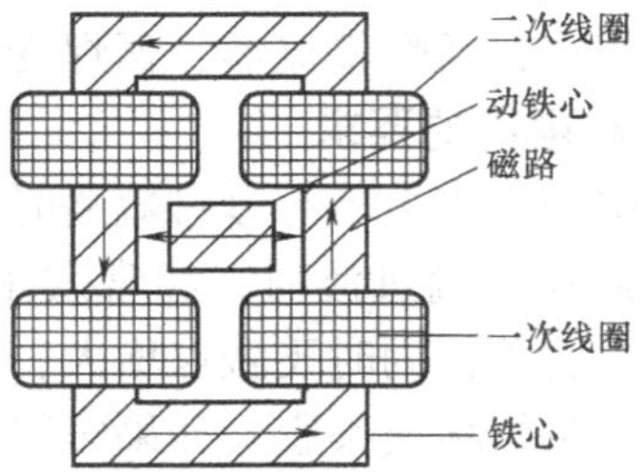

b)

图 1-8　动铁心式弧焊变压器结构示意图

a）动铁心式弧焊变压器　b）动铁心式弧焊变压器的内部结构

表1-1 常用动铁心式弧焊变压器的型号及技术数据

主要技术数据	型号		
	BX1-160	BX1-315	BX1-400
额定焊接电流/A	160	315	400
电流调节范围/A	32～160	30～315	80～400
一次电压/V	380	380	380
额定空载电压/V	80	75	77
额定工作电压/V	21.6～27.8	22～26	24～39.2
额定负载持续率(%)	60	60	60
额定输入容量/(kV·A)	13.5	27	31.4
焊机的重量/kg	93	98	144
用途	适用于焊条电弧焊		

（2）动线圈式弧焊变压器　动线圈式弧焊变压器是由一次线圈和二次线圈两部分组成的（见图1-9），可通过调节一次线圈与二次线圈之间的距离来获得漏磁。动线圈式弧焊变压器必须分为两个挡调节，即粗调节和细调节，以获得较宽的焊接电流调节范围。当一次线圈与二次线圈的距离远时，焊机输出的焊接电流大，反之则输出小焊接电流。常用动线圈式弧焊变压器的型号及技术数据见表1-2。

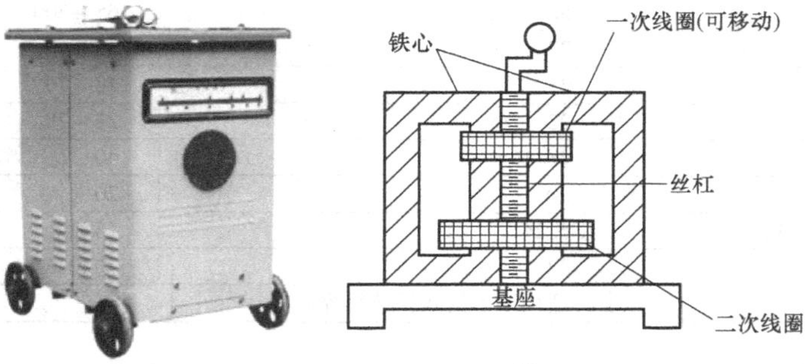

a)　b)

图1-9　动线圈式弧焊变压器结构示意图

a）动线圈式弧焊变压器　b）动线圈式弧焊变压器的内部结构

表1-2 常用动线圈式弧焊变压器的型号及技术数据

主要技术数据	型号		
	BX3-250	BX3-300	BX3-400
额定焊接电流/A	250	300	400
电流调节范围/A	36～360	40～400	50～500
一次电压/V	380	380	380
额定空载电压/V	78/70	75/60	75/70
额定工作电压/V	30	22～36	36
额定一次电流/A	48.5	72	78
额定负载持续率(%)	60	60	60
额定输入容量/(kV·A)	18.4	20.5	29.1
焊机的重量/kg	150	190	200
用途	适用于焊条电弧焊		

（3）抽头式弧焊变压器　用于小功率的交流焊条电弧焊，是一种特殊的弧焊变压器，如图1-10所示，有五个挡进行调节，一挡焊接电流最小，五挡焊接电流最大。也有六个挡

调节焊接电流。常用抽头式弧焊变压器的型号及技术数据见表 1-3。

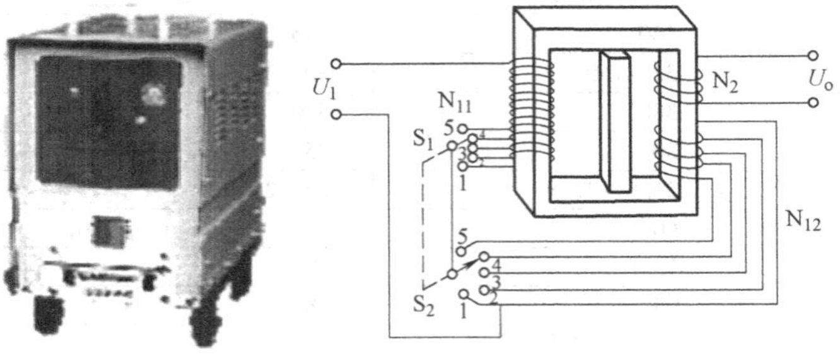

a)　　　　b)

图 1-10　抽头式弧焊变压器结构示意图

a）抽头式弧焊变压器　b）抽头式弧焊变压器原理图

表 1-3　常用抽头式弧焊变压器的型号及技术数据

主要技术数据	型　号	
	BX6-120	BX6-200
额定焊接电流/A	120	200
电流调节范围/A	50 ~ 160	65 ~ 200
一次电压/V	220/380	380
额定空载电压/V	35 ~ 60	48 ~ 70
额定工作电压/V	22 ~ 26	22 ~ 28
额定一次电流/A	28/16	40
额定负载持续率(%)	20	20
额定输入容量/(kV·A)	6.24	15
焊机的重量/kg	22	≤40
用途	适用于手提式焊条弧焊	

2. 弧焊整流器

弧焊整流器是一种将交流电经变压、整流后转换成直流电的弧焊电源。弧焊整流器的种类很多，其外观和组成差异很大。总体上弧焊整流器的基本构成如图 1-11a 所示。常用晶闸管弧焊整流器的型号及技术参数见表 1-4。

表 1-4　常用晶闸管弧焊整流器的型号及技术数据

主要技术数据	型　号	
	ZX5-250	ZX5-400
额定焊接电流/A	250	400
电流调节范围/A	25 ~ 250	40 ~ 400
一次电压/V	380	380
额定空载电压/V	65	70
额定工作电压/V	21 ~ 30	21 ~ 36
额定负载持续率(%)	60	60
额定输入容量/(kV·A)	14	24
焊机的质量/kg	150	200
用途	适用于焊条电弧焊、TIG 焊和埋弧焊等	

ZX5-400 型晶闸管弧焊整流器外形如图 1-11b 所示。

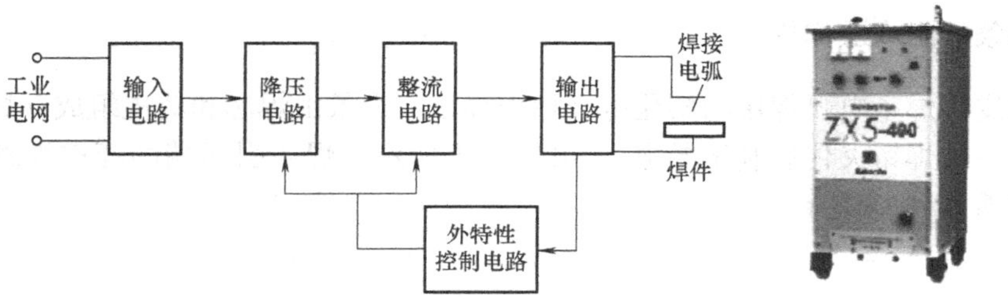

a)　　b)

图1-11　弧焊整流器示意图

a）弧焊整流器的基本构成　b）ZX5-400型晶闸管弧焊整流器

3. 弧焊逆变器

逆变是和整流对应的一个物理过程。将直流电变换成交流电称为逆变，实现这种变换的装置叫逆变器。弧焊逆变器（ZX7系列）是一种新型、高效、节能的直流弧焊电源，已普遍受到各个国家的重视，如图1-12所示。常用弧焊逆变器的型号及技术数据见表1-5。

基本原理：工频交流电$\xrightarrow{\text{整流滤波}}$直流电$\xrightarrow{\text{逆变}}$中频交流电$\xrightarrow{\text{降压}}$交流电或直流电

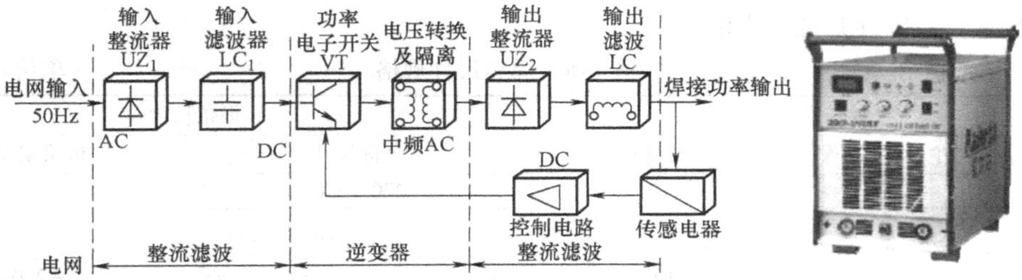

a)　　b)

图1-12　弧焊逆变器示意图

a）弧焊逆变器结构原理　b）弧焊逆变器焊机

表1-5　常用弧焊逆变器的型号及技术数据

主要技术数据	型　号		
	ZX7-400B	ZX7-400ST	ZX7-500
额定焊接电流/A	400		500
电流调节范围/A	30～400		40～500
一次电压/V	380;(三相,50Hz)		
额定空载电压/V	71		72
额定工作电压/V	36		40
额定一次电流/A	48.5	72	78
额定负载持续率(%)	60	60	60
额定输入容量/(kV·A)	18.4	20.5	29.1
焊机的质量/kg	41	47	60
TIG电流调节范围/A	—	10～400	—
冷却方式	强迫风冷		
用途	用于焊条电弧焊		

六、焊条的组成及作用

涂有药皮供焊条电弧焊用的熔化电极称为焊条。焊条由焊芯和药皮组成。焊条夹持端没有药皮，以在被焊钳夹住后利于导电，如图 1-13 所示。焊条引弧端的药皮被磨成锥形，便于焊接时引弧。

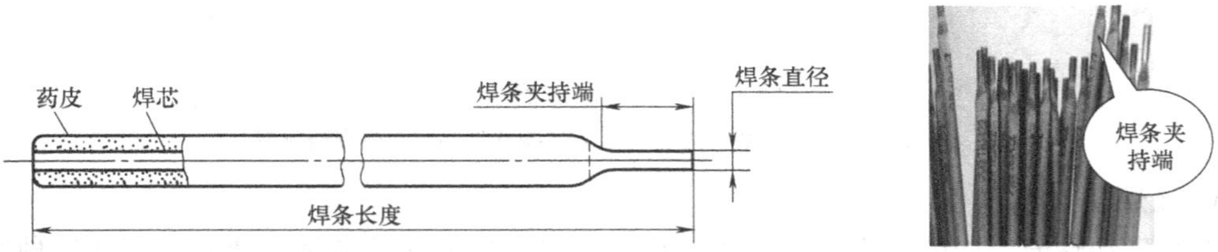

图 1-13　焊条

1. 焊芯

平常所说的焊条直径实际是指焊芯的直径。焊芯尺寸规格见表 1-6。焊芯直径、焊芯材料决定了焊条允许通过的电流。焊芯的长度也有一定的限制。在焊条上端药皮处印有该焊条的型号或牌号，以便焊工使用时识别。

表 1-6　焊芯尺寸规格　（单位：mm）

<table>
<tr><th colspan="2">焊条直径</th><th colspan="2">焊条长度</th></tr>
<tr><th>公称尺寸</th><th>极限偏差</th><th>公称尺寸</th><th>极限偏差</th></tr>
<tr><td>1.6</td><td rowspan="3">±0.05</td><td>200～250</td><td rowspan="3">±2.0</td></tr>
<tr><td>2.0
2.5</td><td>250～350</td></tr>
<tr><td>3.2
4.0
5.0</td><td>350～450</td></tr>
</table>

焊芯的作用是在焊接时传导电流，产生电弧并熔化，成为焊缝的填充金属。为了保证焊缝质量，对焊芯的质量要求很高。焊芯金属的各合金元素的含量有一定的限制，以保证在焊后焊缝各方面的性能不低于母材。焊芯金属的质量应符合国家标准《熔化焊用钢丝》（GB/T 14957—1994）的要求。

制造焊芯用的钢丝是用专门的优质钢经过特殊冶炼、轧制、拉拔而成的。这种焊接专用钢丝既可用作制造焊芯，也可在埋弧焊、电渣焊、气体保护焊、气焊时作为填充材料的焊丝。

焊接用钢丝的牌号以《熔化焊用钢丝》（GB/T 14957—1994）和《焊接用不锈钢丝》（YB/T 5092—2005）为依据进行划分。其牌号编制方法如下：

1）字母“H”表示焊丝。

2）在“H”后面的两位（碳素钢、低合金钢含量为万分率）或一位（不锈钢含量为千分率）数字表示含碳量的平均数。

3）后面的化学符号及其后面的数字表示该元素大致含量数值，当其合金的质量分数小于 1% 时，该元素符号后面的数字可省略。

表1-7 常用焊丝的牌号及化学成分

钢种	牌号	化学成分(质量分数,%)										
		碳	锰	硅	铬	镍	钼	钒	铜	其他	硫 ≤	磷 ≤
碳素结构钢、合金结构钢	H08A	≤0.10	0.30~0.55	≤0.03	≤0.20	≤0.30	—	—	≤0.20	—	0.03	0.03
	H08E	≤0.10	0.30~0.55	≤0.03	≤0.20	≤0.30	—	—	≤0.20	—	0.020	0.020
	H08C	≤0.10	0.30~0.55	≤0.03	≤0.10	≤0.10	—	—	≤0.20	—	0.015	0.015
	H08MnA	≤0.10	0.80~1.10	≤0.07	≤0.20	≤0.30	—	—	≤0.20	—	0.030	0.030
	H15Mn	0.11~0.18	0.80~1.10	≤0.03	≤0.20	≤0.30	—	—	≤0.20	—	0.035	0.035
	H10Mn2	≤0.12	1.50~1.90	≤0.07	≤0.20	≤0.30	—	—	≤0.20	—	0.035	0.035
	H08Mn2SiA	≤0.11	1.80~2.10	0.65~0.95	≤0.20	≤0.30	—	—	≤0.20	—	0.03	0.030
	H10MnSi	≤0.14	0.80~1.10	0.60~0.90	≤0.20	≤0.30	—	—	≤0.20	—	0.035	0.035
	H10MnSiMo	≤0.14	0.90~1.20	0.70~1.10	≤0.20	≤0.30	0.15~0.25	—	≤0.20	—	0.035	0.035
	H10MnSiMoTiA	0.08~0.12	1.00~1.30	0.40~0.70	≤0.20	≤0.30	0.20~0.40	—	≤0.20	Ti:0.05~0.15	0.025	0.030
	H08MnMoA	≤0.10	1.20~1.60	≤0.25	≤0.20	≤0.30	0.30~0.50	—	≤0.20	Ti:0.15	0.030	0.030
	H08CrMoVA	≤0.10	0.40~0.70	0.15~0.35	1.00~1.30	≤0.30	0.50~0.70	0.15~0.35	≤0.20	—	0.030	0.030
不锈钢	H12Cr13	≤0.12	0.60	0.50	11.50~13.50	0.60	—	—	—	—	0.030	0.030
	H08Cr21Ni10	0.08	1.00~2.50	0.60	19.50~22.0	9.00~11.0	—	—	—		0.030	0.030
	H03Cr21Ni10	0.03	1.00~2.50	0.60	19.50~22.0	9.00~11.0	—	—	—	—	0.020	0.030
	H12Cr24Ni13	0.12	1.00~2.50	0.60	23.0~25.0	12.00~14.0	—	—	—	—	0.030	0.030
	H03Cr19Ni12Mo2	0.03	1.00~2.50	0.60	18.0~20.0	11.00~14.0	2.0~3.0	—	—	—	0.020	0.030

4）焊丝牌号尾部标有“A”“E”或“C”时，表示该焊丝为优质或高级优质品，表明S、P等有害杂质的含量更低。例如：

H 08 Mn A

- A——表示优质品，S、P的质量分数小于或等于0.03%
- Mn——表示Mn的质量分数小于或等于1%
- 08——碳的质量分数平均为0.08%
- H——焊丝

H 08 Mn2Si

- Mn2Si——主要合金元素：Mn：Mn的质量分数约为2%；Si：Si的质量分数约为1%
- 08——碳的质量分数平均为0.08%
- H——焊丝

常用焊丝的牌号及化学成分见表1-7。

2. 药皮

压涂在焊芯表面上的涂料层称为药皮。药皮是由各种矿石粉末、铁合金粉、有机物和化工制品等原料，按一定比例配制后压涂在焊芯表面上的。一般焊条药皮的配方中，组成物有八九种之多，常用的结构钢焊条E4303和E5015的药皮配方见表1-8。焊条药皮组成物根据药皮成分在焊接过程中的作用通常分为以下几种：

（1）稳弧剂　常用的稳弧剂有大理石、长石、钛白粉、水玻璃（含有钾、钠碱土金属的硅酸盐）等，可在焊条引弧和焊接过程中起改善引弧性能和稳定电弧的作用。

（2）造渣剂　常用的造渣剂有大理石、菱苦土、白泥、金红石、云母、长石、钛白粉、氟石等。这类组成物能熔成一定比重的熔渣浮于熔池表面，使空气不易侵入，并且产生与熔池金属所必需的冶金反应，起到保护熔池和改善焊缝成形的作用。

表1-8　E4303和E5015焊条药皮配方（质量分数，%）

涂料 焊条	人造金红石	钛白粉	菱苦土	大理石	氟石	长石	白泥	云母	低碳锰铁	钛铁	45硅铁	纯碱	硅锰合金	水玻璃模数
E4303	30	8	7	12.4	—	8.6	14	7	12	—	—	—	—	K~Na 2.4~2.6
E5015	5	—	—	45	25	—	—	2	—	13	1	1	7.5	纯Na 2.8~3.0

注：焊芯全部为H08A。

（3）造气剂　常用的造气剂有大理石、白云石、菱镁矿、淀粉、纤维素、木粉等。其主要作用是形成保护气氛，同时也有利于熔滴过渡。

碳酸盐类矿物质在电弧高温条件下能分解出大量二氧化碳气体，如：

$$\text{大理石}\quad CaCO_3 \longrightarrow CaO + CO_2\uparrow$$

$$\text{菱镁矿}\quad MgCO_3 \longrightarrow MgO + CO_2\uparrow$$

有机物类组成物一般都是碳、氢、水等的化合物［$C_m(H_2O)_n$］，只要温度达250℃以上就按下式分解：

$$C_m(H_2O)_n + O_2 \longrightarrow CO + H_2$$

分解出的一氧化碳和氢气属于还原性气体，特别是一氧化碳，能有效地保护焊缝金属。

（4）脱氧剂　常用的脱氧剂有钛铁、锰铁、硅铁、铝铁、石墨等。其主要作用是对熔渣和焊缝金属进行脱氧。利用熔融在焊接熔渣里的某种与氧亲和力比较大的元素，在熔渣及熔化金属内进行一系列化学反应来达到脱氧的目的。

（5）合金剂　常用的合金剂有硅铁、锰铁、钛铁、钼铁、铬粉、镍粉、硼铁等。其主要作用是补偿焊接过程中被烧损、蒸发的合金元素，并补加特殊性能要求的合金元素，以保证焊缝金属必要的化学成分、力学性能和耐蚀性等。

（6）稀释剂　主要的稀释剂有氟石、钛铁矿、冰晶粉和钛白粉等。其主要作用是降低焊接熔渣的熔点、黏度、表面张力，改善熔渣的流动性能。例如，氟石（CaF_2）与熔渣中的其他成分形成 $CaO \cdot SiO_2 \cdot CaF_2$ 共晶（熔点为 1130℃），可降低熔渣的黏度。

（7）黏结剂　主要成分是钾、钠水玻璃，用于黏结药皮涂料，使它能牢固地涂压在焊芯上。

（8）增塑剂　主要作用是增加涂料的塑性和润滑性，便于焊条的压涂，减小焊条的偏心度，保证焊条制造质量，如云母、白泥、钛白粉等。焊条药皮中的许多原料可以同时起几种作用，如大理石既有稳弧作用，又有造气、造渣的作用；某些铁合金（如锰铁、硅铁）既可作脱氧剂，又可作合金剂；钾、钠水玻璃本身具有黏结性，同时还起到稳弧和造渣作用。

3. 焊条药皮的作用

综上所述，可以将焊条药皮的作用归纳为以下几方面：

（1）改善焊条的焊接工艺性能　提高电弧燃烧的稳定性，减少飞溅，促进脱渣，改善熔滴过渡和焊缝成形，提高熔敷效率。

（2）机械保护　药皮熔化或分解后产生的气体和熔渣，可防止熔滴和熔池金属与空气接触。熔渣凝固后的渣壳覆盖在焊缝表面，可防止高温的焊缝金属被氧化，并可降低焊缝金属的冷却速度，改善焊缝结晶和成形条件。

（3）冶金处理　通过熔渣和铁合金的脱氧、去硫、去磷、去氢和渗合金等焊接冶金反应，可去除有害元素，增添有益元素，从而使焊件获得合适的化学成分。

4. 焊条药皮的类型

为了适应各种工作条件下材料的焊接，针对不同的焊芯和焊缝的要求，必须制备具有一定特性的药皮。焊条药皮是由多种矿物、铁合金、化工产品、有机物组成的。药皮中的主要成分不同，焊条的工艺性能和其他性能及特点也不同。若焊芯牌号相同，但涂的药皮类型不同，则焊条的性能也不同。

焊条药皮主要分为以下 8 种类型：

（1）钛型　这种焊条适用于全位置焊接，特别适用于薄板焊接，但焊缝金属塑性和抗裂性能较差。其焊接电源为交、直流两用。

（2）钛钙型　适用于全位置焊接，为应用较为普遍的酸性焊条药皮。其焊接电源为交、直流两用。

（3）钛铁矿型　适用于全位置焊接。其焊接电源为交、直流两用。

（4）氧化铁型　最适宜中厚板的平焊工作，立焊和仰焊操作性能较差，而焊缝金属抗裂性能较好。其焊接电源为交、直流两用。

（5）纤维素型　适用于全位置焊接，特别适宜立焊和仰焊，也可进行向下立焊，并可进行深熔焊接，同时可用于多层焊或单面焊打底焊。其焊接电源为交、直流两用。

(6) 低氢钾型和低氢钠型　药皮均由碱性物质组成。这类焊条（碱性焊条）的熔敷金属中扩散氢的含量低于规定值，故称为低氢型焊条，适用于全位置焊接。低氢钠型焊条采用直流反极性焊接电源；低氢钾型焊条的药皮在低氢型的基础上增加了适量的稳弧剂，因此可采用交、直流电源。

(7) 石墨型　药皮中含有较多的石墨，可使焊缝金属获得含量较高的游离碳或碳化物。通常这类药皮用于配制部分铸铁焊条和堆焊焊条，焊接电源为交流或直流，适用于全位置焊接。

(8) 盐基型　药皮主要由氯化物和氟化物组成，熔渣具有一定的腐蚀性，焊后应仔细清理焊件，通常用于铝及铝合金焊条。其焊接电源为直流电源。

在上述各种药皮的基础上，若药皮中含有30%（质量分数）以上的铁粉，则按照基本类型的不同分别称为铁粉××型，如铁粉低氢钾型。在钢焊条药皮中加入铁粉后，有改善工艺性能和提高熔敷效率的优点，但铁粉加入量较多的焊条不适于立焊或仰焊操作。

以上为通用的焊条药皮类型，常用的结构钢焊条药皮类型有：钛铁矿型、钛钙型、铁粉钛钙型、高纤维素钠型、高纤维素钾型、高钛钠型、高钛钾型、铁粉钛型、氧化铁型、铁粉氧化铁型、低氢钠型、低氢钾型、铁粉低氢型13种。

七、焊条的分类及型号

1. 焊条的分类

(1) 按焊条的用途分类　根据国家标准，焊条可分为碳素钢焊条、低合金钢焊条、不锈钢焊条、堆焊焊条、铸铁焊条、铜及铜合金焊条、铝及铝合金焊条、镍及镍合金焊条。

(2) 按焊条药皮熔化后的熔渣特性分类　分为酸性焊条和碱性焊条两大类。

1) 酸性焊条。熔渣以酸性氧化物（SiO_2、TiO_2、Fe_2O_3）为主的焊条称为酸性焊条，如钛铁矿型、钛钙型、高钛型、氧化铁型和纤维素型焊条。酸性焊条具有较强的氧化性，促使合金元素氧化，同时电弧中的氧离子容易与氢离子结合，生成氢氧根离子，可防止形成氢气孔，所以这类焊条对铁锈、水不敏感。酸性熔渣脱氧不完全，同时不能有效地清除熔池中的硫、磷等杂质，故焊缝金属的力学性能较低。酸性焊条突出的特点是焊接工艺性能好，容易引弧，电弧稳定，脱渣性好，飞溅小，对弧长不敏感，焊前准备要求低，焊缝成形好，而且价格较低，广泛用于焊接低碳钢和不太重要的钢结构。

2) 碱性焊条　熔渣以碱性氧化物和氟化钙（CaO、CaF_2）为主的焊条称为碱性焊条，如低氢钠、钾型焊条。碱性焊条脱氧性能好，合金元素烧损少，焊缝金属合金化效果较好。由于电弧中含氧量低，当遇到焊件或焊条存在铁锈和水分时，容易产生氢气孔，因此要求焊前将焊件清理干净，同时在350～450℃温度下对焊条进行烘干。药皮中的氟石在焊接过程中与氢化合生成氟化氢，具有去氢作用。但是氟石不利于电弧稳定，必须采用直流反极性焊接电源进行焊接。若在药皮中加入稳定电弧的组成物（如碳酸钾等），则可使用交流电源。碱性焊条突出的特点是工艺性能差，引弧较困难，电弧稳定性差，飞溅较大，焊缝成形稍差，焊波较粗，不易脱渣。但焊缝金属的力学性能和抗裂性均较好，可用于合金钢和重要的碳素钢结构的焊接。

2. 常用焊条型号的编制方法

1) 碳素钢焊条。按 GB/T 5117—2012 规定，碳素钢焊条型号编制方法如下：

① 第一部分用字母“E”表示焊条。

② 第二部分为“E”后面紧跟的两位数字，表示熔敷金属的最小抗拉强度代号。

③ 第三部分为字母“E”后面的第三、四位数字，表示焊条的药皮类型、焊接位置和电流类型，见表1－9。

④ 第四部分为熔敷金属的化学成分分类代号，可为“无标记”或短划“－”后的字母、数字或字母和数字的组合，见表1-10。

⑤ 第五部分为熔敷金属的化学成分代号之后的焊后状态代号，其中“无标记”表示焊态，“P”表示热处理状态，“AP”表示焊态和焊后热处理两种状态均可。

除以上强制分类代号外，根据供需双方协商，可在型号后依次附加可选代号：

a. 字母“U”，表示在规定试验温度下，冲击吸收能量可以达到47J以上。

b. 扩散氢代号“HX”，其中X代表15、10或5，分别表示每100g熔敷金属中扩散氢含量的最大值（mL）。

碳钢焊条型号举例如下：

E　55　15-N5　P　U　H10

- H10——可选附加代号，表示熔敷金属扩散氢含量不大于10mL/100g
- U——可选附加代号，表示在规定温度下，冲击吸收能量在47J以上
- P——表示焊后状态代号，此处表示热处理状态
- N5——表示熔敷金属化学成分分类代号
- 15——表示药皮类型为碱性，适用于全位置焊接，采用直流反接
- 55——表示熔敷金属抗拉强度最小值为550MPa
- E——表示焊条

表1-9　碳钢和低合金钢焊条型号的第三、四位数字组合的含义

<table>
<tr><th>焊条型号</th><th>药皮类型</th><th>焊接位置</th><th>电流种类</th></tr>
<tr><td>E××03</td><td>钛型</td><td rowspan="10">平、立、横、仰</td><td>交流和直流正、反接</td></tr>
<tr><td>E××10</td><td>纤维素</td><td>直流反接</td></tr>
<tr><td>E××11</td><td>纤维素</td><td>交流和直流反接</td></tr>
<tr><td>E××12</td><td>金红石</td><td>交流和直流正接</td></tr>
<tr><td>E××13</td><td>金红石</td><td rowspan="2">交流和直流正、反接</td></tr>
<tr><td>E××14</td><td>金红石＋铁粉</td></tr>
<tr><td>E××15</td><td>碱性</td><td>直流反接</td></tr>
<tr><td>E××16</td><td>碱性</td><td rowspan="2">交流和直流反接</td></tr>
<tr><td>E××18</td><td>碱性＋铁粉</td></tr>
<tr><td>E××19</td><td>钛铁矿</td><td>交流和直流正、反接</td></tr>
<tr><td>E××20</td><td>氧化铁型</td><td rowspan="3">平焊、平角焊</td><td>交流和直流正接</td></tr>
<tr><td>E××24</td><td>金红石＋铁粉</td><td rowspan="2">交流和直流正、反接</td></tr>
<tr><td>E××27</td><td>氧化铁＋铁粉</td></tr>
<tr><td>E××28</td><td>碱性＋铁粉</td><td>平焊、平角焊、横焊</td><td>交流和直流反接</td></tr>
<tr><td>E××45</td><td rowspan="2">碱性</td><td rowspan="2">平、立、横、仰、立向下</td><td>直流反接</td></tr>
<tr><td>E××48</td><td>交流和直流反接</td></tr>
</table>

表1-10　熔敷金属化学成分分类代号

分类代号	主要化学成分的名义含量(质量分数,%)				
	Mn	Ni	Cr	Mo	Cu
无标记、-1、-P1、-P2	1.0	—	—	—	—
－1M3	—	—	—	0.5	—

（续）

分类代号	主要化学成分的名义含量(质量分数,%)				
	Mn	Ni	Cr	Mo	Cu
-3M2	1.5	—	—	0.4	—
-3M3	1.5	—	—	0.5	—
-N1	—	0.5	—	—	—
-N2	—	1.0	—	—	—
-N3	—	1.5	—	—	—
-3N3	1.5	1.5	—	—	—
-N5	—	2.5	—	—	—
-N7	—	3.5	—	—	—
-N13	—	6.5	—	—	—
-N2M3	—	1.0	—	0.5	—
-NC	—	0.5	—	—	0.4
-CC	—	—	0.5	—	0.4
-NCC	—	0.2	0.6	—	0.5
-NCC1	—	0.6	0.6	—	0.5
-NCC2	—	0.3	0.2	—	0.5
-G	其他成分				

2）低合金钢焊条。按 GB/T 5118—2012 规定，低合金钢焊条型号编制方法如下：

① 第一部分用字母“E”表示焊条。

② 第二部分为字母“E”后面紧邻的两位数字，表示熔敷金属的最小抗拉强度代号。

③ 第三部分为字母“E”后面的第三和第四两位数字，表示药皮类型、焊接位置和电流类型，见表 1-11。

④ 第四部分为短划“-”后的字母、数字或字母和数字的组合，表示熔敷金属的化学成分分类代号，见表 1-12。

除以上强制分类代号外，根据供需双方协商，可在型号后附加扩散氢代号“HX”，其中 X 代表 15、10 或 5，分别表示每 100g 熔敷金属中扩散氢含量的最大值（mL）。

E 62 15 -2C1M H10

- H10——可选附加代号，表示熔敷金属扩散氢含量不大于 10mL/100g
- -2C1M——表示熔敷金属化学成分分类代号
- 15——表示药皮类型为碱性，适用于全位置焊接，采用直流反接
- 62——表示熔敷金属抗拉强度最小值为 620MPa
- E——表示焊条

表 1-11　药皮类型代号

代号	药皮类型	焊接位置①	电流类型
03	钛型	全位置③	交流和直流正、反接
10②	纤维素	全位置	直流反接
11②	纤维素	全位置	交流和直流反接
13	金红石	全位置③	交流和直流正、反接
15	碱性	全位置③	直流反接
16	碱性	全位置③	交流和直流反接

（续）

代号	药皮类型	焊接位置①	电流类型
18	碱性＋铁粉	全位置（PG 除外）	交流和直流反接
19②	钛铁矿	全位置③	交流和直流正、反接
20②	氧化铁	PA、PB	交流和直流正接
27②	氧化铁＋铁粉	PA、PB	交流和直流正接
40	不做规定	由制造商确定	

① 焊接位置见 GB/T 16672，其中 PA＝平焊、PB＝平角焊、PG＝向下立焊。

② 仅限于熔敷金属化学成分代号 1M3。

③ 此处“全位置”并不一定包含向下立焊，由制造商确定。

表 1-12　熔敷金属化学成分分类代号

分类代号	主要化学成分的名义含量
-1M3	此类焊条中含有 Mo。Mo 是在非合金钢焊条基础上的唯一添加合金元素。数字 1 是约等于名义上 Mn 含量两倍的整数，字母“M”表示 Mo，数字 3 表示 Mo 的名义含量，大约为 0.5%
-×C×M×	对于含铬-钼的热强钢，标识“C”前的整数表示 Cr 的名义含量，“M”前的整数表示 Mo 的名义含量。对于 Cr 或者 Mo，如果名义含量小于 1%，则字母前不标记数字。如果在 Cr 和 Mo 之外还加入了 W、V、B、Nb 等合金成分，则按照此顺序，加于铬和钼标记之后。标识末尾的“L”表示含碳量较低，最后一个字母后的数字表示成分有所改变
-G	其他成分

3）不锈钢焊条。按 GB/T 983—2012 规定，不锈钢焊条型号编制方法如下：

① 第一部分用字母“E”表示焊条。

② 第二部分为“E”后面的数字，表示熔敷金属化学成分分类代号，若有特殊要求的化学成分，则该化学成分用元素符号表示，放在数字的后面。

③ 第四部分为短划“-”后面的第一位数字，表示焊接位置。

④ 第四部分为最后一位数字，表示药皮类型和电流类型。

不锈钢焊条型号举例如下：

E　308－15

- 15——表示焊条为碱性药皮，适用于全位置，采用直流反接焊接
- 308——表示熔敷金属化学成分分类代号
- E——表示焊条

E　410　NiMo－26

- 26——表示焊条为碱性或其他类型药皮，适用于平焊和横角焊位置，采用交流或直流反接焊接
- NiMo——表示熔敷金属中 Ni 和 Mo 的含量有特殊要求
- 410——表示熔敷金属化学成分分类代号
- E——表示焊条

八、焊条的选用及保管

1. 焊条的选用原则

焊条的种类繁多，每种焊条都有一定的特性和用途。为了保证产品质量、提高生产效率和降低生产成本，必须正确选用焊条。在实际选择焊条时，除了要考虑经济性、施工条件、

焊接效率和劳动条件之外，还应考虑以下原则：

1）等强度原则：对于承受静载荷或一般载荷的工件或结构，通常按焊缝与母材等强度的原则选用焊条，即要求焊缝与母材抗拉强度相等或相近。

2）等条件原则：根据工件或焊接结构的工作条件和特点来选用焊条。例如，在焊接承受动载荷或冲击载荷的工件时，应选用熔敷金属冲击韧度较高的碱性焊条，而在焊接一般结构时，可选用酸性焊条。

3）等同性原则：在特殊环境下工作的焊接结构，如耐蚀、高温或低温等，为了保证其使用性能，应根据熔敷金属与母材性能相同或相近的原则选用焊条。

（1）碳素钢焊条的选用　根据我国碳素钢焊条标准，目前主要使用的碳素钢焊条主是有 E43 系列及 E50 系列。焊接低碳钢时，一般结构可选用酸性焊条，承受动载荷或复杂的厚壁结构及低温使用时选用碱性焊条；焊接中碳钢时，由于其含碳量较高，易产生焊接裂纹，因而应选用碱性焊条或使焊缝金属具有良好塑性及韧性的焊条，并进行预热和缓冷处理；焊接高碳钢时，焊材的选用应视产品的设计要求而定，当强度要求高时，可用 E7015-G（J707）或 E6015-G（J607）焊条，而强度要求不高时，可选用 E5016（J506）或 E5015（J507）焊条。

（2）低合金钢焊条的选用　焊接热轧及正火钢时，焊条的选用依据是保证焊缝金属的强度、塑性和冲击韧度等力学度能与母材相匹配；焊接大厚度构件时，为了防止产生焊接裂纹，可采用“低强匹配”原则，即选用熔敷金属强度低于母材强度的焊条；焊接低碳调质钢时，应严格控制氢，因而一般选用低氢型或超低氢型焊条；焊接中碳调质钢时，为了确保焊缝金属的塑性、韧性和强度，提高抗裂性，应采用低碳合金系统，尽量降低焊缝金属的硫、磷杂质含量。

2. 焊条的保管

1）焊条必须在干燥、通风良好的室内仓库中存放。焊条储存库内，不允许放置有害气体和腐蚀介质。焊条应放在与地面和墙壁面的距离均不小于 300mm 的架子上，以防止其受潮。

2）堆放焊条时，应按种类、牌号、批次、规格和入库时间分类堆放，并应有明确的标注，避免混乱。

3）一般焊条的一次出库量不能超过两天用量，已经出库的焊条必须保管好。

4）焊条在供给使用单位后应在 6 个月之内使用，入库的焊条应做到先入库的先使用。

5）特种焊条储存与保管的条件应高于一般性焊条，应堆放在专用仓库或指定的区域，受潮或包装破损的焊条未经处理不准入库。

6）焊条储存库内应设置温度计和湿度计。低氢型焊条室内温度应不低于 50℃，相对空气湿度应不低于 60%。

7）对于受潮、药皮变色、焊芯有锈迹的焊条，必须在烘干后进行质量评定，各项性能指示满足要求时方可入库，否则不能入库。

3. 焊条的使用

1）焊条在使用前，一般要烘干。酸性焊条应视受潮情况在 75～150℃烘干 1～2h；碱性低氢型结构钢焊条应在 350～400℃烘干 1～2h。烘干的焊条应放在 100～150℃保温箱（筒）内，随用随取，使用时注意保持干燥。

2）一般在常温下低氢型焊条超过4h就应重新烘干，重复次数不宜超过三次。

3）焊条烘干时应作记录，应记录牌号、批号、温度和时间等内容。

4）在焊条烘干期间，应有专门负责的技术人员，负责对操作过程进行检查和核对，每批焊条不得少于一次，并在操作记录上签名。

5）烘干焊条时，焊条不应成垛或成捆地堆放，应铺放成层状，每层焊条不能堆放得太厚（一般为1～3层），避免焊条烘干时受热不均和潮气不易排除。

6）焊工在领用焊条时，必须根据产品要求填写领用单。填写项目包括令号、产品图号、被焊工件号，以及领用焊条的牌号、规格、数量及领用时间等，并作为下班时回收剩余焊条的核查依据。

7）烘干焊条时，取出和放进焊条时应防止焊条因骤冷骤热而使药皮开裂、脱皮。

8）在露天场所隔夜操作时，必须将焊条妥善保管，不允许露天存放，应在低温烘箱中恒温保存，否则次日使用前还要重新烘干。

9）为防止用错焊条牌号，除应建立焊接材料领用制度外，还需建立焊条头回收制度，以防剩余焊条散失在生产现场。

任务准备

一、焊条

酸性焊条的型号为E4303（牌号为J422），碱性焊条的型号为E5016（牌号为J506），焊条直径为ϕ3.2mm、ϕ4.0mm。

二、焊件

准备两块焊件，一块用于引弧训练，另一块用于平敷焊训练。

1. 引弧训练焊件

选用Q235钢板一块，长×宽×厚为300mm×200mm×(3～6)mm，将焊件表面锈斑清理干净后待用。

2. 平敷焊训练焊件

选用Q235钢板一块，长×宽×厚为300mm×200mm×10mm，将焊件表面锈斑清理干净，在焊件表面沿纵向用石笔画出数条间隔为20mm的平行直线作为焊缝位置线，并作为平敷焊时的运条轨迹。

三、焊接电源

选用ZX7-400ST型弧焊逆变器（见图1-14），作为焊条电弧焊和钨极氩弧焊的两用焊机。在这里主要介绍焊条电弧焊的主要技术参数，见表1-13。

表1-13　焊条电弧焊的主要技术参数

参数名称	单位	参数值
额定输入电源		三相380V,50Hz
额定最大输入电流	A	33
最大有效输入电流	A	25.6
空载电压	V	71

（续）

参数名称	单位	参数值
额定工作电压	V	36
额定焊接电流	A	400
电流调节范围	A	30～400
负载持续率	%	60～100
绝缘等级		F
冷却方式		强迫风冷
焊机重量	kg	47
外形尺寸	$\frac{长}{mm}\times\frac{宽}{mm}\times\frac{高}{mm}$	608×340×590

四、焊接工具

焊工常用的工具、量具如图1-15所示。

1. 焊钳与焊接回路电缆线夹

焊钳是用以夹持焊条进行焊接的工具。要求焊钳必须有良好的绝缘性和隔热性，夹持焊条的角度应灵活方便，焊钳夹持焊条部位和焊接回路电缆线夹的导电性要好，根据焊接位置，焊钳的重量要小；焊接回路电缆线夹在夹紧焊件时，接触焊件部位要牢固，以利于保证焊接质量。

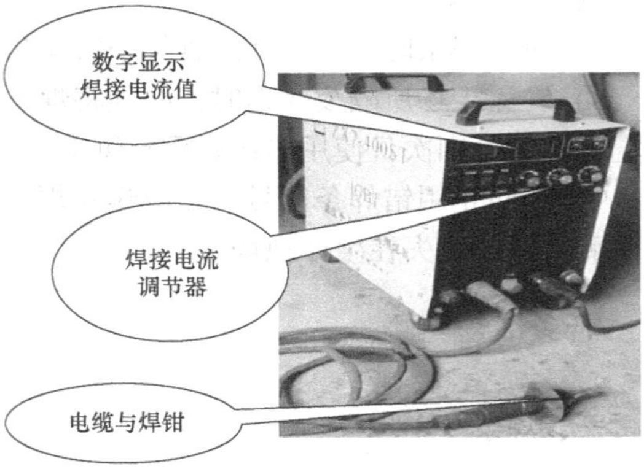

图1-14　ZX7-400ST型弧焊逆变器

2. 敲渣锤

敲渣锤是用以清理熔渣的工具。

3. 钢丝刷

钢丝刷是用以清理焊件的锈蚀、污物、焊后飞溅物和熔渣的工具。

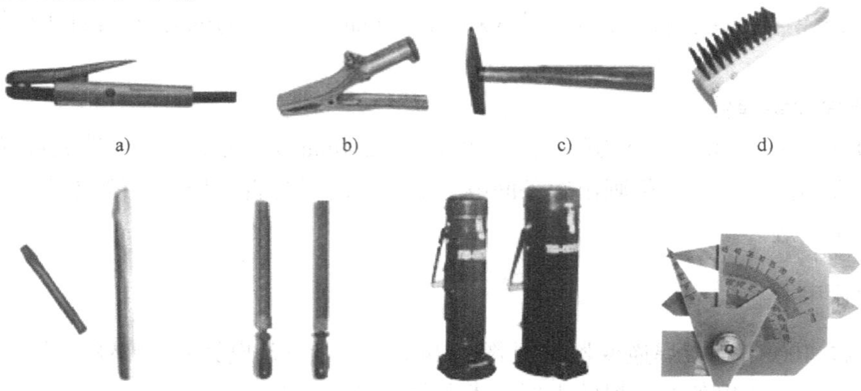

图1-15　焊工常用的工具、量具

a）焊钳　b）电缆线夹　c）敲渣锤　d）钢丝刷　e）扁铲　f）锉刀　g）焊条保温筒　h）焊缝万能量规

4. 扁铲

扁铲是清理焊接表面缺陷的主要工具。

5. 锉刀

锉刀是焊前修整坡口钝边和毛刺的工具。

6. 焊条保温筒

焊条经过烘干箱烘干后，要放在焊条保温筒中，防止焊条再次受潮，保证焊条在干燥的状态下随时使用。

7. 焊缝万能量规

焊缝万能量规用以测量焊件的坡口角度、装配间隙、焊缝的尺寸等。

五、焊接参数

选择焊接参数时需进行全面综合考虑，在后面的任务中会详细讲述焊接参数的选择方法，这里仅重点给出两项基本参数，即焊接电流和焊接速度，见表 1-14。

表 1-14　焊接参数设置

焊接参数	参数值
焊接电流	80 ~ 140A
焊接速度	6 ~ 8m/h

针对平敷焊的练习，根据焊件厚度的不同，焊接速度应有快慢之别，但是在实际焊接时，必须均速进行操作。

任务实施

焊接构件时，焊件接缝所处的位置叫焊接位置。根据焊缝倾角与焊缝转角的角度不同（见图 1-16），焊接位置可分为平焊、立焊、横焊和仰焊等。

平焊是指在焊缝倾角为 0°、焊缝转角为 90°的位置上焊接。平焊包括平敷焊、平角焊、板-板对接平位单面焊双面成形等几种焊接方法。平敷焊是指在焊件上堆敷焊道，是训练平焊基本功的操作方法。平敷焊的操作有引弧、起头、运条、接头和收尾等几部分组成，如图 1-2 所示。本任务就是通过平敷焊训练掌握焊条电弧焊平焊的基本操作要领。

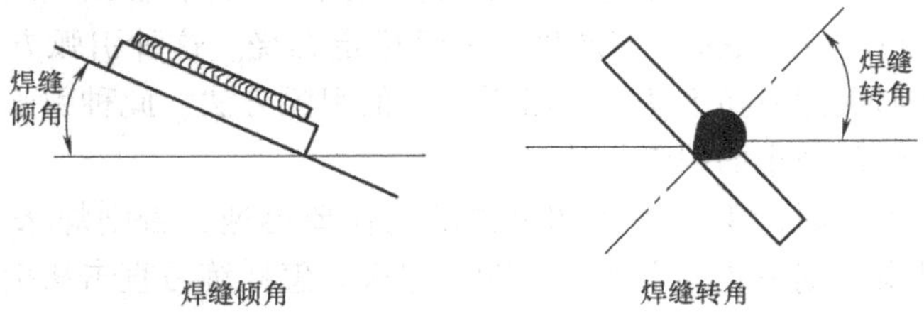

图 1-16　焊缝倾角与转角

一、熟悉蹲式

采取蹲式操作（见图 1-17）时，蹲姿要自然，两脚夹角为 70° ~ 85°，两脚距离为 240 ~ 260mm。持焊钳的手臂半伸开并抬起一定高度（以保持焊条与焊件间的正确角度），悬空无依托地操作。

二、引弧

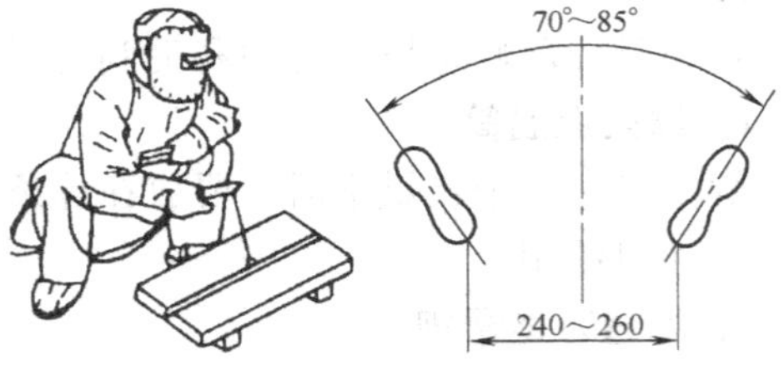

图 1-17　蹲式操作

焊条电弧焊引弧方法可分为划擦引弧法和直击引弧法两种，如图 1-18 所示。

1. 划擦引弧法

先将焊条引弧端对准焊件，然后像划火柴似的，将焊条在焊件表面划擦，在焊条与焊件接触后，立即提起焊条，在焊条端部和焊件之间立即产生明亮的电弧。电弧只要保持 3 ~4mm 的长度，也就是焊条与焊件之间的距离，就能稳定地燃烧。

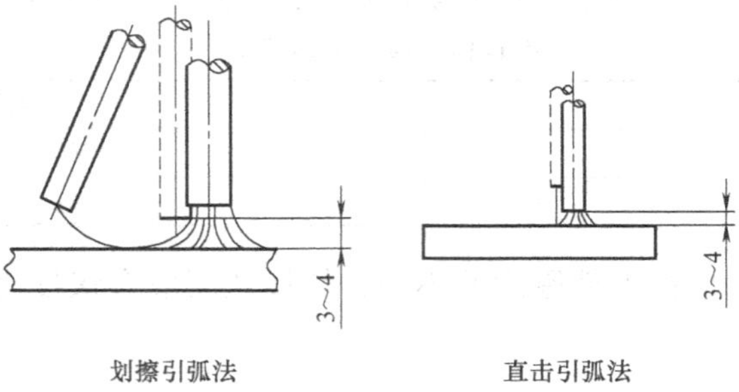

图 1-18　引弧法

引弧操作要点：手握焊钳，手腕沿左右方向摆动，在焊条引弧端与焊件接触划擦后立即抬起焊条；焊条划擦长度不宜过大，一般为 10mm 左右。如果手腕动作不灵活或抬起焊条过慢，焊条与焊件就可能黏结在一起。这种引弧方法适宜初次学习焊条电弧焊的人员。划擦引弧法的优点是电弧容易引燃，缺点是焊条划痕范围大。对焊件表面质量要求高的焊件，焊接时不宜采用此方法。在使用碱性焊条焊接时，常采用这种引弧方法。

2. 直击引弧法

先使焊条垂直对准焊件，然后用焊条引弧端直接撞击焊件，在出现弧光后，迅速提起焊条，并将电弧长度保持在 3 ~4mm，使产生的电弧稳定燃烧。这种引弧方法比划擦引弧方法难度大，是在熟练掌握划擦引弧方法后，必需掌握的引弧方法。此种引弧方法对焊件表面损伤范围小，是焊接时经常采用的引弧方法。

采用直击引弧法引弧时，手腕下送和上提的动作要迅速，否则焊条与焊件会黏结在一起。若焊条提起得过高，则引燃的电弧有可能会熄灭。怎样练习直击法引弧呢？首先是手法练习，就是在手腕子上下功夫，要求手腕经常做向下和向上的动作，上下的动作要快而果断；然后在焊件上用石笔画出直径约为 8mm 的圆点，并根据练习焊件面积的大小确定圆点之间的距离和数量，金属柱与金属柱之间的距离以 30mm 左右为宜；最后进行引弧练习，并在焊完的圆点（焊点）上清理熔渣，再在清理完熔渣的焊点上反复进行引弧训练，直到将这些焊点堆焊起

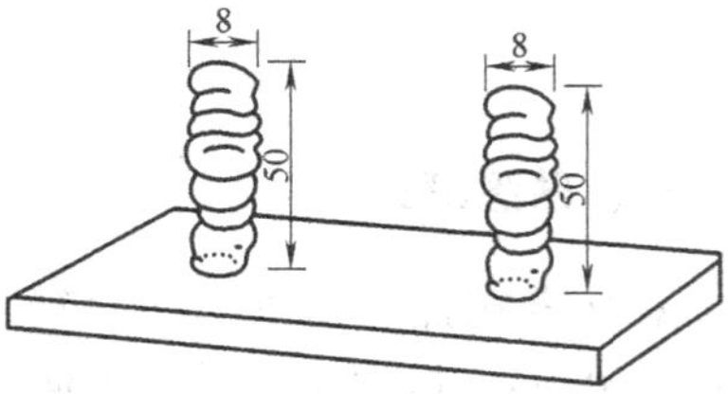

图 1-19　引弧堆焊的金属柱

40～50mm高的金属柱，如图1-19所示。

碱性焊条也可采用此种方法引弧。碱性焊条比酸性焊条引弧困难，只有熟练掌握酸性焊条的引弧方法后，才可以进行碱性焊条引弧练习。这种引弧方法的训练重点是引燃电弧的操作及引弧的准确度，为单面焊双面成形技术打下基础。此引弧方法既能节约训练的板材，又能提高焊工引弧技能。

三、运条

在焊接时，运条一般要同时完成三个基本动作，即焊条沿中心线向熔池送进、沿焊接方向均匀移动和横向摆动，如图1-20所示。

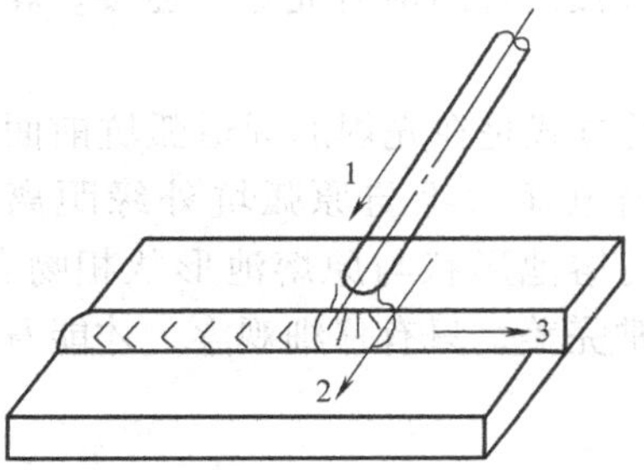

图1-20 运条的三个基本动作
1—焊条向熔池送进 2—横向摆动
3—沿焊接方向移动

焊条做横向摆动是为了得到一定宽度的焊道。其摆动宽度根据焊件厚度、坡口大小等因素来确定。

运条的关键是平稳、均匀，三个动作不能机械地分开，而应相互协调，这样才能得到满意的焊缝。

焊条向熔池方向送进的目的是在焊条不断熔化的过程中保持弧长不变。焊条下送速度应与焊条的熔化速度相同，否则，会因电弧拉长而出现断弧现象。焊条下送速度太快，不利于观察熔池形状，在焊件上会产生较大的熔深，也可能将焊件烧穿，使焊缝成形差。

焊条沿焊接方向移动是为了控制焊道成形。随着焊条向前移动，会逐渐形成一条焊道。焊条向前移动的速度过快，会导致焊道较窄，甚至难以形成焊道；焊条移动的速度过慢，会使焊道过厚、过宽，还可能出现烧穿等缺陷。

运条的方法很多，选用时应根据接头的形式、装配间隙、焊缝的空间位置、焊条的直径与性能、焊接电流及焊工技术水平等来确定。焊条的运条方法主要有直线形运条法、直线往复形运条法、锯齿形运条方法、月牙形运条法、斜三角形运条法等，见表1-15。平敷焊可用直线形运条法、直线往复形运条法和锯齿形运条法。

表1-15 常用运条方法

运条方法	运条示意图	适用范围
直线形运条法		I形坡口对接接头平焊
直线往复形运条法	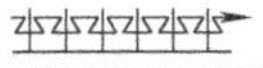	薄板焊
锯齿形运条法	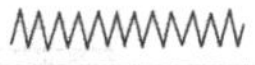	对接接头平焊、立焊、仰焊
月牙形运条法		管的焊接，对接接头平、立、仰焊
斜三角形运条法		角接接头的仰焊
正三角形运条法	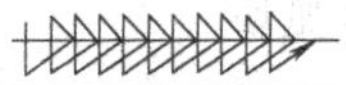	角接接头的立焊

四、焊道的起头、接头和收尾

1. 起头

焊道起焊时会出现一些问题，如当选择合适的焊接电流值时，如果引弧后开始焊接，就会分不清熔渣和熔池；焊接电流相对稍小一些，会使起焊点部位的焊道略突起，焊道变窄，甚至出现熔合不良和夹渣。其原因是起焊时焊件的温度较低，又不能迅速将焊件温度升高，从而产生起头的焊接缺陷。

为解决上述问题，一种方法是长弧预热，起头时可以在引弧后稍微拉长电弧，对始焊处预热，预热时间根据工件厚度来定，一般以 3～5s 为宜；另一种方法是从距离始焊点 10mm 左右处引弧，回焊到始焊点，逐渐压低电弧，同时焊条做横向摆动，达到所需要的焊道宽度后进行正常焊接；还有一种方法，即将合适的焊接电流值增大 20% 左右，也可以解决起头时出现的焊接问题。

2. 接头

一条完整的焊缝是由多根焊条焊接而成的，每根焊条焊接的焊道应有完好的连接。焊道接头方法一般有四种，如图 1-21 所示。

第一种连接方式应用最多，如图 1-21a 所示。其接头的方式是在先焊的焊道弧坑前面约 10mm 处引弧，再将拉长的电弧迅速地移到原弧坑处，当电弧边缘与原弧坑外缘距离为 0.5～1mm时，压低电弧，焊条再做横向摆动，让新形成的熔池形状与原熔池形状相吻合，然后立即向前移动进行正常焊接。这样形成的焊道接头非常完美，只有仔细观察，才能看出有焊道接头。

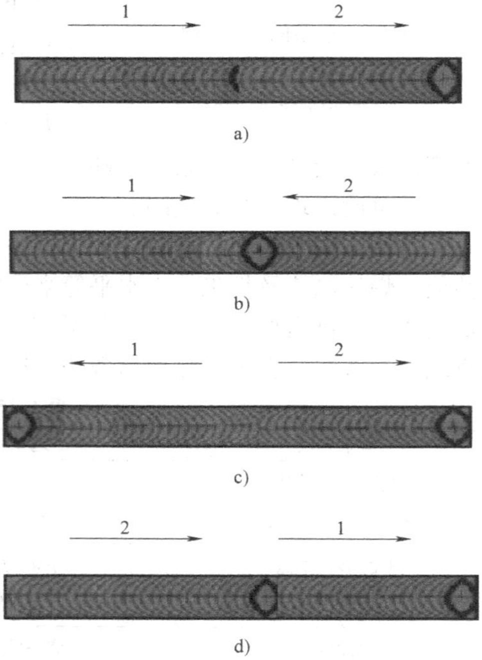

图 1-21　焊道接头方法

a）头与尾连接　b）尾与尾连接

c）头与头连接　d）尾压头的连接

1—先焊的焊缝　2—后焊的焊缝

注：→表示焊接方向，起头→收尾。

第二、三、四种连接方式应用较少（见图 1-21b、c、d），一般用于长焊缝分段焊，采用焊道的头与头相接、尾与尾相接和尾压头相接。它们的操作方法与第一种连接方式基本相同，并利用长弧预热，适时而准确地压弧，以保持接头平滑。

这四种接头的操作要点：能观察出电弧扩散角的边缘，否则，当焊条到位时，电弧边已经越过弧坑边缘，会出现焊道接头过高现象；当电弧扩散角的边与弧坑的距离超过 1mm 时，焊道接头就会脱节，焊道余高发生变化，为焊接应力的产生提供条件。

接头时，焊条横向摆动的幅度要根据焊道宽度适当调节，防止焊道宽窄不一。

3. 收尾

收尾是一条焊道焊接结束时的熄弧操作。如果收尾不当，则会出现过深的弧坑（见图 1-22a），使焊道收尾处强度减弱，甚至产生弧坑裂纹，所以收尾动作不仅是熄弧，而且应填满弧坑。

收尾时填满弧坑的方法有三种：

（1）划圈收尾法　当焊至终点时，焊条做圆圈运动，直到填满弧坑后再熄弧，如图 1-22b 所示。此方法适用于厚板焊接，若用于薄板，则有烧穿焊件的危险。

（2）反复断弧收尾法　焊至终点时，焊条在弧坑处做数次熄弧的反复动作，直到填满弧坑为止，如图1-22c所示。此方法适用于薄板焊接。

（3）回焊收尾法　当焊至结尾处时，不马上熄弧，而是按照来的方向向回焊一小段（约5mm），待填满弧坑后，慢慢拉断电弧，如图1-22d所示。碱性焊条常用此方法。

五、技能训练

练习平敷焊时，可先从操作简单的直线运条法开始。这种运条方法由两个动作组成，一是向熔池送焊条，二是沿着焊接方向向前移动，是由简单的技能操作练习逐步到复杂技能的练习。在熟练掌握直线法运条后，再进行难度较大的横向摆动运条法练习。在焊接训练过程中要注意四大环节：引弧起头→运用焊条（运条）→焊缝接头→焊缝收尾。

1. 引弧和起头

引弧和起头是分不开的两个环节。引燃电弧时，焊条角度与焊件是垂直的（见图1-23a），先用长弧预热起焊端，然后压低电弧进行起头焊接。焊条角度垂直是为了防止熔池在起焊头时下淌，出现焊瘤；焊接时速度要均匀。接下来按照起头的操作要领进行焊接。

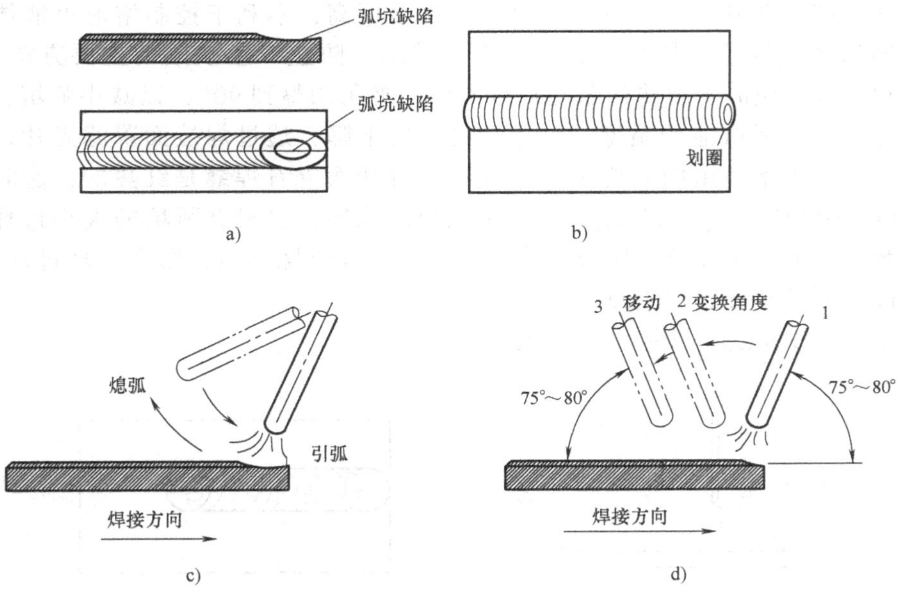

图1-22　焊缝的收尾

a）焊缝收尾时出现的弧坑　b）划圈收尾法　c）反复断弧收尾法　d）回焊收尾法

2. 运用焊条（运条）

压低电弧后，焊条在熔化，此时要不断向熔池送进焊条，将电弧高度维持在3～4mm，同时沿直线或横向摆动焊条。横向摆动焊条时，摆动幅度不要宽窄不一，否则会影响焊缝宽度；运条幅度不要过大或过小，否则会影响焊缝余高。焊接时怎样控制运条速度呢？这是练习的关键，在这里介绍一点技巧：无论焊缝的温度怎样变化，都要观察熔渣与焊接电弧边缘之间的距离，它直接影响焊波的排列，这个距离以 3 ~5mm 为最佳，会使焊缝成形美观；合理选择焊接电流，当焊接电流大时，可通过调整焊条与焊接方向的倾斜角度，来控制熔渣到电弧之间的距离。

3. 焊缝接头

前面介绍了四种接头方式，图 1-21a 所示的接头方式在焊接时经常采用，弧坑的运条轨迹如图 1-23b 所示。根据焊缝的温度，焊缝的接头方法有两种：一是热接法，即在一根焊条焊完后，以最快的速度更换焊条，将弧坑的熔渣敲掉后就进行接头，这是焊接工作中经常采用的接头方法；二是冷接法，即在焊缝弧坑冷却后继续焊接前段未完成的焊缝，焊接练习时常采用此接头方法。练习时，可以将一根焊条分成三段焊接，每焊完一段焊缝即进行敲渣，然后再焊接，进行反复接头练习。另外，对焊缝接头处还要做到一看、二摸。看就是用眼睛观察先、后焊接的焊波是否一致；摸就是利用焊条端面，在焊缝接头处进行触摸，判断是否有接头过高或脱节现象，找出问题的原因，反复练习，就能提高焊缝接头技能。

4. 焊缝收尾

前面已经介绍了收尾的三种方法，那么怎么才能将收尾工作做得更好呢？掌握收尾的熔池温度是最关键的，因为起头与收尾的温度发生很大的变化，随着焊缝长度的增加，焊件的温度逐渐升高，所以收尾时的温度会更高，不利于控制熔池里液体金属的流动性，容易产生塌陷、烧穿、焊瘤等焊接缺陷。防止产生缺陷的主要方法有两种：一是平敷焊接近收尾时，要将焊条与焊接方向的夹角调整到 90°，以减小弧坑，有利于收尾；二是控制收尾熔池的温度，稍等熔池温度下降，透过焊接面罩滤光片，观察熔池的温度变化，当熔池由明亮变为无暗红时，打开面罩看焊缝是红热的，这时的焊缝温度为 400 ~500℃，再进行反复断弧收尾或画圈收尾，要根据弧坑的大小选择画圈或断弧的次数，一般填满弧坑一次或两次就可以。如果收尾不当，则会出现过深的弧坑，使焊道强度减弱甚至导致产生弧坑裂纹。

在进行以上训练之前，还要做下面的工作：

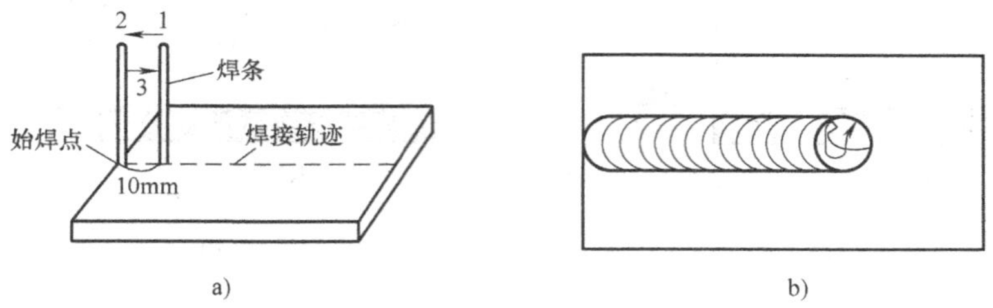

图 1-23　平敷焊

a）平敷焊起头　b）平敷焊接头

1）清理焊件表面上的污物，在板厚为 10mm 的焊件上用石笔画出数条间隔为 20mm 的平行直线作为焊缝位置线，并作为平敷焊时的运条轨迹。

2）调整焊接电流，选用直径为 ϕ3.2mm 和 ϕ4.0mm 的焊条，在 100 ~200A 的范围内调节焊接电流，并在钢板上进行试焊，熟悉采用适当的焊接电流时熔池的熔化状态。

问题及防治

1. 夹渣缺陷

当焊接电流过小，焊接速度过快时，在熔渣和熔化金属混淆分不清的情况下，很容易产生夹渣缺陷。因此，一定调整好焊接电流，控制焊接速度，区分出熔渣和熔化金属的颜色，减少熔渣和熔化金属混淆不清的状态，从而避免夹渣缺陷。

2. 焊波不细腻、比较粗糙

熔渣不能很好地覆盖熔化金属而使熔化金属裸露太多，造成焊波比较粗糙。因此，要通过调节焊接电流，并控制合适的焊接速度，保持熔化金属上面的熔渣始终处于半露半敷状态，以获得波纹细腻的焊缝。

3. 焊道接头有时脱节、有时超高

接头前，要认真清理接头处的熔渣，否则弧坑轮廓不能显现出来，不便于接头，在接头时就会比较盲目，容易出现接头有时脱节、有时超高的问题。

4. 焊缝宽窄不一

一般焊缝宽窄不一是在焊接过程中，电弧长度发生变化，操作手法不稳，尤其焊接速度忽快忽慢所造成的。

不管是采用直线形运条方法还是锯齿形运条方法，只要保持均匀的焊接速度，将手的抖动与横向摆动结合在一起，再控制好电弧长度，就能焊出宽窄一致的焊缝。

检查评议

检查评议表，见表 1-16。

表 1-16 检查评议表

项目	考核要求	分值	扣分标准	检验结果	得分
操作姿势	操作姿势规范	5	不正确不得分		
引弧方法	引弧动作符合要求	5	不正确不得分		
运条方法	运条方法选择得当	5	不正确不得分		
定点引弧方法	方法正确	5	不正确不得分		
引弧堆焊方法	方法正确	5	不正确不得分		
焊缝宽度	10 ~ 15mm	10	超差 1mm 扣 2 分		
焊缝宽度差	≤2mm	5	超差 1mm 扣 2 分		
焊缝余高	0 ~ 3mm	10	超差 1mm 扣 3 分		
焊缝余高差	≤2mm	5	超差 1mm 扣 2 分		
焊缝外观	无明显弯曲	5	不平直不得分		
焊缝接头外观	不超高且无脱节	10	不平整不得分		
起头焊缝外观	起头平滑	5	不平滑不得分		
收尾弧坑外观	弧坑饱满	5	不饱满不得分		
焊波外观	波纹均匀、成形美观	20	根据成形情况酌情扣分		

考证要点

1）焊接操作一般包含（　　），（　　），以及焊道的（　　）、（　　）和（　　）

等环节。

2）指出下图采用哪种电弧引燃方法？

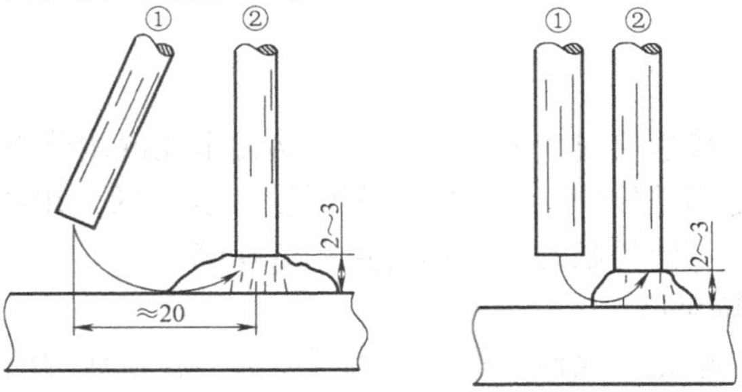

（划擦引弧法）　　（直击引弧法）

图 1-24　练习图

3）常用的收尾方法有（　　　）、（　　　　）和（　　　　）三种。

4）运条时一般要同时完成三个基本运动：（　　　　　）、（　　　　）和（　　）。引弧时，需要同时完成（　　　　　）的基本运动。采用直线形运条法时，需同时完成（　　　　　）和（　　　　　）的基本运动。采用锯齿形运条法时，需同时完成（　　　）、（　　　）和（　　　）的基本运动。

5）断弧或焊条与焊件黏结现象是由于焊条的（　　）与焊条的（　　）不相同造成的。

6）焊道难以成形或焊道过厚、过宽等缺陷是由于焊条向前移动的速度（　　）或（　　）造成的。

7）运条的关键是：运条时要平稳、均匀，（　　　）要相互协调。

8）平敷焊训练时，常用（　　　　　）运条方法。

任务 2　板-板平对接 I 形坡口单面焊双面成形

任务描述

板-板平对接 I 形坡口单面焊双面成形是焊接坡口件的基础，在生产领域中广泛应用，如机械加工、化工领域等。通过本任务的学习，掌握板-板平对接 I 形坡口单面焊双面成形的操作技能。

任务分析

板对接平焊时，焊件处于平焊位置，与其他焊接位置相比操作较容易。但是，在打底焊时，在电弧吹力和熔化金属的重力作用下，焊道背面容易产生超高、焊瘤等缺陷，因此操作过程中仍有一定难度。在操作时要注意运条方法，要通过不断调整焊接速度和焊接电流来总结操作经验。

相关知识

一、焊接接头形式

用焊接方法连接的接头称为焊接接头，简称接头。焊接接头包括焊缝、熔合区和热影响区。由于焊件的结构、厚度及技术要求不同，其焊接接头的形式及坡口形式也不相同。

焊接接头的基本形式可分为对接接头、T形接头、角接接头和搭接接头四种。有时焊接结构中还有一些特殊的接头形式，如十字接头、端接接头、卷边接头、套管接头、斜对接接头、锁底接头等。常用的坡口形式有I形坡口、V形坡口、X形坡口和U形坡口。

1. 对接接头

两焊件端面相对且平行的接头称为对接接头，如图1-25所示。对接接头是各种焊接结构中采用最多的一种接头形式。

（1）不开坡口的对接接头　钢板厚度在6mm以下的焊件一般不开坡口，而为使焊接时达到一定的熔透深度，一般留有1~2mm的根部间隙。有的焊件在整个厚度上不要求全部焊透，可进行单面焊接，但必须保证焊缝的熔透深度不小于板厚的0.7倍。如果产品要求在整个厚度上全部焊透，就应该在焊缝背面用碳弧气刨清根后再焊，即形成不开坡口的双面焊接对接接头。

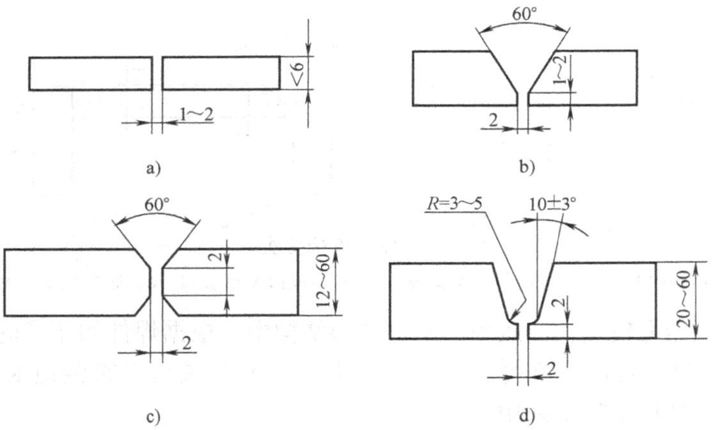

图1-25　对接接头

a）I形坡口　b）V形坡口（带钝边）　c）X形坡口（带钝边）　d）U形坡口（带钝边）

（2）开坡口的对接接头　开坡口的主要目的是保证接头根部焊透，以便于清除熔渣，获得优质的焊接接头，而且坡口还可以调节焊缝的熔合比（即母材金属在焊缝中占的比例）。

一般钢板厚度为6~40mm时，采用V形坡口或带钝边的V形坡口，这种坡口的特点是加工容易，但焊件容易产生角变形；钢板厚度为12~60mm时，可采用带钝边的X形坡口，这种坡口主要用于大厚度以及要求变形量较小的结构中；钢板厚度为20~60mm时，可采用U形坡口，其特点是熔敷金属量最少，焊缝的熔合比小，但加工较为困难，一般较少使用，只用于较重要的焊接结构。

2. T形接头

焊件一端面与另一焊件表面构成直角或近似直角的接头称为T形接头，如图1-26所示。

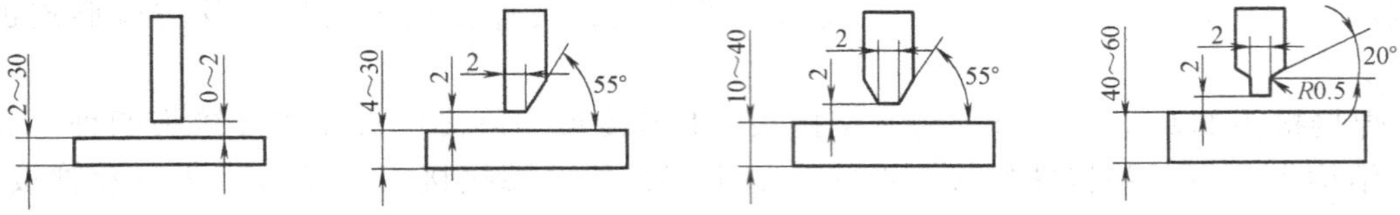

a) b) c) d)

图 1-26　T 形接头

a）I 形坡口　b）单边 V 形坡口（带钝边）　c）K 形坡口　d）带钝边双 J 形坡口

T 形接头的使用范围仅次于对接接头，特别是船体结构中，约 70% 的焊缝采用这种接头形式。根据焊件厚度的不同，T 形接头的垂直板可分为 I 形、单边 V 形、K 形及带钝边双 J 形坡口四种形式。

当钢板厚度为 2 ~ 30mm 时，可采用 I 形坡口。在焊缝承受载荷时，应按照钢板厚度和对结构强度的要求，可分别考虑选用单边 V 形、K 形或带钝边双 J 形等坡口形式，使接头焊透，保证接头强度。

3. 角接接头

两焊件端面间构成大于 30°、小于 135°夹角的接头称为角接接头，如图 1-27 所示。

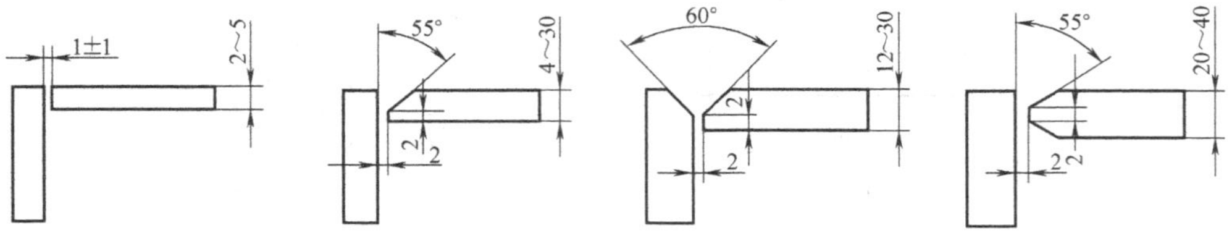

a) b) c) d)

图 1-27　角接接头

a）I 形坡口　b）带钝边单边 V 形坡口　c）带钝边 V 形坡口　d）带钝边 K 形坡口

角接接头承载能力较差，一般用于不重要的结构中。根据焊件的厚度的不同，角接接头坡口可分为 I 形坡口、带钝边单边 V 形坡口、带钝边 V 形坡口及带钝边 K 形坡口。开坡口的角接接头在一般结构中较少采用。

4. 搭接接头

两焊件部分重叠构成的接头称为搭接接头，如图 1-28 所示。

根据搭接接头的结构和对强度的要求不同，可将其分为 I 形坡口、塞焊缝和槽焊缝三种类型。

I 形坡口搭接接头的重叠部分长度为 3 ~ 5 倍板厚，并采用双面焊接。这种接头的装配要求不高，但承载能力低，只用在不重要的结构中。当结构重叠部分面积较大时，为了保证结构强度，可根据需要分别选用圆孔塞焊缝和长孔槽焊缝的形式。搭接接头特别适用于被焊结构的狭小处及密闭的焊接结构。

二、坡口的选用原则

为上述各种接头在选择坡口形式时，应尽量减少焊缝金属的填充量，便于装配和保证焊接接头的质量，因此选用坡口时应考虑下列几条原则：

1）保证将焊件焊透。

2）坡口的形状容易加工。

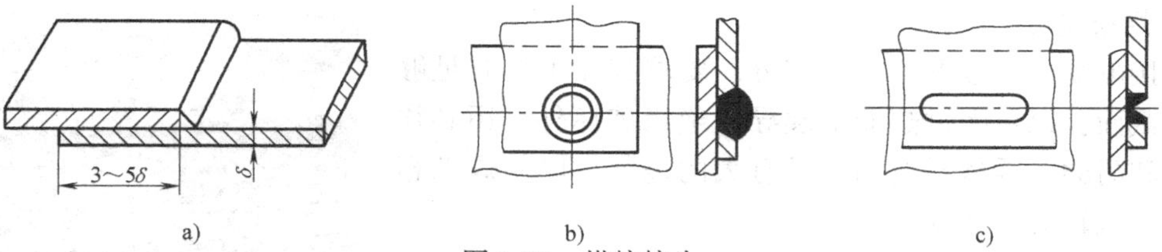

图 1-28 搭接接头

a）I 形坡口 b）塞焊缝 c）槽焊缝

3）尽可能节省焊接材料，提高生产率。

4）焊接后焊件变形量尽可能小。

任务准备

一、焊条

酸性焊条的型号为 E4303（牌号为 J422），碱性焊条的型号为 E5016（牌号为 J506），焊条直径为 ϕ3. 2mm、ϕ4. 0mm。

图 1-29 I 形坡口焊件

二、焊件

用 Q235A 钢板，长×宽×厚为 300mm×100mm×6mm，每组两块，装配成如图 1-29 所示的 I 形坡口焊件。

将两块钢板对接装配并进行定位焊，始焊端留有 1. 0mm 的间隙，终焊端留 1. 5mm 的间隙，焊件错边量小于 0. 5mm。

三、焊接电源

选用 ZX7—400ST 型弧焊逆变器。

四、焊接工具

焊接操作时使用的工具，除本单元任务一介绍的外，还需了解图 1-30 所示的工具。

1. 面罩及护目镜

面罩是一种遮蔽工具，用于防止焊接时的飞溅物和强烈的弧光对焊工面部及其他部位的灼伤。护目镜用于减弱弧光强度，吸收由电弧发射的可见光、红外线和紫外线，避免眼睛在焊接时被弧光灼伤，还可以通过护目镜观察熔池，掌握熔池温度，控制熔池形状。

2. 焊接电缆

焊接电缆是焊接电路的一部分。要求其除了具有足够的导电截面，以免因过热而引起导线绝缘破坏外，还必须耐擦伤和耐磨，柔软易弯曲，具有大的挠度，以便焊工容易操作，减轻劳动强度。

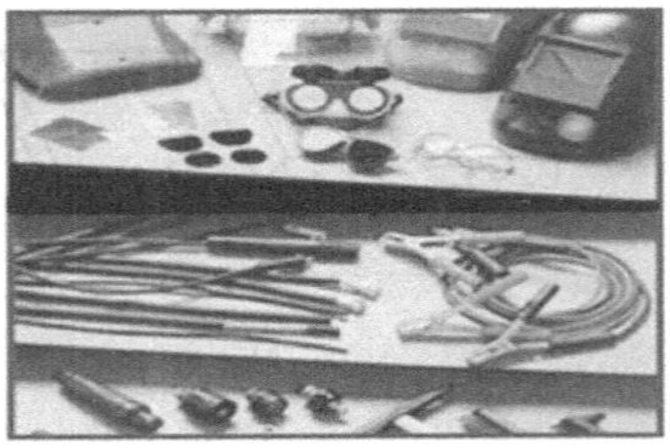

图 1-30　焊接使用的工具

3. 快速接头

快速接头是一种快速方便地连接焊接电缆与焊接电源的装置。其材料采用导电性好，并具有一定强度的黄铜，具有轻便适用、接触电阻值小、无局部过热、操作简单、连接快和拆卸方便等特点。

五、焊接参数

I 形坡口对接平焊焊接参数见表 1-17。

表 1-17　I 形坡口对接平焊焊接参数

焊接次序	运条方法	焊条直径/mm	焊接电流/A
正面焊	直线形或锯齿形运条法	4.0	160 ~ 170
背面焊	直线形运条法	3.2	95 ~ 105

任务实施

一、I 形坡口对接平焊训练

焊件为 Q235A 钢板，厚度为 6mm，可选择酸性焊条。焊接此焊件时，焊两层焊道，底层焊道选用 $\phi3.2$mm 的焊条，盖面层焊道选用 $\phi3.2$mm 或 $\phi4.0$mm 的焊条。用大锤对焊件进行矫正，使之平整，并用锉刀或钢丝刷清理焊件表面的铁锈和污物。装配定位时，应留有对口间隙，以便在焊件两端进行定位焊。焊接前，应调整好焊接电流，然后将焊件平放在工作台上，准备焊接，操作姿势和焊条角度如图 1-31 所示。

图 1-31　操作姿势和焊条角度

焊件需要双面焊接，先焊接正面焊缝，后焊背面焊缝。

1. 焊接正面焊缝

焊接正面焊缝时，采用 $\phi3.2$mm 的焊条，保持焊条与焊件两侧相互垂直，与前进方向成 60° ~ 80°角，操作方法与平敷焊基本相同，选用 $\phi4.0$mm 的焊条，可采用直线形或锯齿形运条法进行盖面焊接。

焊接时，焊缝的熔透深度应达到板厚的 2/3，以保证焊件在厚度上全部焊透（见图 1-32）。若达不到要求，则可适当增加焊接电流或加大装配间隙。

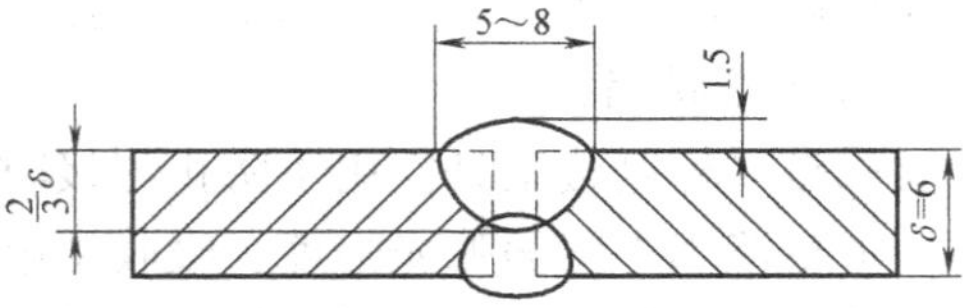

图 1-32　焊缝外形的要求

正面焊缝焊完后，将焊件翻转过来，清理干净正面焊缝焊接时从间隙中透过来的焊渣。

2. 焊接背面焊缝

焊接背面焊缝时，运用直线运条法，选择 ϕ3.2mm 的焊条。由于正面焊缝已起到了封底的作用，一般不会出现烧穿现象，因此为保证与正面焊缝进行良好的熔接而不产生未焊透的现象，可适当加大焊接电流。

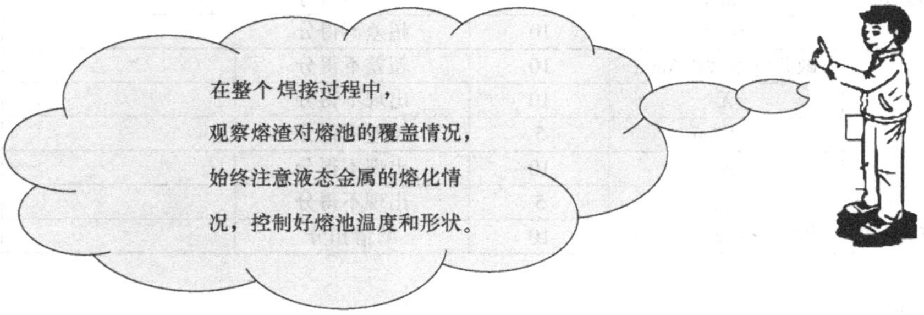

焊后清理焊件，检查焊件质量，查找焊接缺陷及其产生的原因，以在下次操作时避免。

二、改变焊接参数，变换操作方法

改变焊接参数，变换操作方法，以便了解不同的焊接缺陷产生的原因。

1）与第一步训练时的焊件尺寸相同，将装配间隙改为 0.5～1.0mm，选用小一些的焊接电流，运用同样的运条方法，观察会出现什么样的焊接缺陷。

2）与第一步训练时的焊件尺寸相同，将装配间隙改为 4.0～5.0mm，选用较大的焊接电流，运用同样的运条方法，观察会出现什么样的焊接缺陷。

3）与第一步训练时的焊件尺寸、装配间隙相同，选用的焊接电流约为 240A，选择小直径焊条，焊接速度稍慢，电弧较长，观察会出现什么样的焊接缺陷。

4）与第一步训练时的焊件尺寸、装配间隙相同，选择的焊接电流约为 50A，选择大直径焊条，焊接速度稍快，观察会出现什么样的焊接缺陷。

问题及防治

1）底层焊接时，若运条方法不当、焊接速度过慢、焊接电流过大等，很容易产生烧穿和焊瘤等缺陷。因此，一定要调整好焊接电流，控制焊接速度，以避免焊接缺陷的产生。

2）填充焊时，若选择的焊接电流太小，导致液态金属与熔渣混淆不清，加上焊接速度过快，很容易产生夹渣缺陷。因此，在训练过程中，一定要认真调节焊接电流，了解焊接电流的大小对焊接质量的影响。

3）盖面焊时，若焊接电流过大，电弧过长或填充量不足就进行盖面焊，以及运条时焊缝两侧停顿时间少，加之运条角度不正确，会直接影响焊缝表面的成形质量，在焊接过程中应给予重视。

检查评议

检查评议表见表 1-18。

表 1-18　检查评议表

项　目	考核要求	分值	扣分标准	检查结果	得分
焊缝宽度	12 ~ 15mm	10	超差不得分		
焊缝宽度差	≤2mm	5	超差不得分		
焊缝余高	0 ~ 3mm	10	超差不得分		
焊缝余高差	≤2mm	5	超差不得分		
焊缝边缘直线度误差	≤2mm	10	超差不得分		
焊后角变形量	≤3°	10	超差不得分		
咬边	缺陷深度≤0.5mm	10	超差不得分		
未焊透	无	10	出现不得分		
错边量	≤1mm	5	超差不得分		
焊瘤	无	10	出现不得分		
气孔	无	5	出现不得分		
焊缝成形质量	表面波纹细腻、美观	10	酌情扣分		

考证要点

1. 选择坡口时，应遵循（　　　　　　　　　　）、（　　　　　　　　　　）、（　　　　　　　　　　）和（　　　　　　　　　　）的原则。

2. 一般焊件厚度在（　　）mm 以下时采用 I 形坡口，当进行单面焊时，必须保证焊缝的熔透深度不小于板厚的（　　）倍。

3. 若焊件厚度为 16mm，则在焊条电弧焊时，既要保证焊接质量，又要便于坡口加工，并且焊后变形量要小，故应选用（　　　）坡口。

4. 对接接头主要有（　　）形、（　　）形、（　　）形和（　　）形坡口等。

5. 坡口的加工方法有：（　　）、（　　）、（　　　）、（　　　）、（　　　　　）和（　　　）。

6. 填写 I 形坡口对接平焊焊接参数（见表 1-19）。

表 1-19　I 形坡口对接平焊焊接参数填写表

焊接次序	运条方法	焊条直径/mm	焊接电流/A
正面焊	直线形或锯齿形运条法		
背面焊	直线形运条法		

7. 焊接时，若不能将焊件在厚度上全部焊透，则可适当增加（　　）或（　　）。

8. 焊接时，若液态金属和熔渣混淆在一起，该怎样解决？

9. 操作过程中，焊接电流过大或过小容易产生哪些缺陷？

10. 如果将 I 形坡口对接焊件置于下坡焊，那么焊缝成形与水平放置时有什么不同？

任务 3　板-板平对接 V 形坡口单面焊双面成形

任务描述

板-板平对接 V 形坡口单面焊双面成形是焊接有坡口焊件的基础，在生产领域中广泛应用，如机械加工和化工领域等等。本任务是进行板-板平对接 V 形坡口单面焊双面成形的操作。单面焊双面成形是从焊件坡口的正面进行焊接，使正面和背面同时形成致密、均匀焊缝的操作方法。单面焊双面成形广泛应用于焊接重要的焊接结构、压力容器等，是既能焊透又不用在焊件背面清根的一种焊接技术，同时也是国内外焊工技能培训和考核的重要内容之一。要进行单面焊双面成形操作，除了要具有平敷焊的操作技能外，还要掌握打底焊、填充焊和盖面焊等操作方法。

任务分析

板-板平对接V形坡口单面焊双面成形示意图如图1-33所示。

1. 操作要点

板对接平焊时，焊件处于平焊位置，与其他焊接位置相比容易操作。但是，单面焊双面成形打底焊时，熔滴受重力和电弧吹力的作用，会使焊件的背面焊缝产生焊瘤或超高等缺陷，因此操作时仍有一定的难度，关键在于底层的焊接。打底层的操作方法主要有灭弧焊法和连弧焊法两种。

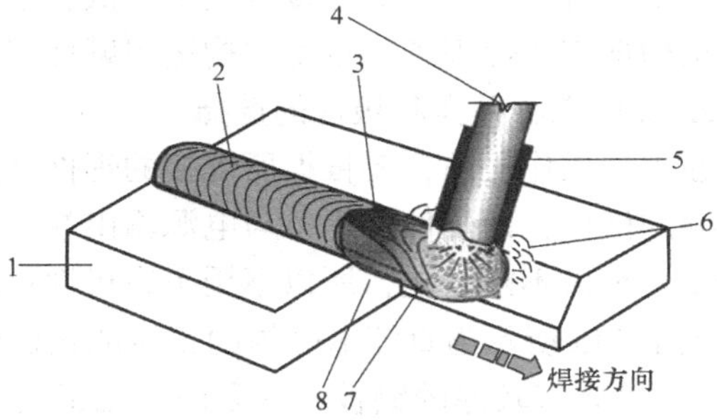

图1-33 板-板平对接V形坡口单面焊双面成形示意图
1—V形坡口母材 2—熔渣 3—焊缝 4—焊芯 5—药皮 6—药皮熔化产生的气体 7—熔池 8—根部间隙

（1）灭弧焊法 灭弧焊法是在焊接过程中通过电弧有节奏地引弧、熄弧来控制熔池温度，以获得较好的焊缝成形质量的操作方法。该方法主要用于酸性焊条进行打底层焊接。操作中可以采用较大的坡口间隙和较大的焊接电流，通过断弧的频率来控制焊缝成形质量。与连弧焊法相比较，灭弧焊法难掌握，适用于焊工基本功的训练。

（2）连弧焊法 连弧焊法是采用较小的焊接电流和较小的焊条直径，在焊接过程中，电弧持续稳定地燃烧，在较小的根部间隙内做均匀摆动，使焊件背面形成均匀焊缝的操作方法。

该方法操作简单，容易掌握，背面成形致密、平整，焊缝质量好，力学性能优良，在国内外的焊接操作中被广泛应用。但是，该方法在操作时要求控制好焊接速度、坡口间隙和焊接电流，三个焊接参数只有相互匹配，才能保持连弧焊接。这种方法主要用于碱性焊条进行打底层焊接。

2. 训练要点

1）掌握使用酸性焊条进行板-板平对接V形坡口单面焊双面成形的打底层灭弧焊操作技术。

2）掌握使用碱性焊条板-板平对接V形坡口单面焊双面成形的打底层连弧焊操作技术。

本任务重点训练使用酸性焊条进行板-板平对接V形坡口单面焊双面成形的操作方法。

相关知识

焊接参数

焊接参数是指焊接时为保证焊接质量而选定的各项参数（如焊接电流、电弧电压、焊接速度、热输入等）的总称。

焊条电弧焊的焊接参数主要包括：焊条种类与牌号、焊条直径、电源种类和极性、焊接电流、电弧电压、焊接速度和焊道层次等。

选择合适的焊接参数，对提高焊接质量和生产效率是十分重要的。由于焊接结构件的材质、工作条件、尺寸、形状及焊接位置的不同，所选择的焊接参数也有所不同。即使产品相同，也会因焊接设备条件与焊工操作习惯的不同而选用不同的焊接参数。可见，在进行焊条电弧焊时，对焊接参数不应限制得太严，需要在生产实践中摸索、体验，从中积累经验。

1. 焊条种类和牌号的选择

在实际工作中，焊条种类和牌号主要根据所焊钢材的性能、接头的刚度和工作环境等方面的要求进行选择。一般焊接低碳钢和低合金结构钢时，主要按等强度原则选择焊条类别，一般结构选用酸性焊条，重要结构选用碱性焊条。

2. 焊接电源种类和极性的选择

在焊接操作之前，要根据所焊接的焊件来选择弧焊电源。用直流弧焊电源焊接时，要考虑电源的极性，即焊件和焊条与电源输出端正、负极的连接方法；用交流弧焊电源焊接时，因为正、负极不断变化，所以不用考虑极性接法。

图 1-34a 所示为直流电弧焊的正接或正极性，即焊件接直流电源正极（+），焊条接负极（-）。焊接较厚的钢板时常采用直流正接，可获得较大的熔深。

图 1-34b 所示为直流电弧焊的反接或反极性，即焊条接正极（+），焊件接直流电源负极（-）。采用直流反接时，焊件的受热比采用直流正接时小，故焊接较薄的钢板时可以防止烧穿，并且采用直流反接时可减少飞溅现象和减小气孔倾向，使电弧稳定燃烧。

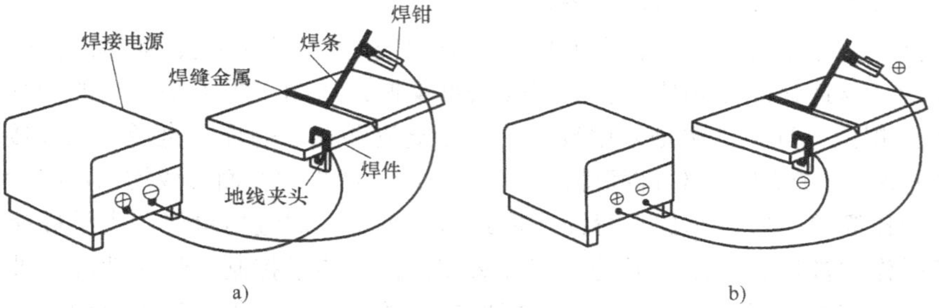

图 1-34　直流电弧焊正接法与反接法

3. 焊条直径的选择

焊条直径的选择与下列因素有关：

（1）焊件的厚度　焊件厚度大于 5mm 时，应选择直径为 4. 0mm 或 5. 0mm 的焊条；焊接薄焊件时，应选用直径为 3. 2mm 或 2. 5mm 的焊条。

（2）焊缝的位置　在板厚相同的条件下，平焊焊缝选用的焊条直径比其他位置焊缝大一些，但一般不超过 5mm；立焊时一般使用直径为 3. 2mm 或 4. 0mm 的焊条；仰焊、横焊时，为避免熔化的金属下淌，得到较小的熔池，选用焊条的直径不应超过 4mm。

（3）焊接层数　进行多层焊时，为保证将第一层焊道根部焊透，打底焊时应选用直径较小的焊条进行焊接，以后各层可选用较大直径的焊条。

（4）接头形式　搭接接头、T 形接头因不存在全焊透问题，所以应选用直径较大的焊条，以提高生产效率。

4. 焊接电流的选择

焊接电流是焊条电弧焊的主要焊接参数。焊工在操作过程中需要调节的只有焊接电流，而焊接速度和电弧电压都是由焊工控制的。焊接电流的选择直接影响着焊接质量和劳动生产率。焊接时，适当地加大焊接电流，可以加快焊条的熔化速度，从而提高工作效率。但是过大的焊接电流，会造成焊缝咬边、焊瘤、烧穿等缺陷，并且金属组织还会因过热而发生性能变化。焊接电流过小时易造成夹渣、未焊透等缺陷，从而降低焊接接头的力学性能。选择焊接电流的主要依据是焊条直径、焊缝位置、焊条类型。另外，经常凭焊接经验来调节合适的焊接电流。

（1）根据焊条直径来选择　焊条直径一旦确定下来，也就限定了焊接电流的选择范围。因为不同的焊条直径会有不同的许用焊接电流范围，若超出许用范围，则会直接影响焊件的力学性能。一般可以根据下列经验公式来确定焊接电流范围，再通过试焊，逐步得到合适的焊接电流。

$$I_h = (30 \sim 55)d$$

式中　I_h——焊接电流（A）；

d——焊条直径（mm）。

（2）根据焊缝位置选择　在焊条直径相同时，平焊时，熔池中的熔化金属容易控制，可以适当地选择较大的焊接电流，立焊和横焊时的焊接电流比平焊时应减小10%～15%，而仰焊时焊接电流要比平焊时减小10%～20%。

（3）根据焊条类型选择　在焊条直径相同时，奥氏体不锈钢焊条使用的焊接电流要比碳素钢焊条小一些，否则会因其焊芯电阻热过大使焊条药皮过热而脱落。碱性焊条要比酸性焊条使用的焊接电流小一些，否则，焊缝中易形成气孔。

（4）根据焊接经验选择

1）焊接电流过大时：焊接爆裂声大，熔滴向熔池外飞溅，并且熔池也大，焊缝成形宽而低，容易产生烧穿、焊瘤、咬边等缺陷；运条过程中熔渣不能覆盖熔池，使熔池裸露在外，造成焊缝波粗糙；过大的焊接电流会使焊条熔化到大半根时，余下的焊条发红。

2）焊接电流过小时：焊缝窄而高，熔池浅，熔合不良，会产生未焊透、夹渣等缺陷；出现熔渣超前现象，与液态金属分不清；有时焊条会与焊件黏结。

3）合适的焊接电流：熔池中会发出煎鱼般的声音；在运条过程中，以正常的焊接速度移动时，熔渣会使熔池半盖半露，液态金属和熔渣容易分清；焊缝金属与母材呈圆滑过渡，熔合良好；在操作过程中，有得心应手之感。

5. 电弧电压的选择

焊条电弧焊的电弧电压主要是由电弧长度来决定的。电弧长则电弧电压高，电弧短则电弧电压低。在焊接过程中，电弧不宜过长，否则会出现电弧燃烧不稳定、飞溅大、熔深浅，以及产生咬边、气孔等缺陷。焊接时，应该使用短弧焊接。所谓短弧，一般是指长度是焊条直径0.5～1.0倍的电弧，相应的电弧电压为16～25V。碱性焊条的电弧长度不应超过焊条的直径，为焊条直径的1/2较好，酸性焊条的电弧长度应等于焊条直径。

6. 焊接速度的选择

单位时间内完成的焊缝长度称为焊接速度。

对于焊条电弧焊来说，焊接速度是由焊工操作决定的，它直接影响焊缝成形质量和焊接生产率。在保证焊缝具有所要求的尺寸和外形及良好的熔合原则下，焊接速度由焊工根据具体情况和焊接经验灵活掌握。

7. 焊接层数

当焊件较厚时，往往需要开坡口并采用多层焊。多层焊时，前层焊道对后一层焊道起预热作用，而后一层焊道会使前一层焊道中存在的偏析、夹渣及一些气孔重新熔合，同时还对前一层焊道起到热处理作用，因此，接头的延性和韧性都比较好。特别是对于易淬火钢，后一层焊道对前一层焊道的回火作用，可改善焊接接头组织和性能。因此，对一些重要的结构，焊接层数多一些为好，每层厚度最好不大于4mm。

任务准备

一、焊条

酸性焊条的型号为E4303（牌号为J422），碱性焊条的型号为E5016（牌号为J506），焊条直径为ϕ3.2mm、ϕ4.0mm。

二、焊件

Q235A钢板，长×宽×厚为300mm×100mm×10mm，板的一侧加工出30°的V形坡口，每两块装配成一组焊件。

1. 清理焊件

焊前将开成V形坡口的焊件表面清理干净，露出金属光泽，然后将坡口打磨出钝边，钝边的尺寸为0.5~1mm。钝边的大小与焊接电流的大小有关，钝边尺寸大时就选大的焊接电流。最后，在距坡口边缘两侧一定距离（约为50mm）处用划针划一条平行线，作为焊后测量焊缝在坡口每侧增宽的基准线。

2. 定位装配

采用两段定位焊道，分别在始焊端和末焊端，始焊端的根部间隙为3.2mm。分别将ϕ3.2mm、ϕ4.0mm焊条的焊芯放在两焊件之间，作为定位间隙。装配时先在焊件坡口的任何一端，即始焊端或终焊端，首先定位一小点，这时的定位焊点不宜过大，只要能将焊件焊牢固就可以，目的主要是矫正焊件，防止焊件定位焊时出现错边、间隙过大或过小等情况；然后检查焊件，如果没有问题，就可以焊接两处定位焊道了。始焊端定位焊点的长度可以短一点（5~10mm）；终焊端根部间隙为4.0mm，定位焊道可以稍长一些（10~15mm），目的是防止焊件在焊接时产生收缩变形。焊件装配尺寸见表1-20。

表1-20 焊件装配尺寸

焊件厚度/mm	根部间隙/mm		坡口角度/(°)	钝边/mm	反变形量/(°)	错边量/mm
	始焊端	终焊端				
10	3.2	4.0	60±2	0.5~1	3	≤1

需预留反变形量，如图1-35所示。由于V形坡口具有不对称性，只在一侧焊接，焊缝在厚度方向横向收缩不均匀，钢板会向上翘起产生角变形，其大小用变形角α来表示。要求变形角控制在3°以内，为此采用反变形法来预防焊后的角变形。

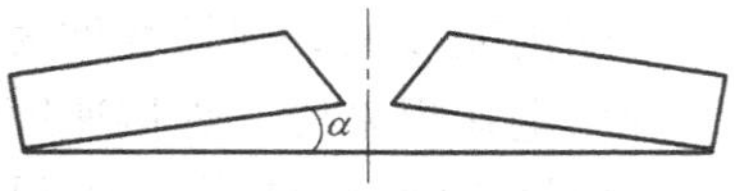

图1-35 开V形坡口的焊件上预留反变形量

三、焊接电源

选用 ZX7—400ST 型弧焊逆变器。

四、焊接工具

焊接操作时使用的工具见本单元任务二。

五、焊接参数

选择焊接参数时需全面综合考虑。焊接参数包括焊条直径、焊接电流、电弧电压、电源极性、焊接速度和焊接层数等。

1. 焊接电流

不同的焊接层次，焊接电流是不同的，见表 1-21。

表 1-21 板-板平对接 V 形坡口单面焊双面成形焊接参数

焊接层次	运条方法	焊条直径/mm	焊接电流/A
打底层	灭弧焊法	3.2	90～120
填充层	直线形或锯齿形运条法	3.2 4.0	100～130 160～180
盖面层	锯齿形或月牙形运条法	3.2 4.0	90～115 150～170

2. 电源种类和极性

采用弧焊逆变器，直流反接，即焊件接焊接电源的负极，焊钳接电源的正极。

3. 焊接层数

焊接开坡口的焊件时，一般需要焊接三层才能完成焊缝，包括打底层、填充层和盖面层。

任务实施

一、打底焊

1. 灭弧法

采用灭弧焊法有利于引弧和收弧。在正式焊接前，先在试板上试焊，检查焊接电流是否合适及焊条有无偏吹现象，确认无误后，从焊件间隙较小的一端开始引弧。

（1）引弧　在定位焊道上引弧，然后拉长电弧预热，此时焊条与焊件的夹角为 40°～60°。在定位焊道的尾部压低电弧，同时会听到“噗噗”的声音。另外，在坡口的钝边上，还可以观察到一个熔化的半圆形小孔，2/3 的熔池金属留在坡口里面，1/3 的熔池金属留在坡口外面，形成焊件背面焊缝。这个半圆形小孔就是熔孔。熔孔的尺寸决定了背面焊缝的宽度，正常熔孔的宽度为 0.5～1mm。熔孔尺寸与焊接参数，收弧动作的快慢、方向，焊工的熟练程度等有关。

（2）收弧　收弧就是将电弧熄灭。收弧时，如果向焊道的前面收弧，就会增大熔孔，不利于保证背面焊缝的宽度；如果向焊道的后面收弧，就会增加坡口里焊道的余高，减小焊道与坡口之间的夹角，不利于清渣。若收弧动作迅速而果断，则可以减少上述问题，并且熔孔尺寸能得到保证，通常都采用这种方法收弧。在焊接过程中通过电弧有节奏地引弧、收弧来掌握熔池温度，控制熔池形状，以获得较好的焊缝成形质量。

（3）接头　热接法是指在更换焊条前，向熔池多过渡一两滴熔滴，使其背面饱满，防止形成冷缩孔，然后立即熄灭电弧，以较快的速度更换焊条，迅速地进行接头。引燃电弧后，接头时比正常焊接时停顿的时间应稍长一些，以防止背面焊缝脱节，然后进入正常焊接。

冷接法是指在图 1-36 所示①的位置重新引弧，沿焊道焊至接头处②的位置，将电弧拉长对焊件进行预热，在③、④、⑤、⑥点来回摆动几下之后，到⑦的位置压低电弧。当出现熔孔并听到“噗噗”声时，迅速熄弧。这时接头操作结束，转入正常灭弧焊法。

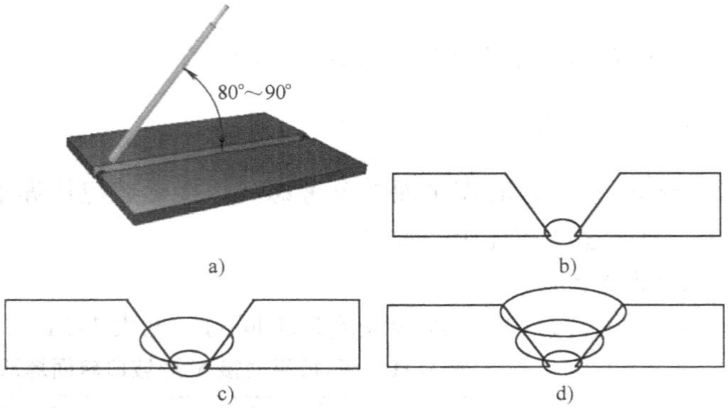

图 1-36　V 形坡口打底焊、填充焊、盖面焊示意图
a）V 形坡口　b）打底焊　c）填充焊　d）盖面焊

2. 连弧焊法

采用较小的焊接电流和较小的焊条直径，在焊接过程中，电弧保持持续稳定的燃烧，在较小的坡口间隙内作均匀的摆动，如图 2-36c 所示，使焊件背面形成均匀焊缝的操作方法。

该操作方法简单，操作手法难度小，容易掌握，焊件背面成形致密，平整，焊缝质量好，力学性能优良，为国内外焊工所广泛采用。但是操作时要求焊接速度、坡口间隙和焊接电流三者的工艺参数必须相互匹配，才能进行连弧焊接。主要用于碱性焊条进行打底焊。

二、填充焊

填充焊是盖面焊的基础，施焊前用清渣锤和钢丝刷将打底层焊道的焊渣、飞溅物清理干净，并适当地调节焊接电流。

在距离始焊端 10～15mm 处引弧，引燃后立即将电弧拉向始焊端，压低电弧开始焊接。用连弧焊法进行焊接，采用锯齿形运条法或月牙形运条法，焊条与焊件在焊接方向的夹角为 70°～80°，操作过程与平敷焊基本相同，包括起头、接头和收尾。所不同的是，运条到坡口两侧时要适当地停顿，并且要使焊条的药皮贴在坡口上，以保证熔池及坡口两侧温度均衡，有利于良好熔合和排渣，还有利于坡口边缘不被破坏。填充层的最后一层焊道，应比坡口边缘低 0.5～1.5mm，最好呈凹形，便于盖面时能看清坡口边缘，控制好焊缝宽度和焊缝高度。

三、盖面焊

盖面焊的质量关系到焊件的外观质量，并且要注意焊接变形能否使焊件达到平整状态。盖面焊时，焊接电流要比填充层时小 10%～15%，采用锯齿形或月牙形运条法，焊条与焊接方向的倾角为 80°～90°。在焊接过程中，焊条摆动幅度要比填充层时大，摆动幅度要一致，运条速度要均匀，在坡口两侧要稍作停顿，随时注意坡口边缘熔合是否良好，防止出现咬边现象。焊条的摆动幅度由熔池的边缘确定，熔池的边缘不得超过坡口棱边 2mm。盖面层焊接接头时，应将接头处的焊渣轻轻敲掉，仅露出弧坑，然后在弧坑前 10mm 处引弧，引燃后拉长电弧至弧坑的 2/3 处，保持一定弧长，靠电弧的喷射作用使熔池边缘与弧坑边缘相吻合。此时，应立即向前移动焊条，转入正常的盖面焊操作，否则焊缝会超宽，影响表面焊缝质量。运条到收尾时，焊条与焊件的倾斜角度增大到90°，以减小弧坑，并采用反复断弧法收尾。

问题及防治

因为板料较厚，为10mm，所以开V形坡口。焊接时，焊件处于平焊位置。定位装配的间隙不要过大，定位焊时焊件不要错边，以免影响焊缝成形。

1. 打底焊

在打底焊时，焊条与焊件的夹角不要过大，夹角大会使电弧力对熔池作用增强，熔滴在重力和电弧吹力的共同作用下，容易使焊道背面超高，甚至产生焊瘤等缺陷。

采用灭弧焊时，电弧的停留时间不要过长，否则熔滴过渡增加，容易产生焊瘤；若电弧停留时间太短，则熔池中的气体来不及逸出，容易出现缩孔、气孔。焊接时要做到下面三点：

（1）落弧准　电弧落在前面熔池的2/3处；若熔滴在坡口里过少，则背面焊缝的余高会增加，容易产生焊瘤；若熔滴在坡口里多，则背面焊缝容易出现凹坑或未焊透缺陷。

（2）听声音　听到电弧熔化坡口的声音后，就应熄灭电弧。

（3）看熔池　在看到熔池从明亮变为暗红后，再进行引弧焊接；同时还要观察熔孔的大小，若熔孔过大，则会增加背面焊缝宽度，否则容易出现未焊透缺陷。

2. 填充焊

填充焊的焊接电流要比平敷焊时稍大一些，否则易产生夹渣或未焊透缺陷。当焊接电流增大时，焊道的波纹变得粗大，不利于盖面焊成形。解决方法是调节焊条角度，增大焊条与焊件的夹角，一般在90°左右，让熔渣与焊条的距离为3～5mm。坡口边到填充层表面的距离一般为0.5～1.0mm，为盖面焊打好基础。

3. 盖面焊

在操作前，对坡口与填充焊道进行评估，看坡口内是否有高低不平、宽窄不均处。坡口内高低不平处可以快速运条，宽窄不均处可以慢速运条，以防止在盖面焊时高低不平。不要在焊件上引弧。收尾时由于焊件温度升高，因此应注意控制弧坑形状及温度。

检查评议

检查评议表见表1-22。

表1-22　检查评议表

项　目	考核要求	分值	扣分标准	检查结果	得分
焊缝余高	0～3mm	8	超差不得分		
焊缝余高差	≤2mm	8	超差不得分		
焊缝坡口两侧增宽	≤2.5mm	6	超差不得分		
焊缝宽度差	≤2mm	7	超差不得分		
焊缝边缘直线度	≤2mm	5	超差不得分		
焊后角变形	≤3°	8	超差不得分		
咬边	缺陷深度≤0.5mm	8	超差不得分		
未焊透	无	8	出现不得分		
错边量	≤1	5	超差不得分		
焊瘤	无	8	出现不得分		
气孔	无	8	出现不得分		
焊缝表面成形质量	波纹细腻、均匀、美观	21	根据成形情况酌情扣分		

考证要点

1. 板厚为12mm的对接焊件，可开（　　）形坡口。

2. V形坡口焊件在平焊位置进行打底焊时，焊道背面容易产生（　　）、（　　）等缺陷。

3. 对于较厚的钢板，一般开（　　）形坡口或（　　）形坡口，采用（　　）焊或（　　）焊。

4. 说明图1-37所示焊件采用的是什么坡口形式及什么焊接方式？

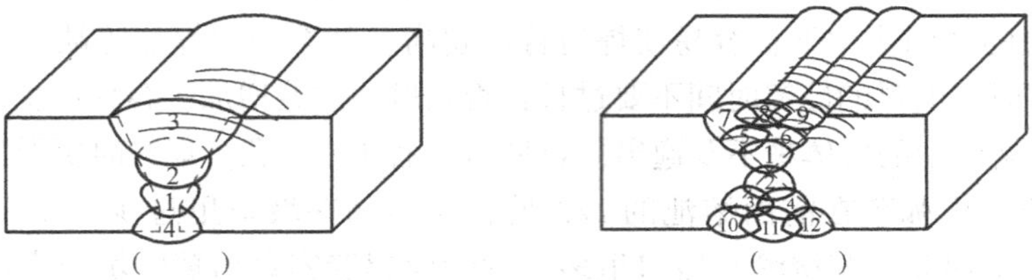

图1-37　练习图

5. 多层焊是指熔敷（　　）完成整条焊缝。

6. 当间隙很大而无法一次焊成时，可采用（　　）完成打底层的焊接。

7. 平对接焊打底层时，当间隙小时用（　　）运条法，间隙大时用（　　）运条法，以防止烧穿。

8. V形坡口平对接焊时，每层焊道的厚度应控制在（　　）mm，各层之间的焊接方向应（　　），其接头相互（　　）30mm，同时要控制层间温度，最好不超过（　　）℃，以保证焊接接头的各项力学性能指标。

任务4　板-板立对接V形坡口单面焊双面成形

任务描述

板-板立对接V形坡口单面焊双面成形是焊接坡口件的基础，在生产领域中广泛应用，如机械加工、化工等领域。本任务是进行板-板立对接V形坡口单面焊双面成形操作。

任务分析

立焊是指焊缝倾角为90°或焊缝倾角为270°的焊接位置。板-板对接立焊时，焊件处于垂直或接近垂直的位置（见图1-38），与平焊位置相比难度增加，主要是在单面焊双面成形的各种层次焊接，包括打底焊、填充焊和盖面焊时，熔渣、熔滴和熔池受重力与电弧空间大小的影响，会使熔渣、液体金属下淌，焊件的正面焊缝两侧容易产生咬边和焊瘤，背面焊缝产生超高或焊瘤等缺陷，并且焊缝的成形比较困难，焊接时有一定的难度。

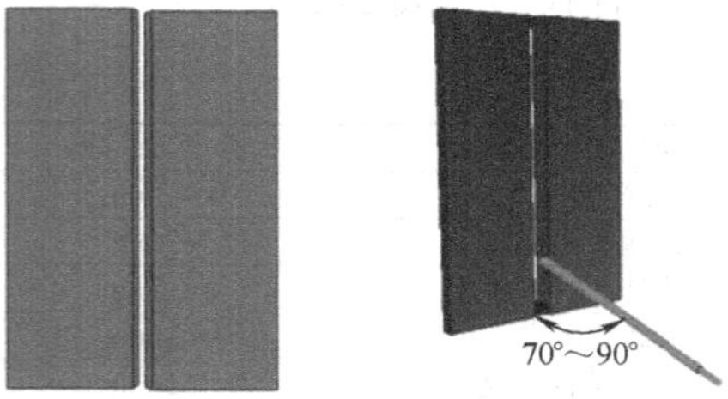

a)　　b)

图1-38　立对接V形坡口单面焊双面成形示意图

a）V坡口立对接　b）立位单面焊双面成形时的焊条角度

1. 打底焊

打底焊的操作方法主要有断弧焊法和连弧焊法两种。要求掌握酸性焊条打底层灭弧焊操作技术，碱性焊条打底层连弧焊操作技术。

2. 填充焊和盖面焊

要求掌握填充层和盖面层连弧焊操作技术。

本任务重点训练使用酸性焊条进行板-板立对接 V 形坡口单面焊双面成形的操作方法。

相关知识

一、焊缝位置

金属结构中的焊缝，按其结构在空间中的位置分类，可分为平焊、立焊、横焊和仰焊焊缝；按焊缝的结构分类，可分为对接焊缝和角焊缝（见图 1-39）；按焊缝断续情况分类，可分为定位焊缝、连续焊缝及断续焊缝三种形式。

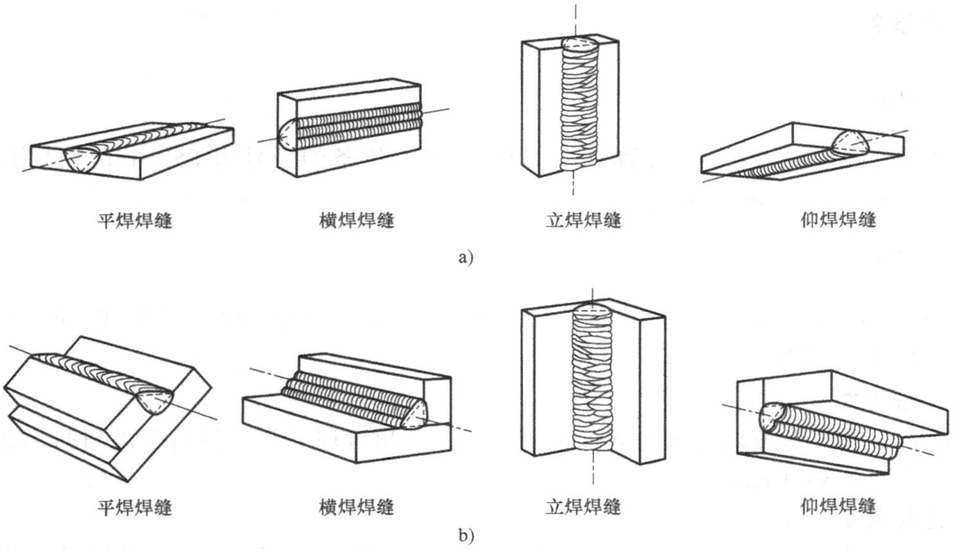

图 1-39　焊缝位置示意图

a）对接焊缝　b）角焊缝

二、焊件坡口形式

为了保证将焊缝根部焊透，使焊缝能满足焊接接头的质量要求，并调节基体金属与填充金属的比例，要在焊件的待焊部位加工出一定几何形状的沟槽，称为坡口。坡口的几何尺寸和常见的坡口形式如图 1-40，对接接头主要有 I 形、V 形、X 形和 U 形坡口等。

钢板厚度在 6mm 以下时，开 I 形坡口（即不开坡口）。若产品不要求焊透，则可单面焊接，但焊缝的熔透深度应达到 0.7δ（δ 为板厚）。当重要结构的板厚为 3mm 时，就应开坡口。钢板厚度为 6～26mm 时，采用 V 形坡口（带钝边）。钢板厚度为 12～60mm 时，可开成 X 形坡口（带钝边），它比 V 形坡口（带钝边）减少约 1/2 的填充金属，焊后变形容易控制。U 形坡口的填充金属量更少，焊后变形量小，但加工困难，一般铸件补焊时采用这种坡

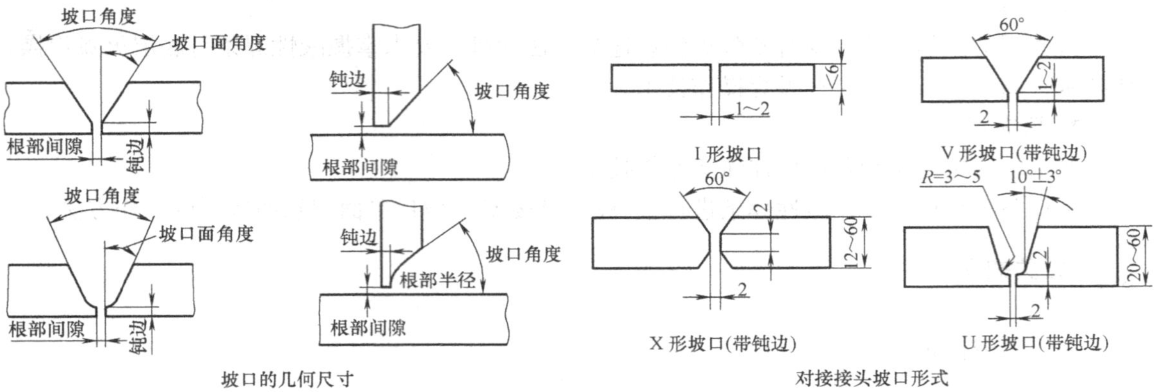

图 1-40　坡口

口形式。

任务准备

一、焊条

酸性焊条的型号为 E4303（牌号为 J422），碱性焊条的型号为 E5016（牌号为 J506），焊条直径为 ϕ3.2mm、ϕ4.0mm。

二、焊件

Q235 钢板，长×宽×厚为 300mm×100mm×10mm，板的一侧加工出 30°的 V 形坡口，每两块装配成一组焊件。

1. 清理焊件

焊前将开成 V 形坡口的焊件表面清理干净，露出金属光泽，然后将坡口打磨出钝边，钝边的尺寸为 0.5～1mm。

2. 定位装配

两块坡口板组成一条对缝间隙进行装配，焊件装配尺寸见表 1-23。采用两段定位焊道，分别在始焊端和末焊端。始焊端的根部间隙为 3.2mm。定位焊道的长度可以短一点（5～10)mm；末焊端根部间隙为 4.0mm，定位焊道可以稍长一些（10～15mm），目的是防止焊件在焊接时产生收缩变形。

表 1-23　焊件装配尺寸

焊件厚度/mm	根部间隙/mm		坡口角度/(°)	钝边/mm	反变形量/(°)	错边量/mm
	始焊端	终焊端				
10	3.2	4.0	60±2	0.5～1	3	≤1

焊件装配时需预留反变形量。钢板焊后会向上翘起产生角变形，要求变形角在 3°以内，为此采用反变形法来预防焊后的角变形。

三、焊接电源

选用 ZX7—400ST 型弧焊逆变器。

四、焊接工具

焊接操作时使用的工具有面罩、焊钳、接地夹钳、电缆线、敲渣锤、锉刀、扁铲、钢丝刷和保温筒等。此外，还应配有电焊烟雾吸尘器、排风扇或除尘等辅助工具及设备。

五、焊接参数

焊接参数见表1-24。

表1-24 板-板立对接V形坡口单面焊双面成形焊接参数

焊接层次	运条方法	焊条直径/mm	焊接电流/A
打底层	灭弧焊法	3.2	100～140
填充层	月牙形或锯齿形运条法	3.2 4.0	90～120 120～150
盖面层	锯齿形或月牙形运条法	3.2 4.0	80～120 110～140

任务实施

一、打底层焊接

1. 灭弧焊

打底层焊采用立位从下向上焊接。将焊件垂直固定在工作台上（间隙小的始焊端向下），调整好焊接参数，焊条与下面焊件的夹角为70°～90°。通过焊条角度的变化，可以控制电弧长度，防止出现缩孔，也能控制熔池的薄厚。立焊时，焊钳与焊条夹持角度的大小，与手握焊钳的方法有关，如图1-41所示。正握焊钳（也称正握把）时，夹持角度要大于90°，以利于焊接操作；反握焊钳（也称反握把）时，夹持角度应在90°左右，以利于焊接操作。

图1-41 正握焊钳的立位操作

(1) 引弧 从焊件间隙较小的一端开始引弧。在定位焊道上将电弧引燃后，迅速将电弧拉长，在不熄灭电弧的情况下，长弧预热2～3s后压向坡口根部，如图1-42a所示。这时会听到“噗噗”的声音，在坡口的钝边上还可以观察到一个熔化的半圆形小孔③和④，2/3的熔池金属留在坡口里面的①和②等熔池里，1/3的熔池金属留在坡口外面，形成背面焊缝。立即熄灭电弧，当熔池液态金属的颜色由明亮变为暗红时，重新在②处引燃电弧，压低电弧施焊，进而形成第二个熔池。压低电弧时，一定要向施焊处送焊条，否则背面焊缝的熔滴会过少而产生凹陷，坡口内的熔滴过多而使余高增加，给清理熔渣造成困难，不利于填充焊和盖面焊。

(2) 收弧 立焊时应向焊接方向进行收弧，收弧动作应迅速而果断。在焊接过程中，可通过电弧有节奏地收弧来掌握熔池温度，控制熔孔大小和熔池形状，以获得较好的焊缝成形质量。收弧时焊条抬起的动作不要过大，以免再次引弧时焊条不到位。收弧后，利用熔池的红热光，可以看清焊条，调整焊条立即回到待焊处，当熔池由明亮变为暗红时，再进行下一次引弧。依次重复操作，完成打底焊。

（3）接头　在一根焊条用完后，要进行接头。接头方法有两种，一是热接法，要迅速更换焊条，直接在②号熔池（见图1-42a）上引弧焊接，注意焊条与下面焊件的夹角要增大，接头时比正常焊接停顿时间稍长一些，防止背面焊缝脱节；二是冷接法，先将接头处的焊渣清理干净，在①号熔池（见图1-42a）上引弧，再将电弧从①移动到②，①与②的熔池距离为10mm左右，然后进行长弧预热，当听到"噗噗"声并出现熔孔时，迅速熄弧。重复上面的动作，然后进入正常焊接。

2. 连弧焊法

使用碱性焊条进行打底焊时，宜采用连弧焊法，即用较小的焊接电流和直径较小的焊条，采用锯齿形或月牙形运条法，电弧能持续稳定地燃烧，在较小的坡口间隙内做均匀摆动。如图1-42b所示，焊接时观察熔孔①和②的大小，控制背面焊缝宽度，在焊接③、④、⑤点时，小箭头表示电弧到这点时要稍作停顿，以掌握连弧焊的熔池温度，使焊件正面和背面形成均匀的焊缝。坡口间隙、焊条角度、焊接速度和焊接电流等焊接参数必须相互匹配，才能操作好连弧焊。

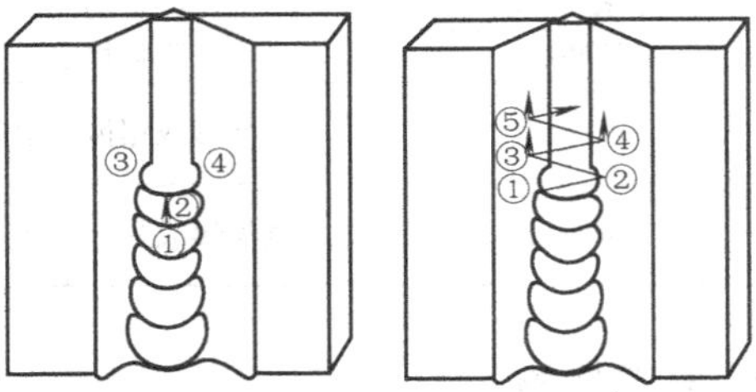

a)　　b)

图1-42　V形坡口立焊时的打底焊

a）打底层灭弧焊的运条轨迹

b）打底层连弧焊的运条轨迹

二、填充层焊接

将打底层焊接时产生的熔渣及飞溅物仔细认真地清理干净。要对打底焊道表面进行评估，可能有高、有低，在焊接时，焊道上高的点处要快速运条，低的点处要慢些运条，多给熔滴金属，以填平焊道，也可以通过减小焊条与焊道的夹角来增加焊道的厚度。如图1-43所示，根据这组焊件的厚度，确定填充焊需要1层或2层，并选用合适的运条方法施焊，即锯齿形或月牙形运条法。

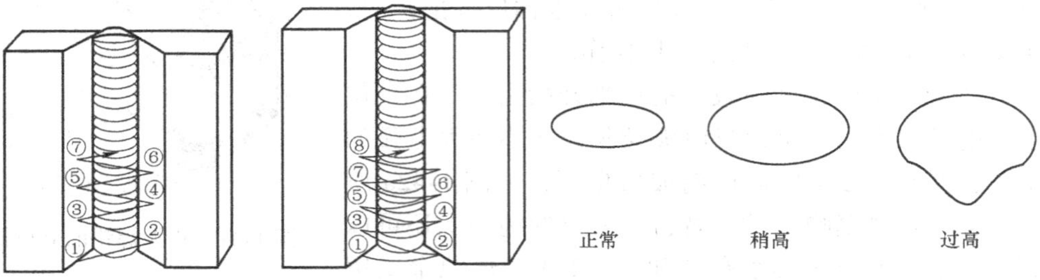

a)　　b)　　c)

图1-43　V形坡口立焊时的填充焊

a）锯齿形填充焊的运条方法　b）月牙形填充焊运条方法　c）熔池温度影响熔池形状

填充焊时，焊条在坡口内两侧进行运条摆动，如图1-43a、b所示。摆动时焊条药皮要贴到坡口边上，如①、②、③、④、⑤等几点，同时要稍作停顿，掌握熔池的温度，以控制好熔池的形状。不同的温度有不同的熔池形状，如图1-43c所示。好的熔池形状利于熔合及排渣，避免焊道两边出现死角。

最后一层填充厚度应确保焊缝比坡口棱边低1mm左右，以保持焊道平整，便于盖面层焊接时，借助于棱边来控制焊缝宽度。焊接时不要破坏坡口的棱边，以保证焊缝成形良好。

三、盖面层焊接

盖面层施焊前，应将填充层焊渣清理干净。操作方法与填充焊基本相同，采用连弧焊。

盖面焊时，要求控制焊缝宽度，以保持熔池对坡口边缘的良好熔合。焊接电弧要短一些，焊条摆动的频率应稍快一些，运条速度要均匀一致，这样得到的焊波会细腻；向上运条时的间距力求相等，以使每个新熔池覆盖前一个熔池的2/3～3/4。焊条摆动到坡口边缘时，要稍作停留，始终控制电弧熔化棱边1mm左右，以利于掌握熔池温度，有效地获得宽度一致的焊缝。

问题及防治

1. 焊缝出现夹渣

焊缝出现夹渣的原因是焊接电流过小、焊接速度过快、操作方法不当等，也就是熔渣和熔池的液态金属分不清，造成焊缝出现夹渣。解决方法为：调整焊接参数，采用合适的焊接电流和焊接速度，并分清熔渣和熔池金属，在焊缝一次结晶时将夹渣去除，这样可以在焊接时减少缺陷。

2. 焊缝产生焊瘤

焊缝产生焊瘤的原因是焊接电流过大、焊接速度过慢、熔池温度过高、操作方法不当等，也就是熔池的形状发生变化如图1-43c所示。解决的方法为：调整合适的焊接参数，掌握熔池温度。

3. 焊缝产生咬边

焊缝产生咬边的原因是电弧长度过大、操作方法不当等，即电弧到位了，熔滴没有到位，造成没有熔滴金属填充，冷却后出现的凹坑就是咬边。解决方法为：采用短弧焊接，焊接时手要稳，要求在焊接时能观察到出现的咬边缺陷，然后在咬边处使电弧稍停一会儿，就可以去除咬边缺陷了。

检查评议

检查评议表见表1-25。

表1-25　检查评议表

项　目	考核要求	分值	扣分标准	检查结果	得分
正面焊缝余高	0～3mm	8	超差不得分		
背面焊缝余高	0～2mm	6	超差不得分		
正面焊缝余高差	≤2mm	8	超差不得分		
焊缝坡口两侧增宽	≤2.5mm	6	超差不得分		
焊缝宽度差	≤2mm	7	超差不得分		
焊缝边缘直线度误差	≤2mm	5	超差不得分		
焊后角变形	≤3°	8	超差不得分		
咬边	缺陷深度≤0.5mm	8	超差不得分		
未焊透	无	8	出现不得分		
错边量	≤1mm	5	超差不得分		
焊瘤	无	8	出现不得分		
气孔	无	8	出现不得分		
焊缝表面成形质量	波纹细腻、均匀、美观	15	根据成形情况酌情扣分		

考证要点

1. （　　）弧焊接、正确的焊条（　　）和（　　）方法是立对接单面焊双面成形的关键。

2. 熔孔（　　）和（　　）直接影响焊缝的背面成形质量。

3. 一般焊件根部间隙不大，不要求背面焊缝成形的第一层焊道采用（　　）焊法。

4. 当焊件根部间隙较大时，应采用（　　）焊法。

5. 盖面施焊时，焊接电弧要（　　）一些，焊条摆动频率稍（　　）一些，向上运条时的间距力求（　　），熔池与熔池的搭接量为（　　　）；焊条摆动到坡口边缘，始终控制电弧熔化（　　）1mm 左右，可获得宽度一致的平直焊缝。

任务 5　板-板横对接 V 形坡口单面焊双面成形

任务描述

本任务为板-板横对接 V 形坡口单面焊双面成形训练，通过焊接操作，了解焊件装配、定位焊及运用反变形控制角变形的方法，掌握船体、大型容器、高炉炉壳等板类构件在横向位置的焊接操作技能，并熟练横位单面焊双面成形打底焊技术，会运用多层多道焊操作手法或斜圆圈形运条法，完成焊件的填充层和盖面层的焊接。

任务分析

V 形坡口横对接焊时，熔滴和熔渣受重力作用而下淌，容易使焊缝上侧咬边、焊缝下侧金属下坠，以及产生焊瘤、夹渣、未焊透等缺陷。为了克服重力的影响，避免上述缺陷的产生，要解决焊接过程中运条速度过慢、熔池体积过大、焊接电流过大、电弧过长等问题。

相关知识

电弧焊时，焊条（或焊丝）端部在电弧高温作用下熔化成的液态金属滴，通过电弧空间不断地向熔池中过渡的过程称为熔滴过渡。熔滴过渡对焊接过程的稳定性、焊缝成形、飞溅及焊接接头的质量有很大的影响。

熔滴过渡的类型大致分为三种：滴状过渡、短路过渡和喷射过渡。由于滴状过渡不稳定、飞溅严重，因此正常焊接时一般不采用。常用的熔滴过渡形式主要是短路过渡和喷射过渡。

熔滴过渡会出现不同的形式，这是由于作用于液态金属熔滴上的作用力不同。下面具体讨论熔滴过渡的作用力及熔滴的各种过渡形式。

1. 熔滴过渡的作用力

（1）熔滴的重力　平焊时，金属熔滴的重力促进熔滴过渡。但是立焊和仰焊时，熔滴的重力阻碍了熔滴向熔池过渡。

（2）表面张力　液态金属像其他液体一样具有表面张力，表面张力会使熔化金属聚成球状。

焊条金属熔化后，在表面张力的作用下，形成球滴状，悬挂在焊条端部，只有在其他力超过表面张力时，才能促使熔滴过渡到熔池中去。表面张力对平焊时的熔滴过渡起阻碍作用，但在仰焊等其他位置焊接时，表面张力却有利于熔滴过渡。一种原因是熔滴倒悬在焊缝上不易滴落；另一种原因是焊条末端熔滴与熔池接触时，熔滴容易被拉入熔池中。表面张力越大，焊条末端的熔滴越大。表面张力的大小与多种因素有关，如焊条直径越大，焊条端部熔滴的表面张力也就越大，所以气体保护焊时，采用细丝焊接要比采用粗丝焊接时熔滴过渡稳定而顺利。液态金属温度越高，其表面张力越小。表面张力还与保护气体的性质有关，若在氩气中加入少量氧气作为焊接钢的保护气体，则会比用纯氩气时的熔滴过渡有利于形成细颗粒，因为氧气的加入能降低熔滴的表面张力。

（3）电磁力　由电工学知识可知，两根平行的载流导体通同向电流时，彼此产生相互吸引的电磁力，方向是从外向内，如图1-44所示。电磁力的大小与两根导体上电流的乘积成正比，即通以导体的电流越大，电磁力越大。

焊接时，可以把带电的焊丝及熔滴看成是由许多平行载流导体组成的，如图1-45所示。

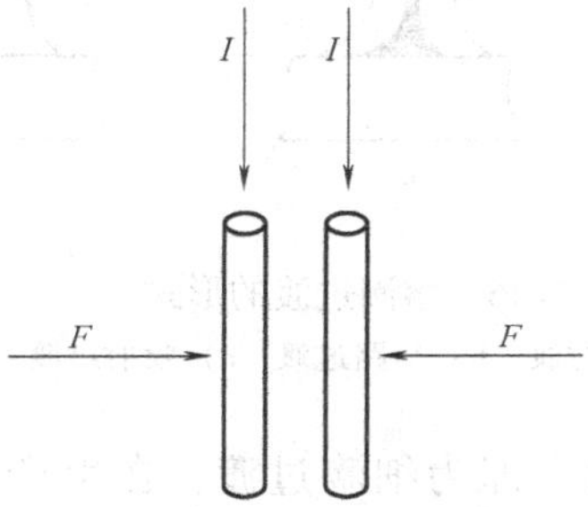

图1-44　通有同方向电流的两根导线的相互作用力

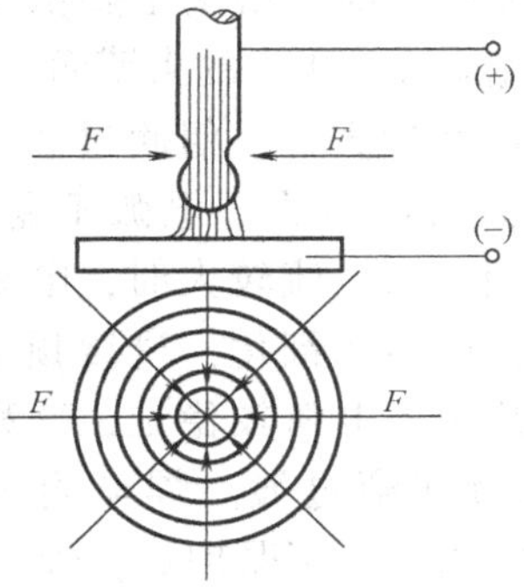

图1-45　磁力线在熔滴上的压缩作用
F—电磁压缩力

根据上述电磁效应原理，焊丝及熔滴上受四周向中心的电磁压缩力作用。电磁压缩力对焊条端部液态金属径向的压缩作用，会促使熔滴很快形成。尤其是熔滴的细颈部分电流密度最大，电磁压缩力作用也最大，这使熔滴很容易脱离焊条端部向熔池过渡。

焊接电流较小时，焊条端部的液态金属主要受表面张力和重力的作用，电磁力影响很小。因此，当熔滴的重力克服表面张力的时候，熔滴脱离焊条端部落向熔池。这种情况下熔滴的尺寸较大，常出现电弧短路，产生较大的飞溅，电弧不稳。

焊接电流较大时，电磁力也比较大，相比之下重力所起的作用很小，液态熔滴主要在电磁压缩力的作用下，以较小的熔滴向熔池过渡，而且方向性较强，不论是平焊还是仰焊，熔滴都沿着电弧轴线自焊丝向熔池过渡。

焊接时，一般焊条或焊丝的电流密度都比较大，因此电磁力是熔滴过渡的主要作用力。在气体保护焊时，常常通过调整焊接电流的大小来控制熔滴尺寸。

焊接时，还会产生另外一种作用力，即由于焊条端的电弧导电截面积小，而焊件端的电弧导电截面积大，因此焊条的电流密度大于焊件的电流密度，在焊条上所产生的磁场强度要大于焊件上所产生的磁场强度，这样就产生一个沿焊条纵向指向焊件的电场力。无论焊缝的空间位置如何，该电场力都利于溶滴向熔池过渡。

（4）斑点压力　焊接电弧中的电子和正离子，在电场的作用下向两极运动，撞击两极的斑点而产生机械压力，这个力称为斑点压力。它是阻碍熔滴过渡的力。在直流正接时，阻碍熔滴过渡的力是正离子的压力，而反接时是电子的压力。由于正离子比电子的质量大，所以正离子流的压力要比电子流的压力大，即阴极的斑点压力比阳极的斑点压力大。因此，反接时熔滴过渡比正接时容易。

（5）气体的吹力　在焊条电弧焊时，焊条药皮的熔化稍滞后于焊芯的熔化，因此会在焊条末端形成一个套管，在套管内有大量的药皮造气剂，分解产生的气体及焊芯中碳元素氧化生成的 CO 气体被电弧加热到高温时体积急剧膨胀，并顺着套管方向，以稳定的气流冲出，把熔滴“吹”到熔池中去。不论焊缝空间位置如何，气体的吹力都利于熔滴的过渡。

2. 熔滴过渡的形式

（1）滴状过渡　滴状过渡分为粗滴过渡和细滴过渡。粗滴过渡是熔滴呈粗大颗粒状向熔池自由过渡的形式，如图 1-46a 所示。当电流较小时，熔滴主要依靠重力的作用克服表面张力的束缚而下落，此时熔滴尺寸较大，呈粗滴过渡。由于粗滴过渡飞溅较大，电弧不稳定，通常不采用。当电流较大时，电磁力随之增大，使熔滴细化，过渡频率提高，飞溅减小，电弧较稳定，这种过渡形式称为细滴过渡。焊丝直径为 ϕ1.6mm 的 CO_2 气体保护焊，焊接电流达 400A 以上时，即为细滴过渡，在生产中广泛应用。使用酸性焊条时也多为细滴过渡。

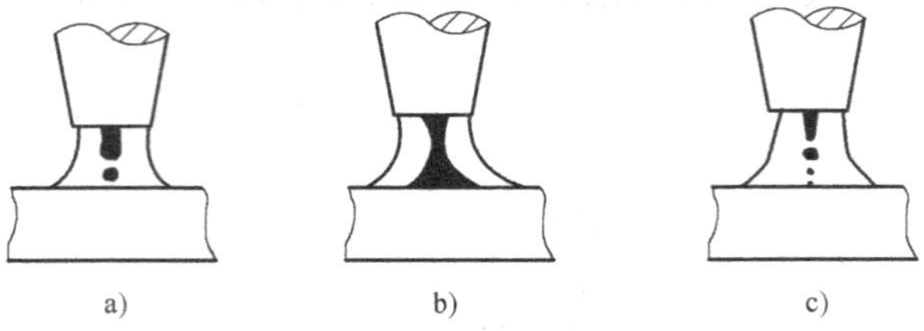

图 1-46　熔滴过渡的形式

a）粗滴过渡　b）短路过渡　c）喷射过渡

（2）短路过渡　强烈过热和磁收缩的作用使焊条或焊丝端部的熔滴爆断，直接向熔池过渡的形式称为短路过渡（见图 1-46b）。在以小电流焊接的同时降低电弧电压，可实现电弧稳定、飞溅较小、成形良好的短路过渡。细丝（ϕ0.8 ~ ϕ1.2mm）CO_2 气体保护焊时，常采用短路过渡形式。使用碱性焊条进行电弧焊时，在大电流范围内，可呈滴状过渡和短路过渡。

（3）喷射过渡　熔滴呈细小颗粒，并以喷射状态快速通过电弧空间向熔池过渡的形式称为喷射过渡，如图 1-46c 所示。采用氩气或富氩气气体保护焊反极性焊接时，随着焊接电流的逐渐增大，熔滴尺寸略有减小，当焊接电流达到某一临界电流值时，即出现喷射过渡状态。需要强调的是，产生喷射过渡除要求一定的电流密度外，还必须有一定的电弧长度（电弧电压）。如果弧长太短（电弧电压太低），无论电流数值有多大，都不可能产生喷射过渡。

喷射过渡的特点是：过渡频率高，熔滴以极细的颗粒沿电弧轴线高速射向熔池，发出“咝咝”声。喷射过渡具有电弧稳定、飞溅小、焊缝成形美观等优点。

任务准备

一、焊条

E4303 型或 E5015 型，直径为 3.2mm、4.0mm。

二、焊件

Q235A 钢板，长×宽×厚为 300mm×100mm×10mm，一侧加工成 30° V 形坡口，每组两块。

装配及定位焊时，清理坡口正、反两侧 20mm 范围内的铁锈及污物，矫平焊件，并锉削出钝边，然后装配焊件。装配时，在焊件两端进行定位焊，并要焊牢，以防焊接过程中出现收缩过大和开裂现象。

由于横对接焊采用多层多道焊，产生的角变形量大于其他焊接位置，所以预留反变形量较大。横对接焊焊件装配图如图 1-47 所示。

图 1-47　横对接焊焊件装配图

三、焊接电源

选用 ZX7—400ST 型弧焊逆变器。

四、焊接工具

焊接操作时使用的工具有：面罩、焊钳、接地夹钳、电缆线、敲渣锤、锉刀、扁铲、钢丝刷和保温筒等。

五、焊接参数

确定焊接参数，见表 1-26。

表 1-26　焊接参数

焊接层次	运条方法	焊条直径/mm	焊接电流/A
打底层焊	灭弧焊法	3.2	75～90
填充层焊	直线形或直线往复运条法	4.0	160～180
盖面层焊	直线形运条法	3.2	130～140

任务实施

1. 打底层焊

将焊件垂直固定在焊接支架上，保证接口呈水平位置，坡口上缘与视线齐平。

打底层焊时，首先在定位焊缝前引弧，随后将电弧拉到定位焊缝的中心部位预热，当坡口钝边即将熔化时，将熔滴送至坡口根部，并压一下电弧，从而使熔滴熔化的部分定位焊缝与坡口钝边熔合成第一个熔池。当听到背面有电弧的击穿声时，立即熄弧，这时已形成明显的熔孔，然后依次进行先上坡口、后下坡口往复击穿—熄弧焊接。熄弧时焊条向后下方快速动作，要干净利落。在从熄弧转入引弧时，焊条要与熔池保持较短的距离（做引弧的准备动作），待熔池温度下降，颜色由亮变暗时，迅速而准确地在原熔池的顶端引弧—熔焊片刻（约 0.8s），再立即熄弧。如此反复地引弧—熔焊—熄弧—准备—引弧，完成打底层的焊接。

2. 填充层焊

填充层采取两层三道焊。填充层施焊前，先将第一层焊道的焊渣及飞溅清理干净，并适当调大焊接电流，以避免产生夹渣及未熔合等缺陷。

焊第一层填充焊道时，焊条下倾约 10°，与前进方向成 75° ~ 80°的角度，采用直线形运条法进行单层单道焊，以保证与坡口面良好熔合，焊道表面平整。

第二层填充焊有两条焊道，其焊道分布及焊条角度如图 1-48 所示。

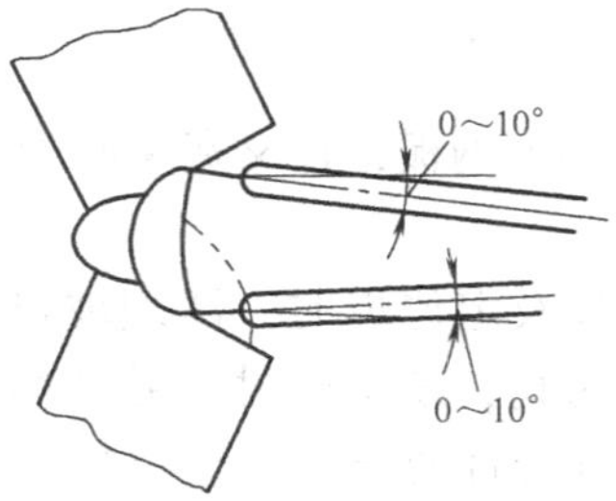

图 1-48　填充层焊道的分布及焊条角度

施焊第二层下面的填充焊道时，将电弧对准第一层填充焊道的下沿，做小斜圆圈形摆动，使熔池能覆盖前一层焊道的 1/2 ~ 2/3。

施焊第二层上面的填充焊道时，将电弧对准第一层填充焊道的上沿，采用直线形运条法，使熔池正好填满空余位置。

填充层焊完后，应使其表面距下坡口棱边约 1.5mm，距上坡口棱边约 0.5mm。若填充层焊道有凸凹处，则应在盖面焊前予以补平，为盖面层施焊打好基础。

3. 盖面层焊

用 3 条或 4 条焊道依次从下往上堆焊，焊道分布及焊条角度如图 1-49 所示。

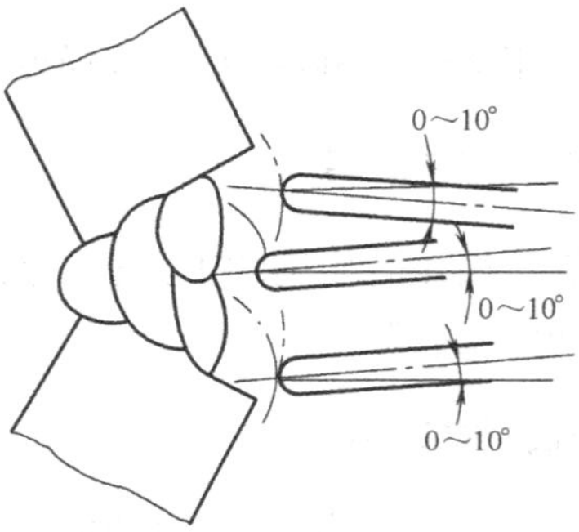

图 1-49　盖面层焊道分布及焊条角度

施焊时，采用直线形运条法，焊条慢慢地向前移动，运条速度要均匀，以短弧焊接。焊接最下面的盖面层焊道时，注意观察熔池的下边缘，只要熔化了坡口棱边就向前运条，以保证焊道与焊件下表面形成圆滑过渡的焊缝。接下来的每条焊道要覆盖前一条焊道 1/2 ~ 1/3。上面的焊道运条速度应稍快一些，焊道尽可能细、薄一些，以避免出现咬边缺陷，利于焊道与焊件上表面圆滑过渡。表面焊缝的实际宽度以覆盖上、下坡口边缘各 1.5 ~ 2mm 为宜。

4. 清理

最后清理表面焊缝的熔渣，检查焊缝质量。

问题及防治

横焊时容易产生焊缝上侧咬边、焊缝下侧金属下坠、焊瘤、夹渣、未焊透等缺陷。

在操作时，宜用短弧焊接，多道堆焊，并根据焊道的位置调整合适的焊条角度。打底层焊时应选择小直径焊条，断弧焊频率要适宜，电弧在坡口根部停留时间要得当。

1. 打底层焊的熔孔

在焊接过程中，要求下坡口面击穿的熔孔始终超前上坡口面熔孔 0.5 ~ 1 个熔孔直径，这样有利于减少熔池金属下淌，避免出现熔合不良等焊接缺陷。

2. 打底层灭弧焊

采用灭弧焊打底层时，每次焊条的落点都要在原熔池的前沿端部（平、立焊打底焊在熔池的 1/2 或 2/3 处），有利于熔渣分流于坡口正、反面，既可以对前后熔池进行保护，又可以减少正面过多熔渣的堆积以避免产生夹渣缺陷。

3. 打底焊的时间和频率

每次向熔池送给的液态金属要少；每次送给熔滴的时间为0.5～1s；熄弧间断频率要快，每次1～1.5s，焊成的焊道要薄，焊道厚度为1～3mm。

4. 盖面成形的技巧

盖面层多道焊时，每道焊道焊后不宜马上敲渣，应待盖面焊缝形成之后一起除渣，这样有利于盖面焊缝的成形及保持表面的金属光泽。

5. 盖面焊时的注意事项

每条焊道之间的搭接要适宜，避免脱节、重叠、夹渣及焊瘤等缺陷。

6. 盖面焊运条时的注意事项

盖面焊运条时，应保持熔渣对熔池的保护作用，防止熔池裸露而出现粗糙的焊缝波纹。

7. 盖面焊宽焊缝的运条方法

如果焊件较厚、焊缝较宽，则在使用碱性焊条完成盖面焊缝时，应采用大斜圆圈形运条法，可一次表面成形，其效果如同一条麻绳捆在焊件上的装饰焊缝。

8. 碱性焊条的打底焊

使用碱性焊条进行横对接单面焊双面成形，与上述操作方法基本相同，只是打底层焊要采用连弧焊法。

检查评议

检查评议表见表1-27。

表1-27 检查评议表

项　目	考核要求	分值	扣分标准	检验结果	得分
正面焊缝余高	0～3mm	8	超差不得分		
背面焊缝余高	0～2mm	6	超差不得分		
正面焊缝余高差	≤2mm	8	超差不得分		
焊缝坡口两侧增宽	≤2.5mm	6	超差不得分		
焊缝宽度差	≤2mm	7	超差不得分		
焊缝边缘直线度误差	≤2mm	5	超差不得分		
焊后角变形	≤3°	8	超差不得分		
咬边	缺陷深度≤0.5mm	8	超差不得分		
未焊透	无	8	出现不得分		
错边量	≤1mm	5	超差不得分		
焊瘤	无	8	出现不得分		
气孔	无	8	出现不得分		
焊缝表面成形	波纹细腻、均匀、美观	15	根据成形情况酌情扣分		

考证要点

1. 板对接横焊是指对接接头的焊件处于（　　）而接口处于（　　　　）的焊接操作。

2. 根据钢板的厚度不同，板对接横焊分为（　　　　　）、（　　　　　）或（　　　　）。

3. 盖面焊称为修饰焊缝，可采取（　　　　　），焊道之间搭接量为（　　　　）焊道宽度的（　　　　）。

4. 盖面焊多用（　　）或（　　　）运条焊接，也可采用（　　　）运条方法。

5. 背面封底焊时，可采用稍大一些的（　　　），稍慢一些的（　　　），来达到一定的熔透深度与正面焊缝的良好熔合。

6. 当焊件较厚时，一般采用（　　）坡口、（　　　）坡口和（　　　）坡口形式。

7. 对接横焊的打底层可选择（　　）直径焊条焊接，焊接电流适当（　　）一些，并通过适宜的断弧频率来控制熔池（　　），可以有效地克服夹渣和未焊透等缺陷。

8. 对接横位多层多道焊时，（　　　）应根据各焊道的位置适时进行改变，始终（　　）、匀速（　　）运条，并保持各焊道之间的（　　　），以获得较好的焊缝成形质量。

任务6　板-板仰对接V形坡口单面焊双面成形

任务描述

本任务为板-板仰对接V形坡口单面焊双面成形操作，需要在仰位的V形坡口内进行打底层、填充层和盖面层焊接。通过V形坡口仰对接焊技能训练，既要体会短弧焊在仰焊中的作用，又要增强仰焊操作能力，从而掌握仰对接单面焊双面成形的操作技术。

任务分析

仰焊是各种焊接位置中，操作难度最大的焊接位置。由于熔池倒悬在焊件下面，熔化的金属会受重力作用而下坠，同时熔滴自身的重力又不利于熔滴过渡，并且熔池温度高时，表面张力就会减小，很容易在焊件正面出现焊瘤，在焊件背面出现凹陷，焊缝成形较为困难。

相关知识

一、焊接应力与变形的形成

金属结构在焊接过程中，会产生不同程度的焊接应力和焊接变形，如果得不到合理的控制，焊接变形会使焊件尺寸和形状发生变化，使焊接结构的质量下降，并且焊后要进行大量的矫正工作，严重时会使产品报废。焊接应力或焊接残余应力往往是造成裂纹的直接原因，即使不造成裂纹，也会降低焊接结构的承载能力和使用寿命。

在焊接时，焊件受到局部加热而产生不均匀的温度场，处于高温区域的材料膨胀量大，受到周围温度低、膨胀量较小的材料限制，于是在焊件内出现内应力，使高温区的材料受到挤压，当产生的压应力大于材料的屈服强度时，就会产生压缩塑性变形。在冷却过程中，已经形成压缩塑变形的区域，由于不能自由收缩而受到拉伸，于是在焊件中产生残余应力和残余变形。

由焊接热过程引起的应力和变形就是焊接应力和焊接变形。焊后，当焊件温度降至常温时，残存于焊件中的应力称为焊接残余应力，焊件上不能恢复的变形称为焊接残余变形。

二、焊接残余变形的类型

焊接残余变形有收缩变形、弯曲变形、角变形、波浪变形和扭曲变形等几种类型，它们产生的原因见表1-28。

表1-28　焊接残余变形的类型及其产生原因

示　意　图	产　生　原　因
纵向变形和横向变形 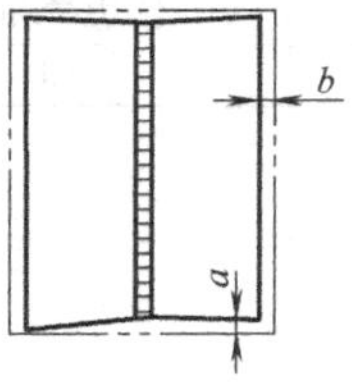	纵向变形主要是纵向缩短。焊缝的纵向收缩量一般随焊缝的长度和熔敷金属截面积的增大而增大，随焊件截面积的增大而减小 横向变形主要是横向缩短。横向收缩量随板厚的增大而增加。同样的板厚，坡口角度越大，横向收缩量也就越大
弯曲变形 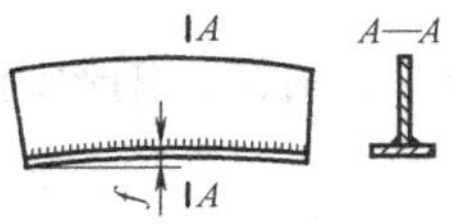	构件焊后向一侧变弯的变形称为弯曲变形。焊接梁、柱、管道等长工件时，经常产生弯曲变形，弯曲变形的大小以挠度进行度量 纵向收缩造成的弯曲变形：当对钢板边缘一侧施焊时，因纵向收缩而产生弯曲变形。T形梁的焊缝只在构件的一侧，则焊后产生的纵向收缩会造成弯曲变形 横向收缩造成的弯曲变形：工字梁下部肋板角焊缝的横向收缩，使焊件产生向下弯曲
角变形 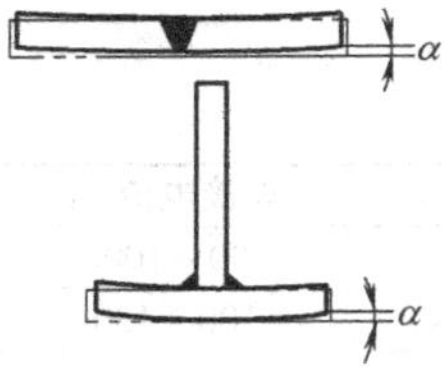	焊后构件两侧钢板离开原来位置翘起一个角度的变形称为角变形。角变形的大小用变形角 α 来度量 在焊缝厚度上横向收缩变形程度不一致，焊接一面收缩量大，另一面收缩量小，结果就形成了构件的平面偏转，两侧便翘起一个角度
波浪变形 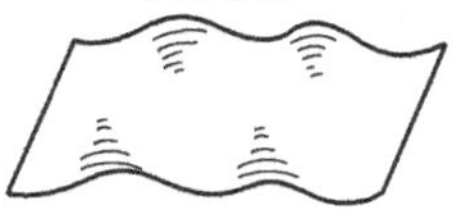	波浪变形一般在薄板焊接结构中产生。薄板结构焊接时的纵向和横向压应力的作用，使薄板失去稳定而造成波浪变形。船体隔板结构角焊缝的横向收缩引起角变形，会造成波浪变形
扭曲变形 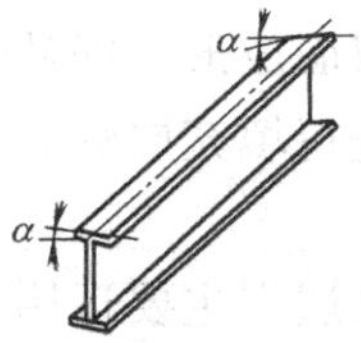	构件焊后两端绕中性轴沿相反方向扭转一角度，形成扭曲变形。原因为：装配不当，在构件的各部件尺寸和形状不正确时强行装配；焊接顺序和方向不正确；焊接时构件没采用适当的夹具

任务准备

一、焊条

E4303型和E5015型焊条，直径为3.2mm。

二、焊件

Q235A 钢板，长 × 宽 × 厚为 300 mm × 100 mm × 12mm，一侧开 30°V 形坡口，每组两块。

焊件的装配如图 1-50 所示。焊件装配尺寸见表 1-29。

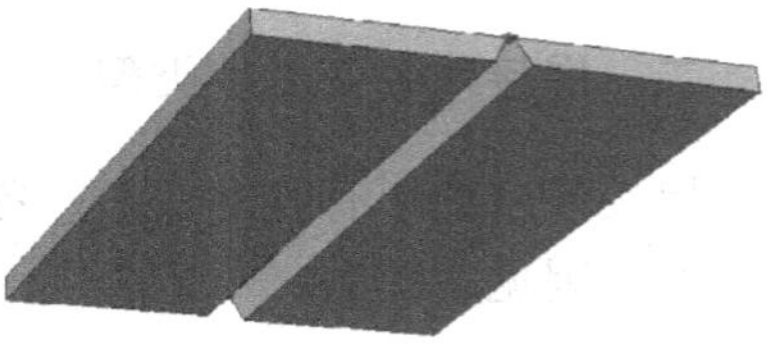

图 1-50　焊件的装配

表 1-29　焊件装配尺寸

坡口角度/(°)	装配间隙/mm	钝边/mm	反变形量/(°)	错边量/mm
60	3 ~ 4	0.5	3 ~ 4	≤1

三、焊接电源

选用 ZX7—400ST 型弧焊逆变器。

四、焊接工具

焊接使用的工具有面罩、焊钳、接地夹钳、电缆线、敲渣锤、锉刀、扁铲、钢丝刷和保温筒等。

五、焊接参数

焊接参数的确定见表 1-30。

表 1-30　焊接参数的确定

焊 接 层 次	运 条 方 法	焊条直径/mm	焊接电流/A
打底层焊	灭弧焊法		90 ~ 100
填充层焊	锯齿形运条法	3.2	100 ~ 120
盖面层焊	锯齿形运条法		90 ~ 110

任务实施

1. 固定焊件

将焊件固定在距离地面 800 ~ 900mm 的高度。

2. 打底层焊

当焊接较重要的焊接结构时，如锅炉、压力容器等，要求单面焊双面成形，即从焊件坡口的正面进行焊接，使正面和背面同时形成致密、均匀的焊缝，既要进行填充层焊和盖面层焊，又要运用打底层焊技术焊接底层焊道。

目前，填充层焊和盖面层焊一般采用锯齿形和月牙形运条法，打底层焊主要运用灭弧焊和连弧焊两种方法。

打底层焊采用灭弧焊施焊时，焊条直接在焊件定位焊缝处引燃电弧，预热片刻，将焊条拉到坡口间隙处，并将焊条向上送进，击穿坡口根部形成熔孔后立即熄弧，当熔池颜色由明稍稍变暗时，再重新燃弧，形成熔孔后再熄弧。如此不断地使每一个形成的新熔池覆盖前一熔池的 1/3 ~ 1/2。焊接过程中熔池体积应小一些，焊道应薄一些，焊条少做横向摆动，避免焊道表面出现凸形。仰焊操作时的焊条角度如图 1-51 所示。

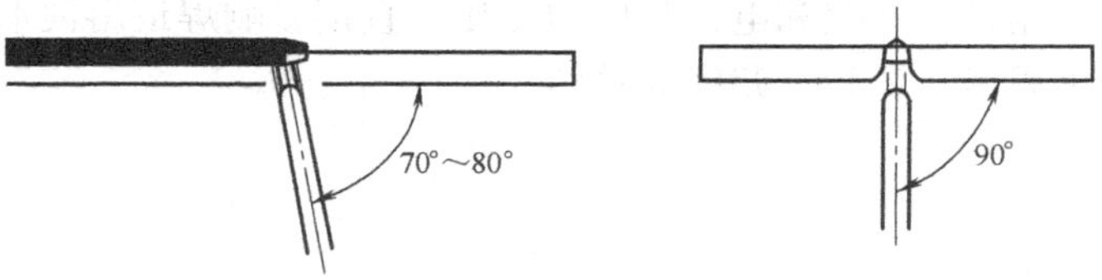

图 1-51 仰焊操作时的焊条角度

接头时采用热接法，更换焊条要快。在弧坑后面 10mm 的坡口内引弧，向接头部位焊去，当焊至弧坑处时，往根部顶一下，稍停片刻后恢复正常的断弧打底层焊操作。

3. 填充层焊

分两层施焊，必须保证每层焊道表面平整，坡口熔合良好。

在填充层施焊前，应认真清理前一层的焊渣和飞溅。焊条角度同第一层，采用锯齿形运条法，电弧要短一些，在焊道中间运条速度要快，在两侧适当地停顿。填充后的焊道表面与母材要熔合良好，不得有夹渣。

第二层填充焊时，要注意观察，不得熔化坡口边缘，并且通过控制运条速度形成中间凹的焊道，如图 1-52 所示。焊完的填充层应比焊件表面低 1mm 左右。若有凸凹不平处，则要予以补平，以便盖面焊接时易于控制焊缝的平直度。

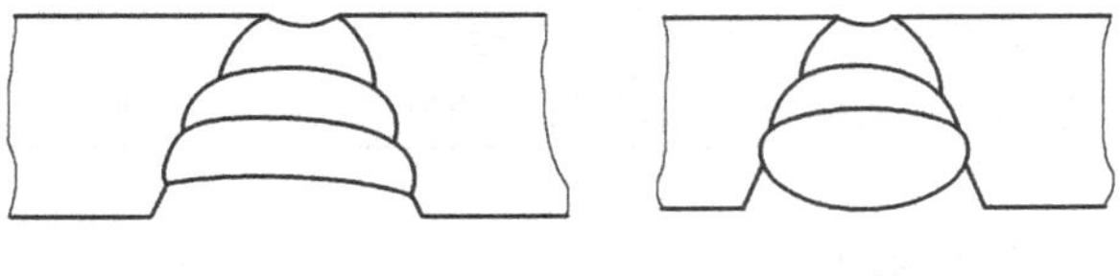

图 1-52 填充层焊道的形状
a）合格的焊道 b）不合格焊道（表面凸起过高）

4. 盖面层焊

将填充层焊道的焊渣及飞溅清理干净。焊接时，焊条可与施焊方向成 85°～90°角；以短弧操作，运条方法与填充层焊时相同，但焊条横向摆动的幅度要大一些，至坡口两侧棱边保持熔化 1.5mm 左右，并稍加停顿，以防止产生咬边；中间稍快一些，可避免熔池金属下坠产生焊瘤。一根焊条焊完后，电弧要收在焊缝中间，并迅速更换焊条，再次引弧处应位于熔池前方 10～15mm。引燃电弧后，迅速将电弧拉向熔池，待熔池金属熔化后，再继续向前摆动施焊，完成盖面层的焊接。

5. 清理

焊后清理焊件，检查焊缝质量。

问题及防治

仰焊时很容易在焊件正面出现焊瘤、夹渣、未熔合缺陷，焊件背面出现凹陷。

1）仰焊过程中，熔池应小一些，焊道应薄一些，电弧应短一些，以避免产生焊瘤缺陷。

2）运条时，坡口两侧的停留时间不宜过少，避免焊道中间凸起，否则容易在焊缝两侧出现咬边缺陷，还会给坡口两侧熔渣的清理造成困难。

3）焊接时，如果焊接电流不适宜，则应及时调节焊接电流。焊接电流过小，熔渣就不易浮出，从而产生夹渣、未熔合缺陷；焊接电流过大，会产生焊瘤缺陷。

在仰焊时，焊条角度的变化和电弧长度的变化，直接影响焊道熔池形状的变化，所以在训练时要做到不断地思考、比较、归纳和总结。

检查评议

检查评议表见表1-31。

表1-31 检查评议表

项目	考核要求	分值	扣分标准	检验结果	得分
焊缝余高度	0~3mm	8	超差不得分		
焊缝高度差	≤2mm	6	超差不得分		
焊缝每侧增宽	0.5~2.5mm	8	超差不得分		
焊缝宽度差	≤2mm	6	超差不得分		
咬边	缺陷深度：≤0.5mm 缺陷长度：≤10mm	10	超差不得分		
夹渣	无	10	出现不得分		
气孔	无	6	出现不得分		
未熔合	无	10	出现不得分		
焊瘤	无	10	出现不得分		
焊后角变形	≤3°	6	超差不得分		
焊缝表面成形质量	波纹细腻、均匀、美观	20	酌情扣分		

考证要点

1. 仰焊过程中，采用（　　　　）施焊，利用电弧（　　　）把熔化金属托住，并将部分（　　　）送到焊件背面。

2. 焊层表面要（　　　）直，以免熔池金属下（　　　），否则容易产生（　　　）、（　　　）等缺陷。

3. 采用击穿焊法，灭弧与接弧时间要（　　），灭弧频率为（　　）次/min，每次接弧位置要准确，焊条中心要对准熔池前端与母材的交界处。

4. 收弧时，先在熔池（　　）方做一熔孔，然后将电弧向（　　）回带10mm左右再熄弧，并使其形成（　　）坡。

5. 仰焊过程必须采取（　　　）焊接，熔池体积尽可能（　　　），焊道成形应该（　　　）。

6. V形坡口仰对接填充焊时，为防止形成凸形焊道，应采用（　　　）运条方法，焊条摆动到焊道两侧时一定要（　　），中间摆动得要（　　）。

任务7　板-板T形接头立角焊

任务描述

本任务为板-板T形接头立角焊操作，要求能够针对不同的焊缝层数和焊缝宽度，灵活运用和掌握多种运条方法，把握焊条角度，控制焊脚尺寸，避免焊接缺陷，不断提高调试合适焊接电流的能力，最终焊接出合格的焊件。

任务分析

立角焊时，焊缝处于两板的夹角处，熔池成形容易控制，但是熔池散热速度较立对接焊时快，因此焊接电流应比立对接焊时稍大一些，以免产生未熔合和夹渣缺陷。如果焊条角度不正确、焊缝两侧停顿时间过短，则在焊件的板面上容易产生咬边缺陷。若熔池温度控制不当，使温度过高，则熔池下边缘轮廓会逐渐凸起变圆，还会产生焊瘤。

相关知识

影响焊接残余变形的因素

影响焊接残余变形的因素及其作用见表1-32。

表1-32　影响焊接残余变形的因素及其作用

影响因素	作用
焊缝在结构中的位置	若焊缝在结构中布置不对称，则焊后要产生弯曲变形，弯曲的方向是朝向焊缝数目多的那一侧 当焊缝偏离焊件中性轴时，焊件在焊后将向焊缝所在的那一侧弯曲，并且焊缝距离中性轴越远，焊件就越容易产生弯曲变形
焊接结构的刚度	焊接结构的刚度（即抵抗变形的能力）大小也将影响焊件焊后的变形倾向。其刚度越大，就越不易变形。焊接结构的刚度取决于本身的截面形状及尺寸
焊接结构的装配及焊接顺序	一般来说，将焊接结构总装后再进行焊接，可以使结构的刚度增加，减少焊后变形。但是，对于一些大型复杂结构，有时可将其适当地分成多个部件，分别装配焊接，然后再拼焊成整体，使不对称的焊缝或收缩量较大的焊缝能比较自由地收缩，组焊时对整体结构的影响就会较小，从而控制焊后变形量

任务准备

一、焊条

E4303型或E5015型焊条，直径为3.2mm和4.0mm。

二、焊件

Q235A钢板，每一组两块焊件，其中一块长×宽×厚为300mm×200mm×12mm，另一块长×宽×厚为300mm×80mm×12mm。

将焊件清理干净并矫平之后，装配成T形接头，并在焊件两端对称地进行定位焊，定位焊缝长约10mm。

三、焊接电源

选用ZX7—400ST型弧焊逆变器。

四、焊接工具

焊接操作需用的工具有面罩、焊钳、接地夹钳、电缆线、敲渣锤、锉刀、扁铲、钢丝刷和保温筒等。

五、焊接参数

确定焊接参数：立角焊一般均采用多层焊，具体焊缝的层数根据焊件的厚度来确定。该焊件的板厚为12mm，确定焊脚尺寸为10mm，可采用二层二道进行焊接（见表1-33）。

表1-33　焊接参数的确定

焊接层次	运条方法	焊条直径/mm	焊接电流/A
第一层焊道	短弧挑弧法	3.2	110～125
盖面层焊	锯齿形运条法	4.0	115～130

任务实施

立角焊是指T形接头焊件处于立焊位置时的焊接操作，如图1-53所示。

立角焊与立对接焊的操作有许多相似之处，若用小直径焊条和短弧操作，则两者的操作姿势和握焊钳的方法基本相似。要掌握立角焊的操作技能，还应掌握以下操作要领。

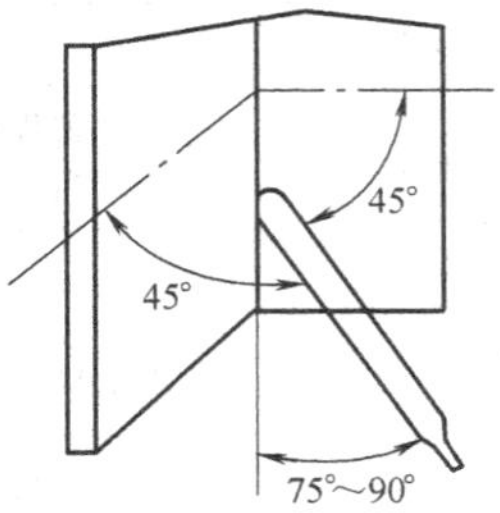

图1-53　立角焊操作

1. 熔池形状的控制

立角焊的关键是控制熔池形状。焊接时，熔池金属位于两直角板的夹角内，比较容易控制。但是要获得良好的焊缝成形质量，应根据熔池温度状况有节奏地左右摆动焊条并向上运条。

当温度过高时，熔池下边缘轮廓逐渐凸起变圆，甚至会产生焊瘤，这时可加快摆动焊条的节奏，同时让焊条在焊缝两侧停留的时间多一些，直到把熔池下部边缘调整成平直外形。焊接底层时，使熔池保持为椭圆形；焊接填充层、盖面层时，使熔池保持为扁圆形。不论选择什么形状，都要使熔池外边缘保持平直，熔池宽度一致、厚度均匀。

2. 焊接电流的选择

由于立角焊时熔池金属的热量向三个方向传递，散热条件较好，因此所需的焊接电流相对立对接焊时要大一些，以保证焊缝两侧有良好的熔合。

3. 焊条角度的控制

为了使焊件能够均匀受热并有一定的熔深，焊接时焊条应处在两板面的角平分线位置，并使焊条与焊件成75°～90°的下倾角（见图1-53）。可利用电弧对熔池向上的吹力，使熔滴顺利过渡并托住熔池。

4. 运条方法的选择

对于焊脚尺寸较小的焊缝，可采用短弧挑弧法；当焊脚尺寸较大时，可采用月牙形、三角形和锯齿形运条法（见图1-54）。

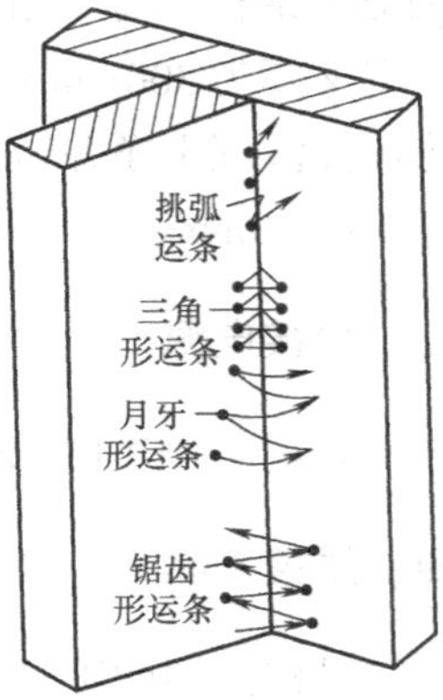

图1-54　立角焊的运条方法

5. 立角焊操作步骤

1）清理焊件表面上的铁锈及污物。

2）将焊件垂直固定在操作台上。

3）焊接第一层焊道。在试板上调试出合适的焊接电流，选用直径为3.2mm的焊条。采用短弧挑弧法进行焊接，即在始焊端的定位焊缝处引燃电弧，拉长弧对焊件预热 1～2s 后，压弧焊接。当形成第一个熔池时，立即将电弧沿焊接方向挑起（电弧不熄灭），让熔池冷却凝固。待熔池颜色由亮变暗时，再将电弧向下移到熔池的 2/3 处，形成一个新熔池。这样不断地挑弧—下移熔焊—挑弧，有节奏地运条就能形成一条较窄的立角焊道，作为第一层焊道。焊道间的接头可采取热接法，更换焊条要迅速。若采用冷接法，则可通过预热法的操作来完成。

4）盖面焊。清理前一层焊道的焊渣后，采用锯齿形运条法进行焊接，焊条摆动的宽度要小于所要求的焊脚尺寸。例如，当所要求的焊脚尺寸为 10mm 时，焊条摆动的范围应在 8mm 以内（考虑到熔池的熔宽），待焊缝成形后就可达到焊脚尺寸要求。为了避免出现咬边等缺陷，除选用合适的焊接电流外，焊条在焊道中间摆动得应稍快一些，在两侧稍作停顿，使熔化金属填满焊道两侧边缘部分，并使每一个熔池均成扁圆形，这样就可获得平整的焊道。

5）清理焊渣和飞溅物，检查焊缝质量。

问题及防治

立角焊时，熔池散热速度较对接立焊时快，所以焊接电流应比对接立焊时稍大一些，以免产生未熔合和夹渣缺陷。

如果在焊件的板面上产生咬边缺陷，应调整焊条角度，并使焊条在焊缝两侧停顿的时间长一些。

如果熔池下边缘轮廓逐渐凸起变圆产生焊瘤，则应控制熔池温度，运条时在焊缝中间停顿的时间要少一些。

检查评议

检查评议表见表 1-34。

表 1-34　检查评议表

项　目	考核要求	分值	扣分标准	检查结果	得分
焊脚尺寸	12～15mm	10	超差不得分		
焊缝宽度差	≤2mm	6	超差不得分		
焊缝凸度	0～3mm	10	超差不得分		
焊缝凸度差	≤2mm	6	超差不得分		
咬边	无	8	缺陷深度：≤0.5mm 缺陷长度：≤10mm		
夹渣	无	8	出现不得分		
气孔	无	8	出现不得分		
未熔合	无	8	出现不得分		
焊缝偏下	无	8	出现不得分		
焊后角变形	≤3°	8	超差不得分		
焊缝表面成形质量	波纹细腻、均匀、美观	20	酌情扣分		

考证要点

1. 立角焊时，焊缝处于两板的夹角处，熔池散热速度较对接立焊时（　　），因此焊接电流应比对接立焊时稍（　　）一些。

2. 立角焊是指（　　　　　）的焊件，置于立焊位置的焊接操作。

3. 握焊钳有（　　）法和（　　）法。

4. 一般所在的焊接位置操作（　　　）的情况下均用正握法；当焊接部位（　　　）较近时，则采用反握法。

5. 焊工操作时，身体不要（　　）焊缝，要略偏向（　　），以使握焊钳的右手便于操作。

6. 立焊有由（　　　）施焊（向上立焊）和由（　　　）施焊（向下立焊）两种操作方法。

7. 在生产实际中，对（　　　　）或（　　　　）的焊件，应采取向上立焊，熔深浅，薄板不易烧穿。

8. 当焊接电流偏大时，为便于控制熔池温度，得到一定的熔池深度，常用（　　）运条方法。

9. 良好的熔池形状是（　　　　　　　　）；当温度过高时，熔池下边缘轮廓逐渐（　　　　），严重时会产生焊瘤，因此应把熔池下部边缘调整成（　　　　）。

任务8　板-板T形接头仰角焊

任务描述

本任务为板-板T形接头仰角焊操作。通过操作，应熟知焊接参数的选择方法，熟练运用不同的运条方法完成底层、盖面层的焊接，并且通过调节不同的焊接参数，变换不同的操作手法训练，知晓焊接缺陷产生的原因和保证焊接质量的方法，以在以后的焊接操作中避免焊接缺陷的出现，为提高操作水平打下基础。

任务分析

仰角焊时，如果电弧在上板面上停留的时间短，在立板面上停留的时间长，再加上焊条角度不正确，电弧控制不当，焊缝金属就容易下坠；如果运条速度过慢，运条至焊缝上板面侧时电弧过长，停留时间少，加之焊接电流过大，则在上板面上就容易出现咬边缺陷；如果熔渣在焊道下堆积过多，焊接电流偏小，熔渣与液态金属混淆不清，就容易产生夹渣。

相关知识

一、防止和减小焊接残余变形与焊接残余应力的措施

1. 焊接结构的合理设计

合理的设计方案是控制焊接残余变形与焊接残余应力的重要措施。在设计焊接结构时要考虑事项有：在保证结构有足够强度的前提下，尽量减小焊缝的数量和尺寸；对称布置焊缝；必要时预先留出收缩余量；适当采用冲压结构，减少焊接结构；将焊缝布置在承受最大工作应力的部位之外；留出装焊模夹具的位置等。

2. 控制焊接残余变形的工艺措施

（1）选择合理的装焊顺序　采用不同的装配、焊接顺序，焊后会产生不同的变形效果。

图1-55所示为工字梁的两种装焊顺序。图1-55a所示为先装配、焊接成丁字形，然后再装配另一块翼板，最后焊成工字梁。采用这种装焊顺序焊接丁字形结构时，由于焊缝分布在中性轴的下方，焊后将产生较大的上拱弯曲变形，即使另一块翼板焊后会产生反向弯曲变形，也难以抵消原来产生的变形（结构刚度增加的缘故），最后工字梁将形成上拱弯曲变形。如果采取如图1-56b所示的方法先整体装配成工字梁，然后再进行焊接，此时梁的刚度增加，再采用对称、分段的焊接顺序，焊后上拱弯曲变形量就会小得多。这是一项采用先总装后焊接的方式来控制焊接结构焊后变形的工艺措施。

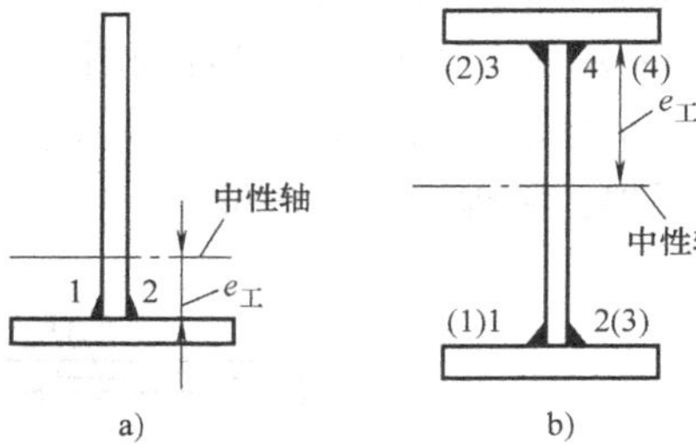

图1-55 工字梁的两种装焊顺序

图1-56a所示为内部有大小隔板的封闭箱形梁结构，由于不能采用先总装后焊接的装焊顺序（总装后结构内的隔板无法焊接），故必须先制成Π形梁，然后才能制成箱形梁。图1-56b所示为Π形梁的装焊顺序。首先将大小隔板与上盖板装配好，随后焊接焊缝1，由于焊缝1几乎与盖板截面重心重合，故无太大变形；接着按图示装焊，不仅结构刚度加大，而且2、3焊缝对称，所以焊后整个封闭箱形梁的弯曲变形量很小。

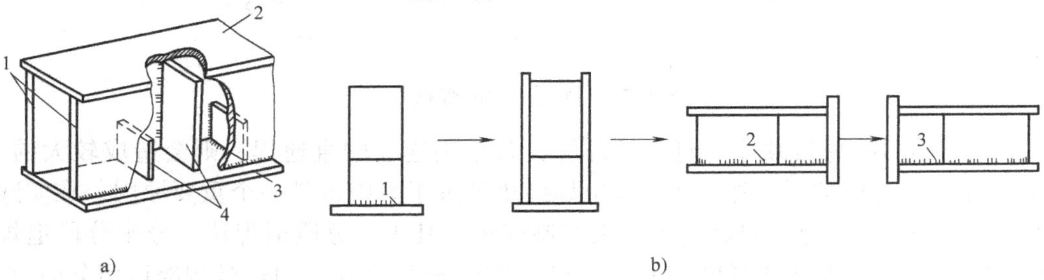

图1-56 封闭箱形梁结构

1—幅板 2—上盖板 3—下盖板 4—大小隔板

（2）采取合理的焊接顺序

1）对称焊接。如果焊接结构的焊缝是对称布置的，则应该采用对称焊接。图1-56b所示的工字梁，当采用1、2、3、4的焊接顺序焊接时，虽然结构的焊缝对称，但是焊后仍将产生较大的上拱弯曲变形。应该注意焊接顺序，因为焊接结构的刚度会随着先焊焊缝熔敷量的增加而增大，同时所产生的变形量也会增大。在结构刚度增大的情况下，即使后焊的焊缝以同样的熔敷量产生相反方向的变形，也不能完全抵消原先产生的变形。

为此，如果将图1-56b所示工字梁的1、2焊缝分成若干段，采取分段、跳焊的对称焊接方法，先焊完总长度的60%～70%，然后将工字梁翻转180°，也采取分段、跳焊的对称焊接方法将3、4焊缝全部焊完，再将工字梁翻转，采取同样的焊法，焊完1、2焊缝。这样通过先后焊缝的熔敷差量来控制变形量，效果会较好。

2）不对称焊缝先焊焊缝少的一侧。如果焊接结构的焊缝是不对称布置的，则可先焊焊缝少的一侧，后焊焊缝多的一侧，使后焊的焊缝产生的变形足以抵消先前的变形，以使总体变形量减小。图1-57所示为压力机压型上模的焊接顺序。如果先焊焊缝多的一侧，则结构将出现总体下挠弯曲变形。若按图 1-57c 所示，先焊 1 和 1′焊缝少的一侧，则焊后会出现图 1-57b 所示的上拱变形，接着按图 1-57d 所示焊接 2、2′及 3、3′焊缝多的一侧，则焊后它们的收缩量足以抵消先前产生的上拱变形。如果按图 1-57e 所示的焊接顺序（一人操作）进行船形焊，则焊后变形量最小。

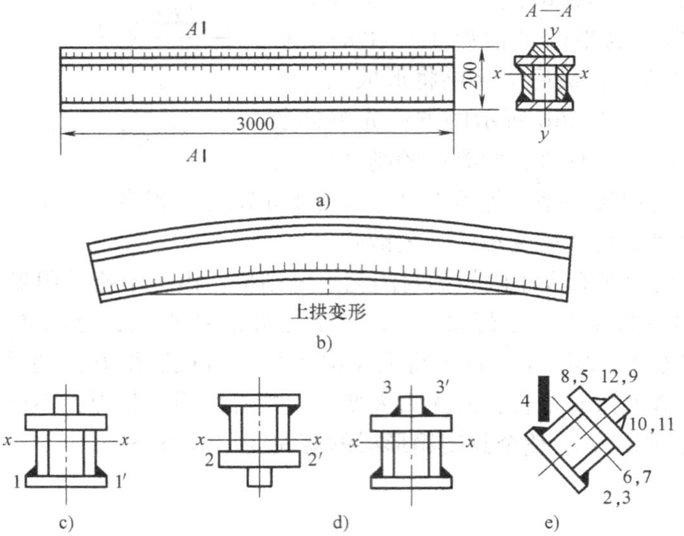

图 1-57　压型上模的焊接顺序

3）采用不同的焊接顺序。对于长焊缝，若采用连续的直通焊，则会造成较大的变形量，这除了焊接方向的因素外，在结构中焊接热量过于集中也是一个重要原因。在实践中，经常采用图 1-58 所示的不同焊接顺序来控制变形。其中，分段退焊法、分中分段退焊法、跳焊法和交替焊法，常用于长度为 1m 以上的焊缝；长度为 0.5～1m 的焊缝可用分中对称焊法；采用退焊法和跳焊法时，每段焊缝长度一般为 100～350mm。

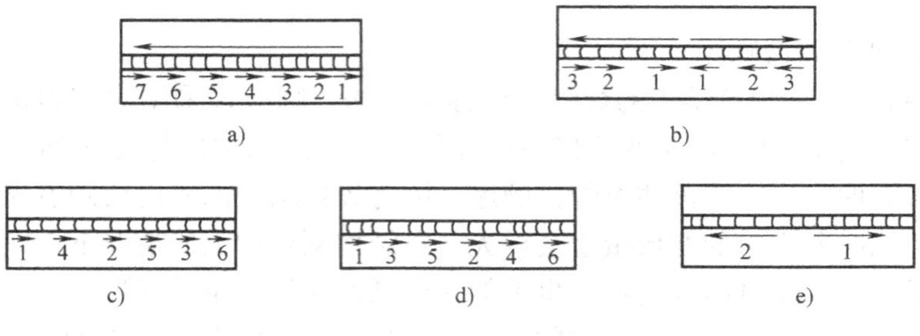

图 1-58　采用不同焊接顺序的焊法

a）分段退焊法　b）分中分段退焊法　c）跳焊法　d）交替焊法　e）分中对称焊法

（3）反变形法　为了抵消焊接残余变形，焊前预先使焊件向焊接变形相反的方向变形，这种方法叫做反变形法。在前面的 V 形坡口对接焊操作中，均采用反变形法来控制焊后的残余角变形，如图 1-59 所示。

图 1-60a 所示为工字梁的翼板焊后产生的角变形。可在焊前预先使翼板反变形（见图

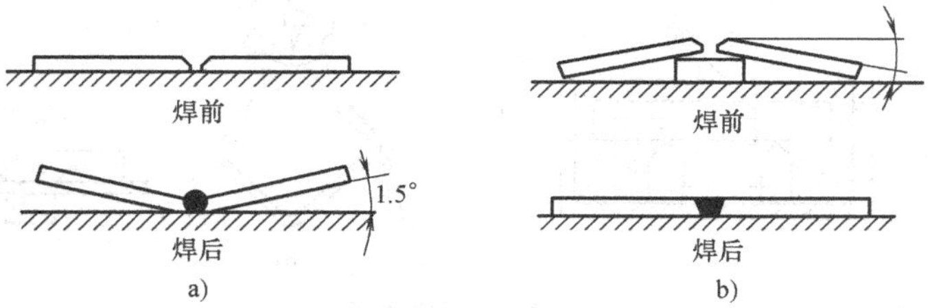

图1-59 对接平板采用反变形措施

a）产生角变形 b）采取反变形法

1-60b)，然后按图1-60c所示的装配角度和焊接顺序进行焊接，以抵消焊后变形，这样便能较大程度地防止焊后变形。

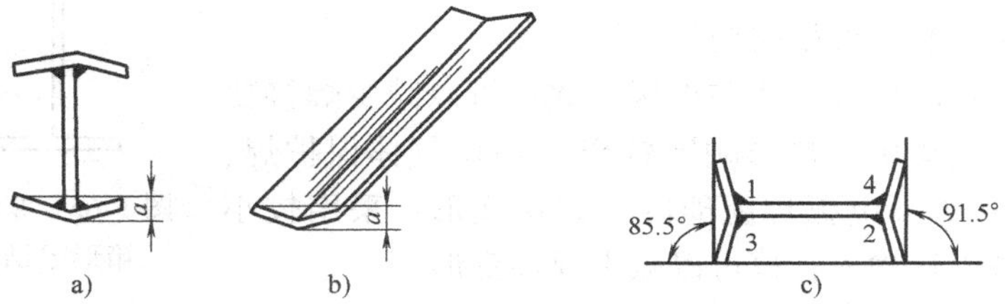

图1-60 焊接工字梁的反变形措施

a）翼板焊后产生的角变形 b）预先使翼板反变形 c）工字梁的反变形装配

（4）刚性固定法 焊接前对焊件采取外加刚性约束，使焊件在焊接时不能自由变形，这种防止变形的方法称为刚性固定法。图1-61~图1-63所示为几种不同焊接结构采取刚性固定法的实例。

（5）散热法 焊接时用强迫冷却的方法将焊接区的热量带走，使受热面积大为减小，从而达到减小变形量的目的，这种方法称为散热法。图1-64a所示为将焊件浸入水中进行焊接；图1-64b所示为喷水冷却焊接；图1-64c所示为用水冷纯铜板散热焊接。应该注意，散热法不适用于淬硬倾

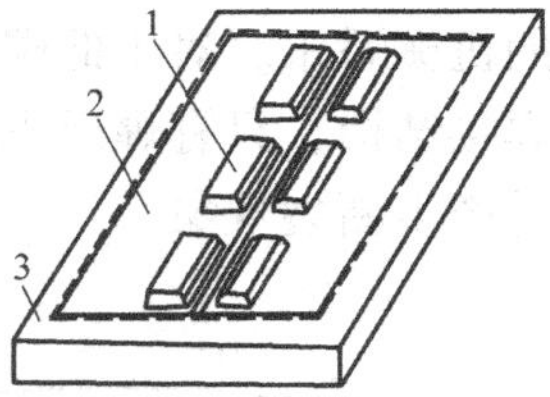

图1-61 薄板焊接的刚性固定

1—压铁 2—焊件 3—平台

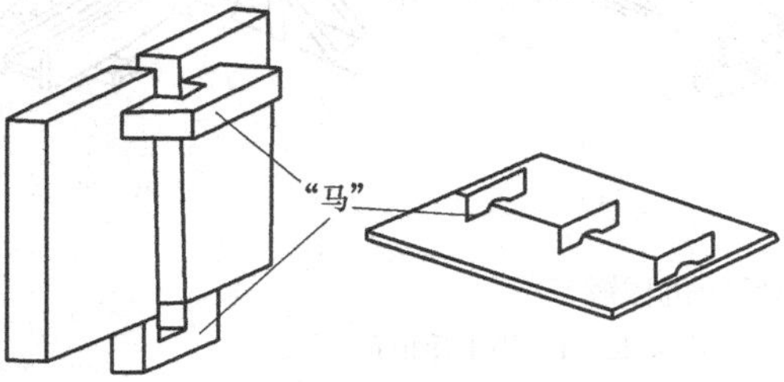

图1-62 钢板对接焊时的加“马”刚性固定

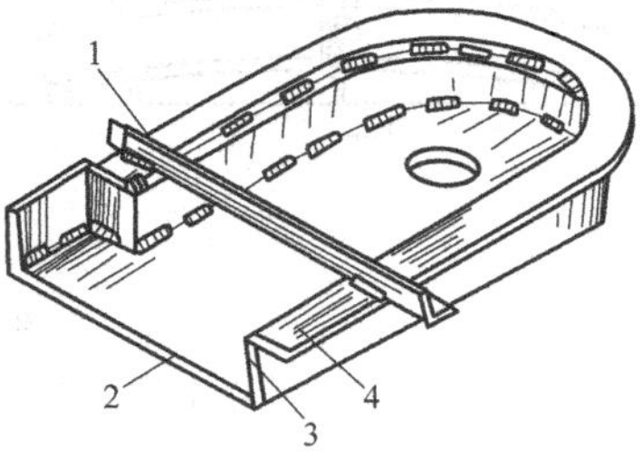

图1-63 防护罩用临时支撑的刚性固定

1—临时支撑 2—底平板 3—立板

4—圆周法兰盘

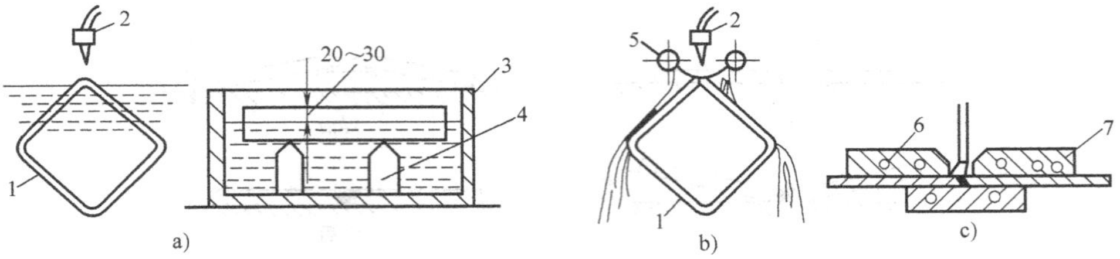

图 1-64　散热法示例

1—焊件　2—焊炬　3—水槽　4—支撑架　5—喷水箱　6—冷却水孔　7—纯铜板

向较高的材料，否则会在焊接时产生裂纹。

（6）热平衡法　对于某些焊缝不对称布置的结构，焊后往往会产生弯曲变形。如果在与焊缝对称的位置上用气体火焰与焊件同步加热，只要加热的焊接参数选择适当，就可以减少或防止弯曲变形。图 1-65 所示为采用热平衡法控制箱形梁结构的焊接变形。

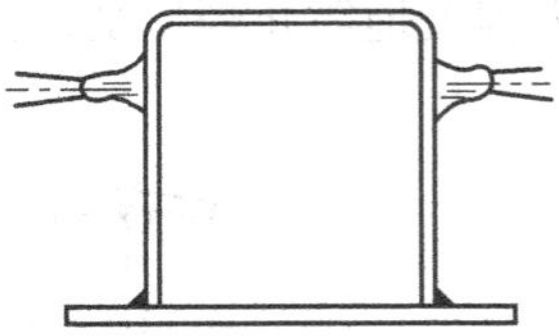

图 1-65　采用热平衡法控制箱形梁结构的焊接变形

此外，选择合理的焊接方法和焊接参数也可以减少焊接变形，例如，采用热量集中、热影响区较窄的 CO_2 气体保护焊、MAG 焊代替气焊和焊条电弧焊就能减少焊接变形；采用较小的焊接参数，以减少热输入，也可以减少焊接变形。

二、焊接残余变形的矫正及焊接残余应力的消除

1. 焊接残余变形的矫正方法

（1）机械矫正法　机械矫正法是利用机械力的作用来矫正变形。图 1-66 所示为工字梁焊后的机械矫正。对于低碳钢结构，可在焊后直接应用此方法进行矫正；对于一般合金结构钢的焊接结构，只有焊后先进行消除应力处理，才能进行机械矫正，否则不仅矫正困难，而且容易产生断裂现象。

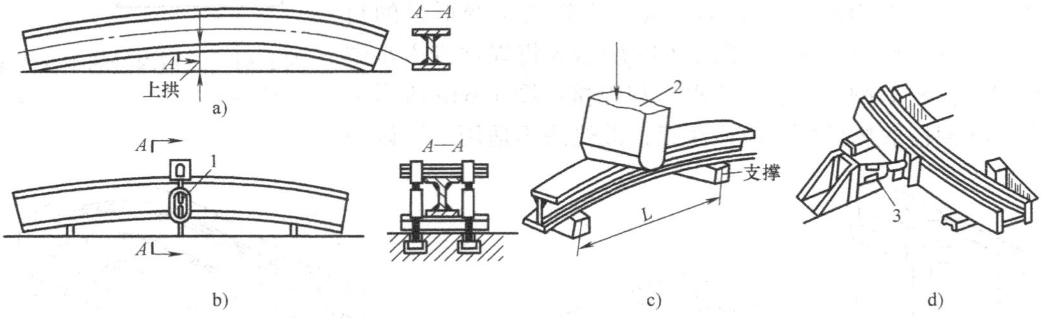

图 1-66　工字梁焊后的机械矫正

a）拱曲焊件　b）用拉紧器拉　c）用压头压　d）用千斤顶顶

1—拉紧器　2—压头　3—千斤顶

对薄板波浪变形进行机械矫正时，应用锤敲击焊缝区的拉应力段。因为拉伸应力区的金属经过锤打被延伸了，即产生了塑性变形，从而减小了对薄板边缘的压缩压力，从而矫正了

波浪变形。在用锤敲击时，必须垫上平锤，以免出现明显的锤痕。

（2）火焰矫正法 火焰矫正法是用氧乙炔火焰或其他气体火焰（一般采用中性焰），以不均匀加热的方式引起结构某部位变形来矫正原有的残余变形。具体方法是将变形构件的局部（变形处伸长的部分）加热到600～800℃，此时钢板（低碳钢呈褐红色），然后让其自然冷却或强制冷却，使之冷却后产生收缩变形来抵消原有的变形。

火焰加热的方式有以下3种：

1）点状加热矫正。图1-68所示为点状加热矫实例。图1-67a所示为钢板（厚度在8mm以下）波浪变形的点状加热矫正，其加热点直径d一般不小于15mm。点间距离l随变形量的变化而变化，残余变形量越大，l越小，一般在50～100mm之间变动。为提高矫正速度和避免冷却后在加热处出现小泡突起，往往在加热完一个点后，立即用木锤锤打加热点及其周围，然后浇水冷却。

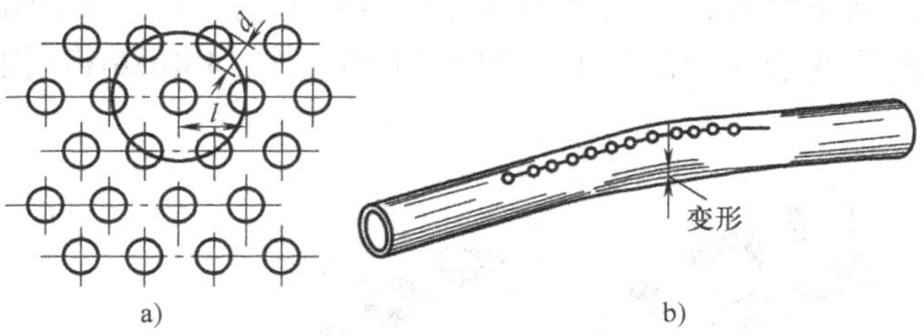

图1-67 点状加热矫正
a）钢板的点状加热 b）钢管的点状加热

图1-67b所示为钢管弯曲的点状加热矫正，加热温度为800℃，加热速度要快，加热一点后迅速移到另一点加热。钢管经过同样的方法加热、自然冷却一次或两次，即能矫直。

2）线状加热矫正。火焰沿着直线方向或者同时在宽度方向以横向摆动的方式移动，形成带状加热，称为线状加热。图1-68所示为线状加热矫正的几种形式。在线状加热矫正时，加热线的横向收缩量大于纵向收缩量，加热线的宽度越大，横向收缩量也就越大。所以，在线状加热矫正时要尽可能发挥加热线横向收缩的作用。加热线宽度一般取钢板厚度的0.5～2倍。这种矫正方法多用于变形较大或刚度较大的结构，也可用于矫正钢板。

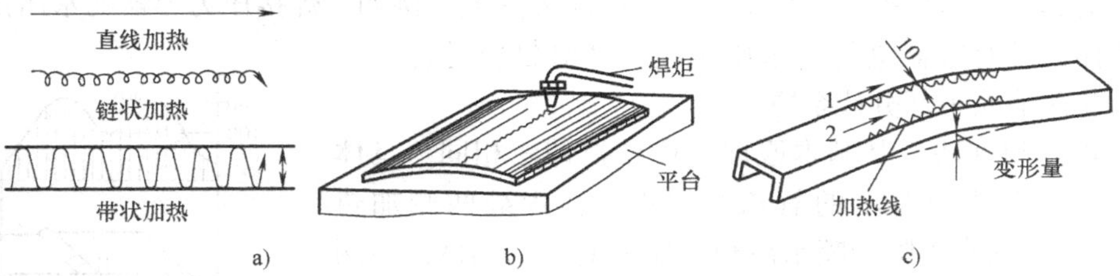

图1-68 线状加热矫正
a）线状加热形式 b）厚钢板线状加热矫正 c）槽钢线状加热矫正

线状加热矫正时，根据钢材性能和结构，可同时用水冷却，即水火矫正。这种方法一般用于厚度小于8mm的钢板，水火距离通常为25～30mm。对于允许采用水火矫正的低碳钢，在矫正时，应根据不同钢种来调整水火距离。水火矫正如图1-69所示。

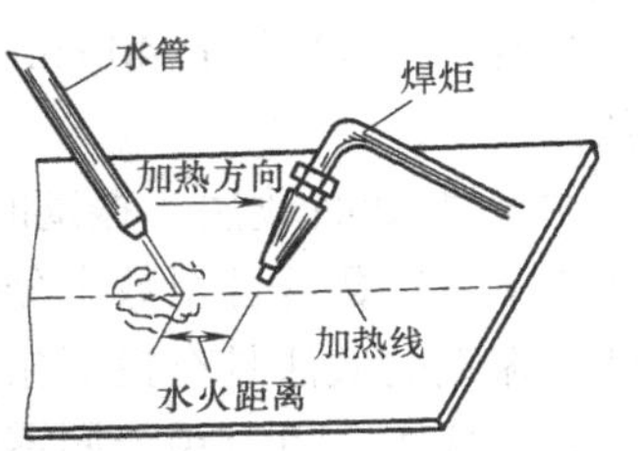

图1-69 水火矫正

3）三角形加热矫正。三角形加热即加热区呈三角形，加热的部位在弯曲变形构件的凸缘，三角形的底边在被矫正构件的边缘，顶点朝内，如图 1-70 所示。由于加热面积较大，所以收缩量也较大，尤其在三角形底部，可用多个焊炬同时加热，并根据结构和材料的具体情况，另加外力或用水火矫正。这种方法常用于矫正厚度较大、刚度较强构件的弯曲变形。

2. 消除焊接残余应力的方法

（1）整体高温回火热处理　焊后对焊件进行热处理是消除焊接残余应力常用的方法。将焊件整体加热至材料相变点以下的某一温度范围（一般为 550 ~ 650℃），保温一定时间（一般钢材按 1 ~ 2min/mm 计算，但不宜少于 30min，不高于 3h），然后再均匀、缓慢地冷却，利用材料在此温度下屈服强度降低的特点，使内部残余应力高的部位产生塑性变形，达到消除残余应力的目的。图 1-71 所示为 14MnMoVB 钢消除残余应力热处理的工艺曲线。

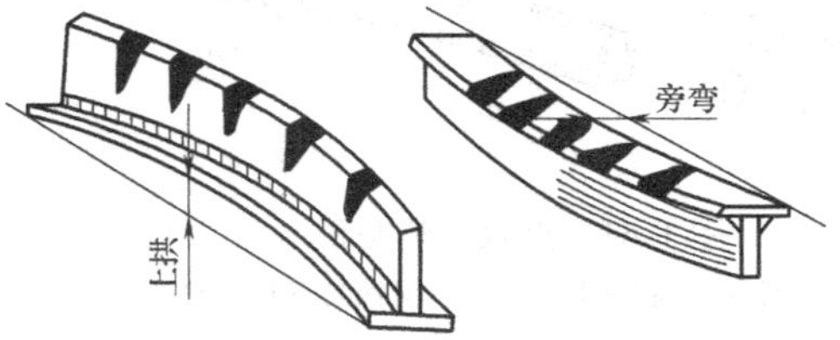

图 1-70　T 形梁的三角形加热矫正

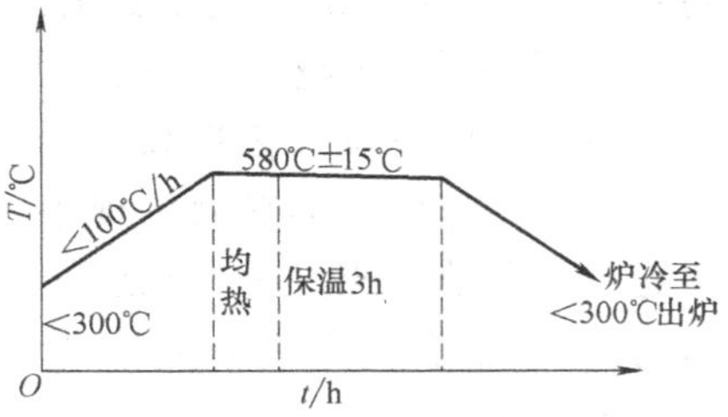

图 1-71　14MnMoVB 钢消除残余应力热处理的工艺曲线

（2）局部高温回火热处理　某些不允许或无法用加热炉进行加热的焊件，可用红外线加热器、工频感应加热器等进行局部热处理，以降低焊件内应力的峰值，使焊接应力趋于平缓，起到部分消除应力的作用。局部消除应力热处理的加热宽度，一般应不小于焊件厚度的 4 倍。在冷却时，用绝热材料包裹加热区域，以减缓冷却速度。

（3）机械拉伸法　对焊接构件进行加载，使焊后产生的压缩残余变形得到拉伸，可减小由焊接引起的局部压缩塑性变形量，使内应力降低。例如，焊接压力容器的水压试验就属于机械拉伸，既对容器进行了水压试验，又对材料进行了一次拉伸，从而消除了部分残余应力。

（4）温差拉伸法　其基本原理与机械拉伸法相同。具体方法是利用一个适当宽度的氧乙炔焰炬，在焊缝两侧加热（后面带有排水的水管随同喷水冷却，如图 1-72 所示），使两侧的金属因受热（温度约为 200℃）而膨胀，对温度较低（约 100℃）的焊缝区进行拉伸，使之产生拉伸塑性变形，以抵消原来的压缩塑性变形，从而消除内应力。此方法对于焊缝较规则，厚度小于 40mm 的板、壳结构具有一定的实用价值。

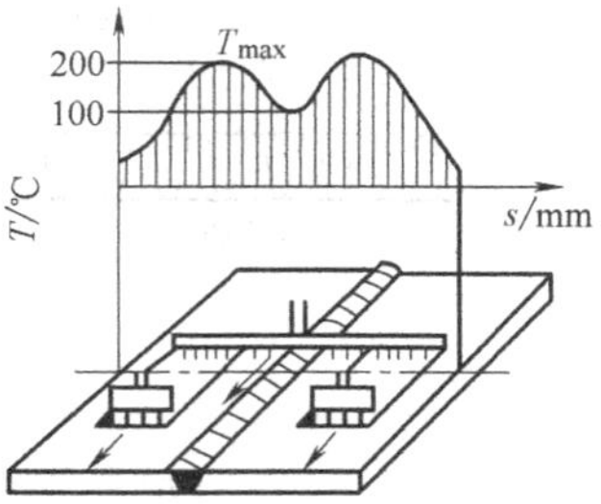

图 1-72　温差拉伸法

（5）振动时效法　振动时效法又称为振动消除应力法，简称 VSR，是将焊接结构在其固有频率下进行数分钟至数十分钟的振动处理，以消除其残余应力，获得稳定的尺寸精度的一种方法。振动时效法具有投资相对较少，生产周期短，设备体积小、质量轻、便于携带，节约能源，降低成本，可避免金属零件在时效过程中产生变形、氧化、脱碳及硬度降低等缺陷，操作简便，易于实现自动化等特点。因此，近年来振动时效法得到了迅速发展和广泛应用。

任务准备

一、焊条

E4303型或E5015型焊条，直径为3.2mm。

二、焊件

Q235A钢板，长×宽×厚为300mm×150mm×10mm和300mm×90mm×10mm两种尺寸的钢板，用于组装T形焊件。

三、焊接电源

选用ZX7-400ST型弧焊逆变器。

四、焊接工具

使用的焊接工具有面罩、焊钳、接地夹钳、电缆线、敲渣锤、锉刀、扁铲、钢丝刷和保温筒等。

五、焊接参数

焊接参数的确定见表1-35。

表1-35 焊接参数的确定

焊接层次	运条方法	焊条直径/mm	焊接电流/A
打底层焊	直线形运条法	3.2	110～130
盖面焊	斜圆圈形运条法		100～120

任务实施

1）将剪切的钢板矫平，清理焊口周围的铁锈及污物，将焊件装配成T形接头，保证立板与平板相互垂直。在焊件两端前后对称进行定位焊，如图1-73所示。

2）将焊件在距离地面800～900mm处进行仰位固定。

3）打底层焊。在焊件左端引弧，使电弧始终对准顶角，压低电弧，采用直线形运条法（见图1-74）。在焊接过程中应保证熔池两侧与焊件上下两板面良好熔合，焊脚对称无咬边、无下坠等缺陷。如果要加大底层的焊脚尺寸，可适当地摆动焊条，使熔池稍微倾斜，但熔池不能太大，否则焊道表面下坠，影响焊道成形。

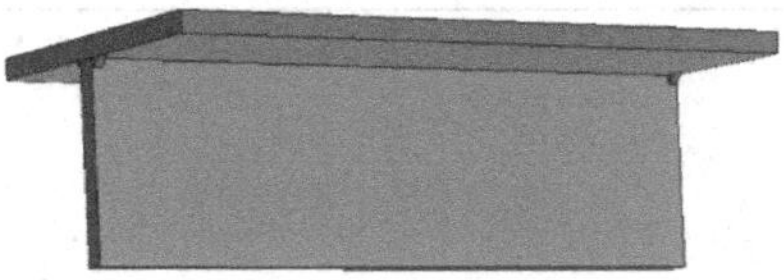

图1-73 装配定位仰角焊件

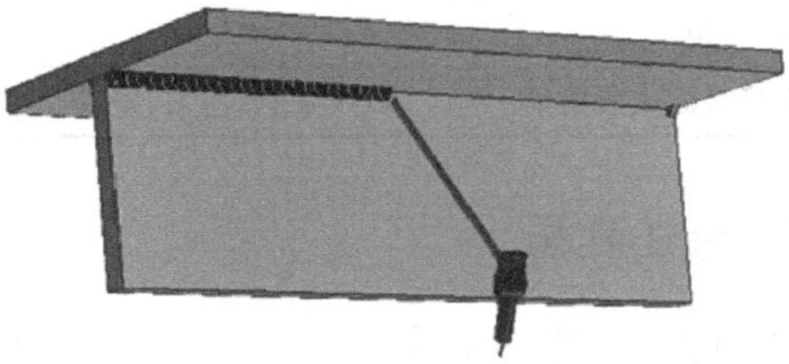

图1-74 仰角焊打底层示意图

4）采取同样的操作方法，完成对称一侧仰角焊缝的焊接。

5）将打底层的焊渣和飞溅物清理干净。

6）盖面层焊采用斜圆圈形运条法，焊接电流要比打底层焊时稍小一些。操作时，焊条在仰板处要压住电弧，停留片刻后向斜前下方立板处运条，到达底层焊道的下边缘，立即将焊条移向仰板处。如此反复，控制好焊条角度，如图 1-75 所示。

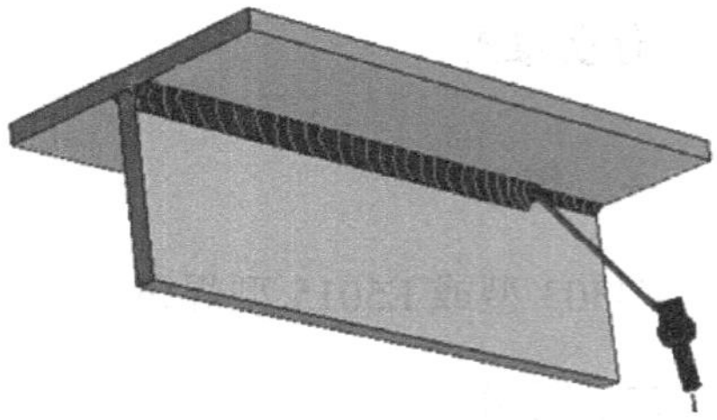

图 1-75　仰角焊盖面焊示意图

7）采取同样的运条方法，完成另一侧仰角焊缝的盖面焊。

8）清理焊件，检查焊缝质量。

问题及防治

由于熔池倒悬在焊件下面，因此熔化的金属会因重力作用而下坠，同时熔滴自身的重力不利于熔滴过渡，熔池温度越高，表面张力越小。所以，仰角焊时易产生焊瘤、上面板焊缝边缘熔合不良和焊脚不对称等缺陷，焊缝成形质量也较差。因此，仰角焊时，要控制小的熔池体积，减小熔滴自身的重力，避免因重力作用而下坠。同时，选择正确的焊条角度，可避免板焊缝边缘熔合不良和焊脚不对称缺陷。

检查评议

检查评仪表见表 1-36。

表 1-36　检查评议表

项　　目	考核要求	分值	扣分标准	检验结果	得分
焊脚尺寸	12～15mm	10	超差不得分		
焊缝宽度差	≤2mm	6	超差不得分		
焊缝凸度	0～3mm	10	超差不得分		
焊缝凸度差	≤2mm	6	超差不得分		
咬边	无	8	缺陷深度：≤0.5mm 缺陷长度：≤10mm		
夹渣	无	8	出现不得分		
气孔	无	8	出现不得分		
未熔合	无	8	出现不得分		
焊缝偏下	无	8	出现不得分		
角变形	≤3°	8	超差不得分		
焊缝表面成形质量	波纹细腻、均匀、美观	20	酌情扣分		

考证要点

1. 仰角焊底层常采用（　　　　）焊接法。

2. 仰角焊在（　　　　　　　　　　　　）的情况下，熔滴容易下坠产生焊瘤。

3. 掌握仰角焊操作技术，既要有较好的（　　　　　），又要有一定的（　　　　）。

4. 仰角焊时为了防止熔池金属下淌，在焊接过程中要求（　　）。

A. 熔池应小一些，焊道薄一些

B. 熔池应大一些，焊道厚一些

C. 焊条要作较大幅度的横向摆动

5. 仰角焊时，阻碍熔滴过渡的力为（　　）。

A. 重力　　　　B. 表面张力　　　　C. 电磁力

6. 采用仰角焊焊接较厚的焊件时，为了提高焊接效率，可以选用直径为（　　）的焊条。

A. 3.2mm　　　　B. 4mm　　　　C. 5mm

单元2 焊条电弧焊技能训练

2

知识目标：

了解焊接化学冶金过程，焊条、焊丝及母材的熔化过程，焊缝结晶过程，焊接热影响区的组织和性能，焊接应力与变形的形成以及焊接残余应力的形成。

技能目标：

掌握管-管对接水平固定单面焊双面成形、管-管对接斜45°单面焊双面成形、管-管对接垂直固定单面焊双面成形、骑座式管板垂直固定单面焊双面成形、骑坐式管板水平固定单面焊双面成形、骑坐式管板仰位焊的操作方法。

任务1 管-管对接水平固定单面焊双面成形

任务描述

管-管对接水平固定单面焊双面成形是焊接坡口件的基础，在生产领域中广泛应用，如机械加工、化工领域等。通过本任务的学习来掌握管-管对接水平固定单面焊双面成形的操作方法。

任务分析

管-管对接水平固定单面焊双面成形在管路的焊接中是最常见的焊接形式。这种焊接形式包括仰位、立位、平位三种位置的焊接，亦称全位置焊。因为该焊接形式所得焊缝是环形的，所以焊接过程中要随焊缝空间位置的变化而相应地调整焊条角度，这样才能正常操作。既然焊缝包含仰位、立位、平位三种位置，那么焊接时是不是要用到三种电流呢？答案是否定的。在焊接水平固定管的时候就用一种电流来完成作业。这个焊接电流就是符合仰位焊接的电流。因为仰位的焊接电流在立位和平位的焊接电流之间，所以利用恰当的操作手法就能进行立位和平位的焊接。

相关知识

一、焊接残余应力的分类

1. 按引起应力的基本原因分类

（1）热应力　由于焊接时温度分布不均匀而引起的应力，又称为温度应力。

（2）相变应力 在焊接时由于温度变化而引起的组织变化所产生的应力，也称为组织应力。

（3）拘束应力 由于结构本身或外加拘束而引起的应力。

2. 按应力的作用方向分类

（1）纵向应力 方向平行于焊缝轴线的应力。

（2）横向应力 方向垂直于焊缝轴线的应力。

3. 按应力在空间的方向分类

（1）单向应力 在焊件中沿一个方向存在的应力，又称为线应力。例如，焊接薄板的对接焊缝时及在焊件表面上堆焊时产生的应力。

（2）双向应力 作用在焊件某一平面内两个互相垂直的方向上的应力，又称为平面应力。它通常发生在厚度为15～20mm的中厚板焊接结构中。

（3）三向应力 作用在焊件内互相垂直的三个方向的应力，又称为体积应力。例如，焊接厚板的对接焊缝时产生的应力和互相垂直的三个方向焊缝交汇处的应力。

实际上，焊件中产生的残余应力总是三向应力。当在一个或两个方向上的应力值很小可以忽略不计时，就可以认为它是双向应力或单向应力。

二、控制焊接残余应力的措施

要控制焊接残余应力，可以从两方面来考虑：一是从设计上考虑，如在保证结构有足够强度的前提下尽量减少焊缝的数量和尺寸，适当采用冲压结构以减少焊接结构，将焊缝布置在最大工作应力区域以外等；二是从工艺上考虑，即采取一些适当的工艺措施来调节或减少焊接残余应力。

下面介绍几种常用的减少焊接残余应力的工艺措施。

（1）选择合理的焊接顺序

1）尽可能让焊缝能自由收缩，以减少焊接结构在施焊时的拘束度，最大限度地减少焊接应力。

图2-1所示的大型容器底部是由许多平板拼接而成的。考虑到焊缝能自由收缩的原则，应从中间向四周进行焊接，以使焊缝的收缩由中间向外依次进行。同时，应先焊错开的短焊缝，后焊直通的长焊缝。否则，先焊直通的长焊缝，再焊短焊缝时，会由于其横向收缩受阻而产生很大的应力。其拼接焊接顺序如图2-1所示。

2）先焊收缩量大、焊后可能产生较大焊接应力的焊缝，使它能在拘束较小的情况下收缩，以减少焊接残余应力。例如，对接焊缝的收缩量比角焊缝的收缩量大，故同一构件中应先焊对接焊缝。图2-2所示的带盖板的双工字梁结构，应先焊盖板上的对接焊缝1，后焊盖板与工字梁之间的角焊缝2。

3）焊接平面交叉焊缝时，由于在焊缝交叉点易产生较大的焊接残余应力，所以应采用保证交叉点部位不易产生缺陷且刚度拘束较小的焊接顺序。例如，T形焊缝正确的焊接顺序如图2-3a、b所示，十字形交叉焊缝正确的焊接顺序如图2-3c所示。图2-3d所示为不合理的焊接顺序。

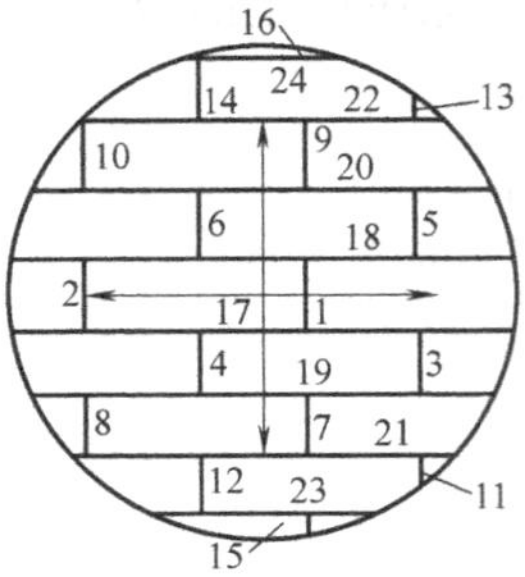

图 2-1　大型容器底部拼接焊接顺序

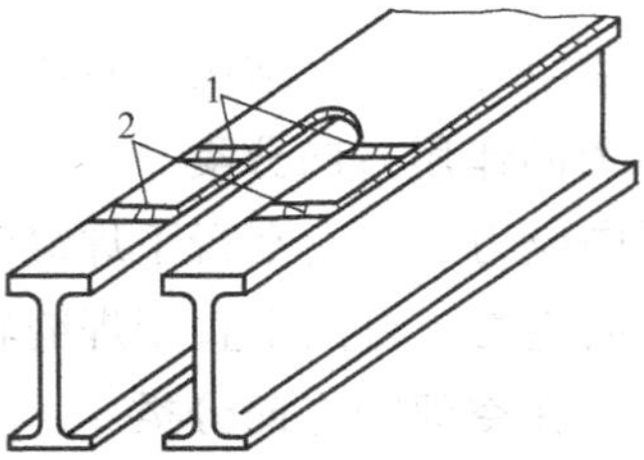

图 2-2　带盖板的双工字梁结构焊接顺序

1—对接焊缝　2—角焊缝

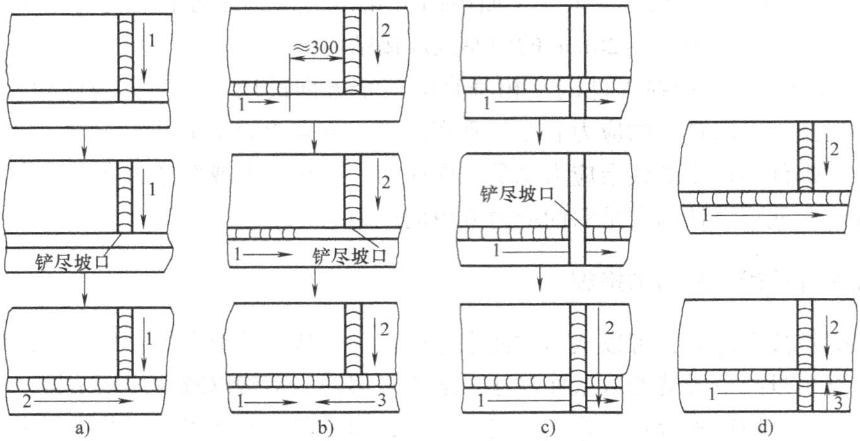

图 2-3　焊接顺序

（2）选择合理的焊接参数　焊接时应尽量采用小的焊接热输入，选用小直径焊条、较小的焊接电流和快速焊等，以减小焊件受热范围，从而减小焊接残余应力。当然，焊接热输入的减小必须视焊件的具体情况而定。

（3）采用预热法　预热法是指在焊前对焊件的全部（或局部）进行加热的工艺措施，一般预热的温度在 150～350℃之间。其目的是减小焊接区和结构整体的温差，使焊缝区与结构整体尽可能地均匀冷却，从而减小应力。此方法常用于易裂材料的焊接。预热温度视材料、结构刚度等具体情况而定。

（4）加热减应区法　加热减应区法是指在焊接或补焊刚度很大的焊接结构时，选择构件的适当部位进行加热使之伸长，然后再进行焊接，这样焊接残余应力就可以大大减小。这个加热部位就叫做减应区。减应区应是阻碍焊接区自由收缩的部位，对该部位进行加热，实质上是使它能与焊接区近乎均匀地冷却和收缩，以减小内应力。图 2-4 为带轮轮辐、轮缘及框架断裂后采用加热减应区法修补的示意图。

（5）锤击法　焊缝区金属在冷却收缩时因受阻而产生拉伸应力。若在焊接每条焊道之后用锤子锤击焊缝金属，促使它产生延伸塑性变形，以抵消焊接时产生的压缩塑性变形，则能起到减小焊接残余应力的作用。试验证明，锤击多层焊的第一层焊缝金属，几乎能使内应力完全消失。锤击必须在焊缝塑性较好的热态时进行，以防止因锤击而产生裂纹。另外，为

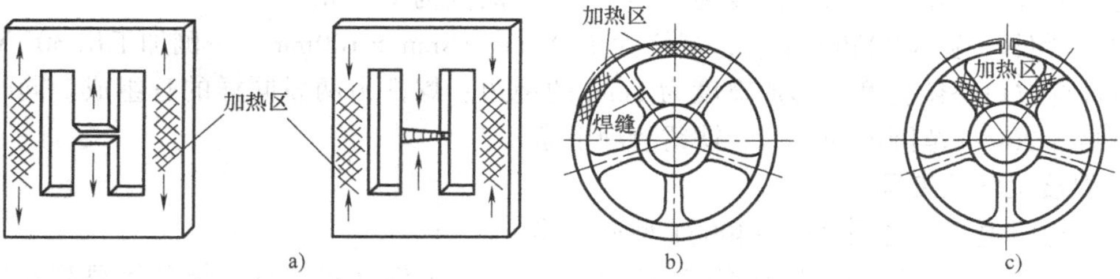

图 2-4　加热减应区法应用示意图

a）框架断口焊接　b）轮辐断口焊接　c）轮缘断口焊接

保持焊缝表面美观，一般不锤击表层焊缝。

三、消除焊接残余应力的方法

消除焊接残余应力的方法有消除应力热处理法、机械拉伸法、温差拉伸法、振动时效法等。钢结构常用的方法是消除应力热处理法，即去应力退火。

1. 去应力退火

焊后把焊件总体或局部均匀加热至相变点以下某一温度（一般为 600～650℃），保温一定时间，然后均匀缓慢冷却，从而消除焊接残余应力的方法称为去应力退火。去应力退火时虽然加热的温度在相变点以下，金属未发生相变，但是在此温度下，其屈服强度降低了，使内部在残余应力的作用下产生一定的塑性变形，从而使应力得以消除。去应力退火有整体去应力退火和局部去应力退火两种。

整体去应力退火一般在炉内进行。退火加热温度越高，保温时间越长，应力就消除得越彻底。整体去应力退火一般可将 80%～90% 的焊接残余应力消除。对于某些不允许或无法用加热炉进行加热的工件，可进行局部去应力退火，即对焊缝及其附近局部区域进行退火。局部去应力退火效果不如整体去应力退火。图 2-5 所示为 14MnMoVB 钢去应力退火工艺曲线。

2. 振动时效法

振动时效法又称为振动消除应力法，简称 VSR，是将焊接结构在其固有频率下进行数分钟至数十分钟的振动处理，以消除其残余应力，获得稳定的尺寸精度的一种方法。振动时效法具有投资相对较少，生产周期短，设备体积小、质量轻、便于携带，节约能源，降低成本，可避免金属零件在时效过程中产生变形、氧化、脱碳及硬度降低等缺陷，操作简便，易于实现自动化等特点。因此，近年来振动时效法得到了迅速发展和广泛应用。

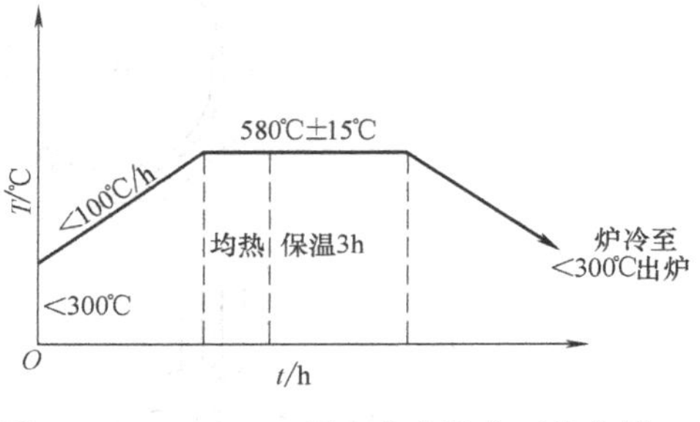

图 2-5　14MnMoVB 钢去应力退火工艺曲线

此外，机械拉伸法、温差拉伸法等也能取得较好的消除残余应力的效果。

任务准备

1. 焊接材料

（1）焊条　选用 E4303 型焊条，直径为 3.2mm。焊条在使用时应保持干燥，如果遇到潮湿情况则应预先烘干，烘干温度为 75～150℃，时间为 1～2h。

（2）焊件　选用 Q235A 钢管，规格为 ϕ108mm×8mm×100mm，一侧加工出 30° V 形坡口，并且将坡口略微打磨，形成宽度为 1mm 的钝边。焊件由两段同样的管组成。同时应将坡口两侧各 20mm 范围内的油污、铁锈清理干净。

2. 焊接设备及工具

（1）焊接电源　选用 ZX7—400ST 型逆变器。

（2）焊接工具　辅助工具有焊接电缆线、焊钳、工件夹紧工具、焊条保温筒及带有防弧光和防护屏的焊接工作台。

除上述工具之外还有钢丝刷、敲渣锤、錾子、锉刀、测温计、焊缝量规等。

安全保护用品有面罩与护目镜、手套、脚盖、工作服等。

3. 焊接参数

水平固定管的焊接集平、立、仰三种位置于一身。其焊接电流也受到焊接位置变化的影响，因此焊接电流的选择也具有特殊性，一般都选择一个固定值来进行这三个位置的焊接。所以，其焊接电流基本上比平焊电流略小，比立焊电流稍大。这个电流也正是仰焊时所采用的电流。焊接参数的选择见表 2-1。

表 2-1　焊接参数的选择

焊接层次	焊条直径/mm	焊接电流/A	电弧电压/V
打底层焊	2.5	75～80	22～26
盖面层焊	2.5	70～75	22～26

任务实施

1. 打底层焊

水平固定管是分成两个半周进行焊接的，如图 2-6a 所示，

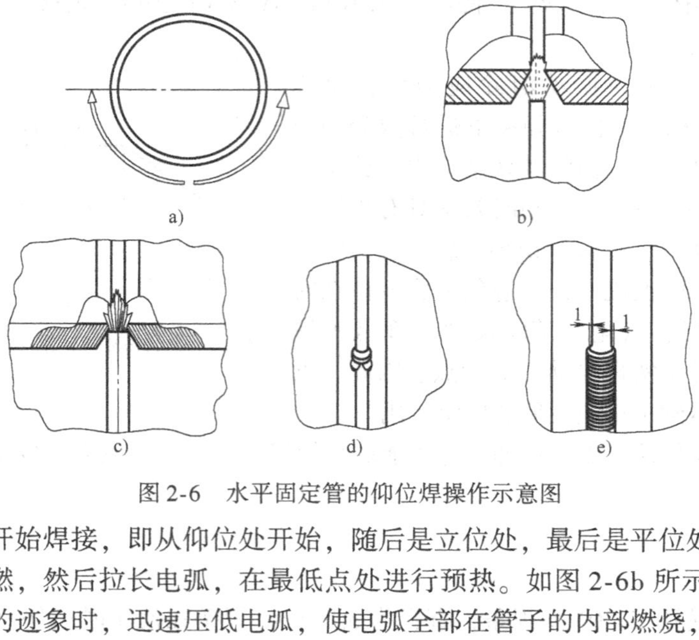

图 2-6　水平固定管的仰位焊操作示意图

从管的下部开始焊接，即从仰位处开始，随后是立位处，最后是平位处。焊接时，先在坡口内将电弧引燃，然后拉长电弧，在最低点处进行预热。如图 2-6b 所示，待管两侧的钝边处有略微熔化的迹象时，迅速压低电弧，使电弧全部在管子的内部燃烧，此时焊条也与管

的坡口相接触（见图2-6c），只有这样，才能使熔滴过渡到坡口的内部，形成略微凸起的焊缝。焊接1~2s后灭弧，此时在坡口的一侧会形成一个焊点，而另外一侧也会形成一个焊点，但是两焊点并没有连接，没有形成完整的熔池。这并不要紧，继续引弧，焊接1~2s，灭弧。经过2次或3次重复操作后，两坡口间的焊点就可以连接上了，这样在两坡口间便形成了完整的熔池，如图2-6d所示。接下来，就可以用此种方法进行单点击穿的焊接了。

在仰位处进行打底层焊时，要注意焊条的位置始终都要紧贴在坡口面上不能存留间隙，让电弧全部在内部燃烧，这样就会使熔滴无法向正面过渡，只能过渡到坡口的背面形成略微凸起的焊缝。如果焊接时，焊条没有紧贴在坡口面上而是留有间隙，则会使熔化的金属由于重力的作用而向下流淌，形成过厚的焊缝，严重时会形成焊瘤，并且背面的焊缝也不会形成略微凸起的焊缝，而是会形成凹陷的焊缝，破坏了焊缝的有效截面积。另外，焊接时产生的熔孔对焊缝成形起着重要的作用，熔孔应相对于坡口间隙有1~2mm的扩大，如图2-6e所示。如果熔孔过小，则说明焊接时间过短，容易形成未熔合、未焊透、夹渣等缺陷。

打底层焊时焊条的角度如图2-7所示。

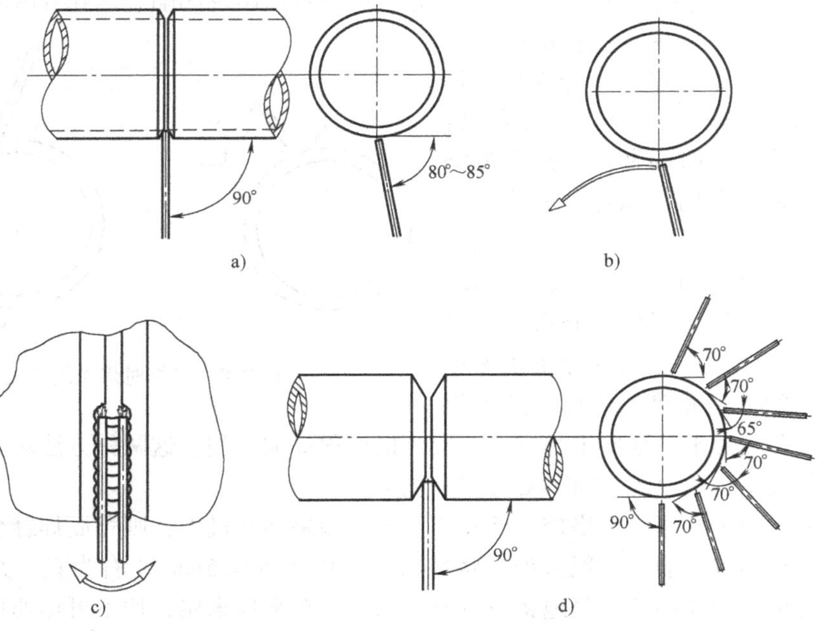

图2-7　打底层焊时焊条的角度

焊条与管切线的相对夹角应保持在5°~10°的范围内，这样的焊条角度，能够集中电弧的热量，充分加热坡口的两侧，并且便于熔滴过渡。在由仰位到立位的焊接过程中始终保持着这一夹角即可，并且在由仰位到立位的焊接过程中，焊接采用灭弧焊时。焊条运动的方向也是由前向后，这样有利于电弧迅速熄灭，并且部分熔滴与熔渣也会落到地面，而不会落到操作者身上。如果向相反的方向灭弧，则会将熔滴与熔渣带到操作者身上造成烫伤，如图2-7b所示。当焊接到相对于时钟“3”点位置到“4点”位置中间的时候，焊接位置由仰位过渡到立位，此时如果继续采用单点击穿的焊法，则会使电弧过分集中，导致管背面的焊缝过高。因此，此时应及时改变焊接方法及焊条的位置，即由原来的单点击穿法改为两点击穿法，也就是由坡口的一侧引弧，然后迅速向坡口的另外一侧运条，这样两坡口间形成一个大小、形状均适当的焊接熔池，如图 2-7c 所示。采用两点击穿的焊法可有效地分散电弧的热量，避免产生焊瘤，使熔滴能够充分地过渡到焊缝坡口的两侧，促进焊缝的成形。焊条角度也会相应变化，即焊条与管的切线方向保持 60° ~ 80°的夹角，如图 2-7d 所示。

另外，在立焊时，熔孔要适当地减小，由原来仰焊时向外扩展 2mm 左右缩小到向外扩展 1mm 左右，这样能够有效地控制焊缝背面的成形，不使其过高。另外，应向上挑弧进行灭弧，这样能够迅速地将电弧熄灭，有利于熔池的快速凝固。

在立焊时，进行到相对于时钟 10 点位置和 2 点位置时，正好会与定位焊点相会合，此时应格外注意，否则容易引起未熔合、夹渣、缩孔等缺陷。其操作方法如下：当熔池接近于定位焊点的一侧（距离为 3 ~4mm）时，由原来的灭弧焊改为连弧焊，即焊完一个焊点后，不熄灭电弧，而是由坡口的一侧向定位焊点的斜边处运条，形成圆弧形轨迹。这样焊接后，在原熔池与定位焊点间就会形成一个带圆孔的熔池，圆孔的直径为 2 ~3mm。此时，将焊条的端部压入圆孔内，使整个电弧都在背面燃烧，当发出“噗噗”的闷响声时，说明电弧已将坡口边缘彻底熔透，然后迅速抬起电弧至 2mm 左右的高度，同时做圆环形运条，将圆孔填满，然后灭弧。这样接头能够有效地避免打底层焊背面出现凹陷、缩孔等缺陷。

焊接进行到此时，焊接位置也由立焊转为平焊，采用两点击穿法进行焊接。焊条角度也会发生变化，可分为两种角度：一种是继续保持立焊时的夹角，如图 2-8a 所示；另外一种是采用顶弧焊的方式进行焊接，如图 2-8b 所示。

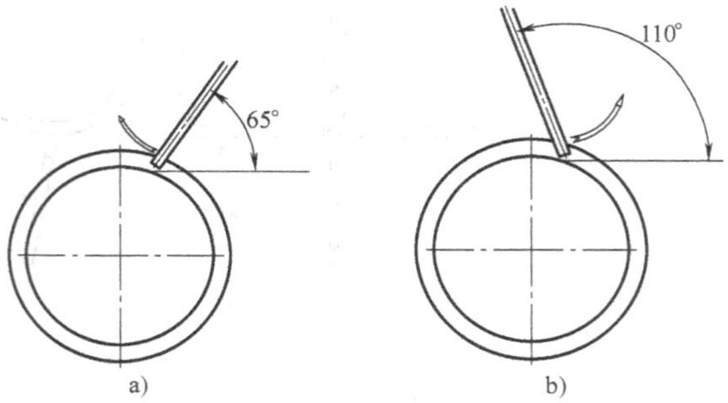

图 2-8　平焊时焊条的角度

焊条的角度由原来的送弧改为顶弧。这样的焊条角度可以更好地控制熔池的温度，防止背面焊缝过高。此种焊条角度也是平焊时采用的焊条角度。所以，此种焊条角度会使立爬坡焊平滑地向平焊过渡，使焊接过程更加顺利。这两种方法对于熔滴过渡都能起到良好的效果，所以焊接时不必分辨其优劣。

在平焊的过程中，更应严格控制熔孔的大小。如果熔孔过大，则背面焊缝会形成严重的超高现象，甚至形成焊瘤。一般来说，将坡口边缘熔化进 0.5mm 左右为宜，并且控制好焊接的频率，使熔池金属能够充分地将热量分散出去。在平焊末尾，切不可迅速地结束，应将弧坑处填满后，将电弧带到坡口的一侧再熄灭电弧。这样做的优点是将弧坑填满后可防止弧坑由于剧烈的收缩力而产生缩孔。

打底层焊后半周的焊接方法和焊条角度与前半周基本一致，其不同就在于起头处与收尾处。前半周焊接时，起头处部分焊缝可能过厚或者出现焊瘤缺陷，可采用一些机械方法去除，如用角向砂轮磨去或者采用手工锉削、铲削将多余的焊肉去除。去除的时候最好将焊缝修整成一斜坡状。

仰位接头时，先用长弧将接头处加热，几秒后，待接头部位部分熔化时迅速压低电弧，使电弧完全在背面燃烧，当听到“噗噗”声时，说明已将接头处熔透，灭弧，然后再次压低电弧焊接一次，这样能够使接头充分熔合。待两次运条结束后，恢复到正常仰焊的方式即可。平位接头时，其接头方式与定位焊接头的方法一致，其要点也是在即将熔合的瞬间下压电弧至管的背面，当听到“噗噗”声时回拉电弧至2mm的高度，然后做圆圈形运条，直至将圆孔填满，再将电弧引到已经焊满的焊缝处熄灭即可。

2. 填充层焊

由于起头处的部分焊缝在打底层焊时有可能过厚或者形成焊瘤，因此填充层焊前要采用一些方法将其去除。填充层焊的焊接方法与打底层焊时接一样，也分为前、后两半部分进行。通常将打底层焊的前半部作为填充层焊的后半部，目的是将上下接头错开。对于填充层焊来说，其关键就在于焊接出平整、厚度合适的焊缝。因此，填充层焊焊缝的厚度以超过坡口边缘2mm为宜。如果焊缝太薄，会给盖面焊造成过多的填充量，易引起咬边缺陷；如果焊缝太厚，会使盖面焊的焊缝过厚。所以，在填充层焊时，采用锯齿形运条法最为恰当。起弧时，在仰位处打底层焊的焊缝上引燃电弧，用长弧将起头处的部位加热，待起头处的焊缝有部分熔化的迹象后，随即压低电弧，连续地做锯齿形运条。此时的焊条角度与立焊时的焊条角度相近，即与管切线方向保持70°~80°的夹角，如图2-9所示。

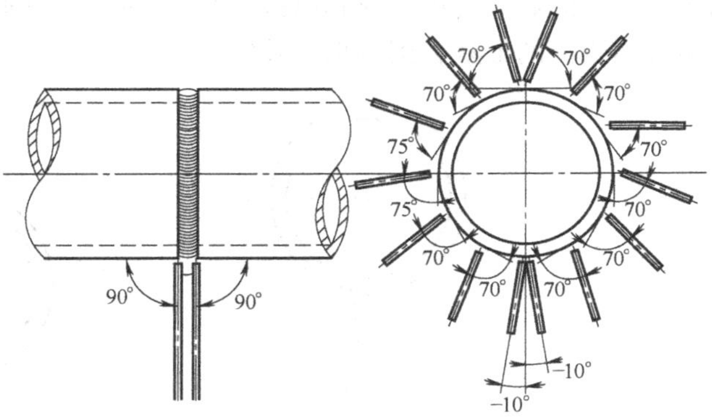

图2-9 填充层焊时的焊条角度

在焊接时，为了使坡口两侧熔合良好，避免咬边，要在焊缝中间快速摆动焊条，在焊缝两侧稍作停顿。这样的焊接方法能够使热量均匀分布，避免产生熔池下坠的现象。

在仰位接头处，有可能会遇到前半周焊缝过厚的现象，此时再用电弧切割过厚的焊缝就比较恰当与方便了，其方法也如同打底层焊时的切割方法一致。其次，在平焊时，熔化的金属由于受到重力的影响，焊缝会薄一些，这时，可在焊完填充层焊缝的平位处再焊接一段，以增加焊缝的厚度来平衡整个焊缝高度。

3. 盖面层焊

盖面层焊时的焊条角度、运条方法、焊接电流与填充层焊一致。但是由于盖面层焊表面要求更严格一些，因此应注意下列问题：

第一，注意熔池的形状。合理的熔池应为扁状椭圆形。此种熔池形状在整个焊缝的焊接中应始终保持一致。如果熔池过扁，则会使焊缝中间有凹陷的现象；如果熔池过圆，则会使焊缝中间过高，会影响到焊缝厚度，产生超高的现象。因此，在控制好焊缝形状的情况下，要使焊接处有光滑平整的焊缝，就需要对运条速度和焊条在焊缝两侧停顿的时间进行控制了。通过控制这两项指标，可平衡焊接温度、运条速度以及熔池形状。

第二，注意焊缝边缘的平直度以及避免产生咬边现象。一条优质的焊缝应该宽窄一致，其偏差值应在1~2mm之内，否则，除破坏焊缝的整体效果外，还会造成应力集中现象。焊缝宽度的控制方法主要是当电弧在焊缝边缘停留时，在熔池扩散到与上一条焊缝宽度相一致后，立即向另外一侧运条。此外，焊接时手、眼的配合程度也将影响盖面层焊的效果。产生咬边的原因主要是运条不到位以及焊条在焊缝边缘停留时间过短。因此，只需要使焊条在焊缝的边缘多停留一会和运条到位就能解决咬边问题。

第三，焊缝厚度方面，由于受到重力的影响，在运条速度相同时，管的下半部会略微厚一些，上半部会薄一些。因此，在焊接管上部时运条速度应适当慢一些，以增加焊缝厚度，这样就能够平衡上下焊缝的厚度了。

问题及防治

焊接固定管时，下部焊缝易产生超高或焊瘤。这种情况应该怎么处理呢？可采用角向砂轮将其磨去。如果条件不允许，则可用电弧来进行切割。先用长弧将要切割处加热（见图2-10a），当出现熔化状态时，迅速将焊条角度调为平直（见图2-10b），顶住熔化的金属，利用未熔化的焊条药皮套筒和电弧的吹力将已熔化的金属剃除，形成斜坡状沟槽。如果一次未能得到所需的形状，则可重复几次。

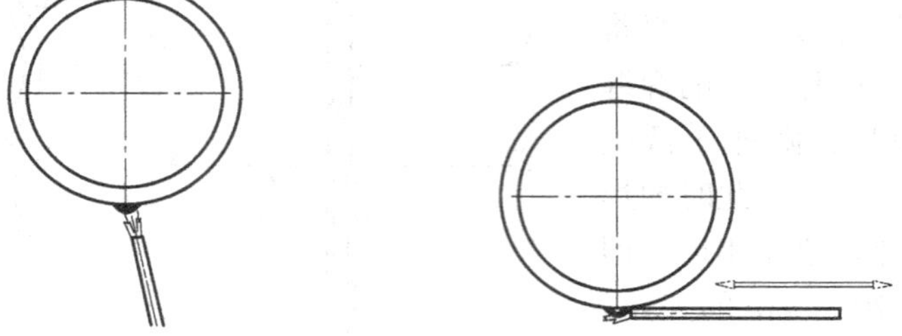

图2-10　用电弧切割焊瘤

检查评议

检查评议表见表2-2。

表2-2　检查评议表

项目	考核要求	分值	扣分标准	检验结果	得分
操作姿势	操作姿势规范	5	不正确不得分		
引弧方法	引弧动作符合要求	5	不正确不得分		
运条方法	运条方法选择得当	5	不正确不得分		
定点引弧方法	方法正确	5	不正确不得分		
引弧堆焊方法	方法正确	5	不正确不得分		
焊缝宽度	10～15mm	10	超差1mm扣2分		
焊缝宽度差	≤2	5	超差1mm扣2分		
焊缝余高	0～3mm	10	超差1mm扣3分		
焊缝余高差	≤2mm	5	超差1mm扣2分		
焊缝外观	无明显弯曲	5	不平直不得分		
焊缝接头外观	不超高且无脱节	10	不平整不得分		
起头焊缝外观	起头平滑	5	不平滑不得分		
收尾弧坑外观	弧坑饱满	5	不饱满不得分		
焊波外观	波纹均匀，成形美观	20	根据成形情况酌情扣分		

考证要点

1. 按引起应力的基本原因分类，残余应力分为（　　）、（　　）和（　　）。
2. 按应力的作用方向分类，残余应力分为（　　）、（　　）。

3. 控制焊接残余应力，可从两方面来考虑：一是从（　　）考虑；二是从（　　）考虑。

4. 焊接水平固定管时，应分成（　　）两个半周进行焊接。

5. 按空间方向分类，应力分为（　　）、（　　）和（　　）。

6. 减少焊接残余应力的工艺措施是什么？

7. 什么是去应力退火？

8. 什么是加热减应区法？

9. 消除焊接残余应力的方法有哪些？

10. 焊接水平固定管时如何选择焊接参数？

任务2　管-管对接斜45°单面焊双面成形

任务描述

管-管对接斜45°单面焊双面成形是焊接坡口件的基础，企业管道的安装，维护的量不是很大，但是在锅炉的制造与维修的工作中，是有比较大的用量的。如锅炉制造中的集热管与联箱的管路中，有一段都是45°角进行安装的。在工厂中，有此管道的走向也不都是直角地方向，有一些必须倾斜一定角度的。所以，在焊接这些管道时，焊接的方法都是采用45°管焊的方法来施工的。

任务分析

45°管的焊接位置比较奇特，既不属于垂直固定管的焊接，也不属于水平固定管的焊接，但有些地方与两者相近。正是45°这个角度的特殊性，使得45°管的焊接具有独特性。同时，在管对接焊的三种位置中，45°管是最难焊接的。

相关知识

具有一定电压的两电极间或电极与母材间，在气体介质中产生的强烈而持久的放电现象，称为焊接电弧。焊接电弧是一种特殊的气体放电现象。它与日常所见的气体放电现象（如操作刀开关时产生的火花）的区别在于：焊接电弧能连续持久地产生强烈的光和大量的热。电弧焊就是依靠焊接电弧把电能转变为焊接所需的热能来熔化金属的。

1. 焊接电弧的产生

（1）焊接电弧产生的条件　一般情况下，气体的分子和原子是呈中性的，气体中没有带电粒子（电子、正离子），因此，气体不能导电，电弧也不能自发地产生。要使电弧产生并维持住，两电极（或电极与母材）之间的气体中就必须有导电的带电粒子，而获得带电粒子的方法就是气体电离（中性气体分子或原子分离成带电粒子）和阴极电子发射（阴极金属表面的原子或分子，接受外界的能量而连续地向外发射出电子）。所以，气体电离和阴极电子发射是焊接电弧产生和维持的两个必要条件。

（2）焊接电弧的引燃　把两电极间气体发生电离和阴极发射电子而引起电弧燃烧的过程称为焊接电弧的引燃（引弧）。焊接电弧的引燃一般有两种方式，即接触引弧和非接触引弧。

接通弧焊电源后，使电极（焊条或焊丝）与工件直接短路接触，并随后拉开焊条或焊丝而引燃电弧，称为接触引弧。接触引弧是一种最常用的引弧方式。当电极与工件短路接触时，由于电极和工件表面都不是绝对平整的，所以只是在少数突出点上接触（见图 2-11a）。通过这些点的短路电流比正常的焊接电流要大得多，从而产生大量的电阻热，使接触部分的金属因温度剧烈地升高而熔化，甚至升华，引起强烈气体电离和电子发射。随后在拉开电极的瞬间，由于电弧间隙极小，使其电场强度达到很大数值，从而使气体强烈电离及阴极发射电子，引燃电弧。在拉开电极的瞬间，弧焊电源电压由短路时的零值增高到引弧电压值所需要的时间称为电压恢复时间。电压恢复时间对于焊接电弧的引燃及焊接过程中电弧的稳定性具有重要的意义。这个时间的长短，是由弧焊电源的特性决定的。在电弧焊时，要求电压恢复时间越短越好，一般不超过 0.05s。如果电压恢复时间太长，则电弧就不容易引燃且易造成焊接电弧不稳定。

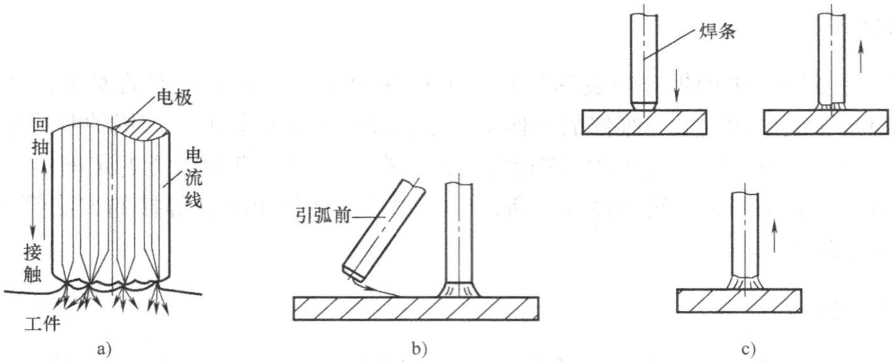

图 2-11　引弧的方法

a）接触引弧　b）划擦法引弧　c）直击法引弧

接触引弧方法主要应用于焊条电弧焊、埋弧焊、熔化极气体保护焊等。对于焊条电弧焊，接触引弧又可分为划擦法引弧和直击法引弧两种，如图 2-11b、c 所示。划擦法引弧相对比较容易掌握。

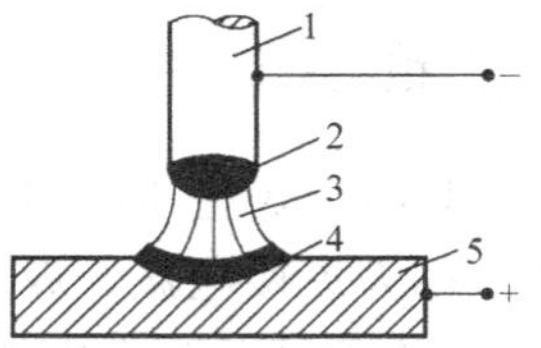

图 2-12　焊接电弧的构造

1—焊条　2—阴极区　3—弧柱　4—阳极区　5—焊件

2. 焊接电弧的构造

焊接电弧按其构造可分为阴极区、阳极区和弧柱区三部分，如图 2-12 所示。

电弧紧靠负电极的区域称为阴极区。阴极区很窄，为 10^{-6} ~ 10^{-5}cm。在阴极区的阴极表面有一个明亮的斑点，称为阴极斑点。它是阴极表面上电子发射的发源地，也是阴极区温度最高的地方。阴极区的温度一般达到 2130 ~ 3230℃，放出的热量约占焊接电弧总热量的 36%。阴极温度主要取决于阴极的电极材料。

电弧紧靠正电极的区域称为阳极区。阳极区比阴极区宽，为 10^{-4} ~ 10^{-3}cm。在阳极区的阳极表面也有光亮的斑点，称为阳极斑点。它是电弧放电时，正电极表面上集中接收电子的微小区域。阳极不发射电子，消耗能量少，因此，当阳极与阴极材料相同时，阳极区的温度要高于阴极区。阳极区的温度一般达 2330 ~ 3930℃，放出的热量约占焊接电弧总热量的 43%。

电弧阴极区和阳极区之间的部分称为弧柱区。由于阴极区和阳极区都很窄，因此弧柱的长度基本上等于电弧长度。弧柱中心温度可达5370～7730℃，放出的热量约占焊接电弧总热量的21%。弧柱的温度与弧柱气体介质和焊接电流等因素有关。焊接电流越大，弧柱中电离程度就会越大，弧柱温度也就越高。

这里有两个必须要注意的问题：一是不同的焊接方法，其阳极区、阴极区温度的高低并不一致；二是交流电弧电源的极性是周期性改变的，所以两个电极区的温度趋于一致，近似于它们的平均值。

3. 焊接电弧的静特性

在电极材料、气体介质和弧长一定的情况下，电弧稳定燃烧时，焊接电流与电弧电压变化的关系称为电弧静特性。表示焊接电流与电弧电压关系的曲线叫做电弧的静特性曲线，如图2-13a中曲线2所示。

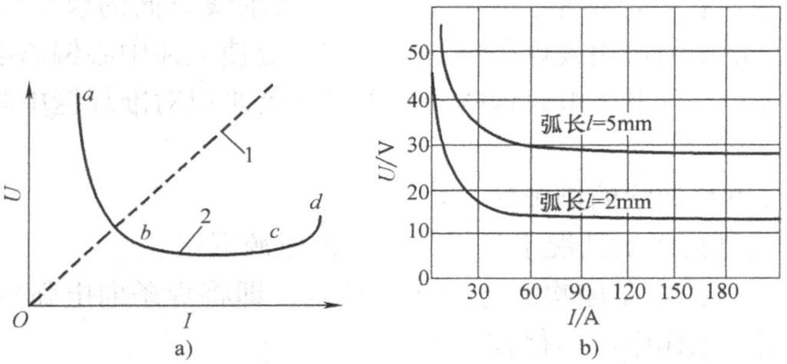

图2-13 焊接电弧的静特性曲线

焊接电弧是焊接回路中的负载，它与普通电路中的电阻不同。普通电阻的电阻值是常数，电阻两端的电压与通过的电流成正比（$U=IR$），遵循欧姆定律，这种特性称为电阻静特性，表现为一条直线，如图2-13a中的曲线1所示。焊接电弧也相当于一个电阻性负载，但其电阻值不是常数。电弧两端的电压与通过的焊接电流不成正比关系，而呈U形曲线关系，如图2-13a中的曲线2所示。电弧静特性曲线分为三个不同的区域，当焊接电流较小时（见图2-13a中的ab区），电弧静特性属于下降特性区，即电压随着电流的增加而减小；当电流稍大时（见图2-13a中的bc区），电弧静特性属于平特性区，即电流变化时，电压几乎不变；当电流较大时（见图2-13a中cd区），电弧静特性属于上升特性区，电压随着电流的增加而升高。

电弧静特性曲线与电弧长度密切相关，当电弧长度增加时，电弧电压升高，其静特性曲线的位置也随之上升，如图2-13b所示。

不同的电弧焊方法，在一定的条件下，其静特性只是曲线的某一区域。静特性的下降特性区由于电弧燃烧不稳定而很少采用。焊条电弧焊、埋弧焊一般工作在平特性区，即电弧电压只随弧长变化而变化，与焊接电流关系很小。钨极氩弧焊、等离子弧焊一般也工作在平特性区，当焊接电流较大时才工作在上升特性区。熔化极氩弧焊、CO_2气体保护焊和熔化极活性气体保护焊（MAG焊）基本上工作在上升特性区。

4. 焊接电弧的稳定性

焊接电弧的稳定性是指电弧保持稳定燃烧（不产生断弧、飘移和偏吹等）的程度。电弧稳定燃烧是保证焊接质量的一个重要因素，因此维持电弧稳定性是非常重要的。电弧不稳定除与焊工操作技术不熟练有关外，还与下列因素有关：

1）采用直流电源焊接时，电弧燃烧比采用交流电源时稳定。此外，具有较高空载电压的焊接电源不仅引弧容易，而且电弧燃烧也稳定。这是因为焊接电源的空载电压较高，电场作用强，电离及电子发射强烈，所以电弧燃烧稳定。

2）焊接电流越大，电弧的温度就会越高，电弧气氛中的电离程度和热发射作用也会越强，电弧燃烧也就越稳定。测定电弧稳定性的试验结果表明：随着焊接电流的增大，电弧的引燃电压会降低，自然断弧的最大弧长会增大，所以焊接电流越大，电弧燃烧越稳定。

3）焊条药皮或焊剂中加入K、Na、Ca等元素的氧化物，能增加电弧气氛中带电粒子的数量，可以提高气体的导电性，从而提高电弧燃烧的稳定性。如果焊条药皮或焊剂中含有不易电离的氟化物、氯化物，则会降低电弧气氛的电离程度，使电弧燃烧不稳定。

4）在正常情况下焊接时，电弧的中心轴线总是保持着沿焊条（丝）电极的轴线方向。即使焊条（丝）与焊件有一定倾角，电弧也随着电极轴线方向的改变而改变。但在实际焊接中，气流的干扰、磁场的作用或焊条偏心的影响，会使电弧中心偏离电极轴线的方向，这种现象称为电弧偏吹。一旦发生电弧偏吹，电弧轴线就难以对准焊缝中心，从而影响焊缝成形和焊接质量。

防止或减少焊接电弧偏吹的措施如下：

① 焊接时，在条件许可的情况下尽量使用交流电源焊接。

② 调整焊条角度，使焊条偏吹的方向转向熔池，即将焊条向电弧偏吹的方向倾斜一定角度，这种方法在实际工作中应用得较广泛。

③ 采用短弧焊接，因为短弧受气流的影响较小，而且在产生磁偏吹时，如果采用短弧焊接，也能减小磁偏吹程度，因此采用短弧焊接是减少电弧偏吹的好方法。

④ 改变焊件上导线接线部位或在焊件两侧同时接地线，可减少导线接线位置引起的磁偏吹。

⑤ 在焊缝两端各加一小块附加钢板（引弧板及引出板），使电弧两侧的磁力线分布均匀并减少热对流的影响，以克服电弧偏吹。

⑥ 露天操作时，如果有大风，则必须用挡板遮挡，对电弧进行保护。在焊接管类工件时，必须将管口堵住，以防止气流对电弧产生影响。在焊接间隙较大的对接焊缝时，可在焊缝下面加垫板，以防止热对流引起的电弧偏吹。

⑦ 采用小电流焊接。这是因为磁偏吹的程度与焊接电流有直接关系，焊接电流越大，磁偏吹越严重。

5）其他影响因素。电弧长度对电弧的稳定性也有较大的影响。如果电弧太长，电弧就会发生剧烈摆动，从而破坏焊接电弧的稳定性，而且飞溅也增大，所以应尽量以短弧焊接。焊接处若有油漆、油脂、水分和锈层等存在，也会影响电弧燃烧的稳定性。因此，焊前做好焊件表面的清理工作十分重要。此外，焊条受潮或焊条药皮脱落也会造成电弧燃烧不稳定。

任务准备

1. 焊接材料

（1）焊条　选用E430型焊条，直径为3.2mm。焊条在使用时应保持干燥，如果遇到潮湿情况，则应预先烘干，烘干温度为75～150℃，时间为1～2h。

（2）焊件 选用 Q235A 钢管，规格为 ϕ108mm × 8mm × 100mm，一侧加工出 30° V 形坡口，并且将坡口略微打磨，形成宽度为 1mm 的钝边。焊件由两段同样的管组成。同时应将坡口两侧各 20mm 范围内的油污、铁锈清理干净。

2. 焊接设备及工具

（1）焊接电源 选用 ZX7—400ST 型逆变器。

（2）焊接工具 焊接电缆线、焊钳、工件夹紧工具、焊条保温筒及带有防弧光和防护屏的焊接工作台。此外还有钢丝刷、敲渣锤、錾子、锉刀、测温计、焊缝量规等。安全保护用品有面罩与护目镜、手套、脚盖、工作服等。

3. 焊接参数

45°管的焊接参数，同样也分为打底层焊和填充层焊、盖面层焊，其焊接电流与水平固定管基本一致，见表 2-3。

表 2-3 45°管的焊接参数

焊接层次	焊条直径/mm	焊接电流/A	电弧电压/V
打底层焊	3.2	100 ~ 110	22 ~ 26
填充层焊	3.2	80 ~ 90	22 ~ 26
盖面层焊	3.2	80 ~ 90	22 ~ 26

任务实施

1. 打底层焊

45°管的焊接方向与水平固定管相似，即从焊口的最低端仰位处逐渐向上焊接。对于打底层焊来说，基本上采用断续灭弧焊法，这样能够充分保证焊缝质量，同时也能获得美观的焊缝。也可采用连续焊法，但是连续焊对操作技术，对焊件的对缝间隙、焊接电流的准确性，以及对焊接速度等各方面的要求都很高。在实际生产时，连续焊尤其适用于大直径管道的焊接工作。在这里，重点介绍断续灭弧焊的操作方法。

焊接时，使用长弧对待焊处进行预热。其预热的方法与水平固定管预热的方法一致，也是用长弧将待焊部位预热 2 ~ 3s，在坡口边缘处有熔化的迹象后，立即压低电弧，并在坡口的下侧焊接一个焊点后灭弧，然后再焊接坡口的上沿处，焊接一个焊点。第三点焊接在两焊点中间。此时由于两焊点缩短了两坡口之间的距离，因此焊接第三点时，能够轻易地连接这两个焊点。这样，在两坡口间很容易形成一个完整的熔池。在两坡口间形成熔池后，就可以用断续灭弧焊来进行打底层焊了。

打底层焊时的焊条角度与水平固定管打底层焊时相类似。焊条与管子下端间的角度为 70° ~ 90°，与管的切线方向间的角度为 110°左右，如图 2-14a 所示。采用这样的角度，能够充分地将两坡口熔化，同时又能够平衡两坡口间热量的分布。其熔孔形状如图 2-14b 所示。该形状为正确的熔孔形状，熔孔上半部要比下半部略大一些，这点与垂直固定管打底层焊时有所类似。这是由于热量在上部要比下部要集中和高一些。因此，上部的熔孔要比下部略大，但是如果焊接过程中控制不当，就会产生上部熔孔过大的现象，这样就会使背面焊缝产生过高过厚的现象，甚至产生焊瘤，影响焊接质量。另一方面，如果焊接时熔孔过小，也会对质量造成影响，其最直接的影响就是使打底层焊缝产生未熔合、夹渣、内凹、未焊透等缺陷。因此，在 45°管打底层焊时，始终应保持图 2-14b 所示的熔池形状。无论焊条角度过大或者过小，都将影响到打底层焊时焊缝的成形。图 2-14c 所示为过大熔孔的形状，图 2-14d 所示为过小熔孔的形状。

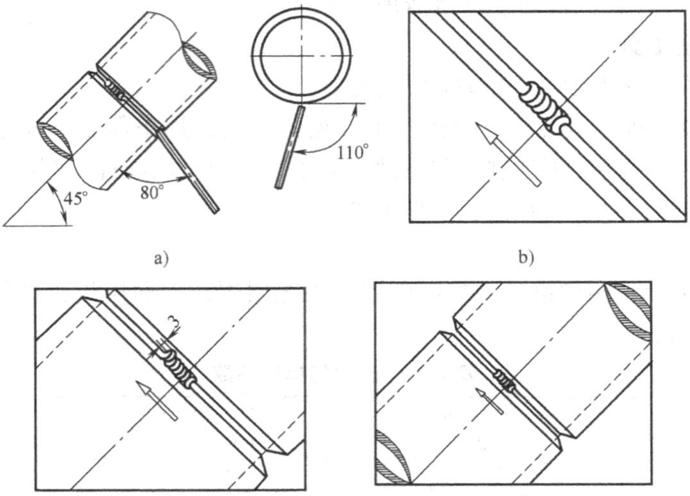

图 2-14　45°管管打底焊焊接操作

图 2-14c 中过大熔孔产生的原因为焊条与管下端之间的角度过小。这种错误是焊接操作中最常见的。因为人们习惯上使用这种焊条角度，所以造成熔孔的不均匀增大。图 2-14d 中过小熔孔产生的原因为焊条与管下端之间的角度过大，使坡口下沿熔化得过多，熔孔减小，并且直接导致内部焊缝过高，甚至会形成焊瘤。因此，要采用正确的焊条角度。

45°管打底层焊时焊条与坡口切线之间的角度如图 2-15 所示。在仰位处，该角度为 110°左右，焊接到仰位爬坡口处时，该角度变为 80°左右，此时就与立位打底层焊时的角度相接近了；到立位时，该角度减小到 70°左右，并且在立焊过程中，始终保持这一角度。在后半周的焊接中，焊条角度与前半周完全一致。

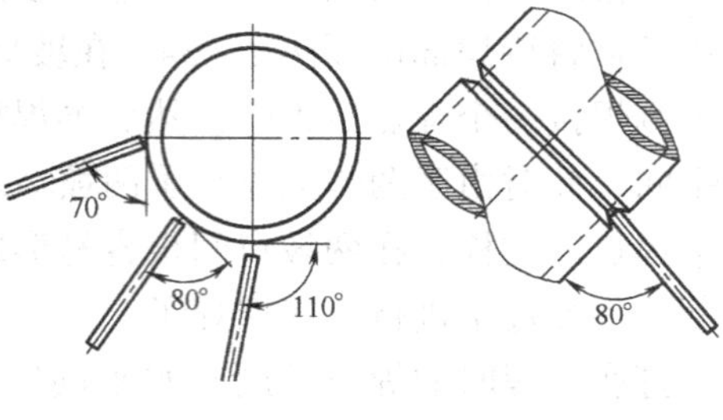

图 2-15　45°管打底层焊时焊条与管切线之间的角度

45°管打底层焊时，接头是一项关键的操作技术。在立焊时，随着焊接进行到相对于时钟的“10 点”和“2 点”位置时，正好与定位焊点相会合，此时应格外注意，否则容易引起未熔合、夹渣、缩孔等缺陷。其操作方法为：当熔池接近于定位焊点的一侧（距离为 3 ~ 4mm）时，由原来的灭弧焊改为连弧焊，即焊完一个焊点后，不熄灭电弧，而是由坡口的一侧向定位焊点的斜边处运条，形成圆弧形轨迹。这样焊接后，在原熔池与定位焊点间就会形成一个带圆孔，圆孔的直径为 2 ~ 3mm。此时，将焊条的端部压入圆孔内，使整个电弧都在背面燃烧，当发出“噗噗”的闷响声时，说明电弧已将坡口边缘彻底熔透，然后迅速抬起电弧至 2mm 左右的高度，同时做圆环形运条，将圆孔填满，然后灭弧。这样接头能够有效地避免打底层焊背面出现凹陷、缩孔等缺陷。

仰位接头时，先用长弧将接头处加热，几秒后，待接头部位部分熔化时迅速压低电弧，使电弧完全在背面燃烧，当听到“噗噗”声时，说明已将接头处熔透，灭弧，然后再次压低电弧焊接一次，这样能够使接头充分熔合。待两次运条结束后，恢复到正常仰焊的方式即可。平位接头时，其接头方式与定位焊接头的方法一致，其要点也是在即将熔合的瞬间下压电弧至管的背面，当听到“噗噗”声时回拉电弧至2mm的高度，然后做圆圈形运条，直至将圆孔填满，再将电弧引到已经焊满的焊缝处熄灭即可。

2. 填充层焊

45°管的填充层焊采取连续焊法，采用斜月牙形或斜锯齿形运条方法，但是在仰焊时，为了防止焊缝超高的现象，可采用断续焊的方式。首先，用长弧将仰位处的打底层焊缝预热，待焊缝上有一些微小的分散的熔池形成后，说明温度已经合适，立即压低电弧，焊接坡口下部的焊趾处，形成$\phi 3 \sim \phi 5$mm的焊点后灭弧，然后在前一焊点的后方再焊一个更大焊点后灭弧，第三次焊接时进行斜拉运条，形成长条形焊道，第四或第五次将整个焊趾间连通，形成斜三角形焊道，如图2-16a所示。最后焊接形成的这个三角形的边基本与地面平行。这样焊接的优点是最大限度地使流动的熔池金属能够产生一个平衡的效果，将使焊缝的厚度在倾斜的位置上分布均匀。如果不采用这样的运条方式，流动的熔池金属就会使焊缝在左右方向上分布不均，产生前高后低的现象。在焊接完起头处后，随即用连续焊的方法焊接其他焊道。其运条方法如图2-16b所示，采用斜锯齿形或斜月牙形运条均可。

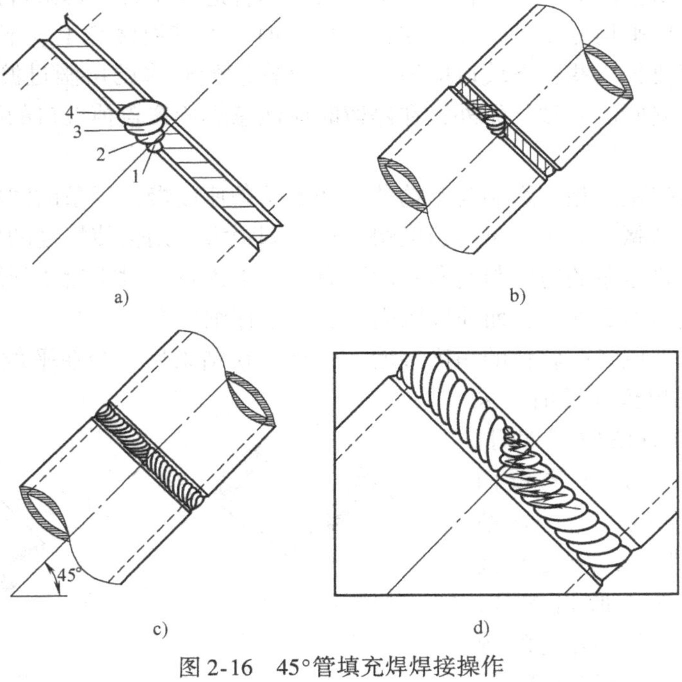

图2-16　45°管填充焊焊接操作

在焊接完前半部的焊缝后，随即焊接后半部的焊缝时，由于前一焊道已经预留出一个斜坡，因此不需要采用断续焊的方法，直接采用连续焊的方法，运用斜锯齿形或斜月牙形运条法焊接即可，如图2-16c所示。在平焊时，由于前半周焊缝为斜向的焊缝，所以逐渐减小焊条摆动幅度，将剩余的三角形填满即可，如图2-16d所示。

3. 盖面层焊

焊接完填充层后，应及时清理焊渣及飞溅物，还要及时对填充层焊时产生的缺陷进行修补，尤其是对下部焊缝的超高部位进行修理，否则，在盖面层焊时，原先高出的地方将会连续超出，影响焊缝的整体质量。

盖面层焊可以有三种起头方式：第一种是预先焊出斜坡，如图 2-17a 所示；第二种是不预焊斜坡，而是直接斜拉出焊道，接头时再沿焊缝的倾斜角度焊出斜纹形的纹路，如图 2-17b 所示；第三种是预先焊出一个三角形，然后焊缝的前半段和后半段都利用斜边来接头，如图 2-17c 所示。这三种接头方法都能够顺利地接头。

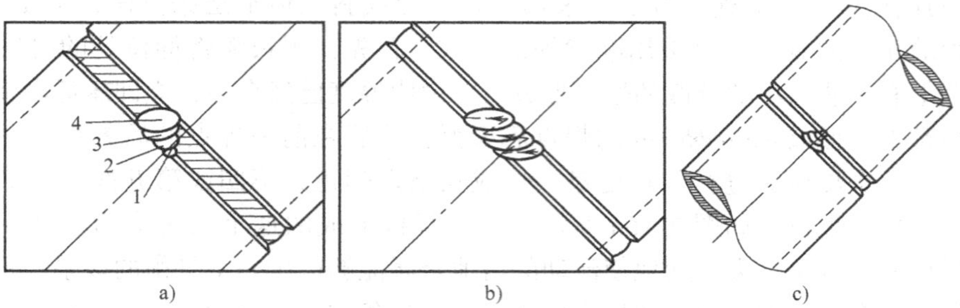

图 2-17　45°管盖面层焊的起头方式

盖面层焊时，使用的运条方法与填充层焊时一致，都采用斜锯齿形运条法或斜月牙形运条法，而且都利用熔池的流动性，将液态金属引导到合适的位置。其宗旨是尽量使熔池与地面平行，使液态金属平均分布到各处。在盖面层焊时，尤其要注意上、下坡口的停留时间，上坡口停留的时间要长一些，下坡口应短一些，这样能使较多的熔滴过渡到上侧，以使上、下坡口边缘处的焊缝厚度一致。另外，在停留时应注意焊缝覆盖掉坡口的距离，一般两侧各覆盖掉 2mm 左右。

运条的速度与间距是相互影响与制约的。如果运条速度慢，运条的间距近，则会使焊缝厚度增加，但波纹细腻；如果运条的速度快，运条间距大，则会使焊缝的厚度降低，但是波纹粗糙。这样就需要运条的速度与运条的间距有一个平衡点。对于运条间距来说，每次运条的间距为熔池宽度的 1/2 即可，而速度则需在训练中仔细体会。

焊接前半周至平位时，斜拉的角度会增大，这样在结束后，会在平位处留有 45°斜角的焊缝，等到后半周焊到此处时，采用与开头处相似的方法收尾即可，如图 2-18a 所示。当后半周盖面层焊到三角形的尖端处时，逐渐减小焊条摆动的距离，使之与前半周焊缝留下的三角形相吻合，这样斜 45°管上、下接头处的焊波就会像两个斜三角形相互重叠，如图 2-18b 所示。这种形状的焊波是 45°管焊所独有的。

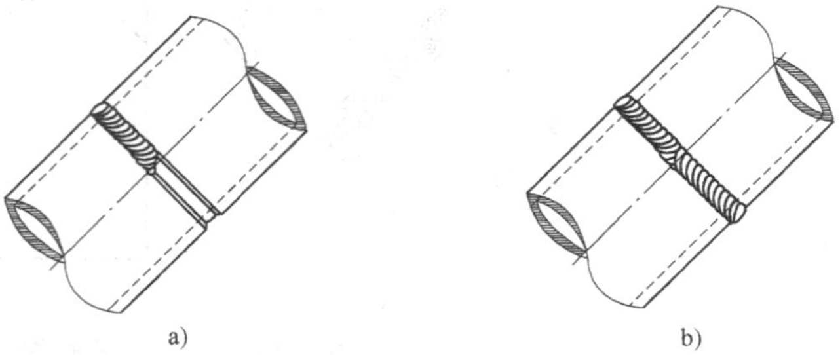

图 2-18　45°管盖面层焊前后部焊缝示意图

a）盖面层焊前部　b）盖面层焊后部

【重点提示】

在焊接 45°管时，打底层焊没有太多的难点，难点在填充层焊与盖面层焊中。其中，最复杂最困难的是对焊条角度的掌握。由于 45°管角度的特殊性，所以焊条角度在空间的分布也是最复杂的。首先，焊条与管切线方向之间的角度变动不大，基本上与水平固定管类似，如图2-19a所示。随焊接位置的变化，焊条与管纵向方向间的角度变化较大。仰焊时，焊条与管下端呈70°～80°的夹角，如图2-19b所示。当逐渐焊接到管中部这一区间时，焊条的角度也逐渐变化，如图2-19c所示。此时就是在焊接一条斜向的立焊缝。当由中部焊接到管的中上部时，焊条与管纵向方向间的角度为60°～70°，如图2-19d所示。当由管的中上部焊接到上部时，焊条与管纵向方向间的角度为30°～40°，如图2-19e所示。因此，焊接45°管时焊条角度的变化范围是非常大的，但也不是太困难，只要多加练习，多加思考就会很容易理解和掌握。

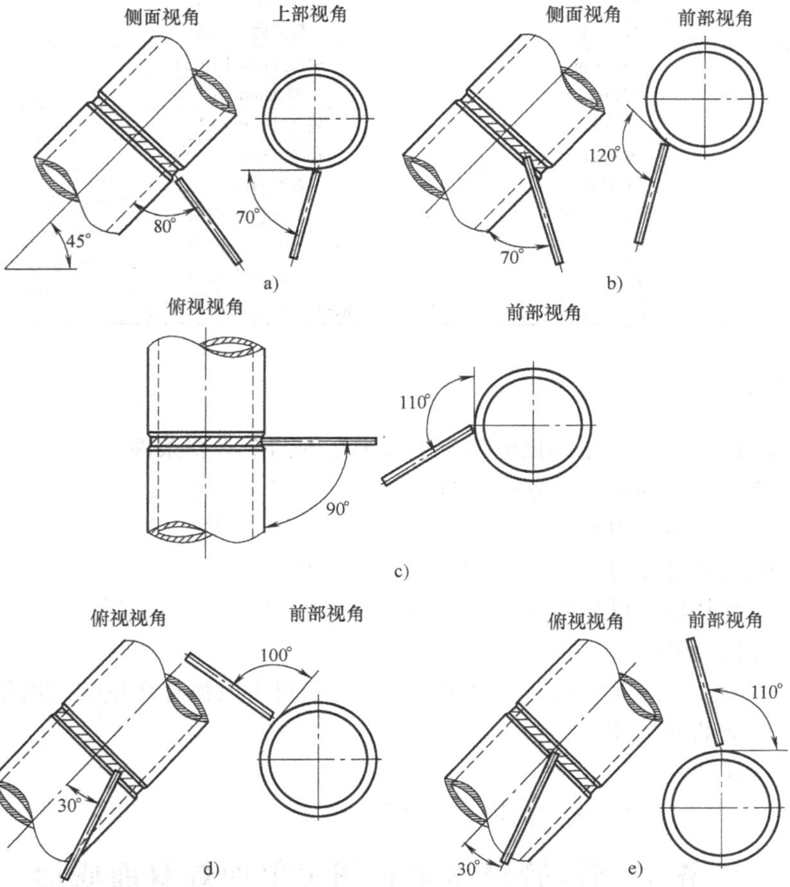

图2-19　45°管盖面层焊时焊条的角度

a）45°管盖面层焊时下部焊条角度　b）45°管盖面层焊时中下部焊条角度

c）45°管盖面层焊时中部焊条角度　d）45°管盖面焊时中上部焊条角度

e）45°管盖面焊时上部焊条角度

问题及防治

在45°管盖面层焊的操作中，除了要控制好焊条的角度以外，还要控制好焊接速度。焊条角度可以参考图2-19所示的角度，若没有控制好焊接速度的话，将会使焊缝左右的高度不均衡，同时焊缝的波纹也会很粗大。其操作要点是由上到下焊接时速度要稍慢，而由下到上时速度要快。

检查评议

检查评议表见表2-4。

表2-4 检查评议表

项目	考核要求	分值	扣分标准	检验结果	得分
操作姿势	操作姿势规范	5	不正确不得分		
引弧方法	引弧动作符合要求	5	不正确不得分		
运条方法	运条方法选择得当	5	不正确不得分		
定点引弧方法	方法正确	5	不正确不得分		
引弧堆焊方法	方法正确	5	不正确不得分		
焊缝宽度	10～15mm	10	超差1mm扣2分		
焊缝宽度差	≤2mm	5	超差1mm扣2分		
焊缝余高	0～3mm	10	超差1mm扣3分		
焊缝余高差	≤2mm	5	超差1mm扣2分		
焊缝外观	无明显弯曲	5	不平直不得分		
焊缝接头外观	不超高且无脱节	10	不平整不得分		
起头焊缝外观	起头平滑	5	不平滑不得分		
收尾弧坑外观	弧坑饱满	5	不饱满不得分		
焊波外观	波纹均匀，成形美观	20	根据成形情况酌情扣分		

考证要点

1. （　　）和（　　）是焊接电弧产生和维持的两个必要条件。
2. 焊接电弧一般有两种引燃方式，即（　　）和（　　）。
3. 接触引弧法主要应用于（　　）、（　　）、（　　）等。
4. 接触引弧法又可分为（　　）和（　　）两种。
5. 焊接电弧按其构造可分为（　　）、（　　）和（　　）三部分。
6. 什么是焊接电弧？
7. 阴极区、阳极区和弧柱的温度分别为多少？各自占电弧总热量的比值是多少？
8. 什么是电弧的静特性？
9. 什么是电弧偏吹？
10. 防止或减少焊接电弧偏吹的措施有哪些？

任务3　管-管对接垂直固定单面焊双面成形

任务描述

管-管对接垂直固定单面焊双面成形在企业管道的安装、维护中是常见的一种焊接技术。它与水平固定管一样，都有些很高的使用率。

任务分析

在前面的任务中，介绍了板对接V形坡口横位单面焊双面成形的操作。垂直固定管的焊接与板的横焊在操作方法上是非常相似的，甚至有些操作一致，但还是有所区别的。垂直固定管在焊接过程中，要不断地沿着管曲面移动。不像横位板的焊接是直线运动。所以在操作中，身体也要沿着管曲面移动，这样就给操作的稳定性带来一定的影响，并且还要运用到手腕的动作。

相关知识

焊接化学冶金过程是焊接区中各种物质（熔化金属、熔渣、气体）之间在高温下相互作用的过程。焊接化学冶金的首要任务就是对焊接区的金属进行保护，防止空气的有害作用；其次是通过熔化金属、气体、熔渣之间的冶金反应来消除焊缝金属中的有害杂质，增加焊缝金属中某些有益的合金元素，从而保证焊缝金属的各种性能。

1. 对焊接区金属的保护

在空气中无保护的情况下用光焊丝对低碳钢进行电弧焊焊接时，焊缝金属中氮的含量比焊丝中高 20～45 倍，氧的含量高 7～35 倍，同时，锰、碳等有益合金元素因烧损和蒸发而大量减少。焊缝金属的强度虽然变化不大，但是其塑性和韧性却急剧下降，见表 2-5 。这样的劣质焊缝，在工程上是不能接受的。

表 2-5　无保护焊接低碳钢时焊缝与母材性能比较

	性能指标			
	R_m/MPa	A(%)	α/(°)	a_K/(J/cm²)
母材	390～440	25～30	180	>147
焊缝	334～390	5～10	20～40	4.9～24.5

几乎每一种熔焊方法都是为了加强对焊接区的保护而发展和完善起来的。表 2-6 归纳了目前熔焊方法中采用的几种保护方式。除自保护外，其余都是把空气与焊接区域机械地隔离开来。

表 2-6　熔焊过程中的保护方式

保护方式	适用焊接方法
气体保护	气焊、TIG 焊、MAG 焊、MIG 焊、等离子弧焊
熔渣保护	埋弧焊、电渣焊
气-渣联合保护	具有造气剂的焊条或药芯焊丝的电弧焊
真空保护	真空电子束焊
自保护	焊丝中含有脱氧剂、脱氮剂的自保护电弧焊

保护效果取决于隔离有害气体的程度，与焊接方法的工艺特点及焊接条件有关。其中，真空电子束焊的保护效果最理想，因为焊件在真空室内施焊，熔化金属既不与空气接触，也不与溶渣接触，故可焊出很纯净的焊缝金属，常用于重要的焊件或活性金属的焊接。影响其保护效果的主要因素是焊室的真空度，真空度越高，其保护效果越好。但是，大型焊接真空室要实现高真空，在技术和经济上将有一定困难。

电渣焊和埋弧焊均用熔渣保护。从隔离空气的角度看，熔渣的保护效果也很好。影响电渣焊保护效果的主要因素的是渣池的深度，而埋弧焊的保护效果则受到焊剂的粒度、结构和堆高等诸多因素的影响，故不及电渣焊。由于焊剂、熔渣及熔池受重力作用，因此这两种焊接方法的应用范围受到焊接位置限制。电渣焊只适用于厚件、直缝和在立焊位置焊接，埋弧焊主要用于平焊和角缝横焊。

焊条电弧焊和药芯焊丝电弧焊多用于气-渣联合保护，具有可见性和适应性，操作自如，可进行全位置焊接，但保护效果受到较多因素的影响，其中最主要是受焊工操作技术的影响。如果弧长、焊接速度、焊条倾角、运条等不正常或不稳定，则会降低保护效果。所以这两种焊接方法的保护效果不及埋弧焊。

气体保护焊的保护效果取决于保护气体的性质和纯度、焊炬的结构、气流的特性以及焊工的操作技术等。惰性气体（氩气、氦气等）的保护效果较好，常用于合金钢和活性金属的焊接。

自保护焊是利用特制的实心或药芯光焊丝在空气中焊接的一种方法。它不是用机械地隔开空气的办法来保护焊接区的金属，而是在焊丝或药芯中加入脱氧剂和脱氮剂，通过冶金反应来减少进入熔池金属中的氧和氮，故称为自保护焊。目前，实心自保护焊丝的保护效果欠佳，焊缝金属的塑性和韧性还不令人满意，故生产上应用不广。

2. 焊接化学冶金过程的特点

（1）温度高，温度梯度大　焊接电弧的温度很高，一般可达6000～8000℃，使金属剧烈蒸发，电弧周围的气体 CO_2、N_2、H_2 等大量分解，分解后的气体原子或离子很容易溶解在液态金属中形成气孔。

熔池温差大，平均温度在2000℃以上，并被周围的冷却金属包围，温度梯度大，因此，焊件易产生应力并引起变形，甚至产生裂纹。

（2）熔池体积小，存在时间短　熔池的体积极小，焊条电弧焊时熔池的质量通常在0.6～16g之间，埋弧焊时熔池的质量一般不超过100g。同时，加热及冷却速度很快，由局部金属开始熔化形成熔池，到结晶完成的全部过程，时间一般只有几秒钟，因此，整个冶金反应不能充分进行，易形成偏析。

（3）熔池金属不断更新　焊接时随着焊接热源的移动，熔池中参加反应的物质经常改变，不断有新的熔化金属及熔渣加入到熔池中参加反应，增加了焊接冶金的复杂性。

（4）反应接触大，搅拌激烈　焊接时，熔化金属是以滴状从焊条或焊丝端部过渡到熔池中的，熔滴与气体及熔渣的接触面大，有利于冶金反应快速进行。同时，气体侵入液体金属中的机会也增多了，使焊缝金属易产生氧化、氮化及气孔。此外，熔池搅拌激烈有助于加快反应速度，也有助于熔池中气体的逸出。

由于焊接化学冶金过程具有上述特点，冶金反应往往不能充分进行。因此，焊接化学冶金过程要比一般钢的冶炼过程复杂和强烈得多。

任务准备

1. 焊接材料

（1）焊条　选用E4303型焊条，直径为3.2mm。焊条在使用时应保持干燥，如果遇到潮湿情况，则应预先烘干，烘干温度为75～150℃，时间为1～2h。

（2）焊件　选用Q235A钢管，规格为 ϕ108mm×8mm×100mm，一侧加工出30° V形坡口，并且将坡口略微打磨，形成宽度为1mm的钝边。焊件由两段同样的管组成。同时应将坡口两侧各20mm范围内的油污、铁锈清理干净。

2. 焊接设备及工具

（1）焊接电源　选用ZX7—400ST型逆变式直流弧焊机。

（2）焊接工具　焊接电缆线、焊钳、工件夹紧工具、焊条保温筒及带有防弧光和防护屏的焊接工作台。除上述工具之外还有钢丝刷、敲渣锤、錾子、锉刀、测温计、焊缝量规等。安全保护用品有面罩与护目镜、手套、脚盖、工作服等。

3. 焊接参数

在制订垂直固定管焊的焊接参数时，可以借鉴板对接横焊时的焊接参数。固定管焊接时的电流应比板焊接时的电流略小一些（5%左右）。这是因为在管的焊接中，热量要比板的焊接时集中一些，而且又不易散失。

表2-7 焊接参数的选择

焊接层次	焊条直径/mm	焊接电流/A	电弧电压/V
打底层焊	3.2	80～100	22～26
填充层焊	3.2	115～135	22～26
盖面层焊	3.2	105～115	22～26

任务实施

1. 打底层焊

打底层焊时的焊条角度要合适，基本上与横位打底层焊时的角度基本一致，即焊条与焊接方向之间的角度为60°～70°，与板的垂线之间的角度为10°～15°。但是板是直的，角度不会产生变化，而管是圆弧状的，会有曲率的变化，这样就要求在焊接时要掌握一个宗旨，就是在焊接某一点的时候，焊条与管的外切线之间应呈现出60°～70°的夹角，与管的垂线之间应呈现出10°～15°的夹角，如图2-20a所示。

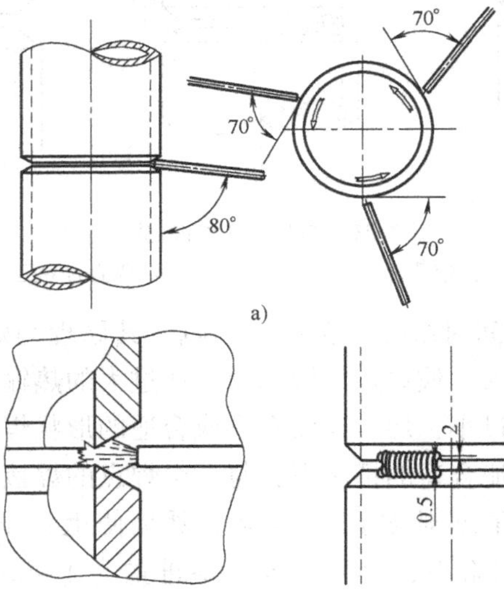

图2-20 管-管对接垂直固定打底焊
a）打底层焊时的焊条角度 b）预热
c）打底起头方式

在焊接开始时，应选择从与两定位焊点互成120°的夹角处起焊。这样焊接就相当于有三个定位焊点，能够起到最大的支撑与牵制作用，防止焊接间隙以及由于焊缝的收缩作用而产生过大的变形。在焊接第一个焊点时，要用长弧预热两坡口的边缘（见图2-20b），当坡口处有一些熔化的零散的微小熔池产生时，说明坡口处的金属已经达到适当的温度了，此时应压低电弧，在上坡口边缘处焊接一个焊点，如图 2-20c 所示。在熔池达到适当的大小后灭弧，以防止过热造成熔池金属下坠，然后立即在下侧坡口边缘用同样的方法焊接另外一个焊点。这样，坡口间的间隙由原来的 3.5mm 左右缩小到 2mm 左右。这样的距离就可以轻易地连接了。所以，第三个焊点应在两焊点间进行焊接，以使两焊点连接成一体，在坡口间形成第一个熔池。在形成第一个熔池后，应随即使用断续灭弧焊的方法进行焊接。

打底层焊时，应注意以下几个问题：

（1）熔孔的大小　打底层焊时，熔孔的大小非常重要。如果熔孔过大，或者上下熔孔不平衡，则会直接导致背面焊缝过高而影响到焊接质量，如图 2-21a 所示。如果熔孔过小，或者没有熔孔，则会导致背面焊缝过低或者出现凹陷的现象，严重时还会产生未焊透缺陷，如图 2-21b 所示。因此，应将熔孔的大小控制在一个适当的范围内，以距坡口边缘 1 ~ 2mm 为宜，如图 2-21c 所示。

熔孔的大小除了与焊接电流有密切关系外，还与焊条角度、焊接时间、焊条端部位置、焊接频率有关。焊条电流对熔孔的大小有直接的影响，因为大的焊接电流带来大的热输入，如果控制不当，就会产生较大的熔孔，过小的焊接电流还会引起未熔合、未焊透等缺陷，并且使熔渣与熔池分辨不清，产生夹渣。

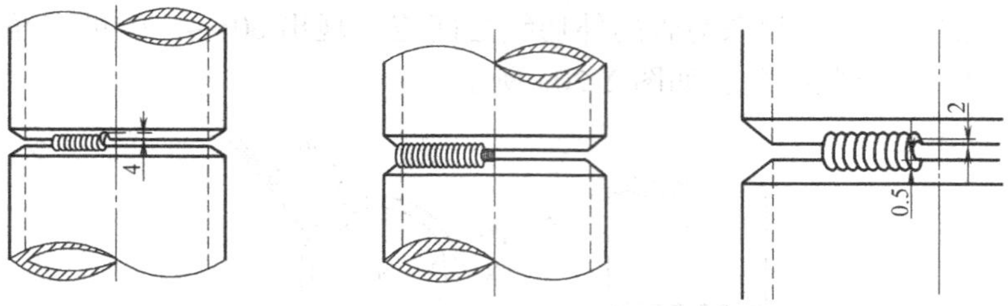

图 2-21　打底焊时的熔孔大小

a）熔孔过大　b）熔孔过小　c）合适的熔孔

（2）焊接时间　焊接时间对熔孔也会产生影响，其原理与焊接电流是相同的，过多的焊接时间会产生过大的热输入，坡口边缘因承受不住过大的热输入而产生较大的熔孔。如果焊接时间过短，则热输入会过小，熔池还没有形成合适的形状焊接就结束了，从而产生未熔合等缺陷。所以，在焊接电流合适的情况下，每一个焊点的焊接时间应控制在 1 ~ 1.5s。

（3）焊条角度　焊接角度对熔孔的影响主要是使上、下坡口边缘熔化量不均衡。一个良好的熔孔，应是下侧略小，上侧略大，熔进量为 1 ~ 2mm。如果焊条角度小，则上方坡口边缘熔化量增加，下方减少；如果角度过大，则易在上方坡口边缘产生过大的熔孔，直接导致背面焊缝过宽，同时，焊缝厚度也会超高。再者，焊条与前进方向的夹角也会对背面焊缝成形造成影响。如果焊条角度过大甚至垂直，则会增加电弧的密集程度，导致背面焊缝过厚。如果焊条角度过小，则会减轻电弧密集程度，降低背面焊缝的高度。因此，在焊接过程中应灵活地运用焊条角度，以控制熔孔的大小以及背面焊缝的厚度。

（4）焊条端部位置　焊条端部位置对熔孔以及背面焊缝成形也有很大的影响。正常的焊条端部位置应位于熔池前方 2 ~ 3mm 处，如图 2-22 所示。这样既能够充分地加热熔池，也能使熔滴过渡到焊缝背面，形成良好的背面成形。如果焊条端部位置太靠后，则会导致电弧过长，熔滴过渡效果变差，使背面成形不良。

（5）焊接频率 焊接频率的影响与焊接电流、焊接时间相关。正常的焊接频率可以依据熔池的凝固时间来确定。在电弧熄灭后，焊接熔池由大变小，当熔池凝缩过程即将结束，熔池直径为2~3mm时，立即引燃电弧进行焊接、灭弧、凝缩操作。这样周而复始地焊接，就可以焊接出优良的焊缝。如果焊接频率过快或过慢，则会将对背面成形产生影响。通过调整频率可调整背面成形的效果。另外，略高的焊接频率也会使背面焊缝的波纹光滑、均匀、细腻。

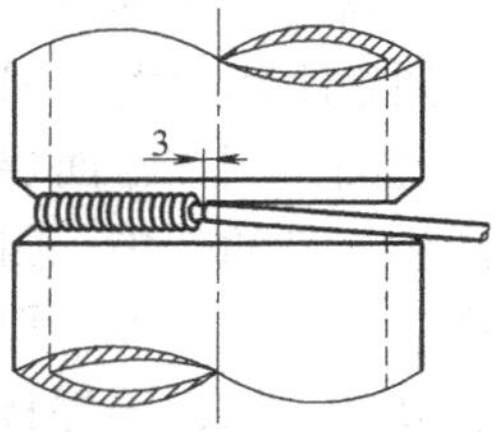

图2-22 正常的焊条端部位置

（6）其他 在打底层焊遇到定位焊，或者一圈的焊缝即将会合时，接头的好坏将直接影响到整体焊缝质量。在即将与定位焊会合时，距离定位焊点2~3mm处时不能灭弧，而要采用连弧焊，将电弧由熔池处移动到定位焊点的斜坡处，画一圆圈，会形成一个中间有孔的熔池。此时将焊条端部下压，使电弧完全在背面燃烧，当听到“噗噗”的声音时，说明电弧已经将坡口边缘熔透，随即抬高电弧至正常高度，再作圆周运条，直至圆孔被填满，运条过接头处后，熄灭电弧。这样做可以避免缩孔的产生。

2. 填充层焊

在进行完打底层焊后，首先要将焊缝上及坡口两侧的飞溅清除干净，否则会影响填充焊的效果。如果打底焊时产生了夹渣、焊瘤等缺陷，则在焊前一定要进行处理，使焊缝尽量平整。其次要调整好焊接电流。填充层焊采用连续直线形运条方法，分上下两道焊接，首先焊接下面的焊道，如图2-23a所示。

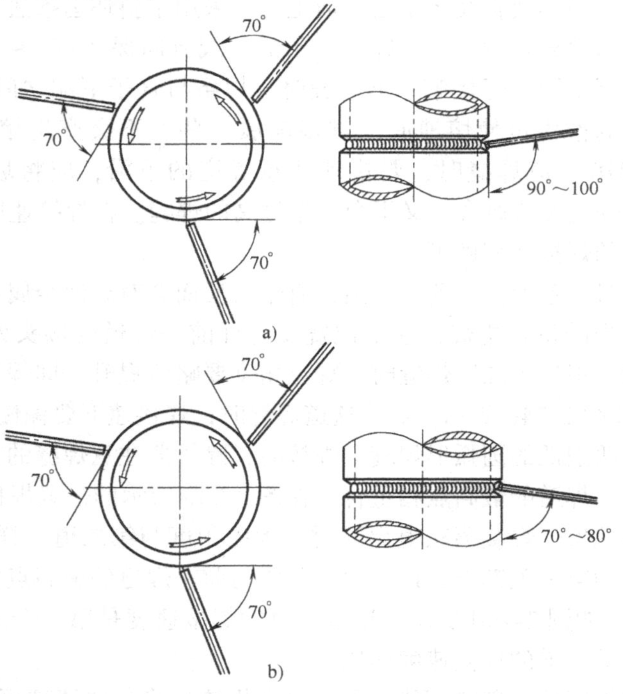

图2-23 填立焊时的焊条角度

a）填充一道焊条角度 b）填充二道焊条角度

在焊接方向上要使焊条与管子切线之间的夹角为60°～80°，与坡口下端的夹角为90°～100°，并采用匀速直线运条法。在焊接过程中，要将焊条的轴线对准打底层焊道的下沿处，使电弧覆盖打底层焊缝的大约2/3。另外，焊接时要时刻注意焊道的下沿应距离坡口边缘约2mm。如果距离太大，则在盖面层焊时会使后续焊道的高度降低；如果距离太小，焊道将坡口填得过满，则在盖面层焊时没有足够的空间来容纳填充金属，从而使盖面层焊的焊缝过高，产生不良的效果。因此，在焊接第一道焊缝时，重点是焊道的下沿，所以要盯紧下沿，不要产生偏差。另外，焊接速度要均匀，并且要使焊接速度满足填充量。若焊接速度太快，则焊缝高度不够；若焊接速度太慢，则焊缝会超高。因此，要把握好焊接速度与填充量的关系。

在焊接完第一道焊缝后，可以不清理药皮而直接焊接。此时坡口内会形成一个沟槽，只需要把这个沟槽填满填平即可。所以，焊条与管子的切线方向之间还是60°～80°的夹角，与坡口下端的夹角为70°～80°，如图2-23b所示。焊接这一焊道时主要是填满沟槽。另外，要使焊缝的上沿与上坡口边缘保持2mm的距离，以保证有一些深度，为盖面层焊创造有利条件。再者就是要注意焊接速度要均匀一致。

将最后一道焊缝焊接完成后，需要将药渣彻底清除，并且要将坡口内外的飞溅清除干净，为盖面层焊创造有利条件。如果填充层焊的焊道有缺陷，如超高、夹渣、过低等，在焊接盖面层之前要将缺陷处理掉。

3. 盖面层焊

盖面层焊是整个焊接过程中最重要的环节，会直接影响到焊缝的外观。优质的盖面焊应该使上下焊缝的边缘整齐，并且焊道与焊道间圆滑过渡，没有过大的沟槽、棱角等。

盖面层焊时，常采用连续直线运条法，但也可以采用小斜环运条法。在盖面层焊时，焊条与运动方向的夹角与填充焊时一致，即与管子的切线方向保持60°～80°的夹角，但是与坡口上下端的夹角略有不同。焊接第一道焊缝时，焊条与管子下端之间的夹角应为60°～70°，这样利用电弧的推力可使熔池向上方多铺展一些，不会产生熔池下坠现象，如图2-24a所示。在焊接第一道焊缝时，要格外注意焊道的下沿，应将坡口边缘熔进1.5～2mm，这样既能够充分与坡口熔合，又不会产生过高的焊缝。在焊接速度方面，焊接第一道焊缝时保持一个适中的焊接速度即可。

焊接第二道焊缝时，不用清理前一焊道，有熔渣反而会对熔池金属有一个承托作用。焊接前，应选择一个恰当的位置施焊，这个位置要避开前一焊道的接头处，以免缺陷相互叠加，加大缺陷的面积。焊接第二道焊缝时，焊条角度要略微提升，即焊条与管子下端之间的夹角为70°～80°，如图2-24b所示。焊接这道焊缝时，焊接速度要偏慢，以增加焊缝厚度，整体会形成中间高、两边低的圆弧形焊缝。焊接时，除了要注意焊缝的宽度要适中外，还要使焊缝的下沿要与前一焊道的最高点相重合。在图2-24c所示的位置焊接时容易引起焊道间的脱节或者叠加超高现象。焊接第三道焊缝时，焊条角度与第二道一样，为70°～80°。焊缝的宽度是这道焊道的第一关键点，这一焊道既要与前一焊道的最高点相重合，又要将上坡口边覆盖掉1～2mm，如图2-24d所示。这道焊道的焊接速度是第二个关键点，在保证稳定性的同时，应比前两道焊道的焊接速度偏快。

将三道焊缝全部焊完后，稍微等待一下再清理焊渣，晚一些清理可防止焊缝氧化变色，影响总体外观。

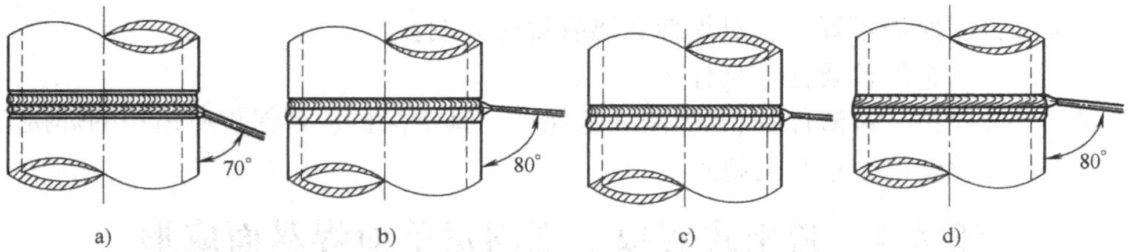

图2-24 盖面层焊时的焊条角度

a）焊第一道时的焊条角度 b）焊第二道时的焊条角度 c）第二道焊缝的错误位置 d）焊第三道时的焊条角度

问题及防治

盖面层焊时，既可采用连续直线运条法，也可采用小斜环运条法。采用直线形运条法时，人体的自然抖动常造成焊道边缘不整齐，产生波浪的效果。如果采用小斜环运条法，人为有规律地进行斜圆环运条，就可以有效地控制人体本身的自然抖动现象。另外，采用小斜环运条法也能够将熔滴铺展的面积增大一些，这样能够灵活地控制焊缝的厚度，如图2-25所示。

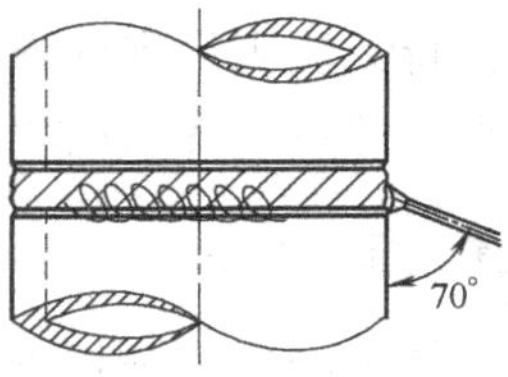

图2-25 小斜环运条法

检查评议

检查评议表见表2-8。

表2-8 检查评议表

项目	考核要求	分值	扣分标准	检查结果	得分
焊缝宽度	12～15mm	10	超差不得分		
焊缝宽度差	≤2mm	5	超差不得分		
焊缝余高	0～3mm	10	超差不得分		
焊缝余高差	≤2mm	5	超差不得分		
焊缝边缘直线度误差	≤2mm	10	超差不得分		
焊后角变形	≤3°	10	超差不得分		
咬边	缺陷深度 ≤0.5mm	10	超差不得分		
未焊透	无	10	出现不得分		
错边量	≤1mm	5	超差不得分		
焊瘤	无	10	出现不得分		
气孔	无	5	出现不得分		
焊缝成形质量	表面波纹细腻、美观	10	酌情扣分		

考证要点

1. 焊接电弧的温度很高，一般可达（　　）℃。
2. 熔池体积小，熔池存在时间短，整个冶金反应不能充分进行，易形成（　　）。
3. 熔池搅拌激烈有助于加快反应速度，也有助于熔池中（　　）的逸出。
4. （　　　　）要比一般钢的冶炼过程复杂和强烈得多。

5. 在焊接垂直固定管时，最好采用（　　）的姿态来操作。
6. 焊接区金属保护不好，会对焊缝金属有哪些影响？
7. 焊接化学冶金的首要任务是什么？
8. 列举气体保护、熔渣保护、气-渣联合保护、真空保护、自保护所适用的焊接方法。
9. 简述焊接化学冶金过程的特点。

任务4　骑坐式管板垂直固定单面焊双面成形

任务描述

骑坐式管板垂直固定单面焊双面成形在一般的场合下并不多见，仅用于一些高温、高压的管板连接。高温、高压的管板连接时对焊缝的强度要求非常高，如果采用插入式焊接方法，将无法满足焊缝强度及安全方面的要求。因此，在一些重要的场合，应使用骑坐式管板垂直固定单面焊双面成形来满足技术上的要求。

任务分析

骑坐式管板垂直固定俯位单面焊双面成形时，由于垂直管的管壁较薄，孔板较厚，如果操作不当，则会使焊件受热不均衡，在管侧容易产生咬边或使焊缝偏下，以及在板侧产生夹渣、未焊透和未熔合等缺陷。因此，在焊接操作中应采用较大的焊接参数、直径较细的焊条、合适的焊条角度及有节奏的灭弧焊法进行焊接。

相关知识

焊缝金属中的有害元素主要是氧、氢、氮、硫、磷。焊接过程中的 O_2、H_2、N_2 主要来自焊条、焊丝、焊剂等焊接材料，以及电弧周围的空气及未清理干净的母材表面；焊缝中的硫、磷主要来自母材、焊条、焊丝、焊剂等。它们将严重影响焊缝质量，因此焊接中必须对氧、氢、氮、硫及磷进行控制。

1. 氧对焊缝金属的作用

（1）氧的来源　焊接区的氧气主要来自电弧中的氧化性气体（如 CO_2、O_2、H_2O 等），空气，焊剂、药皮中的高价氧化物，以及焊件表面的铁锈、水分等的分解产物。

氧在电弧高温作用下分解为原子。原子状态的氧非常活泼，能使铁和其他元素氧化，其中氧化生成的 FeO 能溶解于液体金属，所以氧在焊缝金属中主要以 FeO 的形式存在。同时，焊缝金属中的 FeO 还会使其他元素进一步氧化。

（2）氧对焊接质量的影响

1）焊缝金属中的氧不仅使焊缝中有益元素大量烧损，而且使焊缝的强度、塑性、硬度和冲击韧度降低，尤其冲击韧度降低明显。

2）降低焊缝金属的物理性能和化学性能，如降低导电性、导磁性和耐蚀性等。

3）氧与碳、氢反应，生成不溶于金属的气体 CO 和 H_2O，若结晶时来不及顺利逸出，则在焊缝内形成气孔。

4）产生飞溅，影响焊接过程的稳定性。

（3）控制氧的措施

1）加强保护，如采用短弧焊和选用合适的气体流量等防止空气侵入，采用惰性气体保护或真空保护。

2）清理焊件及焊丝表面的水分、油污、锈迹，按规定温度烘干焊剂、焊条等焊接材料。

3）对焊缝进行脱氧也是行之有效的措施。

（4）焊缝金属的脱氧 焊接时，除采取措施防止熔化金属氧化外，设法在焊丝、药皮、焊剂中加入一些合金元素，去除或减少已进入熔池中的氧，是保证焊缝质量的关键。这个过程称为焊缝金属的脱氧。

1）脱氧剂选择的原则。用来脱氧的元素或合金叫做脱氧剂。脱氧剂必须具备下列条件：

① 脱氧剂在焊接温度下对氧的亲和力应比被焊金属的亲和力大。元素对氧的亲和力大小按递减顺序排列为：Al→Ti→Si→Mn→Fe。

在实际生产中，常用它们的铁合金或金属粉（如锰铁、硅铁、钛铁、铝粉等）作为脱氧剂。元素对氧的亲和力越大，脱氧能力越强。

② 脱氧后的产物应不溶于金属而容易被排入熔渣，且熔点应较低，密度应比金属小，易从熔池中上浮入渣。

2）焊缝金属的脱氧途径。焊缝金属的脱氧有先期脱氧、沉淀脱氧和扩散脱氧三种途径。

① 先期脱氧。焊接时，在焊条药皮加热过程中，药皮中的碳酸盐（$CaCO_3$、$MgCO_3$）或高价氧化物（Fe_2O_3）受热分解放出 CO_2 和 O_2，这时药皮内的脱氧剂（如锰铁、硅铁、钛铁等）便与其发生氧化反应生成氧化物，从而使气相氧化性降低。这种在药皮加热阶段脱氧的方式称为先期脱氧。

先期脱氧的目的是尽可能在早期把氧去除，减少熔化金属的氧化。先期脱氧是不完全的，脱氧过程和脱氧产物一般不和熔滴金属发生直接关系。

② 沉淀脱氧。沉淀脱氧是指利用溶解在熔滴和熔池中的脱氧剂直接与 FeO 反应进行脱氧，并将脱氧后的产物排入熔渣而清除。沉淀脱氧的对象主要是液态金属中的 FeO。沉淀脱氧常用的脱氧剂有锰铁、硅铁、钛铁等。酸性焊条（如 E4303）一般用锰铁脱氧，碱性焊条（如 E5015）一般用硅铁、钛铁脱氧。

由于 Si、Ti 对氧的亲和力比 Mn 对氧的亲和力大，因此按理说其脱氧作用应比 Mn 强，但是为什么在酸性焊条（如 E4303）中不用 Si 及 Ti 脱氧而必须用 Mn 呢？这是由于酸性焊条（如 E4303）的熔渣中含有大量的酸性氧化物 SiO_2 及 TiO_2，而用 Si 及 Ti 脱氧后的生成物也是 SiO_2 及 TiO_2，这些生成物无法与熔渣中存在的大量酸性氧化物结合成稳定的复合物而进入熔渣，所以脱氧反应难以进行而无法脱氧。MnO 是碱性氧化物，很容易与酸性氧化物（SiO_2、TiO_2）结合成稳定的复合物（$MnO \cdot SiO_2$ 及 $MnO \cdot TiO_2$）进入熔渣，所以脱氧反应易于进行，有利于脱氧。

那么碱性焊条（E5015）为何又不能用 Mn 脱氧，而必须用 Si、Ti 来脱氧呢？这是因为碱性焊条（如 E5015）的熔渣中含有大量的 CaO 等碱性氧化物，而 Mn 脱氧后的生成物 MnO 也是碱性氧化物，这些生成物无法与熔渣中存在的大量碱性氧化物结合成稳定的复合物进入熔渣。若用 Si、Ti 脱氧，则脱氧后的产物 SiO_2、TiO_2 就可以与熔渣中大量的碱性氧化物形成稳定的复合物（$CaO \cdot SiO_2$ 及 $CaO \cdot TiO_2$）进入熔渣。

Al 的脱氧能力虽然很强，但是生成的 Al_2O_3 熔点高，不易上浮，易形成夹渣，同时还会产生飞溅、气孔等缺陷，故一般不宜单独作脱氧剂。

③ 扩散脱氧。利用 FeO 既能溶于熔池金属，又能溶于熔渣的特性，使 FeO 从熔池扩散到熔渣，从而降低焊缝含氧量，这种脱氧方式称为扩散脱氧。

酸性焊条焊接时，由于熔渣中存在大量的 SiO_2、TiO_2 等酸性氧化物，作为碱性氧化物的 FeO 就比较容易从熔池扩散到熔渣中去，与之结合成稳定的复合物 $FeO \cdot TiO_2$ 和 $FeO \cdot SiO_2$，从而降低熔池中 FeO 的含量。所以，酸性焊条焊接时以扩散脱氧作为主要脱氧方式。

碱性焊条焊接时，由于在碱性熔渣中存在大量的强碱性的 CaO 等氧化物，而熔池中的 FeO 也是碱性氧化物，因此扩散脱氧难以进行。所以扩散脱氧在碱性焊条中基本不存在。

由此可见，酸性焊条主要以扩散脱氧为主，碱性焊条主要以沉淀脱氧为主。

2. 氢对焊缝金属的作用

（1）氢的来源　焊接区的氢主要来自受潮的药皮或焊剂中的水分，焊条药皮或焊剂中的有机物，空气中的水分，焊件表面的铁锈，油脂及油漆等。

氢一般不与金属化合，但它能够溶解于 Fe、Ni、Cu、Cr、Mo 等金属中，且氢在铁中的溶解是以原子或离子状态存在的。氢在铁中的溶解度与温度和铁的同素异构体等有关。温度越高，氢的溶解度越大，且在相变时溶解度发生突变。

（2）氢对焊接质量的影响

1）形成气孔。熔池结晶时氢的溶解度突然降低，使过饱和的氢残留在焊缝金属中，当焊缝金属的结晶速度大于它的逸出速度时，就会形成气孔。

2）产生白点和氢脆。钢焊缝含氢量高时，常常在焊缝拉断面上出现鱼目状的直径为 0.5～5mm 的白色圆形斑点，称为白点。氢在室温时使钢的塑性严重下降的现象称为氢脆。白点和氢脆使焊缝金属塑性严重下降。

3）产生冷裂纹。氢是产生冷裂纹的因素之一。焊缝含氢量高时易产生冷裂纹。

（3）控制氢的措施

1）焊前将焊件及焊丝表面的铁锈、油污、水分等清理干净。

2）焊前按规定温度烘干焊剂、焊条；对于气体保护焊，应对保护气体进行去水、干燥处理。

3）尽量选用低氢型焊条，焊接时采用直流反接，短弧操作。

4）焊后进行消氢处理，即焊后立即将焊件加热到 250～350℃，保温 2～6h，使焊缝金属中的扩散氢加速逸出，降低焊缝和热影响中的含氢量。

3. 氮对焊缝金属的作用

（1）氮的来源　焊接区中的氮主要来自周围空气。氮可以以原子、NO 及离子形式溶入铁及其合金中。氮在铁中的溶解度随温度升高而增大。氮既不溶解于铜等金属，又不与其形成化合物，故焊接这类金属时，可用氮作为保护气体。

（2）氮对焊接质量的影响

① 形成气孔。氮与氢一样，在熔池结晶时溶解度突然降低，此时有大量的氮将要析出，当来不及析出时，就会形成气孔。

② 影响焊缝的力学性能。氮与铁等形成化合物，并以针状夹杂物的形式存在于焊缝金

属中，使焊缝硬度和强度提高，塑性、韧性降低。

(3) 控制氮的措施

1）加强对焊接区液态金属的保护，防止空气中氮的侵入，是控制焊缝中氮含量的主要措施。

2）采取正确的焊接工艺措施，尽量采用短弧焊接，因为电弧越长，氮侵入熔池越多，焊缝中氮的含量越高。此外，采用直流反接比采用直流正接可减少焊缝中氮的含量。

4. 焊缝金属中硫、磷的控制

(1) 硫、磷的来源　焊缝中的硫、磷主要来自母材、焊丝、药皮、焊剂等材料。硫在焊缝中主要以 FeS 和 MnS 的形式存在。由于 MnS 在液态铁中的溶解度极小，且易排除入渣，即使不能排走而留在焊缝中，也会呈球状分布于焊缝中，因而对焊缝质量影响不大。所以焊缝中硫以 FeS 的形式危害最大。磷在焊缝中主要以铁的磷化物 Fe_2P、Fe_3P 的形式存在。

(2) 硫、磷的危害　硫、磷是焊缝中的有害杂质。FeS 可无限地溶解于液态铁中，而在固态铁中的溶解度只有 0.015% ~0.020%，因此熔池凝固时 FeS 析出，并与 α-Fe、FeO 等形成低熔点共晶。尤其在焊接高 Ni 合金钢时，硫与 Ni 形成的 NiS + Ni 共晶的熔点更低。这些低熔点共晶呈液态薄膜聚集于晶界，导致晶界处开裂，产生热裂纹。此外，硫还能引起偏析，降低焊缝金属的冲击韧度和耐蚀性。

磷与硫一样可与铁形成低熔点共晶 $Fe_3P + P$，聚集于晶界，易产生热裂纹。此外，这些磷化物还会削弱晶粒间的结合力，且它本身既硬又脆，因而增加了焊缝金属的冷脆性，使冲击韧度降低，造成冷裂。

(3) 硫的控制　主要从两方面着手：先是采取工艺措施控制来源，然后再采取冶金措施把焊缝金属中的硫通过熔渣排出去。

1）限制焊接材料中的含硫量。焊缝中的硫来自母材、焊丝、药皮和焊剂。母材的含硫量一般较低，所以应主要限制焊丝、药皮或焊剂中的含硫量。低碳钢及低合金钢焊丝中硫的质量分数应小于 0.03%，合金钢焊丝中硫的质量分数应小于 0.025%，不锈钢焊丝中硫的质量分数应小于 0.02%。

药皮、药芯或焊剂用的原材料（如锰矿、赤铁矿、钛铁矿等）均含有一定量的硫。焊接时应尽量选用含硫量低的原材料，必须使用含硫量过高的材料时，应预先进行处理（如进行焙烧），以将含硫量降低到要求范围内。

2）用冶金方法脱硫。选择对硫亲和力比铁大的元素进行脱硫。最常用的脱硫剂是锰，其脱硫反应为

$$FeS + Mn \xlongequal{} MnS + Fe$$

反应产物 MnS 不溶于钢液，故大部分进入熔渣，少量残留在焊缝中，以点状弥散分布，危害较小。熔池温度降低、平衡常数 K 增大，有利于脱硫。但温度低的熔池后部冷却快，反应时间短，不利于去硫，故需熔渣中的碱性氧化物（如 MnO、CaO 等）也能脱硫，其反应为

$$FeS + MnO \xlongequal{} MnS + FeO$$

$$FeS + CaO \xlongequal{} CaS + FeO$$

生成的 CaS 和 MnS 不溶于钢液而进入熔渣，因此增加渣中的 MnO 和 CaO 的含量，减少 FeO 的含量，有利于脱硫。渣中加入 CaF_2 能降低渣的粘度，有利于 S 的扩散，同时形成易

挥发物 SF_6，也有利于脱硫。

增加熔渣的碱度可提高脱硫能力。目前常用的焊条药皮和焊剂的碱度都不高，其脱硫能力有限，焊接普通钢时能满足要求，用于焊接 $w(C)=0.014\%$ 的精炼钢时，需提高药皮或焊剂的碱性。

3）磷的控制　和控制硫一样，首先限制磷的来源，然后再用冶金方法去磷。母材和焊丝（芯）经过冶炼后一般含磷量都较低，都在有关标准规定范围内，所以关键在于限制制造焊条药皮、药芯或焊剂中所用原材料的含磷量。磷矿是焊缝增磷的主要来源，通常 $w(P)=0.22\%$，其存在形式为 $(MnO)_3 \cdot P_2O_5$。

磷一旦进入液态金属，就应采用冶金方法脱磷：第一步，FeO 将磷氧化生成 P_2O_5；第二步，使 P_2O_5 与渣中的碱性氧化物生成稳定的磷酸盐。其反应如下：

$$2[Fe_3P]+5(FeO)=P_2O_5+11[Fe]$$

$$P_2O_5+3(CaO)=[(CaO)_3 \cdot P_2O_5]$$

$$P_2O_5+4(CaO)=[(CaO)_4 \cdot P_2O_5]$$

增加熔渣的碱度可减少焊缝的含磷量，但当碱度 $B>2.5$ 时，则影响很小。在碱性渣中加入 CaF_2 有利于脱磷，因为 CaF_2 在渣中形成 Ca^{2+} 使渣中 P_2O_5 的活度下降。此外，CaF_2 降低渣的黏度，有利于物质扩散。但是，由于熔渣的碱度受焊接工艺性能制约而不能过分增大，同时碱性渣不允许含有较多的 FeO，否则会使焊缝增氧，不利于脱硫，所以碱性渣脱磷效果并不理想。酸性渣虽含有较多的 FeO，有利于磷的氧化，但因碱度低，其脱磷能力更不如碱性渣。

任务准备

1. 焊接材料

（1）焊条　选用 E4303 型焊条，直径为 3.2mm。焊条在使用时应保持干燥，如果遇到潮湿情况，则应预先烘干，烘干温度为 75～150℃，时间为 1～2h。

（2）焊件　采用 Q235A 钢管，规格为 ϕ108mm × 8mm × 100mm，一侧加工出 45° V 形坡口，将坡口外 20mm 范围内的铁锈、水、油、锈等杂质彻底清除，最好使用角向砂轮打磨出金属光泽。钢板采用 Q235 钢，规格为 150mm × 150mm × 12mm，中间加工出圆孔，尺寸应与管的内径相一致，为 ϕ92mm，如图 2-26 所示。同样在板的坡口外 20mm 范围内打磨出金属光泽。

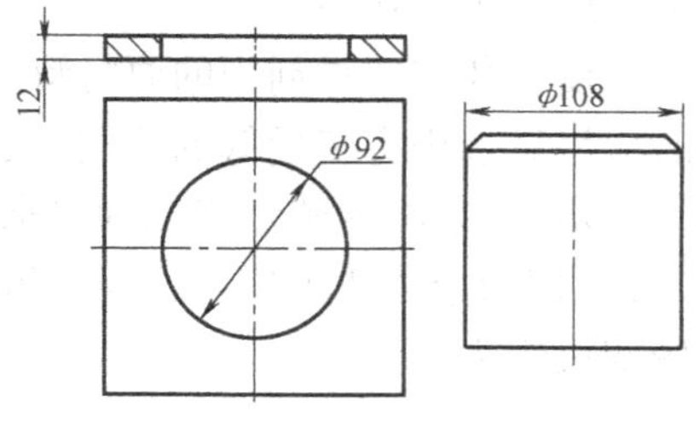

图 2-26　焊件规格及装配图

2. 焊接电源及焊接工具

（1）焊接电源　选用 ZX7—400ST 型逆变器。

（2）焊接工具　焊接电缆线、焊钳、工件夹紧工具、焊条保温筒及带有防弧光和防护屏的焊接工作台。此外还有钢丝刷、敲渣锤、錾子、锉刀、测温计、焊缝量规等。安全保护用品有面罩与护目镜、手套、脚盖、工作服等。

3. 焊接参数

骑坐式管板垂直固定单面焊双面成形的焊接参数分为打底层焊、填充层焊和盖面层焊 3 部分。其中，打底层焊时的焊接电流为 110～120A，此焊接电流与管-管对接单面焊双面成形的焊接电流相似，但是由于管板焊中板的一侧厚度较大，所以应适当调大电流。填充层焊与盖面层焊时的焊接电与板平角焊时的焊接电流相似，为120～140A，其中盖面层焊最后一道焊缝焊接时，应将焊接电流降低10A左右，以防止焊接电流过大引起咬边现象。具体焊接参数的选择见表2-9。

表2-9　焊接参数的选择

焊接层次	焊条直径/mm	焊接电流/A	电弧电压/V
打底层焊	3.2	110～120	22～26
填充层焊	3.2	120～140	22～26
封面层焊	3.2	120～130	22～26

任务实施

1. 打底层焊

选择打底层焊的焊条角度时要考虑到管板焊接的特点。管和板的厚度不同，因此在焊条角度上要选择恰当，一般焊条与板之间的角度为20°～30°，与管切线之间的角度为60°～70°，如图2-27a所示。

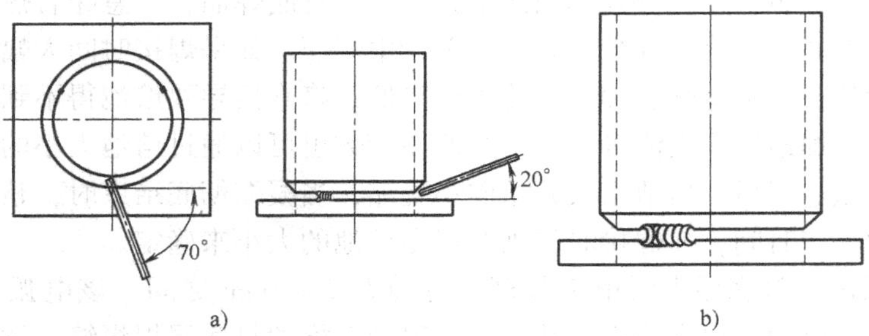

图2-27　打底层焊时的焊条角度及熔孔大小

选择与两定位焊点互成120°夹角的位置作为起头位置最为合适，然后用长弧预热起焊处。预热时要注意两坡口边缘热量的平衡，应将电弧多向板的一侧倾斜，因为板的厚度较大，对热量要求多。待两坡口边缘均熔化后，压低电弧焊接板坡口边缘处。在焊接出一个焊点后灭弧，第二点仍在板的边缘处焊接。这样经过几次焊接后，即在板的边缘处推起一个焊瘤，当焊瘤的高度接近于等的边缘处时，立即在两坡口间焊接，使两坡口连接成一个完整的焊点，并且形成的熔孔也要有适当的形状，如图2-27b所示。上下坡口边缘要形成直径为2mm左右内凹的熔孔。

打底层焊时，为了最大限度地保证焊接质量，应采用断续灭弧焊方法焊接。焊接时，在已焊的弧坑处引弧，采用合适的焊接参数焊接出质量合格、外形美观的打底层焊焊缝。焊缝成形质量与熔孔形状息息相关。熔孔形状与以下因素是分不开的：

（1）焊接电流的大小　如果焊接电流过大，则输送到坡口处的热量过多，坡口承受不了这样多的热量，于是上坡口的金属就会过多地熔化，形成很大的熔孔，如图2-28a所示。下坡口虽然较厚，能够承受住较大的焊接电流，但是由于填充的金属过多，会产生下淌的现象，这种大的焊接电流最容易导致上坡口由于熔化金属的流失而产生咬边现象，而下坡口聚集了过多的熔化金属，会下淌，如图2-28b所示。因此，在打底层焊时，首先应调整出一个合适的焊接电流，一般为110～120A。

（2）焊条角度　焊条角度既会影响熔滴过渡的效果，也会影响熔池的形状。一个合适的焊条角度，会使熔池像一个斜向摆放的爪子，具有规则的外形及轮廓，厚度也很适中。同时，一个合适的焊条角度也会使熔孔的形状变得规范。合适的打底层焊熔孔应为下部接合紧密，上部出现一个带有斜倾角度的熔孔。如果焊条与板的夹角过大，则会过多地熔化板的坡口，同时，电弧的吹力将使过多的熔化金属过渡到下侧，引起背面下淌现象。焊条与板的夹角过小，甚至平行于板，有可能导致下部的坡口得不到足够的热量而产生未熔合现象，而上部坡口会由于焊条角度的错误而接收过多的热量，使熔孔过大，继而产生咬边现象。

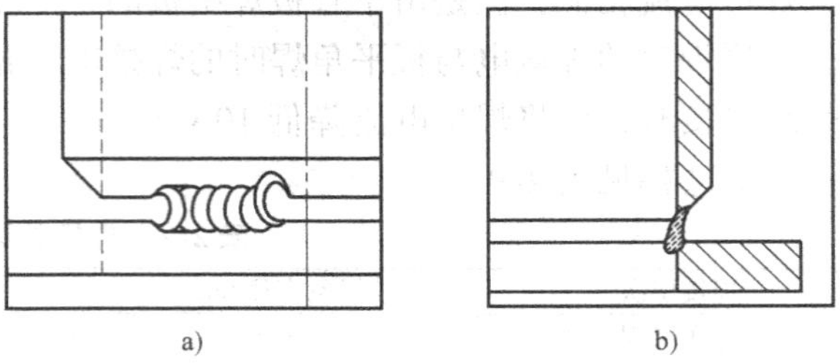

图 2-28　焊接电流的影响

（3）焊接频率　只有在灭弧焊时，才存在相应的焊接频率。其实灭弧焊的频率只包括焊接时间、停顿等待时间这两项内容。这两项内容互相影响、互相制约。如果焊接时间延长，停顿等待时间缩短，则会导致热输入上升，对于打底焊而言，意味着热量的增加，将会导致熔池过热而下淌，使背面焊缝过高，甚至产生焊瘤。如果焊接时间大幅度缩短而停顿等待时间又大幅度延长，则意味着焊接热输入的降低，将直接导致熔池得不到足够的热量，继而产生未熔合、未焊透以及夹渣等缺陷。这两项参数也可以通过熔池大小的变化来区分，即在移开焊条，电弧熄灭后，熔池由大开始向小凝缩，当凝缩彻底结束时，整个凝固过程所用的时间就是停顿等待时间，而焊接时间则要根据熔池的大小来确定。

（4）电弧长度　打底层焊时电弧长度应保持在 2～3mm 之间。该电弧长度配合以上列举的焊接参数，即可焊接出合格的熔孔形状，得到合格的打底层焊焊缝。过长的焊接电弧会使焊接的面积过大，而过长的距离又使熔滴无法过渡到熔池中去，使熔池因得不到熔滴的补充而继续扩大，形成过大的熔池。相反，如果焊接电弧过短，熔滴会过多地过渡到一个地方，没有及时地向周围扩散，会挤到坡口的背面，从而在坡口背面形成过高的焊缝。所以正确的电弧长度应为 2～3mm，焊条距熔孔的距离为 2～3mm 。

合理地运用以上列举的几个焊接要素，采用断续灭弧焊的方法便可焊接出合格的打底层焊焊缝。

2. 填充层焊

在焊接完打底层焊焊缝后，应及时清除熔渣及飞溅。填充层焊时，采用连续焊、多层焊道的焊接方式，这与板-板 T 形接头平角焊相似；焊接电流设定在 120～140A 之间；焊接第一层焊缝时，焊条与板的夹角为 20°～30°，与焊接方向的夹角为 60°～80°；采用单道焊直线形运条法，电弧长度为 4mm 左右，即覆盖掉打底层焊焊缝各 1mm 左右。如图 2-29a 所示，这样焊接可增加打底层焊焊缝的宽度和厚度，为后续的焊缝打好基础。焊接这一层焊缝时，最容易出现的问题是产生夹渣。因为熔池被上下两坡口夹在中间，无法向周围扩散，尤其是覆盖在上面的熔渣受到上下坡口面的挤压而无处释放，就会越过熔池跑到电弧的前方，从而在焊缝上产生夹渣。对于这种情况，应及时调整焊条角度，利用电弧的吹力将熔渣赶到电弧的后方。因此，不能拘束于给定的焊条角度，应根据实际情况及时调整，熔渣跟不上的时候加大焊条与焊接方向的角度，跟得太紧或超前时减小与焊接方向的角度。

焊接时，最好利用焊条长度最大限度地焊得长一些、多一些，在更换焊条的间隙，将焊缝起头处上方约10mm的熔渣敲掉，以在焊接到环形焊缝碰头时能无障碍地接头，否则会使接头处熔渣过多而产生夹渣现象。

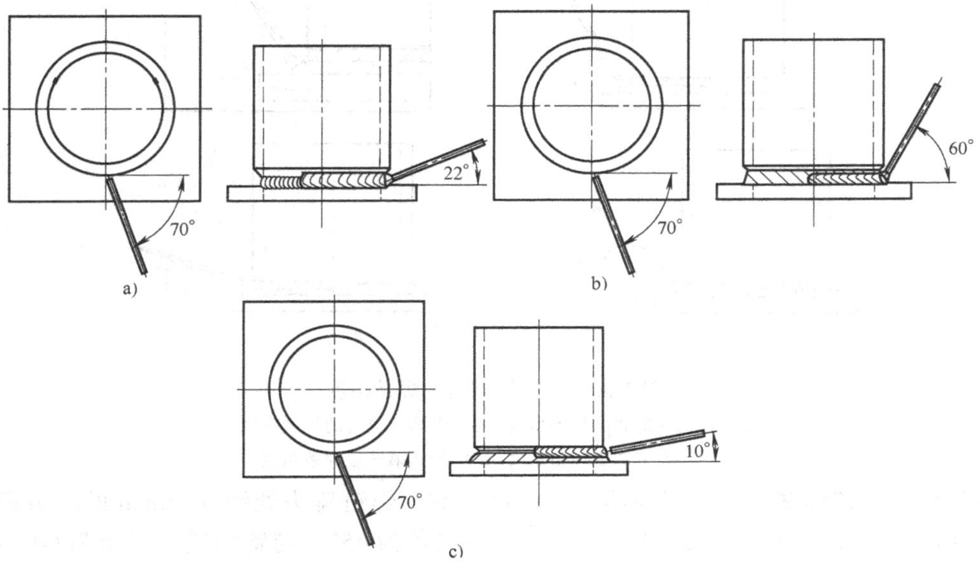

图2-29　填充层焊时的焊条角度

a）焊第一道时的焊条角度　b）焊第二道时的焊条角度　c）焊第三道时的焊条角度

填充完这一焊道后，应及时将焊缝上面的熔渣与飞溅清除干净，准备填充下一焊道。在焊接第二层焊缝前，应及时修补前一层焊缝产生的夹渣、超高等缺陷。在开始焊前，应确定起焊位置，注意与前一焊缝接头的地方错开，以避免缺陷集中，破坏整体质量。这一层焊缝分两道进行，都采用连续直线焊接方式，焊条与板的夹角为60°左右，与管切线的夹角为60°~80°，如图2-29b所示。焊接这一道的主要目的是得到合适高度的焊缝，类似板-板T形平角焊中最下侧的焊道。另外，应控制好焊接速度，并且焊缝的外焊趾部位应正好填平坡口。焊接完前一焊道后，可以不清除熔渣，因为这部分熔渣可以对第二道熔池起到承托作用。焊接第二道焊缝时，也同样先选择一个没有接头的地方起焊，焊条与板的夹角为10°~20°，与管切线方向的夹角为60°~80°，如图2-29c所示。焊接这一道焊缝时，应注意焊接速度，如果太快，则与下层焊道的连接不好，不能形成圆滑过渡，甚至出现沟槽；如果太慢，则会导致焊缝过高，产生起棱的现象。另一方面，这一道焊缝应将上坡口边缘留有0.5~1mm的距离。将这一焊道焊完后，要彻底清理熔渣，准备进行盖面层焊。

3. 盖面层焊

盖面层焊是整个焊接工作的重点，因为表面焊接质量的好坏大部分体验在盖面层焊上，所以应着重对待。

第一道焊与板-板T形平角焊盖面层焊的第一道焊一样，焊接电流为120~140A，焊条与板的夹角为50°~60°，与管切线方向的夹角为60°~80°，如图2-30a所示。采用直线单道运条法焊接，这一焊道的重点是要有足够的焊缝厚度，并且要保证焊道外焊趾的圆弧度一致，由上向下看像一个圆环。因此，要保证一个平稳的焊接速度，还要保证适合的焊缝宽度，其上焊趾处正好位于前一层焊缝的1/2处，下焊趾向外延伸3mm左右，如图2-30b所示。

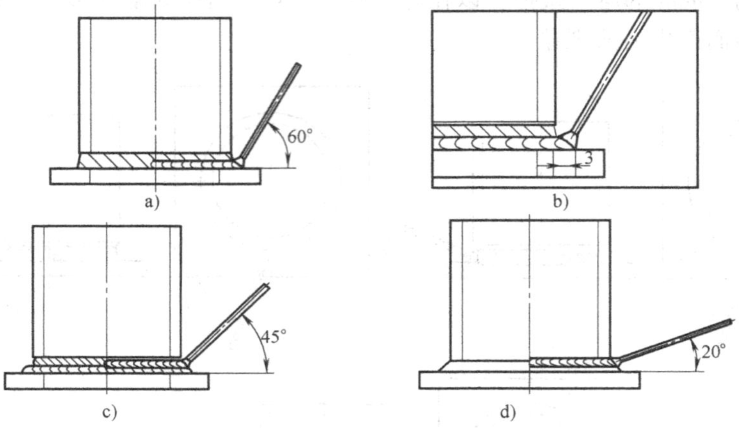

图2-30　盖面层焊时的焊条角度

a）焊第一道时的焊条角度　b）焊第一道时的焊缝宽度

c）封面第二道焊条角度　d）封面第三道焊条角度

在焊接第二道焊缝前可不清除熔渣，选择与前一焊道碰头处错开10mm的地方起焊即可，焊接电流同样采用120～140A，焊条与板的夹角为45°，与管切线的夹角为60°～80°。这一焊道的重点是要有足够的焊缝厚度，并且要与前一焊道的最高点形成圆滑过渡，即焊道的下焊趾正好与前一焊道的最高点相重合，而且其上焊趾处的点应为填充层焊缝的3/4处，如图2-30c所示。这样能给最后一道焊缝的焊接留有一个合适的空间。因此，焊接这一道焊缝时，焊接速度要适度放慢，以达到所需的焊缝厚度与宽度。

焊接第三道焊缝时要清除熔渣，这样能够清晰地看清熔池，避免产生夹渣，待达到一定的熟练程度后，可不用清除熔渣。在焊接这道焊缝时，应将焊接电流降低10A左右，为110～130A，以防止过大的焊接电流造成上部坡口边缘产生咬边现象。如图2-30d所示，焊条与板的夹角为20°～40°，与管切线的夹角为60°～80°。最后这一焊道的重点是填满、填平前一焊道留下的空隙，保证上部焊趾平整光滑，还要与第二道焊缝平滑过渡。这样在完成盖面层焊时，能形成一个等腰直角三角形的焊缝。因此，焊接这一道焊缝时焊接速度要快一些，只要填满保留的那一部分沟槽即可。

问题及防治

骑坐式管板垂直固定焊的填充层焊或者盖面层焊时，怎样减少接头的次数？

骑坐式管板垂直固定焊时要随焊接位置的变化适时调整相应的焊条角度，尤其是要有适当的提前量，这样就要求在焊接前将焊条尽量向前伸，而且还要尽量使每一次焊接的焊缝能够长一些。这时焊条与管的切线之间的夹角会很小，与前面介绍的焊条角度有所偏差，但是采用这种焊条角度能够很好地控制熔池，所以要根据实际情况加以变化。在焊接到管的另外一侧时，会呈现出更大的焊条角度，是一种顶着电弧的焊接。在这种情况下控制好熔池的熔化状态，同样能够得到合格的焊缝。同时要时刻注意，不要使熔渣超前，以免产生夹渣和未熔合等缺陷。因此，可在每次焊接时都尽量焊接得更长更多，以减少接头的次数。

检查评议

检查评议表见表2-10。

表2-10　检查评议表

项目	考核要求	分值	扣分标准	检验结果	得分
操作姿势	操作姿势规范	5	不正确不得分		
引弧方法	引弧动作符合要求	5	不正确不得分		
运条方法	运条方法选择得当	5	不正确不得分		
定点引弧方法	方法正确	5	不正确不得分		
引弧堆焊方法	方法正确	5	不正确不得分		
焊缝宽度	10～15mm	10	超差1mm扣2分		
焊缝宽度差	≤2mm	5	超差1mm扣2分		
焊缝余高	0～3mm	10	超差1mm扣3分		
焊缝余高差	≤2mm	5	超差1mm扣2分		
焊缝外观	无明显弯曲	5	不平直不得分		
焊缝接头外观	不超高且无脱节	10	不平整不得分		
起头焊缝外观	起头平滑	5	不平滑不得分		
收尾弧坑外观	弧坑饱满	5	不饱满不得分		
焊波外观	波纹均匀，成形美观	20	根据成形情况酌情扣分		

考证要点

1. 焊缝金属中的有害元素主要是（　　）、（　　）、（　　）、（　　）和（　　）。

2. 用来脱氧的元素或合金叫做（　　）。

3. 焊缝金属有（　　）、（　　）和（　　）三种脱氧途径。

4. 焊条电弧焊时焊缝金属合金化的方式有两种：一是通过（　　）过渡；另一种是通过焊条（　　）过渡。

5. 焊缝金属合金化的目的为：补偿焊接过程中由于合金元素（　　）等造成的损失，以保证焊缝金属的（　　）符合预定的要求。

6. 氧对焊接质量的影响有哪些？

7. 控制氧的措施有哪些？

8. 为什么酸性焊条（如E4303）焊接时不用Si及Ti脱氧而必须用Mn呢？

9. 氢对焊接质量的影响有哪些？

10. 硫、磷对焊接的危害有哪些？

任务5　骑坐式管板水平固定单面焊双面成形

任务描述

骑坐式管板水平固定单面焊双面成形在实际生产中使用较多，尤其是在各种管道的安装与维护工作中，占有很大的比重。水平位置的法兰焊接或者小直径管道与大直径管道的连接都属于管板水平固定焊。特别是在高温、高压的场合下管板连接时，需要焊缝有很好的质量，这就要用到骑坐式管板水平固定单面焊双面成形技术。

任务分析

骑坐式管板水平固定单面焊双面成形在锅炉与压力容器的制造、安装和维护中的使用量是比较多的。尤其是管道与联箱之间的连接，很多焊缝都处在一个水平的位置，基本上属于骑坐式管板水平固定连接，还有由大型的设备引出一些出口、入口处的焊缝都属于此范围。相对于水平固定管单面焊双面成形，骑座式管板水平固定单面焊双面成形要复杂一些。因为水平固定管焊接时运条动作是在同一个空间平面内进行的，轨迹相对简单一些，而骑坐式管板水平固定焊时，焊条在两个交叉平面内来回运动，在运条轨迹上既要考虑水平面内熔池的运动情况，又要考虑垂直面内熔池的运动状态。

相关知识

熔焊时，不仅焊缝金属在焊接热源的作用下发生从熔化到固态相变等一系列变化，而且焊缝两侧未熔化的母材也会因焊接热传递的影响而产生组织和性能的变化。此外，由母材到焊缝之间也存在着性能既不同于焊缝，又不同于母材的过渡区。这些均对焊接接头的性能产生较大的影响。

1. 熔合区的组织性能

焊接熔合区是指基体金属与焊缝之间的交界区域，包括熔合边界两侧具有结晶层和扩散层特征的过渡区段。这个区段的微观行为十分复杂，焊缝与母材的不规则结合，形成了参差不齐的分界面。在焊接接头横截面低倍组织图中可以看到焊缝的轮廓线，这就是通常所说的熔合线。熔合区的范围虽然很窄，但是由于在化学成分和组织性能上都有较大的不均匀性，所以对焊接接头的强度、韧性都有很大的影响。在许多情况下，熔合区是裂纹、脆性破坏的发源地，很多焊接结构失效的起源往往就在熔合区。

2. 焊接热循环

对于各种局部加热的焊接方法，焊缝附近的母材金属温度都要随时间由低到高，达到最大值后又由高到低的变化。这种焊接过程中某点的温度随时间变化的过程称为焊接热循环。图 2-31 所示为低合金钢焊条电弧焊时实测的焊件上不同点的热循环曲线。它描述了焊接热源对母材金属各点热的作用历程。

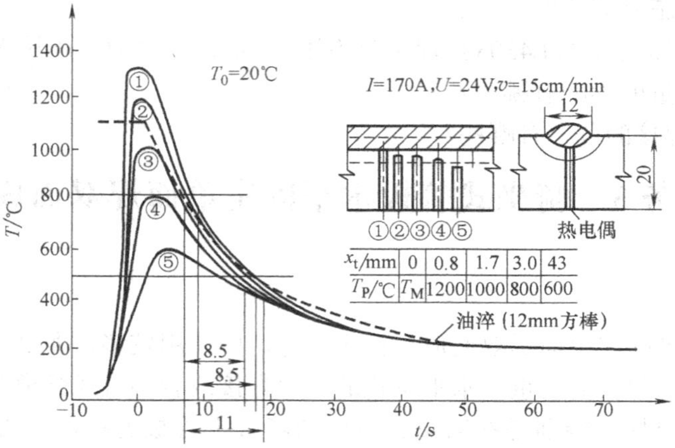

x_t/mm	0	0.8	1.7	3.0	43
T_P/℃	T_M	1200	1000	800	600

图 2-31 低合金钢焊条电弧焊时实测的焊件上不同点的热循环曲线

由此可见，焊件上不同的部位在焊接过程中经历了一个非均匀的加热和冷却过程。这不仅会使焊接母材的组织和性能产生不均匀变化，而且会使焊接区域产生扭曲、残余应力和变形等。认识焊接区域热循环对控制和提高焊接质量具有重要意义。

由图2-31中的热循环曲线可以看出：

1）与焊缝中心之间距离不同的点所经历的最高温度（峰值温度）不同，距离越远，所经历的最高温度越低，且最高温度的降低速率越小（见图2-21中的虚线）。

2）与焊缝中心之间距离不同的点到达最高温度所需的时间不同，距焊缝越近，到达最高温度所需的时间越短。

3）与焊缝中心之间距离不同的点加热速度和冷却速度都不同，距离焊缝中心越远，其加热速度和冷却速度越小。

焊接热循环的特征参数如下：

（1）加热速度　焊接过程的加热速度一般比常规金属热处理的加热速度快得多，因此相变过程有其自身的特殊性。加热速度快的部位，其相变温度随之升高。对钢铁材料而言，加热速度越快，意味着发生奥氏体转变的温度越高，奥氏体的均质化和碳化物的溶解过程就越不充分，因此必然会影响到其后冷却过程的组织和性能。焊接方法、焊接材料、焊接参数、接头形式和几何尺寸以及板厚等都会影响加热速度。

（2）加热最高温度　焊接过程的最高温度即为峰值温度。它对焊后母材热影响区的组织和性能有很大影响。接头上熔合线附近，由于温度高，引起晶粒严重长大，致使其韧性降低。对于低碳钢和低合金钢，熔合线附近的最高温度可达1300～1350℃。

（3）高温持续时间　高温持续时间是指相变温度以上的总停留时间。该时间的长短对金属相的溶解，组分的扩散、均质化、析出，以及晶粒大小都会产生很大影响。对于低碳钢和低合金钢来说，高温持续时间是指相变温度 Ac_3 以上停留的时间。该时间越长，越有利于奥氏体均质化和奥氏体晶粒的长大。高温停留时间由加热过程持续时间和冷却过程持续时间两部分组成。

（4）瞬时冷却速度或冷却时间　瞬时冷却速度或冷却时间是决定热影响区组织和性能的主要参量，也是热过程研究的主要内容。在热循环曲线上，某一时刻的冷却速度（瞬时冷却速度）是用焊接热循环曲线上冷却阶段该时刻切点的斜率表示的。温度不同，冷却速度也就不同。对于低碳钢和低合金钢来说，在连续冷却条件下，540℃左右组织转变最快，因此人们最关注的是熔合线附近冷却到450℃左右的瞬时冷却速度。但由于实际条件下瞬时冷却速度的测定较为麻烦，近年来国内外常用某一温度范围的冷却时间来研究热影响区的组织和性能变化。同样对于合金钢来说，由800℃冷却到500℃的时间，对给定成分材料的组织和性能有决定性影响，因此，常用这一时间作为热循环特征参数；对于易淬火钢来说，则常用由800℃冷却到300℃的时间和从峰值温度冷却到100℃的时间。而由400℃冷却到150℃的时间对氢的扩散及焊接冷裂纹的产生具有重要影响，因此往往将这一时间作为焊接热循环参数之一。

焊接热循环特征参数是对焊接接头热循环的定量描述，它反映了接头组织和性能的变化本质。因此，研究焊接热循环参数，对了解和改善接头的组织和性能具有重要意义。对于接头某一特定的焊接条件，知道这些参量后，就可以根据材料特性预测热影响区的组织、性能和焊接裂纹倾向；反之，根据对热影响区组织和性能的要求，可以合理选择热循环特征参量，进而指导选择合适的焊接参数。

3. 焊接热影响区的组织和性能

焊接热影响区是指在焊接过程中，母材因受热（但未熔化）而发生金相组织和力学性能变化的区域。焊接热影响区的组织和性能，基本上反映了焊接接头的性能和质量。

对于低碳钢及低合金高强度结构钢，焊接热影响区可分为过热区、正火区、不完全重结晶区和再结晶区，如图 2-31 所示。

（1）过热区　在焊接热影响区中，具有过热组织或晶粒显著粗大的区域称为过热区，又称为粗晶区。过热区的加热温度范围是在固相线以下到 1100℃之间。在这样高的温度下，奥氏体晶粒严重长大，冷却后呈现为晶粒粗大的过热组织，甚至出现魏氏组织。过热区塑性、韧性很低，尤其是冲击韧度比母材低 20%～30%，是热影响区中性能最差的区域。

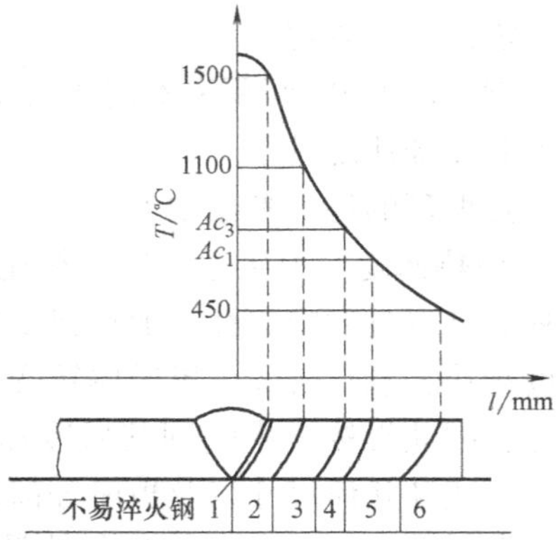

图 2-32　不易淬火钢焊接热影响区
1—熔合区　2—过热区　3—正火区
4—不完全重结晶区　5—再结晶区　6—母材

（2）正火区　正火区的加热温度范围为 Ac_3～1100℃。加热时该区域内的铁素体和珠光体全部转变为奥氏体。由于温度不高，晶粒长大较慢，空冷后，获得均匀而细小的铁素体和珠光体，相当于热处理时的正火组织。因此，该区域也称为相变重结晶区或细晶区。其力学性能略高于母材，是热影响区中综合力学性能最好的区域。

（3）不完全重结晶区　该区域的加热温度范围为 Ac_1～Ac_3。加热时该区域的部分铁素体和珠光体转变为奥氏体，冷却时奥氏体转变为细小的铁素体和珠光体，而未溶入奥氏体的铁素体不发生转变，晶粒长大粗化，成为粗大的铁素体。所以这个区域的金属组织是不均匀的，一部分是经过重结晶的晶粒细小的铁素体和珠光体，另一部分是粗大的铁素体。由于晶粒大小不同，所以力学性能也不均匀。

（4）再结晶区　对于焊前经过冷塑性变形（冷轧、冷成形）的母材，加热到在 Ac_1～450℃时，将发生再结晶。经过再结晶，其塑性、韧性会提高，但强度却会降低。

焊接热影响区除了组织变化而引起性能变化外，其宽度对焊接接头中产生的应力与变形也有较大影响。一般来说，热影响区越窄，焊接接头中的内应力就会越大，也就越容易出现裂纹；热影响区越宽，变形就会越大。因此，在焊接生产中，在保证焊接接头不产生裂纹的前提下，应尽量减小热影响区的宽度。

热影响区的宽度与焊接方法、焊接参数、焊件尺寸、金属材料热物理性质和接头形式等有关。例如，降低焊接电流，增加焊接速度，可以减少热影响区宽度。不同的焊接方法，其热影响区宽度也不相同，焊条电弧焊的热影响区总宽度约为 6mm，埋弧自动焊约为 2.5mm，而气焊则达到 27mm 左右。

任务准备

1. 焊接材料

（1）焊条　选用E4303型焊条，直径为3.2mm。焊条在使用时应保持干燥，如果遇到潮湿情况，则应预先烘干，烘干温度为75～150℃，时间为1～2h。

（2）焊件　采用Q235A钢管，规格为ϕ108mm×8mm×100mm，一侧加工出45° V形坡口，将坡口外20mm范围内的铁锈、水、油等杂质彻底清除，最好使用角向砂轮打磨出金属光泽。钢板采用Q235钢，规格为150mm×150mm×12mm，中间加工出圆孔，直径应与管的内径相同，为ϕ92mm。

2. 焊接设备及工具

（1）焊接电源　选用ZX7—400ST型逆变器。

（2）焊接工具　焊接电缆线、焊钳、工件夹紧工具、焊条保温筒及带有防弧光和防护屏的焊接工作台。此外还有钢丝刷、敲渣锤、錾子、锉刀、测温计、焊缝量规等。安全保护用品有面罩与护目镜、手套、脚盖、工作服等。

3. 焊接参数

骑坐式管板水平固定单面焊双面成形的焊接参数分为打底层焊、填充层焊和盖面层焊3部分。其中，打底层焊时的焊接电流为110～120A，与管-管对接单面焊双面成形的焊接电流类似，但是由于管板焊接中板的一侧厚度较大，所以应适当调大焊接电流。填充层焊与盖面层焊时的焊接电流类似于45°管焊，所以焊接电流为90～110A。具体见表2-11。

表2-11　焊接参数的选择

焊接层次	焊条直径/mm	焊接电流/A	电弧电压/V
打底层焊	3.2	110～120	22～26
填充层焊	3.2	90～110	22～26
盖面层焊	3.2	90～110	22～26

任务实施

1. 打底层焊

在骑座式管板水平固定单面焊双面成形的打底层焊时，定位单边V形坡口，即一侧坡口面角度为0°，另外一侧为45°。这种坡口角度对于操作来说略微增加了一些难度，焊条在坡口内运条不太灵活，但能自由地运条。其相对于管-管对接单面焊双面成形的坡口角度60°而言，差别不是很大，况且骑座式管板水平固定单面焊双面成形的打底层焊时，其中一个焊件的角度约为90°，有较高的抗热能力。因此，在仰位打底焊时，焊条与板的夹角为10°～20°，焊条与管的切线方向的夹角为110°，如图2-33所示。

这样的焊条角度使焊条倾斜于板的一侧，其原因主要是板的一侧对电弧热不敏感，需要的热量大一些，在这种情况下，就要多给一些热量。如果焊条的倾斜角度不对，坡口边缘得

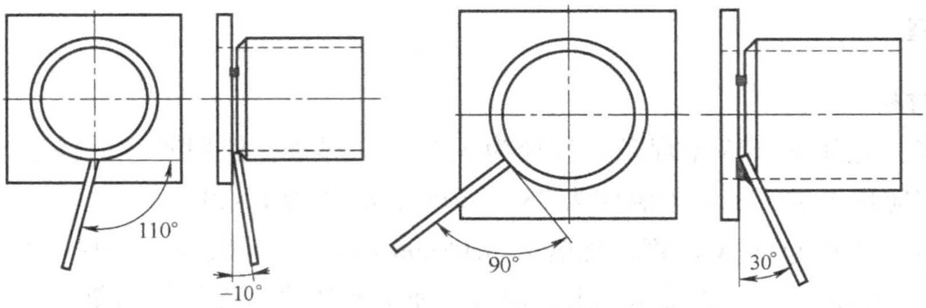

图 2-33　焊条与焊件的夹角

不到所需要的热量，就可能产生未熔合、未焊透，甚至夹渣的情况。当电弧热量对某一点输送过多时，就容易产生过大的弧坑。因此，采用这样的焊条角度能够中和其中的缺点。

在仰焊时，用单点击穿法焊接比较合适，这种方法有良好的电弧推力，能将熔滴过渡到坡口的背面。首先在板的边缘焊一个焊点，再在管的坡口边缘焊一焊点，这两个焊点会使坡口间的距离缩短，但还是不够将两边两接在一起。用同样的方法重复 2 次或 3 次之后，就达到所需的距离了。这样就在中间连接一点，形成一个完整的熔池，然后就可以采用单点击穿法焊接仰位处的焊缝了。这里需要特别注意的地方是焊条距坡口边缘的距离。在整个仰位范围内，焊条端部与坡口边缘的距离始终为零，也就是说在焊接过程中，如果焊条停滞不动，随着焊条的熔化将会在焊条端部与坡口间产生距离。也就是这一点距离，将会使电弧变长，熔滴不能过渡到坡口的背面，从而会在坡口正面堆积，严重时会形成焊瘤。因此，焊接这一段焊缝时，焊条应时时刻刻向内送进，把距离降到最低，如图 2-34a 所示。同时打底层焊时形成的熔孔也比较大，并且左右略不对称，如图 2-34b 所示。这样的熔孔形状应始终保持，熔孔过大或过小，都将对焊缝成形造成不利影响。

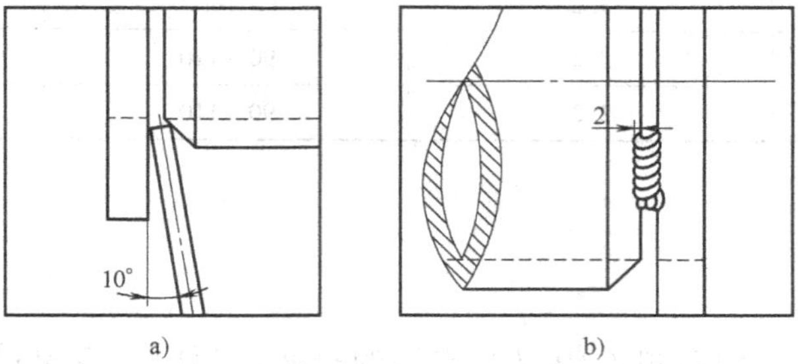

图 2-34　打底层焊仰位范围内的焊条角度及熔孔大小

随着焊接的进行，由仰焊变为仰爬坡焊。在仰焊时，运条方向主要是向前下方，如图 2-35a 所示。向这个方向拨动焊条灭弧有两方面的好处：一是灭弧的速度快，并且还能够将熔渣拨开，露出熔池金属，有利于下次焊接时引弧；二是能够将熔渣和熔滴拨到施焊者的对面，这样这些高温的熔渣和熔滴就不会落到施焊者身上，减小烫伤的概率。随着管的曲率变化，焊接的位置也由仰位变为仰爬坡位，如果再向前下方拨动焊条，将会使熔滴不易过渡到熔池中，熔池灭弧的速度也没有优势，因此在此点处应将焊条向上方拨动灭弧，如图 2-35b 所示。

在焊接到仰爬坡位时，焊条角度也要略有变化，与板之间的夹角由10°~20°变为30°，与管切线之间的夹角也由仰位时的110°变为80°~90°，如图2-36a所示。

在焊接到仰爬坡位处时，焊条的运条方式也将改变，由原来的单点击穿改为双点击穿。运条的方向应该由管起焊运条至板后灭弧，下一次运条也以同样的方向运条。这样运条的好处是能够平衡两坡口间的热量。起头时热量低，有利于焊接薄的管坡口，而运条到板一侧时，熔池的温度就比较高了，也正好适合于板的一侧需要多的热量这一特性。在板的一侧电弧停留的时间要长一些，以获得与管一侧相同大小的熔孔，这样焊出的背面焊缝才能够美观平整。同理，在整个立位处也采用同样的焊接方式。

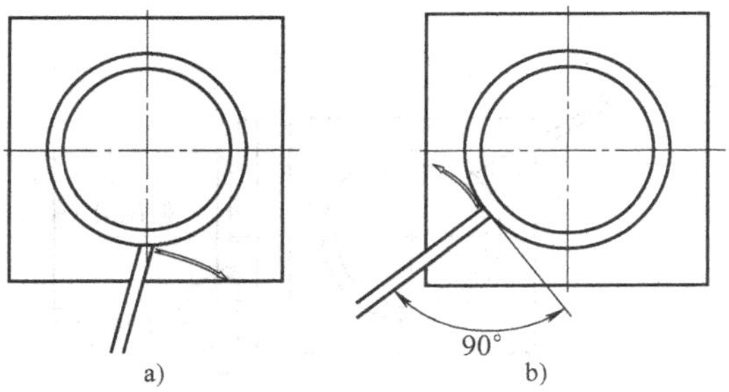

图2-35 仰位处与仰爬坡位处焊条运条方向

a）仰位处焊条运条方向 b）仰爬坡位处焊条运条方向

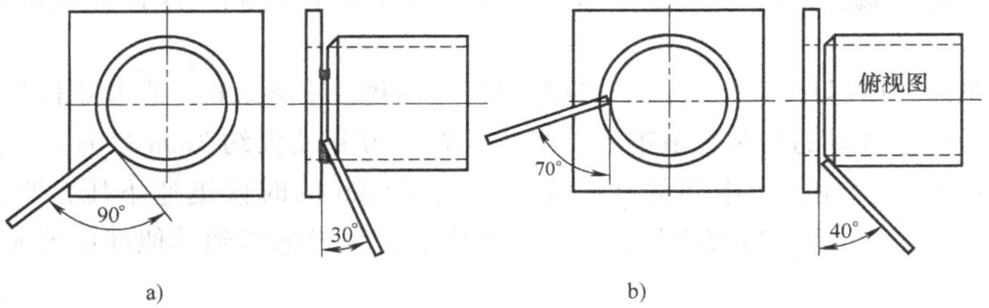

图2-36 仰爬坡位和立位处的焊条角度

a）仰爬坡处的焊条角度 b）立位处的焊条角度

当焊接到正立位的时候，焊接方式不改变，依然以由管到板的双点击穿法焊接，只是焊条的角度还要继续变化，焊条与管切线的角度由仰爬坡位处的80°~90°变为70°左右，与板之间的角度变为40°左右，如图2-36b所示。

立位打底层焊时要注意一个问题，就是焊条与坡口边缘之间的距离。在完成仰焊、仰爬坡焊后，焊条与坡口边缘之间的距离由原来的不留间隙逐渐变为开始留一点间隙。进入到立位爬坡焊时，焊条与坡口边缘之间的距离要达到1~2mm，等焊接到立位时，间隙还要再大一点，为2~3mm。

当焊接到立位时，焊条的角度应有所变化，焊条与管子切线间的角度变为70°~80°，与板之间的角度变为60°左右，如图2-37a所示。另外，在立位爬坡焊时，采用顶弧焊的方法来焊接是很方便的，其焊条角度如图2-37b所示。

这样的焊条角度，就与先前介绍的管-管对接水平固定焊时的立位爬坡焊类似，焊条角度由原来的70°~80°转变为110°~120°。焊接这一段时，与板-板对接平位单面焊双面成形的打底层立位爬坡焊就相类似了。因此，从立位爬坡焊到平位焊，始终保持这个焊条角度，同样采用双点击穿的断续灭弧焊方式，直到打底层焊的半周结束。

在焊接后半周时，采用的方式、方法、角度等与前半周一样。但焊接后半周时，接头是一个关键点，如果接头处理不好的话，将直接影响到整个打底层焊的质量。在仰位接头时，如果前半周焊缝超高或有焊瘤缺陷，可采用机械方法进行打磨，修整出斜坡形的起头处。如

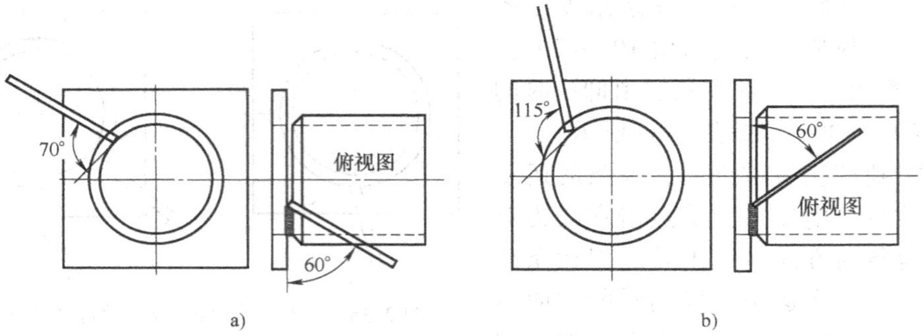

图 2-37　立位爬坡打底焊时的焊条角度
a）立爬坡焊时的焊条角度　b）立爬坡顶弧焊时的焊条角度

果没有条件打磨，则可采用电弧切割的方法，切割出合适的形状。在处理完斜坡后，依照水平固定管打底层焊时仰位接头的方法，使电弧完全在管子内部燃烧，焊接 2s 左右后灭弧，再次引弧，压低电弧，焊接重复 2 次后，恢复正常的焊接时间，这样才能够焊出优质的接头。

更换焊条时，应尽快接头，并且预热时间要短一些，不能太长。在和定位焊相会合或者两半周焊缝即将会合时的接头是最难的。当焊到距前方斜坡大约 3mm 处时，采用连弧焊形成圆形中间带孔的熔池，当中间的孔缩小到只有 ϕ2mm 的时候迅速下压，听到背面发出“噗噗”声后，抬高电弧，继续焊接，将圆孔填满后，引导电弧到其他部位灭弧，以防止背面出现缩孔。

2. 填充层焊

在焊接填充层焊缝前，应将打底焊时产生的熔渣、飞溅彻底清除干净，还有焊缝的超高、焊瘤，尤其是在底部的仰位处更要处理干净。填充层焊的焊接方法与 45°管焊非常类似，尤其是仰位处的起头，与平位时盖面层焊的运条方法有很多相似之处。首先是焊条角度，如图 2-38a 所示。起头处焊条与板间的夹角为 20°～30°，与管切线之间的夹角为 90°～100°。其次是运条方向。焊接时，先在坡口内引弧，预热管的仰位处，待温度合适后，压低电弧，开始焊接，保持短弧焊，由管向板以斜 45°夹角的方式运条，到达板后停顿一下，待形成边缘整齐的熔池后灭弧，然后再由管起焊，焊接到板。这样焊接几次后，起头部位就形成一条带有斜纹的焊缝，如图 2-38b 所示。

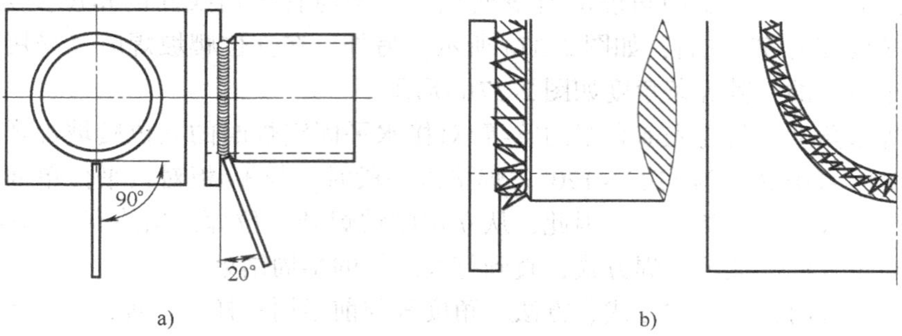

图 2-38　填充层焊仰位处的焊条角度与运条方向
a）焊条角度　b）运条方向

采用这种断续灭弧焊法焊接大约20mm，将最难进行的仰焊完成后，就可以采用连弧焊法焊接其余的焊缝了。在焊接时，要注意焊条始终要与地面尽量保持平行，以使熔池金属能够均匀地分布在管、板之间。如果不能做到水平，也要做到靠运条速度来调整铁液的流动。其要领是：当由管运条到板时，焊接速度要慢一些，这能适应熔池金属的流动，引导熔池金属流动到正确的地点。当运条到板一侧时，略微停顿，然后迅速抬高电弧，运条到管一侧坡口处。其实质是在这个运条轨迹中，不必考虑熔滴的过渡问题，只是将电弧运行到管一侧，使熔滴过渡到熔池，产生焊缝。此外，焊接这段焊缝时，采用的运条方法是斜环形运条。待焊接进行到仰爬坡位时，焊条角度就接近于立角焊时的焊条角度，即焊条与板之间的角度由原来的20°左右变为30°左右，与管切线之间的夹角由原来的110°左右变为70°左右，如图2-39a所示。另外，运条方法也由斜圆形运条法逐渐变为锯齿形运条法，左、右边缘的停顿时间也趋于相同。

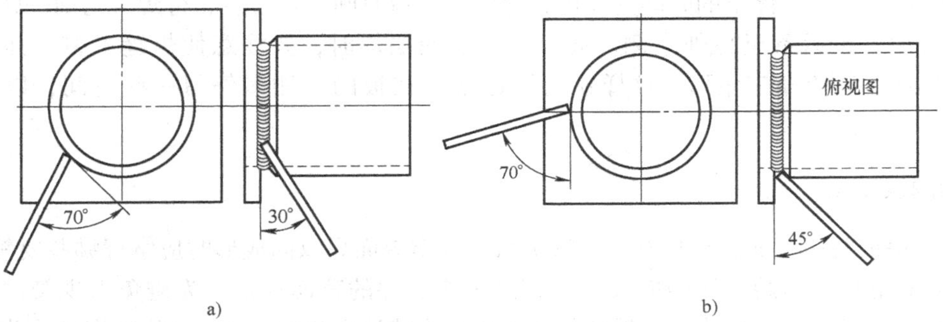

图2-39　填充层焊时仰位爬坡和立位的焊接角度
a）仰位爬坡时的焊条角度　b）立位时的焊条角度

在完成仰位爬坡焊后随即进入到立焊。这段焊接是管板水平固定焊中最简单的，其操作方法与立角焊一样。采用正锯齿形运条法，并且焊接时也要注意在两侧多停，中间稍快的操作要领。立位时的焊条角度如图2-39b所示。

当焊接进行到立位爬坡处时，运条的轨迹应由原来的正锯齿形逐渐变为斜锯齿形，并且焊条与板的夹角逐渐增大，如图2-40所示。

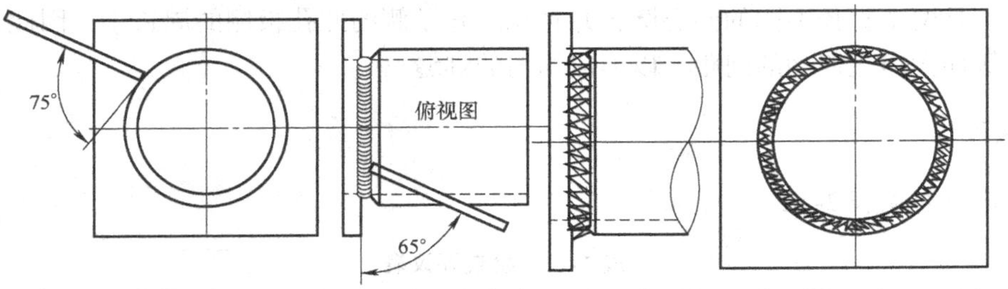

图2-40　立位爬坡焊时的焊条角度

这时运条的速度与仰位处相反，板到管要慢，管到板要快，到平位处时，运条的轨迹实际上是斜环形。待焊接到平位时，焊条角度应变为送弧式（见图2-41），与平角焊时采用斜环形运条方式一样。

焊接后半周时，焊条角度、运条方法、焊条速度匀与前半周一样，唯一不同的地方就是仰位接头与平位接头。仰焊时由于前半周已经焊接出斜坡，因此接头时应随斜坡逐渐焊出方向相反的斜坡。这样，接头处就如两个斜交叉的三角形。平位接头与仰位接头基本一致，由前半周焊缝形成斜三角形，焊接到此时，逐渐缩小焊条的摆动宽度，同样形成一个斜三角形。这种接头方式与45°管的接头基本类似，可以参照45°管的接头的方法。

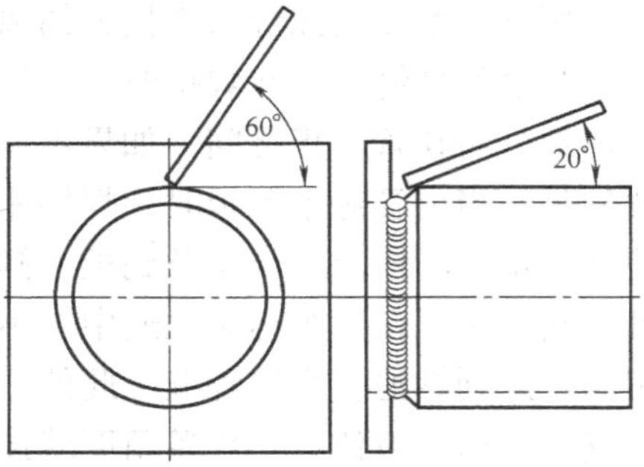

图 2-41　上部填充层焊时的焊条角度

3. 盖面层焊

盖面层焊时，运条方法、焊条角度、运条轨迹、接头方法均与填充层焊时一致。但是在盖面层焊时，要注意使焊缝边缘整齐。因此，焊接到焊缝边缘处时，停留的时间是关键，两侧的停留时间要长一些，待焊缝与前一弧坑的边缘相重合后，再运条至另外一侧。此外，在盖面层焊时，要注意使焊缝平整，并使焊缝的断面形成等腰直角三角形，这样就需要运条时在板的一侧多停留一些时间，以增大焊缝厚度。

问题及防治

1. 为保证管板背面成形良好，在管板水平固定单面焊双面成形时应掌握哪些要领？

答：打底层焊时熔池间的搭接量会直接影响焊件的背面成形。为避免出现管内仰位凹陷、平位凸起等缺陷，在仰位、斜仰位处搭接量为熔池面积的1/3，立位处搭接量为熔池面积的1/2，斜平位、平位处搭接量为溶池面积的2/3。同时，应保证熔池的形状和大小基本一致，熔化坡口两侧的距离始终为0.5～1mm；熔池的温度控制得当，始终保持液态金属清晰、明亮。

2. 怎样得到成形良好的管板水平固定盖面层焊缝？

答：在进行管板水平固定盖面层焊时，在仰焊、斜仰焊区段，液态金属易下坠，应尽可能使焊缝焊薄一些；斜平焊、平焊区段，熔池温度偏高，熔敷金属不易凸起，应力求焊缝厚一些。这样可使盖面层焊缝整体均匀，获得良好的成形质量。管板水平固定单面焊双面成形焊缝的两侧是两个直径不同的同心圆，并且靠近管子侧的此孔板侧的周长小，因此，焊接时要在孔板侧加大向上摆动的间距，以形成均匀的焊缝。

检查评议

检查评议表见表2-12。

表 2-12　检查评议表

项　　目	考核要求	分值	扣分标准	检查结果	得分
焊缝宽度	12～15mm	10	超差不得分		
焊缝宽度差	≤2 mm	5	超差不得分		
焊缝余高	0～3 mm	10	超差不得分		
焊缝余高差	≤2mm	5	超差不得分		

（续）

项　目	考核要求	分值	扣分标准	检查结果	得分
焊缝边缘直线度误差	≤2mm	10	超差不得分		
焊后角变形	≤3°	10	超差不得分		
咬边	缺陷深度 ≤0.5mm	10	超差不得分		
未焊透	无	10	出现不得分		
错边量	≤ 1mm	5	超差不得分		
焊瘤	无	10	出现不得分		
气孔	无	5	出现不得分		
焊缝成形质量	表面波纹细腻、美观	10	酌情扣分		

考证要点

1. 在许多情况下，熔合区是（　　）、（　　　　）的发源地，很多焊接结构失效的起源往往就在熔合区。

2. 焊接热循环的特征参数有（　　　　　）、（　　　　　　　　）、（　　　　　　）（　　　　　　　）。

3. 对于低碳钢及低合金高强度结构钢，焊接热影响区可分为（　　　）、（　　　　）、（　　　　　　）和（　　　　）。

4. 不同的焊接方法、（　　　　）、（　　　　　　）、接头形式和几何尺寸以及板厚等都会影响加热速度。

5. 高温停留时间由（　　　　　　　　）和（　　　　　　　　）两部分组成。

6. 什么是焊接热循环？

7. 加热速度对焊接热循环的影响是什么？

8. 什么是焊接热影响区？

9. 影响焊接热影响区宽度的因素有哪些？

10. 简述焊接热影响区各个区域的性能。

任务 6　骑坐式管板垂直固定仰位单面焊双面成形

任务描述

骑坐式管板垂直固定仰位单面焊双面成形是焊接坡口件的基础，在生产领域中广泛应用，如机械加工、化工领域等，本任务就是进行骑坐式管板垂直固定仰位单面焊双面成形操作。

任务分析

骑坐式管板垂直固定仰位单面焊双面成形与管板垂直固定俯位单面焊双面成形位置相反，焊接时，焊接电弧的热量主要集中在板座的坡口边缘，使得坡口上下两端热量平衡，从而达到单面焊双面成形的目的。

骑坐式管板垂直固定仰位单面焊双面成形与管对接垂直固定单面焊双面成形的焊缝位置相似，但由于上侧板较厚，电弧在坡口上侧的熔化击穿比下侧要困难得多，若操作不当，极易产生未焊透或坡口上侧内边缘未熔合等缺陷。

相关知识

1. 焊缝结晶过程

焊缝金属从熔池中高温的液体状态冷却至常温的固体状态，经历了两次结晶过程，即从液相转变为固相的一次结晶和在固相焊缝金属中进行同素异构转变的二次结晶（或称为重结晶）。焊缝结晶过程对焊缝金属的组织和性能有重大影响。焊接过程中的许多缺陷如气孔、裂纹、夹杂、偏析等，大多是在熔池结晶时产生的。

2. 焊缝金属的一次结晶

焊缝金属的一次结晶就是焊缝金属由液态转变为固态的凝固过程。一次结晶包括生核和长大两个基本过程，如图 2-42 所示。

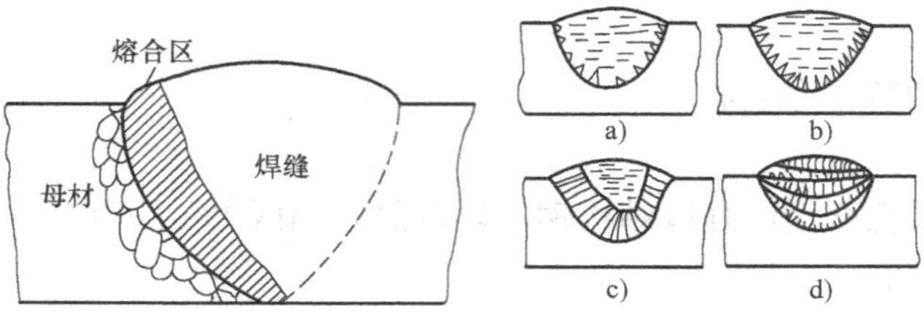

图 2-42　焊缝金属的结晶状态及过程

熔池凝固过程与铸钢件的凝固过程基本相同，都是形核和晶核长大的过程，但焊接熔池的凝固有其自身的特点：

1）熔池凝固是在连续冷却条件下的非平衡结晶。熔池体积小，焊条电弧焊的熔池质量仅为几克，而铸钢件的质量达几吨至几十吨。熔池周围被温度低的母材金属所包围，其冷却速度很大，而铸钢件的平均冷却速度很小，约为熔池的 1/10000。由于熔池体积小，冷却速度大，又处在无限大的母材上，所以熔池凝固过程是连续冷却条件下的非平衡结晶过程。

2）熔池金属处于过热状态。焊接熔池中各点的温度不同，熔池中心部分过热，温度高，其中电极斑点处温度最高，过热度很大。在低碳钢和低合金钢电弧焊时，熔池平均温度可达 1700℃左右，而一般铸钢件的温度很少超过 1550℃。由于熔池体积小，中间温度很高而边缘温度低（母材的熔点温度），所以熔池的温度梯度很大。

3）熔合线上局部熔化的母材晶粒成为熔池结晶的核心，形成了焊缝金属与母材金属长合在一起的“联生结晶”。

4）熔池在运动状态下凝固。钢液浇入铸型后是在静止状态下凝固的，而一般熔焊时熔池随热源等速移动，熔池前半部进行着熔化过程，后半部进行着凝固过程。由于熔池前部温度高而后部温度低，促使液态金属从低温区向高温区流动，形成对流。另外，焊接条件下焊条或焊丝的摆动、电弧的吹力、熔滴过渡、熔池内气体逸出等，都对熔池有搅拌作用。熔池就是在这种运动状态下凝固结晶的。焊缝凝固时，各点的最大温度梯度的方向不断地变化，晶体长大的方向也随之改变。

正是由于焊接熔池凝固过程有上述特点，使其在液态金属形核、晶粒长大和结晶形态等方面，均与一般铸造状态有所不同。

3. 焊缝金属凝固过程中的偏析

由于熔池凝固过程是非平衡结晶过程，冷却速度很大，化学成分来不及扩散，造成分布不均匀，出现偏析现象。在焊缝的边界处，即熔合区，成分不均匀更为明显，成为焊接接头的薄弱地带。

焊缝金属中往往含有较多的杂质。这些杂质主要是焊条药皮或焊剂在熔池中发生冶金反应时产生的氧化物、氮化物、硫化物等。焊缝中化学成分不均匀和夹杂物均对焊缝性能造成不良影响。严重的偏析和夹杂物常常是导致气孔、热裂纹和冷裂纹等缺陷的重要原因。

焊缝金属中，溶质元素偏离其平均浓度的不均匀分布称为偏析。一般焊缝金属中的偏析主要有显微偏析、区域偏析和层状偏析。

（1）显微偏析　一个晶粒内部或晶粒之间的化学成分不均匀现象称为显微偏析。在钢的凝固过程中，液固两相的合金成分是变化的，通常是先结晶的固相中溶质的含量较低，后结晶的固相中溶质的含量较高，并聚集了较多的杂质。焊接过程冷却较快，固相内的成分来不及扩散，于是因先后结晶而造成的化学不均匀性被保留下来，便形成了显微偏析或晶间偏析。在熔池凝固过程中，当固相呈胞状晶长大时，在胞状晶中心，溶质的含量最低，而在胞状晶相邻的边界上，溶质的含量最高；当固相呈树枝晶长大时，先结晶的“树干”中溶质的含量最低，后结晶的“树枝”中溶质含量略高，最后结晶部分，即树枝晶和树枝晶之间的晶界上，溶质的含量最高。利用电子探针检测溶质在晶界和晶内的分布情况，就会发现在焊缝晶界、晶内的亚晶界和树枝晶之间都存在着不同程度的显微偏析。

（2）区域偏析　由于焊接熔池是在运动状态下凝固的，因此结晶后宏观的区域偏析不像铸锭那样严重。但是，在焊缝凝固时，柱状晶长大和推移会把溶质和杂质赶向熔池中心，使熔池中心的溶质和杂质含量升高，致使最后凝固的部位产生较严重的区域偏析。

（3）层状偏析　焊缝横断面经侵蚀后，能看到颜色深浅不一的层状线。这些层状线由层间化学成分不均匀性所致，故称为层状偏析。焊缝中的结晶层状线具有下列特征：

1）层状线的形状与熔合线相似，但层间距离不等，靠近熔合线处层状线间距小，较明显，在焊缝中部层状线间距较大，变得不太明显。

2）层状线与树枝晶主轴方向近似垂直，不影响树技晶生长。

3）每一结晶层的熔质含量分布也不均匀，初始区溶质富集，溶质含量高于平均含量；中间区为平均含量区，溶质成分较均匀；结尾区为溶质贫化区，溶质含量低于平均含量。

层状偏析是焊缝凝固时结晶过程周期性变化导致化学成分分布不均所造成的。在焊接过程中，由于电流脉动，输入到熔池的热量也是脉动的，使高温熔滴周期性地落入熔池，以及固-液相界面凝固时，还要放出结晶潜热等，都引起熔池结晶前沿温度发生周期性变化。

4. 焊缝金属的二次结晶

一次结晶结束后，熔池金属就转变为固态的焊缝。高温的焊缝金属冷却到室温时，要经过一系列相变过程，这种相变过程称为焊缝金属的二次结晶。

对低碳钢而言，焊缝的常温组织，即二次结晶后的组织为铁素体 + 珠光体。在低碳钢的平衡组织中（即非常缓慢地冷却下来所得的组织），珠光体含量很少。焊接时，由于冷却速度较快，所以焊缝组织中珠光体的含量一般都比平衡组织中珠光体的含量大。冷却速度越快，珠光体含量越大，焊缝的硬度和强度随之增加，而塑性和韧性则随之降低。

5. 焊缝中的夹杂物

焊接冶金反应时产生的、焊后残留在焊缝金属中的微观非金属杂质，如氧化物、硫化物等，统称为夹杂物，简称为夹杂。

焊接时，由于熔池的结晶速度较快，一些脱氧、脱硫产物来不及聚集逸出，就残存在焊缝中而形成夹杂物。焊缝中的夹杂物主要有硫化物和氧化物两种。硫化物主要是硫化亚铁（FeS）和硫化锰（MnS）。硫化亚铁对焊缝的危害很大，是使焊缝产生热裂纹的主要原因之一。氧化物主要是二氧化硅（SO_2）、氧化锰（MnO）、氧化钛（TiO_2）等，会降低焊缝的力学性能。

任务准备

1. 焊接材料

（1）焊条　选用E4303型焊条，直径为3.2mm。焊条在使用时应保持干燥，如果遇到潮湿情况，则应预先烘干，烘干温度为75～150℃，时间为1～2h。

（2）焊件　管选用Q235A钢管，规格为ϕ108mm×8mm×100mm，一侧加工成45° V形坡口，并且将坡口略微打磨，形成宽度为1mm的钝边。同时应将坡口20mm范围内的油污、铁锈清理干净。板采用Q235A钢，规格为150mm×150mm×12mm，中心加工一个ϕ92mm的圆孔，同时应将坡口20mm范围内的油污、铁锈清理干净。

2. 焊接设备及工具

（1）焊接电源　选用ZX7—400ST型逆变式直流弧焊机。

（2）焊接工具　焊接电缆线、焊钳、工件夹紧工具、焊条保温筒及带有防弧光和防护屏的焊接工作台。此外还有钢丝刷、敲渣锤、錾子、锉刀、测温计、焊缝量规等。安全保护用品有面罩与护目镜、手套、脚盖、工作服等。

3. 焊接参数

在制订骑坐式管板垂直固定仰位单面焊双面成形的焊接参数时，可以借鉴管-管对接垂直固定单面焊双面成形的焊接参数。打底层焊时的焊接电流要大一些，为110～120A，填充层焊时焊接电流为100～105A，盖面层焊时焊接电流为105～115A。

表2-13　焊接参数的选定

焊接层次	焊条直径/mm	焊接电流/A	电弧电压/V
打底层焊	3.2	110～120	22～26
填充层焊	3.2	100～105	22～26
盖面层焊	3.2	105～115	22～26

任务实施

1. 打底层焊

打底层焊时的起头部位在与两个定位焊点应互成120°夹角处。打底层焊时的焊条角度要合适，基本上与垂直固定管焊的打底层焊时基本一致，但是也略有不同。焊接方向与管的切线方向之间的夹角为60°~70°，与管的垂线之间的夹角为60°左右，如图2-43a所示。采用这个角度的原因为管板对接中的上坡口实为孔板，坡口边缘为90°的夹角，它对热量的需求要远远大于管对热量的需求，这样就需要更多的热量来将其熔透。因此，焊条的角度要偏向于板的一侧。

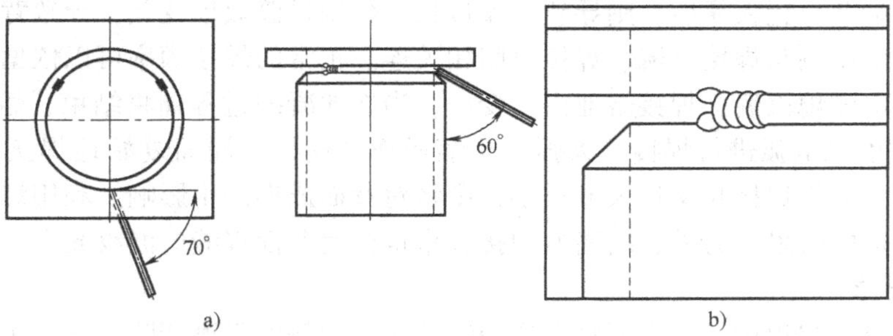

图2-43　打底层焊时的焊条角度及起头
a）打底层焊时的焊条角度　b）打底焊时的起头

在焊接第一个焊点时，要用长弧预热两坡口的边缘处，尤其对上坡口预热的时间要长一些，当坡口处有一些熔化的零散微小熔池产生时，说明坡口处的金属温度已经达到适当的温度了，然后压低电弧，在上坡口边缘处焊接一个焊点。在熔池达到适当大小后灭弧，以防止过热造成熔池金属下落，然后立即在下侧坡口边缘用同样的方法焊接另外一焊点。焊接下部坡口时要注意时间不能太长，以防止产生过大的熔孔。这样，坡口间的间隙由原来的3.5mm左右缩小到2mm左右。这样的距离，就可以轻易地连接了。所以第三个焊点在两焊点间进行焊接，使两焊点连接成一体。这样，就在坡口间形成了第一个熔池。在形成第一个熔池后随即使用断续灭弧焊的方法进行焊接，如图2-43b所示。

打底层焊时，熔孔的大小非常重要。如果熔孔过大，或者是上下熔孔不平衡，则会直接导致背面焊缝厚度过高影响到焊接质量。如果熔孔过小，或者没有熔孔，则会产生背面焊缝过低或者凹陷的现象，严重时会产生未焊透的现象。因此，应将熔孔的大小控制在一个适当的范围内，以距坡口边缘扩大1~2mm为宜。在管板垂直固定仰位单面焊双面成形时，由于采用了合适的焊条角度，所以熔孔大小的控制就相对容易一些。熔孔的大小除与焊接电流的大小有密切关系外，还与焊条角度、焊接时间、焊条端部位置、焊条频率有关。焊条电流会对熔孔的大小有直接的影响，因为大的焊条电流带来大的热输入，如果控制不当，将会产生较大的熔孔，过小的焊条电流还能引起未熔合、未焊透，使熔渣与熔池分辨不清，产生夹渣。

焊接时间对熔孔与影响与焊接电流的影响是相同的。过长的焊接时间会产生过大的热输入，坡口边缘承受不住过大的热输入，会产生较大的熔孔。如果焊接时间过短，则热输入过小，熔池还没有形成合适的形状焊接就结束了，会产生未熔合等缺陷。所以，在焊接电流合适的情况下，每一焊点的焊接时间应为1~1.5s。

焊条角度对熔孔的影响主要是使上、下坡口边缘的熔化量不均衡。一个良好的熔孔，应是上、下坡口各熔进1~2mm。如果焊条角度小，则上方坡口边缘熔化量增加，下方减少；如果焊条角度过大，则易在上方坡口边缘产生过大的熔孔，直接导致背面焊缝过宽，同时焊缝厚度也会超高。焊条与前进方向的夹角也会对背面成形造成影响。如果焊条角度过大甚至垂直，将增加电弧的密集程度，导致背面焊缝过厚。如果焊条角度过小，将减少电弧密集程度，降低背面焊缝的高度。因此，在焊接过程中应灵活地运用焊条角度，来控制熔孔的大小以及背面焊缝的厚度。

焊条端部位置对熔孔以及背面焊缝成形也有很大的影响。焊条端部应位于熔池前方2～3mm处，这样既能够充分地加热熔池，也能够过渡到焊缝背面的熔滴，形成良好的背面成形。如果焊条端部位置太靠后，则导致电弧过长，熔滴过渡效果变差，导致背面成形不良。

焊接频率的影响与焊接电流、焊接时间相关连。正常的焊接频率可以依据熔池的凝固时间来确定。在电弧熄灭后，焊接熔池由大变小，当熔池凝缩过程即将结束，熔池直径为2～3mm时，立即引燃电弧进行焊接、灭弧、凝缩操作。这样，周而复始地焊接，就可以焊接出优良的焊缝。如果焊接频率过大或过小，则将对背面成形产生影响。利用焊接频率的大小可调整背面成形的效果。另外，略高的焊接频率也会使背面焊缝的波纹光滑、均匀、细腻。

2. 填充层焊

在进行完打底层焊后，首先要将上道焊缝及坡口两侧的飞溅清除干净，否则会影响填充层焊的效果。如果打底层焊时产生了夹渣、焊瘤等缺陷，则在焊前一定要将其处理掉，使焊缝尽量平整。其次要调整好焊接电流。填充层焊采用连续直线形运条方法，分上下两道焊接，首先焊接下面的焊道，如图2-44a所示。

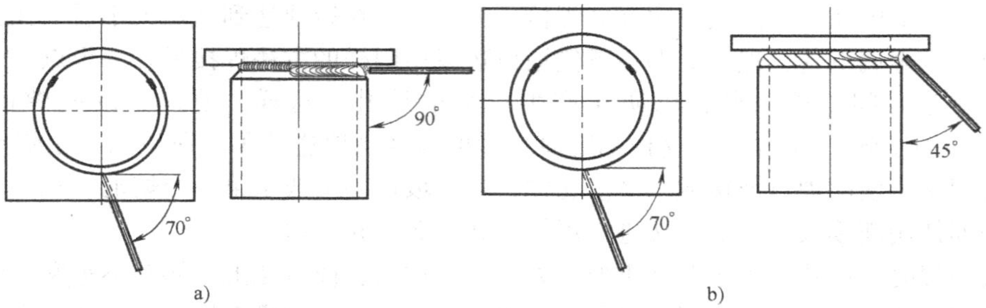

图2-44 填充层焊时的焊条角度

a）焊第一道时的焊条角度 b）焊第二道时的焊条角度

焊第一道时，在焊接方向上，焊条与管子切线之间的角度为60°～80°，与坡口下端的角度为80°～90°，采用匀速直线形运条法。在焊接过程中，要将焊条的轴线对准打底层焊道的下沿处，使电弧将打底层焊缝覆盖掉大约2/3。另外，焊接时要时刻注意，焊道的下沿与坡口的边缘处之间应有约2mm的距离。如果该距离太大，则在盖面层焊时会使后续焊道的高度降低；如果该距离太小，焊道将坡口填得过满，则在盖面层焊时没有足够的空间来容纳填充金属，使得盖面层焊的焊缝过高，产生不良的效果。因此，在第一道的焊接中，焊接的重点是焊道的下沿，所以要盯紧下沿，不要产生偏差。另外要注意使焊接速度均匀，焊接速度的大小要满足填充量，焊接速度太快则焊缝高度不够，焊接速度太慢则会使焊缝超高。因此，需要把握好焊接速度与填充量的关系。

在完成第一道填充层焊后，可以不清理药皮而直接焊接。此时坡口内会形成一个沟槽，只要把这个沟槽填满填平即可。所以，焊条与管子的切线方向之间的角度还是60°～80°，与管端之间的角度为40°～50°，如图2-44b所示。这一焊道的焊接主要是填满沟槽，并将第一道填充焊缝覆盖掉1/2，而且焊缝的下边缘要与前一焊缝的最高点相重合。焊接这一焊道时要使焊接速度均匀一致，以保证焊缝表面平整。

将最后一道填充焊缝焊接完成后，需要将熔渣彻底清除，并且要将坡口内外的飞溅清除干净，为盖面层焊创造有利条件。如果填充层焊的焊道有缺陷（如超高、夹渣、过低等），则在盖面焊之前，都要清除干净或者是填补平整。

3. 盖面层焊

盖面焊是整个焊缝最重要的环节，它直接影响到焊缝的外观质量，一个优质的盖面焊应该是上下焊缝的边缘整齐。并且焊道与焊道间圆滑过渡，没有过大的沟槽、棱角等。

盖面层焊时，也采用连续直线形运条法，但也可以采用小斜环运条法。在盖面层焊时，焊条与运动方向的夹角与填充焊时一致，但是与坡口上下端管的夹角略有不同。焊接第一道盖面层时，焊条与管子下端的夹角应为60°～70°，这样可利用电弧的推力使熔池向上方多铺展一些，不会产生下坠现象，如图2-45a所示。在焊接第一道盖面层时，要格外注意焊道的下沿，应将坡口边缘熔进1.5～2mm的距离，这样能够充分与坡口熔合。在焊接速度方面，焊接第一道盖面层时应保持一个适中稍慢的焊接速度，焊缝要有一定的高度，这样可以为形成一个等腰直角三角形创造条件。

焊接第二道盖面层时，不用清理前一道的熔渣，有熔渣反而会对熔池金属起到承托作用。焊接前，应选择一个恰当的位置施焊，这个位置要避开前一焊道的接头处，以免缺陷相互叠加，加大缺陷的面积。焊接第二道盖面层时的焊条角度要略微下降，即焊条与管子的下端呈45°左右的夹角，如图2-45b所示。另外，焊接这道焊缝时，焊接速度要更慢一些，以增加焊缝厚度。焊接时，除了要使焊缝的宽度适中外，还要使焊缝的下沿与前一焊道的最高点相重合，否则容易引起焊道间的脱节现象或者是叠加超高的现象。

焊接第三道盖面层时，焊条角度要小，为20°～30°。焊缝的宽度和厚度是这道焊缝的关键点，焊缝边缘既要与前一焊道的最高点相重合，又要形成一个等腰直角三角形。另外，应控制好此道焊缝的焊接速度，既要使其达到宽度要求，又要使其表面光滑平整，而且还要保证这道焊缝不出夹渣，如图2-45c所示。

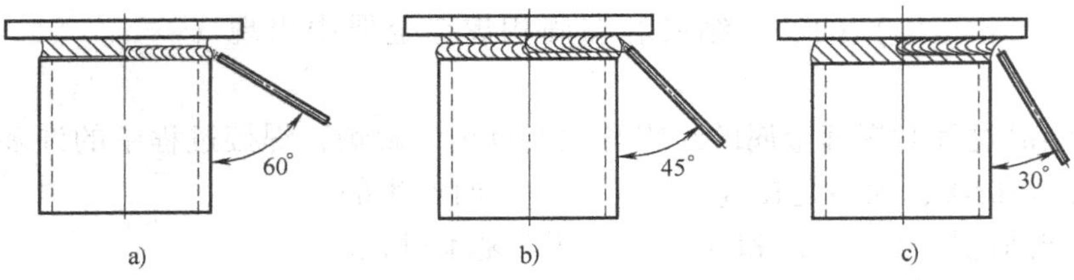

图2-45 盖面层焊时的焊条角度

a）焊第一道时的焊条角度 b）焊第二道时的焊条角度 c）焊第三道时的焊条角度

将三道焊缝全部焊完后，应稍微等待一下再清理熔渣，以防止焊缝氧化变色。

问题及防治

在盖面层焊时，往往得不到非常平直的焊缝边缘，这主要是因为采用直线形运条法时，人体自然地抖动，造成焊道边缘不整齐，产生波浪的效果。如果采用小斜环运条法，人为有规律地进行斜圆环形运条，就可以有效地控制人体本身自然的抖动现象。同时，采用小斜环运条方式也能够将熔滴铺展的面积增大一些，这样能够更灵活地控制焊缝的厚度。直线形运条法与小斜环运条法都能焊出美观的焊缝，在训练中，可根据个人的自身条件加以利用。

在焊接时，若焊接电流偏小，熔渣与熔池在T形接头的夹角处混在一起，不易浮出，很容易产生夹渣和未熔合等缺陷。若焊接电流过大，运条速度过慢，则容易产生焊瘤。这种情况在焊接中是经常发生的，这就需要灵活地改变焊条角度来调整熔池的形状，通过熔池形状来分析是否出现夹渣。若熔池与熔渣搅拌在一起，难以分开，就有可能产生夹渣。若熔渣与熔池分离得太远，就也可能产生波纹粗大的情况。

检查评议

检查评议表见表2-4。

表2-14　检查评议表

项　　目	考核要求	分值	扣分标准	检查结果	得分
焊缝宽度	12～15mm	10	超差不得分		
焊缝宽度差	≤2mm	5	超差不得分		
焊缝余高	0～3mm	10	超差不得分		
焊缝余高差	≤2mm	5	超差不得分		
焊缝边缘直线度误差	≤2mm	10	超差不得分		
焊后角变形	≤3°	10	超差不得分		
咬边	缺陷深度≤0.5mm	10	超差不得分		
未焊透	无	10	出现不得分		
错边量	≤1mm	5	超差不得分		
焊瘤	无	10	出现不得分		
气孔	无	5	出现不得分		
焊缝成形质量	表面波纹细腻、美观	10	酌情扣分		

考证要点

1. 焊缝金属从熔池中高温的液体状态冷却至常温的固体状态，经历了两次结晶过程，即从（　　　　　　）的一次结晶和在固相焊缝金属中出现（　　　　　　）的二次结晶。

2. 焊缝结晶过程对焊缝金属的组织和性能有重大影响，焊接过程中的许多缺陷如气孔、裂纹、夹杂、偏析等，大多是在（　　　　　）时产生的。

3. 一次结晶包括（　　）和（　　）两个基本过程。

4. 在焊缝金属中往往含有较多的杂质，这些杂质主要是在焊条药皮或焊剂在熔池中冶金反应时产生的（　　　）、（　　　）、（　　　）等。

5. 焊缝金属中的偏析主要有（　　　　）、（　　　　）和（　　　　）。

6. 什么是焊缝金属的一次结晶？

7. 什么是显微偏析？

8. 什么是二次结晶？

9. 什么是夹杂？

10. 焊缝金属一次结晶的特点是什么？

单元3　气体保护焊

3

知识目标：

1. 了解气体保护焊的分类及应用。

2. 掌握 CO_2 气体保护焊的特点及应用、CO_2 气体保护焊的冶金特性和焊接材料、CO_2 气体保护焊的设备与工艺，并熟悉 CO_2 气体保护焊的其他焊接方法。

3. 了解氩弧焊的原理、特点和分类，熟悉氩弧焊的设备及焊接材料，掌握熔化极氩弧焊和钨极氩弧焊焊接参数的选择。

4. 了解脉冲氩弧焊的焊接方法和熔化极活性混合气体保护焊的焊接方法。

技能目标：

1. 能够正确选择半自动 CO_2 气体保护焊焊接参数。

2. 熟练掌握半自动 CO_2 气体保护焊板对接的各种位置单面焊双面成形的操作技术要点及 T 形接头平角焊的操作技术要点。

3. 熟练掌握熔化极氩弧焊和钨极氩弧焊的操作技术要点。

任务1　CO_2 气体保护焊平敷焊

任务描述

近年来，气体保护焊以其独特的优点被广泛应用于机械、化工等生产领域。本任务要求了解气体保护焊的原理、分类及应用，掌握 CO_2 气体保护焊平敷焊的操作技能。

任务分析

CO_2 气体保护焊（简称 CO_2 焊）时，设备的正确使用及焊接参数的合理调节，是保证焊接质量的重要因素。本任务要求熟悉并能够正确使用 CO_2 焊的焊接设备，合理调节焊接参数，掌握 CO_2 焊平敷焊时引弧、运条、接头和收尾的操作技能。

相关知识

一、熔化极气体保护焊的原理及分类

1. 熔化极气体保护焊的原理

利用气体作为电弧介质并保护电弧和焊接区的电弧焊方法称为气体保护电弧焊，简称为气体保护焊。熔化极气体保护焊是将可熔化的焊丝与焊件之间的电弧作为热源来熔化焊丝与母材金属，并向焊接区输送保护气体，使电弧、熔化的焊丝、熔池及附近的母材金属免受周围空气影响。连续送进的焊丝不断熔化并过渡到熔池中，与熔化的母材金属熔合形成焊缝，从而将工件连接起来。其焊接过程如图 3-1 所示。

2. 熔化极气体保护焊的分类

熔化极气体保护焊的分类方法有很多，通常按保护气体种类和焊丝的形式进行分类，如图 3-2 所示。

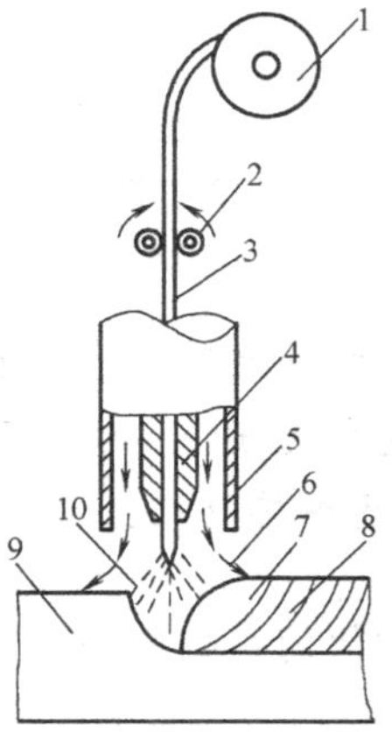

图 3-1　熔化极气体保护焊示意图

1—焊丝盘　2—送丝滚轮　3—焊丝　4—导电嘴　5—喷嘴　6—保护气体　7—熔池　8—焊缝金属　9—母材　10—电弧

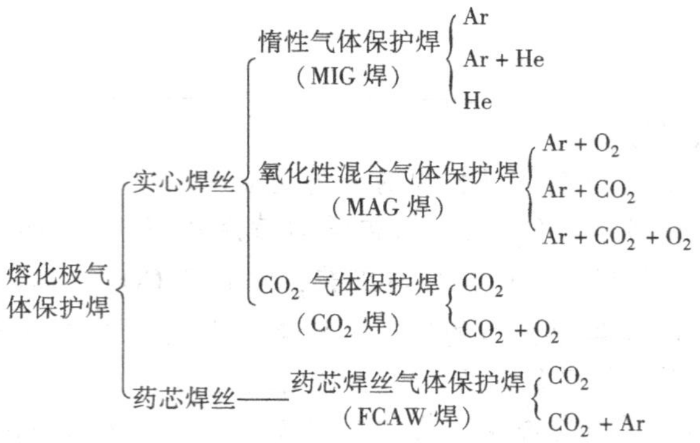

图 3-2　熔化极气体保护焊分类

此外，熔化极气体保护焊按操作方式又可分为自动焊和半自动焊两大类。

二、熔化极气体保护焊的特点

熔化极气体保护焊与其他电弧焊方法相比，具有以下特点：

1）采用明弧焊，一般不用焊剂，没有熔渣，熔池可见度好，便于操作，而且保护气体是喷射的，适宜全位置焊接，不受空间位置的限制，有利于实现焊接过程的机械化和自动化。

2）由于电弧在保护气流的压缩下热量集中，焊接熔池和热影响区很小，因此焊接变形小，焊接裂纹倾向不大，尤其适用于薄板焊接。

3）采用氩、氦等惰性气体保护，焊接化学性质较活泼的金属或合金时，可获得高质量的焊接接头。

4）气体保护焊不宜在有风的地方施焊，在室外作业时必须有专门的防风措施。此外，弧光的辐射较强，焊接设备较复杂。

三、保护气体的种类及应用

1. 熔化极气体保护焊常用气体

熔化极气体保护焊常用的气体有：氩气（Ar）、氦气（He）、氮气（N_2）、氢气（H_2）、二氧化碳（CO_2）及混合气体。常用保护气体的应用范围见表 3-1。

表 3-1　常用保护气体的应用范围

被焊材料	保护气体	混合比(体积分数,%)	化学性质	焊接方法
铝及铝合金	Ar	100	惰性	熔化极
	Ar + He	He:10		
铜及铜合金	Ar	100	惰性	熔化极
	Ar + N_2	N_2:20		熔化极
	N_2	100	还原性	
不锈钢	Ar + O_2	O_2:1~2	氧化性	熔化极

（1）氩气（Ar）和氦气（He）　氩气和氦气是惰性气体，对于化学性质活泼，易与氧起反应的金属来说，是非常理想的保护气体，故常用于铝、镁、钛等金属及其合金的焊接。由于氦气的消耗量很大，并且价格昂贵，所以很少用单一的氦气作为保护气体，常和氩气混合起来使用。

（2）氮气（N_2）和氢气（H_2）　氮气和氢气是还原性气体。氮气可以和多数金属发生反应，但不溶于铜及铜合金，故可作为铜及铜合金焊接时的保护气体。氢气已很少单独使用。氮气和氢气常和其他气体混合起来使用。

（3）二氧化碳（CO_2）　二氧化碳是氧化性气体。由于二氧化碳气体来源丰富，而且成本低，因此值得推广，目前主要应用于碳素钢和低合金钢的焊接。

（4）混合气体　混合气体是在一种保护气体中加入适量的另一种（或两种）气体而形成的，应用最广的是在氩气中加入少量的氧化性气体（CO_2、O_2 或其他气体），常用于碳素钢、低合金钢及不锈钢的焊接。

任务准备

1. 焊接材料

（1）焊丝牌号与规格　牌号为 E49-1（H08Mn2SiA），规格为 $\phi1.0$mm 或 $\phi1.2$mm。焊丝应符合《气体保护电弧焊用碳钢、低合金钢焊丝》（GB/T 8110—2008）标准的规定。

（2）CO_2 气体　其纯度为：$\varphi(CO_2) \geqslant 99.5\%$，$\varphi(O_2) \leqslant 0.1\%$，含水量小于 1~2g/$m^3$。

2. 焊件准备

焊件材质为 Q235 钢，每组两块，试件尺寸为 300mm × 120mm × 8mm。

3. 焊接电源

1）选用 NBC1—300 型 CO_2 半自动焊机，配有平外特性电源、CO_2 气瓶减压流量调节器。

2）焊机的接线步骤及要求

① 焊机外部接线示意图如图 3-3 所示。确认焊接电源所规定的输入电压、相数、频率，确保与电网相符后再接入配电盘上。

② 将焊接电源可靠接地。

③ 焊接电源输出端的负极与母材相连接，正极与焊枪连接。

④ 连接控制箱和送丝机构的控制电缆。

⑤ 安装 CO_2 气瓶减压流量调节器，并将出气口与送丝机构的气管相连。

⑥ 将减压流量调节器上的电源插头（预热作用）插入焊机的专用插座上。

⑦ 将焊丝的送丝机构与焊枪相连接。

3）焊机调试

① 接通配电盘开关，合上电源控制箱上的转换开关，此时电源指示灯亮，电源电路进入工作状态。

② 扣动焊枪开关，打开气阀，调节 CO_2 气体流量。

③ 将送丝机构上的焊丝嵌入滚轮槽里，按下压丝手柄调整压力，并把焊丝送入焊枪。点动焊枪开关，使焊丝伸出导电嘴 20mm 左右。此时，应注意使焊丝和焊枪远离焊件，以防短路。

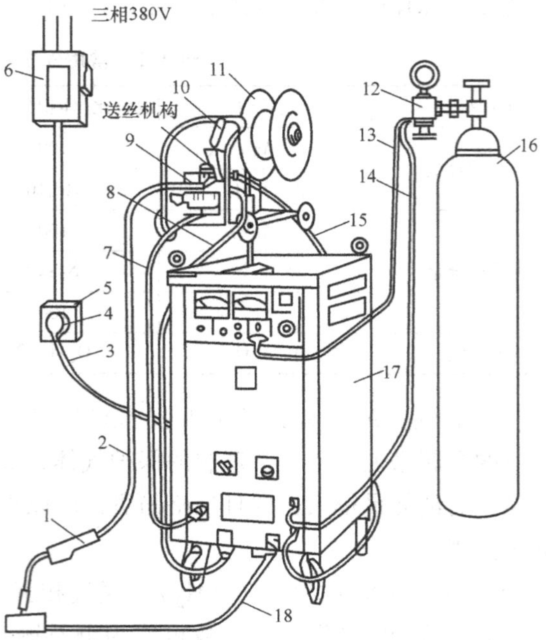

图 3-3 NBC1—300 型半自动 CO_2 焊机外部接线示意图

1—焊枪 2—软管电缆 3—电源线 4—插头 5—插座 6—刀开关 7—控制电缆 8—焊枪电缆 9—焊枪控制线 10—压丝手柄 11—焊丝盘 12—预热减压流量调节器 13—预热器电源线 14、15—气管 16—CO_2 气瓶 17—焊机 18—焊接工件电缆

4. 焊接参数（见表 3-2）

表 3-2 平敷焊焊接参数

焊丝直径/mm	焊接电流/A	电弧电压/V	焊接速度/(m/h)	气体流量/(L/min)
1.0 或 1.2	130 ~ 150	22 ~ 24	20 ~ 30	10 ~ 15

任务实施

1. 焊前清理

清理焊件上的油污、锈蚀、水分及其他污物，直至露出金属光泽。在焊件长度方向每隔 30mm 用粉笔画一条直线，作为焊接时的运丝轨迹线。为防止飞溅堵塞喷嘴，在喷嘴上涂一层喷嘴防堵剂。

2. 操作要点及注意事项

（1）引弧　采用短路法引弧，引弧前先剪掉粗大的球状焊丝端头，因为球状端头的存在加粗了焊丝直径，并在该球状端头表面上覆盖一层氧化膜，对引弧不利。同时，使焊丝端头与焊件保持 2 ~ 3mm 的距离，喷嘴与焊件保持 10 ~ 15mm 的距离。按动焊枪开关，随后自动送气、送电、送丝，直至焊丝与焊件表面接触短路，引燃电弧，然后缓慢引向待焊处，在焊缝金属熔合后，再以正常焊接速度施焊。

（2）直线焊接　直线焊接即焊丝只沿直线运动而不摆动。直线无摆动焊接形成的焊缝稍窄，焊缝偏高，熔深较浅。整条焊缝往往在始焊端、焊缝接头处、终焊端等处容易产生缺陷，应采取相应的预防措施。

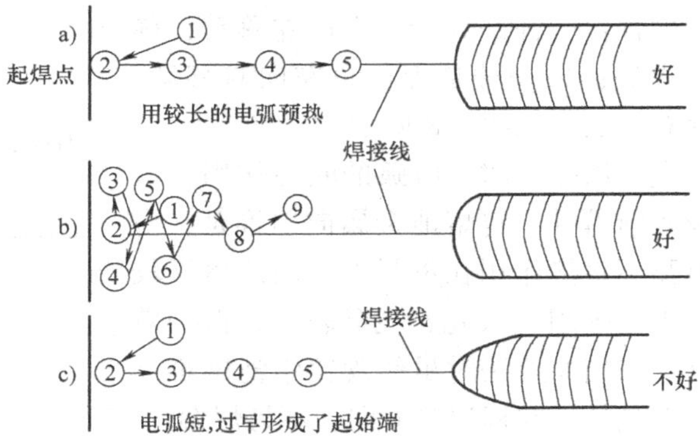

图 3-4　起始端运丝法对焊缝成形的影响
a）长弧预热起焊的直线焊接　b）长弧预热起焊的摆动焊接
c）短弧起焊的直线焊接

1）始焊端。一般情况下始焊端的焊缝稍高一些，而熔深稍浅一些，这是因为此时焊件所处的温度较低。因此，应在引弧之后，先将电弧稍微拉长一些，对焊缝端部适当预热，然后再压低电弧进行起始端的焊接（见图 3-4a、b），这样可以获得具有一定熔深和成形比较整齐的焊缝。图 3-4c 所示为起焊时，未拉长电弧预热而形成的焊缝，其成形不整齐，应当避免。

焊接重要构件时，可在焊件端部加设引弧板，将引弧时容易出现的缺陷留在引弧板上，如图 3-5 所示。

2）焊缝接头。焊缝连接时接头的好坏直接影响焊缝的质量。其接头方法有两种，即直线焊缝连接和摆动焊缝连接。

直线焊缝连接的方法是：在原熔池前方 10～20mm 处引弧，然后迅速将电弧引向原熔池中心，待熔化金属与原熔池边缘吻合后，再将电弧引向前方，使焊丝保持一定的高度和角度，并以稳定的速度向前移动，如图 3-6a 所示。

摆动焊缝连接的方法是：在原熔池前方 10～20mm 处引弧，然后以直线方式将电弧引向接头处，在接头中心开始摆动，并在向前移动的同时，逐渐加大摆幅（保持形成的焊缝与原焊缝宽度相同），最后转入正常焊接，如图 3-6b 所示。

3）终焊端。焊缝终焊端若出现过深的弧坑，则会使焊缝收尾处产生裂纹和缩孔等缺陷。因此，收弧时，如果焊机没有电流衰减装置，则应采用断续引弧方式填充弧坑，直至将弧坑填平，并且与母材圆滑过渡，如图 3-7 所示。

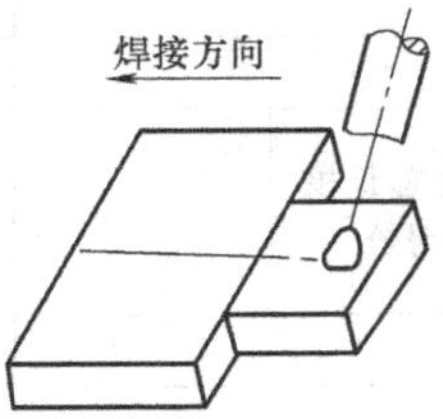

图 3-5　使用引弧板示意图

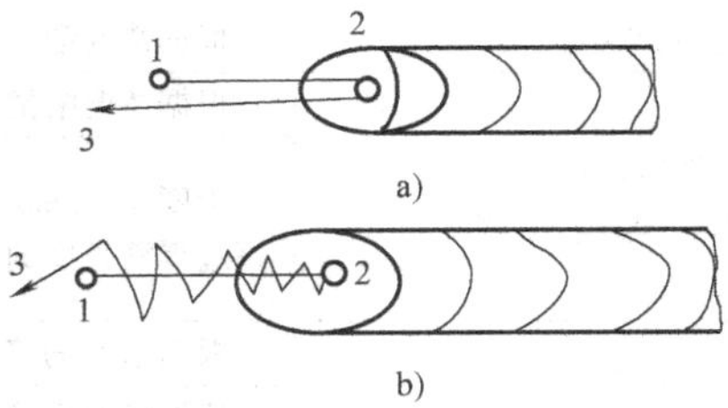

图 3-6　焊缝接头连接方法
a）直线无摆动焊缝连接　b）摆动焊缝连接

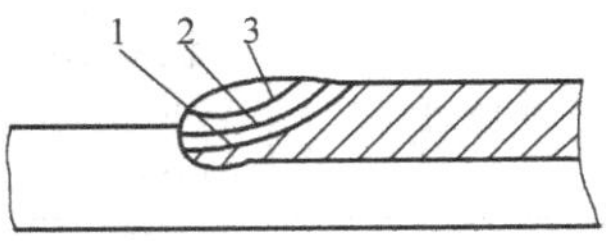

图 3-7　断续引弧填充弧坑示意图

4）焊枪的运动方法。焊枪的运动方法有两种：一种是焊枪自右向左移动，称为左焊法；另一种是焊枪自左向右移动，称为右焊法，如图3-8所示。

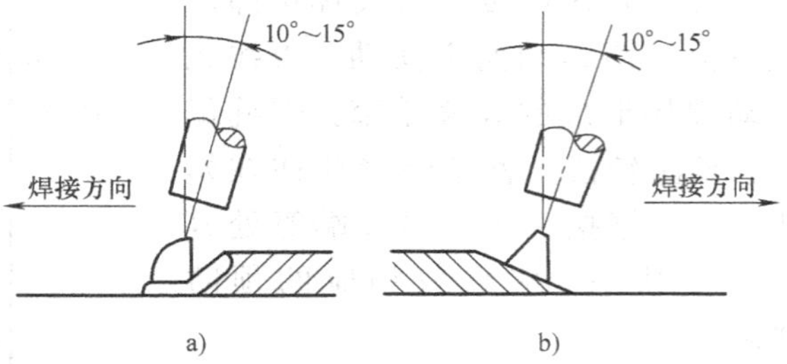

图3-8　焊枪的运动方法
a）左焊法　b）右焊法

左焊法操作时，电弧的吹力作用在熔池及其前沿处，将熔池金属向前推延，由于电弧不直接作用在母材上，因此熔深较浅，焊道平坦且较宽，飞溅较大，保护效果好。采用左焊法时虽然观察熔池困难一些，但是易于掌握焊接方向，不易焊偏。

右焊法操作时，电弧直接作用在母材上，熔深较大，焊道窄而高，飞溅略小，但不易准确掌握焊接方向，容易焊偏，尤其在对接焊时更明显。一般 CO_2 焊时，均采用左焊法，前倾角为10°~15°。

（3）摆动焊接　在半自动 CO_2 焊时，为了获得较宽的焊缝，往往采用横向摆动运丝方式，常用的摆动方式有锯齿形、月牙形、正三角形、斜圆圈形等几种，如图3-9所示。

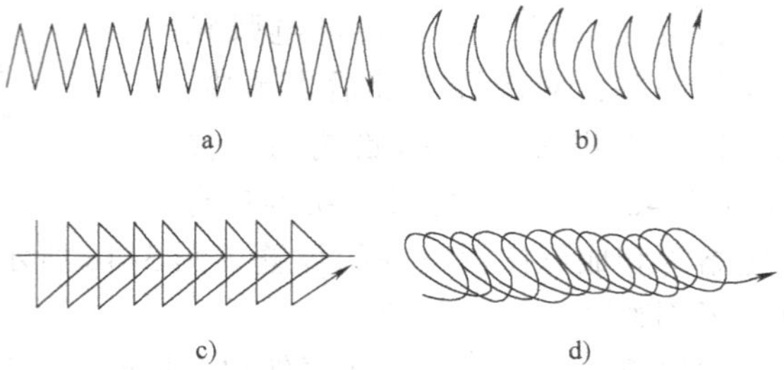

图3-9　焊枪的摆动方式
a）锯齿形　b）月牙形　c）正三角形　d）斜圆圈形

摆动焊接时，横向摆动运丝角度和起始端的运丝要领与直线无摆动焊接一样。另外，在横向摆动运丝时应注意：左右摆动的幅度要一致，摆动到中间时速度应稍快，到两侧时要稍作停顿；摆动的幅度不能过大，否则部分熔池将不能得到很好的保护，一般摆幅限制在喷嘴内径的1.5倍范围内。运丝时以手臂操作为主，以手腕为辅，来控制和掌握运丝角度。

检查评议

完成的焊件应该符合焊接质量要求。检查评议表见表3-3。

表3-3　检查评议表

项　　目	考核要求	分值	扣分标准	检验结果	得分
工艺措施及焊接参数的选择	选择合理	15	工艺措施或焊接参数不当酌情扣分		
焊缝宽度	比坡口每侧增宽0.5~2.5mm	15	根据情况酌情扣分		
宽度差	≤3mm	10	根据情况酌情扣分		
咬边	深度≤0.5mm，焊缝两侧咬边总长度不得超过焊缝长度的10%	10	深度>0.5mm，或咬边总长度超过焊缝长度的10%不得分		
余高	0~3mm	15	根据情况酌情扣分		
余高差	≤2mm	15	根据情况酌情扣分		
焊缝表面成形质量	波纹细腻、均匀、美观，焊道表面非焊道上不应有引弧痕迹	20	根据成形情况酌情扣分		
否定项	焊缝表面不得有裂纹、未熔合、夹渣、气孔、焊瘤、未焊透等缺陷				

问题防治

平敷焊是 CO_2 焊最基础的操作技术，必须反复练习，熟练掌握其引弧、焊接、运丝、收弧等操作要点。

考证要点

1. 熔化极气体保护焊有哪些类型？
2. 熔化极气体保护焊有什么特点？
3. 熔化极气体保护焊时，保护气体都有哪些种类？各有什么应用？

任务2　板-板平对接V形坡口 CO_2 焊单面焊双面成形

任务描述

板-板平对接V形坡口 CO_2 焊单面焊双面成形是焊接操作技能的基础，在生产领域中的应用非常广泛。本任务要求了解 CO_2 焊的原理及特点，掌握其冶金特点，掌握板-板平对接V形坡口 CO_2 焊单面焊双面成形的操作技能。

任务分析

板-板V形坡口平对接单面焊双面成形技术是 CO_2 焊操作技能的基础，通过本任务，要求进一步熟悉并能够正确使用 CO_2 焊的焊接设备，合理选择焊接参数，掌握板-板V形坡口平对接焊时打底、填充、盖面的操作技能及注意事项。

相关知识

一、CO_2 焊

CO_2 焊是用 CO_2 作为保护气体，依靠焊丝与焊件之间产生的电弧来熔化金属的一种气体保护焊方法。

1. CO_2 焊的原理及分类

CO_2 焊的焊接原理如图3-10所示。焊接电源的两输出端分别接在焊枪与焊件上。盘状焊丝由送丝机构带动，经软管与导电嘴不断地向电弧区域送给，同时，CO_2 气体以一定的压力和流量送入焊枪，通过喷嘴后，形成一股保护气流，将熔池和电弧与空气隔绝。随着焊枪

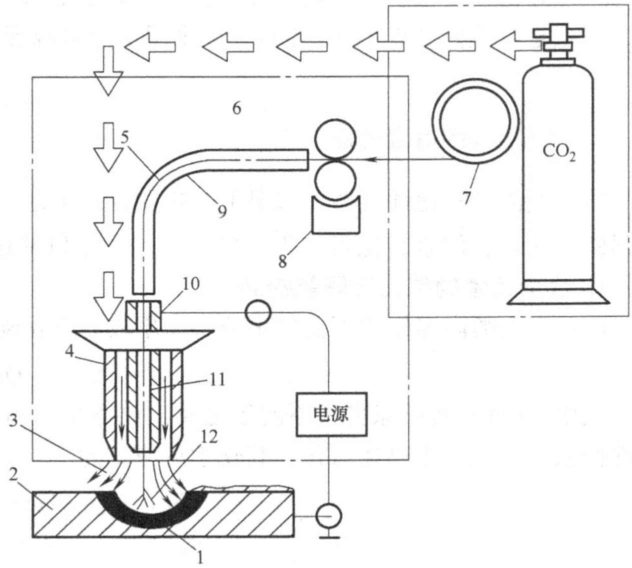

图3-10　CO_2 焊的焊接原理

1—熔池　2—焊件　3—CO_2 气体　4—喷嘴　5—焊丝　6—焊接设备　7—焊丝盘　8—送丝机构　9—软管　10—焊枪　11—导电嘴　12—电弧

的移动，熔池金属冷却凝固形成焊缝。

CO_2 焊按所使用焊丝直径的不同，可分为细丝 CO_2 焊（焊丝直径为0.5～1.2mm）和粗丝 CO_2 焊（焊丝直径为1.6～5.0mm）。

CO_2 焊按操作方式不同，又可分为半自动 CO_2 焊和自动 CO_2 焊。两者的主要区别在于：半自动 CO_2 焊由手工操作焊枪控制焊缝成形，而送丝、送气等功能同自动 CO_2 焊一样，由相应的机械装置来完成。半自动 CO_2 焊适用性较强，可以焊接较短的或不规则曲线焊缝，还可以进行定位焊操作。自动 CO_2 焊主要用于较长的直线焊缝和环形焊缝的焊接。

2. CO_2 焊的特点

CO_2 焊和其他焊接方法相比，有着比较突出的优点：

（1）生产效率高　由于焊接时电流密度较大，电弧热量利用率较高，并且焊接过程中产生的熔渣极少，焊后或层间不必清渣，因此提高了生产效率。CO_2 焊生产率比普通的焊条电弧焊高2～4倍。

（2）焊接成本低　CO_2 气体来源广，价格便宜，而且电能消耗少，因此焊接成本较低，通常 CO_2 焊的成本只有埋弧焊或焊条电弧焊成本的40%～50%。

（3）焊接变形量小　由于电弧热量集中、受热面积小，同时 CO_2 气流有较强的冷却作用，所以焊后变形量小，特别是薄板焊接时更为突出。

（4）焊接质量较高　CO_2 焊对铁锈敏感性小，焊缝含氢量少，抗裂性能好。

（5）适用范围广　CO_2 焊可实现全位置焊接，不仅适用于薄板的焊接，而且适用于中、厚板的焊接，以及磨损零件的修补堆焊。

（6）操作简便　CO_2 焊焊后不需清渣，且是明弧，便于观察熔池情况，有利于实现机械化和自动化焊接。

CO_2 焊也存在着不足之处：飞溅较大，焊缝表面成形较差（这是 CO_2 焊时较为突出的问题，也是其主要缺点）；焊接时，很难用交流电源焊接或在有风的地方施焊；不能焊接容易氧化的有色金属。

二、CO_2 焊的冶金特点

CO_2 气体是氧化性气体，常温下其化学性呈中性，在电弧高温作用下会发生分解，呈现很强的氧化性，使合金元素氧化烧损，成为气孔和飞溅产生的根源。

1. 合金元素的氧化及脱氧措施

CO_2 在电弧高温作用下会发生分解，生成一氧化碳和氧。

$$2CO_2 = 2CO + O_2$$

其中，CO在焊接条件下不溶于金属，也不与金属发生反应，而原子状态的氧在高温下能够使铁及合金元素迅速氧化，其化学反应式为

$$Fe + O = FeO$$

$$Si + 2O = SiO_2$$

$$Mn + O = MnO$$

$$C + O = CO\uparrow$$

以上氧化反应既发生于熔滴过渡过程中，也发生在熔池内。铁氧化生成FeO，能大量溶

于熔池内。溶入金属的 FeO 与 C 元素作用产生 CO，若来不及逸出，则会在焊缝中形成气孔；若 CO 气体在熔滴或熔池金属中发生爆破，将产生大量的飞溅。硅、锰氧化分别生成 SiO_2 和 MnO，成为熔渣浮出，使合金元素大量氧化烧损，进而使焊缝金属力学性能降低。这些问题都与电弧气氛的氧化性有关，因此必须采取有效的脱氧措施。

常用的脱氧措施是在焊丝中增加脱氧元素的含量。常用的脱氧元素有锰、硅、铝、钛等，这些元素与氧的结合能力比铁强，可降低液态金属内 FeO 的含量，抑制碳及合金元素的氧化。

焊接低碳钢及低合金钢时，主要采用锰、硅联合脱氧的措施，如常用的 H08Mn2SiA 焊丝就采用锰、硅联合脱氧（新型焊丝 H04Mn2SiTiA 和 H04Mn2SiAlTiA 则采用多种脱氧剂进行联合脱氧）。

2. CO_2 焊的气孔问题

CO_2 焊时，如果焊丝中的脱氧元素不足，CO_2 气体的纯度不符合要求，焊接参数选用不当，则焊缝中就很容易产生 CO 气孔、氮气孔和氢气孔。

（1）CO 气孔　在焊接过程中，若焊丝中的脱氧元素不足，则会使大量的 FeO 不能还原而溶于熔池金属中，会和熔池中的 C 发生下列反应：

$$FeO + C = Fe + CO\uparrow$$

若生成的 CO 气体来不及逸出，则会在焊缝中形成气孔。

因此，应保证焊丝中含有足够的脱氧元素 Mn 和 Si，并严格限制焊丝中的含碳量，就可以降低产生 CO 气孔的可能性。

CO_2 焊时，只要焊丝选择得适当，产生 CO 气孔的可能性不大。

（2）氮气孔　在电弧高温下，氮气在熔池金属中有很大的溶解度，但当熔池温度下降时，氮气在液态金属中的溶解度也迅速下降，来不及从熔池中逸出，便形成氮气孔。

氮气孔产生的主要原因是保护气层遭到破坏，使大量空气进入焊接区。造成保护气层破坏的主要原因有：CO_2 气体的纯度不符合要求；CO_2 气体的流量过小，喷嘴被飞溅物堵塞；喷嘴与焊件之间的距离过大；焊接场地有侧向风等。

应当指出，CO_2 焊时最常产生的是氮气孔，而氮气主要来源于空气，所以必须加强 CO_2 气流的保护效果，这是防止 CO_2 焊时产生氮气孔的重要途径。

（3）氢气孔　在焊接过程中，大量的氢溶入了高温下的熔池，在结晶过程中，若不能充分逸出，便残留在焊缝中形成气孔。

氢主要来源于焊件和焊丝表面的油污、铁锈，以及 CO_2 气体中所含的水分。油污为碳氢化合物，铁锈是含结晶水的氧化铁。它们在电弧的高温下都能分解出氢气。氢气在电弧中还能进一步电离，然后以离子状态溶入熔池。在熔池结晶时，由于氢的溶解度迅速下降，析出的氢气来不及逸出熔池，则会在焊缝金属中形成圆环形的氢气孔。

为防止氢气孔的产生，要尽量杜绝氢的来源，如焊前去除焊丝和焊件表面的杂质，并对 CO_2 气体进行提纯与干燥处理。由于 CO_2 气体的氧化性很强，可以减弱氢的不利影响，所以 CO_2 焊时形成氢气孔的可能性较小。

任务准备

1. 焊接材料

（1）焊丝　牌号为 ER49—1（H08Mn2SiA），直径为 1.2mm。

（2）焊件　焊件材质为 Q345（16Mn）钢或 20 钢，试件尺寸为 300mm×100mm×12mm，每组两块，开 V 形坡口，坡口尺寸如图 3-11 所示。

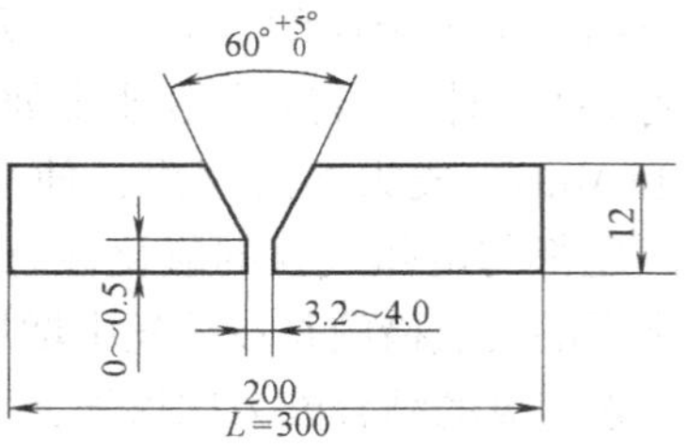

图 3-11　试件及坡口尺寸

2. 焊接设备

选用 NBC1—300 型半自动 CO_2 焊焊机，直流反接。

3. 焊接参数（见表 3-4）

表 3-4　焊接参数的选择

焊接层次	焊丝直径/mm	焊接电流/A	电弧电压/V	焊接速度/(m/h)	气体流量/(L/min)
打底层焊	1.2mm	110～130	18～20	20～22	15～20
填充层焊		130～150	24～26	22～25	
盖面层焊		140～160	25	22～25	

任务实施

1. 试件装配

（1）钝边　修磨钝边 0.5～1mm，无毛刺。

（2）焊前清理　清理坡口及坡口正反两侧各 20mm 范围内的油污、锈蚀、水分及其他污物，直到露出金属光泽。为便于清除飞溅物和防止喷嘴堵塞，可在焊件表面涂上一层飞溅防粘剂，在喷嘴上涂一层喷嘴防堵剂。

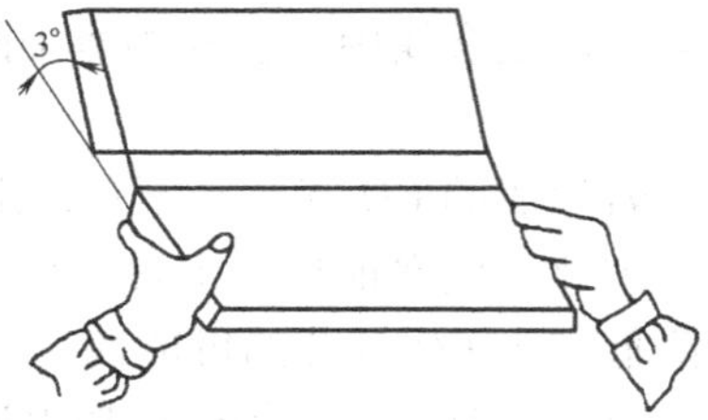

图 3-12　预留反变形量

（3）装配间隙　根部间隙为 3.2～4.0mm，错边量小于或等于 1.2mm。

（4）定位焊　在试件坡口内定位焊，焊缝长度为 10～15mm。

（5）反变形量　预留反变形量为 3°，如图 3-12 所示。

2. 操作要点及注意事项

采用左焊法，焊接层次为三层三道，焊枪角度如图 3-13 所示，焊道分布如图 3-14 所示。

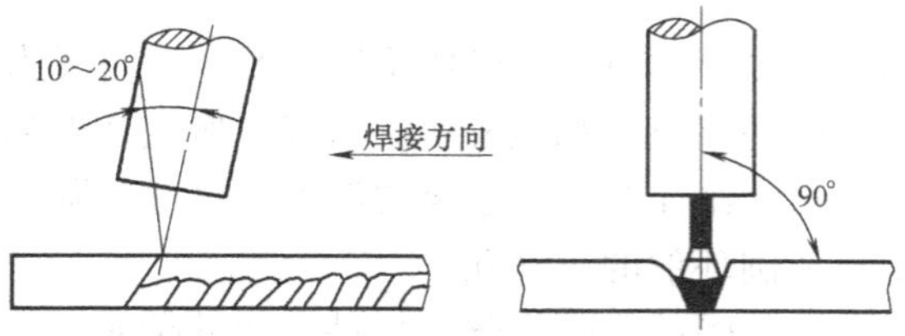

图 3-13　平焊时焊枪角度

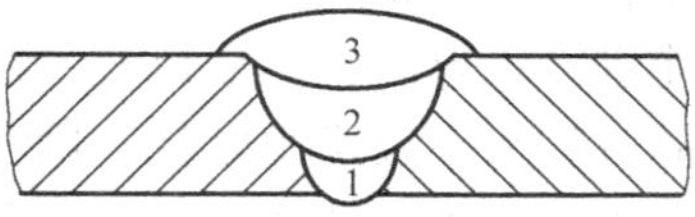

图 3-14　焊道分布

（1）打底层焊

1）引弧。焊接时，采用左焊法，焊丝中心线前倾角为 10°～15°。第一层采用月牙形的小幅度摆动焊接，如图 3-15a 所示。焊枪在焊缝的中心应移动得稍快一些，摆动到焊缝两侧要停顿 0.5～1s。若坡口间隙较大，则应在横向摆动的同时，适当地前后移动，即倒退式月牙形摆动，如图 3-15b 所示。这种摆动可避免电弧直接对准间隙，以防烧穿。

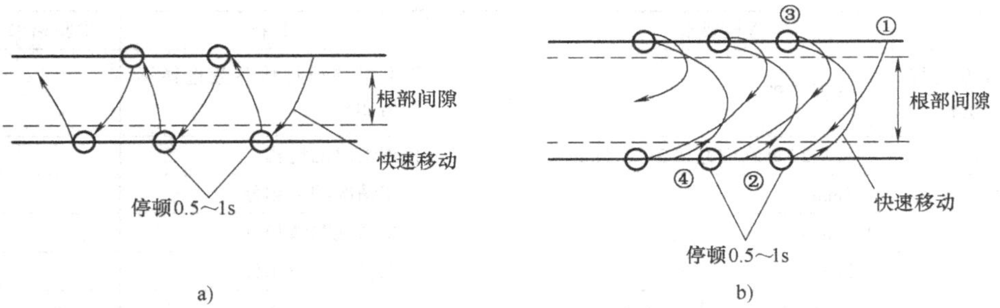

图3-15　焊枪摆动方式

a）月牙形摆动　b）倒退式月牙形摆动

2）控制熔孔的大小。熔孔的大小决定着背面焊缝的宽度和余高。在焊接过程中应控制熔孔直径始终比间隙大1～2mm，如图3-16所示。

3）控制电弧在坡口两侧的停留时间，以保证坡口两侧熔合良好，使打底层焊道两侧与坡口结合处稍向下凹，焊道表面平整，如图3-17所示。

4）控制喷嘴的高度。电弧必须在离坡口底部2～3mm处燃烧，保证打底层的厚度不超过4mm。

（2）填充层焊　调整好填充层焊的焊接参数，采用左焊法，焊枪的横向摆动幅度稍大于打底层焊时的焊缝宽度。注意熔池两侧的熔合情况，保证焊道表面平整并稍向下凹，并使填充层表面低于母材表面1.5～2mm，焊接时不允许熔化坡口棱边，如图3-18所示。

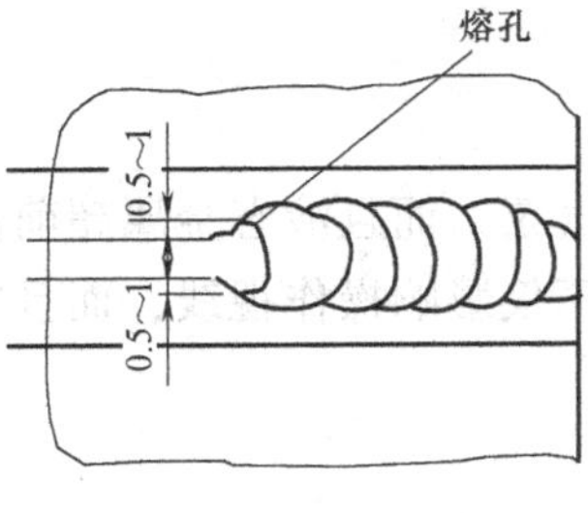

图3-16　平焊时熔孔的尺寸

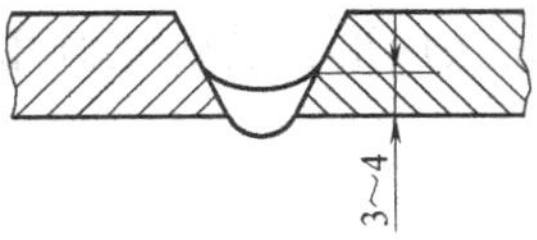

图3-17　打底层焊道

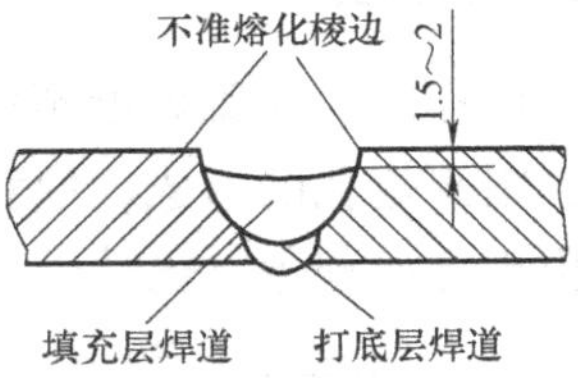

图3-18　填充层焊道

（3）盖面层焊　调整好盖面层焊的焊接参数，采用左焊法，并注意下列事项：

1）保持喷嘴高度，焊接熔池边缘应超过坡口棱边0.5～2.5mm，并防止咬边。

2）焊枪横向摆动幅度应比填充层焊时稍大，尽量保持焊接速度均匀，使焊缝成形平滑。

3）收弧时要填满弧坑，并且弧长要短，在熔池凝固后方能移开焊枪，以免产生弧坑裂纹和气孔。

检查评议

完成的焊件应该满足焊接质量要求。检查评议表见表3-5。

表 3-5　检查评议表

项　目	考核要求	分值	扣分标准	检验结果	得分
工艺措施及焊接参数的选择	选择合理	5	工艺措施或焊接参数选择不当酌情扣分		
焊缝宽度	比坡口每侧增宽 0.5～2.5mm	5	根据情况酌情扣分		
宽度差	≤3mm	5	根据情况酌情扣分		
余高	0～3mm	5	根据情况酌情扣分		
余高差	≤2mm	5	根据情况酌情扣分		
咬边	深度≤0.5mm，焊缝两侧咬边总长度不得超过焊缝长度的 10%	10	深度 >0.5mm，或咬边总长度超过焊缝长度的 10% 不得分		
背面凹坑	≤2mm，长度不得超过焊缝长度的 10%	10	根据情况酌情扣分		
角变形	<3°	5	超差不得分		
错边	≤1mm	5	超差不得分		
焊缝表面成形质量	波纹细腻、均匀、美观，焊缝表面、非焊道上不应有引弧痕迹	15	根据成形情况酌情扣分		
射线检测	符合 JB/T 4730.2—2005《承压设备无损检测　第 2 部分　射线检测》规定，射线检测质量不应低于 AB 级，焊缝缺陷等级不低于Ⅱ级	30	Ⅰ级片不扣分，Ⅱ级片扣 10 分，Ⅲ级片扣 20 分，Ⅳ级片不得分		
否定项	焊缝表面不得有裂纹、未熔合、夹渣、气孔、焊瘤、未焊透等缺陷				

问题防治

操作时应注意焊枪倾角。若焊枪倾角太大，不仅会破坏保护气氛，而且液态金属超前流动，阻碍熔孔的形成，使背面焊缝无法成形；若焊枪倾角过小，不仅影响操作视线，而且容易出现穿丝现象。

考证要点

1. CO_2 焊有哪些优点和哪些缺点？
2. CO_2 焊时，为什么会出现合金元素的氧化及烧损现象？可采取哪些脱氧措施？
3. CO_2 焊时，可能出现哪几种气孔？其成因是什么，应如何防止？

任务 3　板-板立对接 V 形坡口 CO_2 焊单面焊双面成形

任务描述

CO_2 焊立位操作难度较大，板-板立对接 V 形坡口 CO_2 焊单面焊双面成形是焊接操作技能的基础，在生产领域中的应用非常广泛。本任务要求了解 CO_2 焊的熔滴过渡形式，理解其飞溅产生的原因及影响，掌握防止飞溅的措施，掌握板-板立对接V形坡口CO_2焊单面焊双面成形的操作技能。

任务分析

板-板立对接V形坡口CO_2焊单面焊双面成形立焊时，熔敷金属在重力的作用下容易下坠，会引起咬边和余高过大的现象，给焊接过程增加了难度。本任务要求进一步熟悉并能够正确使用CO_2焊的焊接设备，合理选择焊接参数，掌握板-板立对接V形坡口CO_2焊单面焊双面成形时打底层焊、填充层焊、盖面层焊的操作技能及注意事项。

相关知识

一、CO_2焊的熔滴过渡

CO_2焊是熔化极电弧焊，熔滴过渡的形式与焊接参数和相关工艺因素有关。在焊接前，应根据焊接构件的实际情况和选用的焊丝规格来选择合适的焊接参数，以获得所希望的熔滴过渡形式，从而保证焊接过程的稳定性，减少飞溅。

CO_2焊的熔滴过渡形式主要有两种：短路过渡和细滴过渡。

1. 短路过渡

CO_2焊在采用细焊丝、低电弧电压和小电流焊接时，熔滴呈短路过渡。短路过渡时，弧长很短，焊丝端部熔化形成的熔滴与熔池表面接触而短路，此时熔滴上的作用力使熔滴金属很快地脱离焊丝端部过渡到熔池，随后电弧又重新引燃。就这样，短路—燃弧周期性地交替进行。通常把每一次短路和燃弧的时间称为一个周期（T）。每秒内的周期数称为短路频率，如图3-19所示。CO_2焊的短路频率可达几十次到百余次每秒。CO_2焊由于短路频率高，所以电弧非常稳定，飞溅小，焊缝成形美观，主要用于薄板及全位置焊接。CO_2焊焊接薄板时，生产率高，变形量小，焊接操作容易，易于在生产中应用。

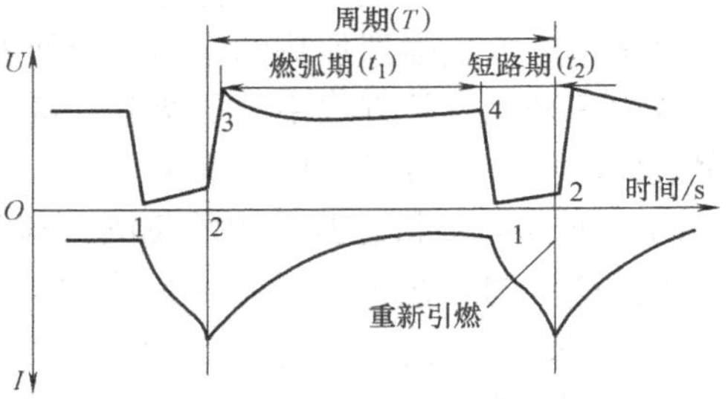

图3-19　短路过渡过程示意图

2. 细滴过渡

CO_2焊在采用粗焊丝、大电流和高电弧电压焊接时，熔滴呈滴状过渡。此时的焊接电弧是持续的，不发生短路熄弧现象。若熔滴尺寸较大，则飞溅也大，电弧不稳定，焊缝成形恶化。因此，CO_2焊一般不采用粗滴过渡，常采用细滴过渡。进一步增大焊接电流和电弧电压时，熔滴尺寸减小，过渡频率增加，焊丝的熔化金属以细滴的形式进行过渡。此时，电弧穿透力强，母材熔深大，适合于中等厚度及大厚度焊件的焊接。

二、CO_2焊的飞溅问题

1. CO_2焊飞溅的影响

飞溅是CO_2焊最主要的缺点，这是由CO_2气体的性质决定的。大量飞溅溅落在焊件表面，不仅影响外观，增加辅助工作量，而且会增加焊丝的损耗，更主要的是容易造成喷嘴堵塞，使气体保护效果变差，导致焊缝容易形成气孔。金属熔滴粘在导电嘴上，还会影响焊丝的正常送进，引起焊接过程的不稳定，使焊缝成形变差或产生焊接缺陷。为此，CO_2 焊时必须重视飞溅问题，尽量降低飞溅的不利影响，确保 CO_2 焊的生产率和焊缝质量。

2. CO_2 焊产生飞溅的原因及防止措施

（1）由冶金反应引起的飞溅　这种飞溅主要由 CO 气体造成。CO_2 焊时，在熔滴过渡过程中，冶金反应产生的 CO 气体，在电弧高温下，体积急剧膨胀，使熔滴和熔池金属爆破，从而产生大量飞溅。采用含有硅、锰脱氧元素并降低含碳量的焊丝，可使这种飞溅大为减少。

（2）由斑点压力引起的飞溅　这种飞溅主要取决于电弧的极性。当采用正极性焊接时（焊件接正极，焊丝接负极），正离子飞向焊丝端部的负极，由于正离子质量大，机械冲击力大，很容易使焊丝端部的熔滴偏离过渡轴线，形成飞溅。当采用反极性焊接时，飞向焊丝端部的电子质量小，撞击力小，使斑点压力大为减小，因而飞溅也较小。所以 CO_2 焊时，应选用直流反接。

（3）熔滴短路时引起的飞溅　这种飞溅发生在短路过渡过程中，当焊接电源的动特性不好时，会显得更严重。若短路电流增大的速度过快或短路电流值过大，则熔滴与熔池接触，由于短路电流强烈加热的作用，会使缩颈处的液态金属发生爆破，产生较多的细颗粒飞溅。减少这种飞溅的方法主要是调节焊接回路中的电感值。若串入焊接回路的电感值合适，则爆破声较小，过渡过程比较稳定。

（4）非轴向滴状过渡造成的飞溅　这种飞溅发生在滴状过渡过程中，是由于电弧的斥力作用而产生的。在斑点压力和弧柱中气流压力的共同作用下，熔滴被推到焊丝端部的一边，并抛到熔池外面，就会产生大滴飞溅。

（5）焊接参数不当引起的飞溅　这种飞溅是因焊接电流、电弧电压和回路电感等焊接参数选择不当而引起的。只要正确地选择 CO_2 焊的焊接参数，就会减少这种飞溅。

任务准备

1. 焊接材料

（1）焊丝　牌号为 ER49-1（H08Mn2SiA），直径为 1.2mm。

（2）焊件　焊件材质为 Q345（16Mn）钢或 20 钢，试件尺寸为 300mm × 100mm × 12mm，每组两块，开 V 形坡口，坡口尺寸如图 3-11 所示。

2. 焊接设备

选用 NBC1—300 型半自动 CO_2 焊焊机，直流反接。

3. 焊接参数（见表 3-6）

表 3-6　焊接参数的选择

焊接层次	焊丝直径/mm	焊接电流/A	电弧电压/V	焊接速度/(m/h)	气体流量/(L/min)
打底层焊	1.2	100 ~ 110	22 ~ 24	20 ~ 22	15 ~ 20
填充层焊		130 ~ 150	22 ~ 24	20 ~ 22	
盖面层焊		130 ~ 140	22 ~ 24	20 ~ 22	

任务实施

1. 焊件的装配

焊件的装配要求与 V 形坡口平对接焊焊件相同。焊件装配好后，按立位固定在焊接架上，距离地面 800 ~ 900mm。

2. 操作要点及注意事项

半自动 CO_2 焊的立位操作有两种方式，一种是向上立焊，一种是向下立焊。

（1）打底层焊　V 形坡口立位打底层焊，采用小电流、低电压、短弧（细丝短路过渡），向下立焊法，焊枪向下倾斜一个角度（见图 3-20a），利用 CO_2 气体承托熔化金属；采用直线运丝法，自上而下匀速移动，将电弧控制在熔敷金属的前方，不使熔敷金属下坠，保证背面有良好的成形。

这种向下立焊操作十分方便，焊缝成形也很美观，熔深浅，适用于 T 形接头、角接接头、打底层和薄板的焊接。

（2）填充层焊　为保证焊缝有一定的熔深，采用向上立焊法。操作时，焊枪角度如图 3-20b 所示。焊丝与焊接方向的夹角保持在 90° ± 10°。

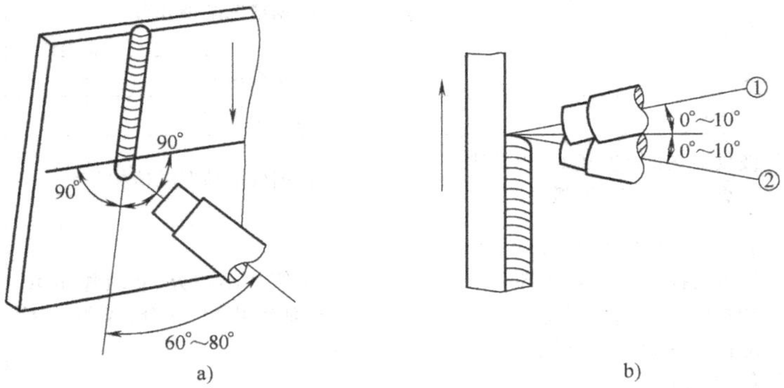

图 3-20　立焊时的焊枪角度
a）向下立焊　b）向上立焊

采用横向摆动运丝法，焊枪做小幅度摆动，并在均匀摆动的情况下快速向上移动，如图 3-21a 所示。如果要求有较大的熔宽，则采用月牙形摆动。摆动时，中间快速移动，焊道两侧稍作停留，以防咬边，如图 3-21b 所示。但不应采用图 3-21c 所示的向下弯曲的月牙形摆动，下弯曲的月牙形摆动容易引起熔敷金属下淌和咬边。

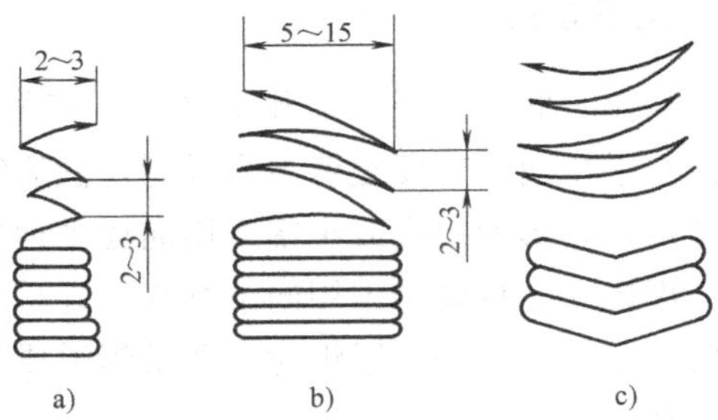

图 3-21　向上立焊时焊枪横向摆动运丝方法
a）小幅度摆动　b）月牙形摆动
c）不推荐的月牙形下弯摆动

焊接最后一层填充层时，应使焊道低于母材表面 1.5 ~ 2mm，不允许熔化坡口的棱边。

（3）盖面层焊　首先，调整好焊接电流和焊接速度，采用向上弯曲的月牙形运丝法。运丝时中间快，两侧稍作停留，并保持熔化坡口边缘 0.5 ~ 2.5mm，避免产生咬边和余高过大的现象。

检查评议

完成的焊件应该满足焊接质量要求，检查评议表见表3-7。

表3-7 检查评议表

项目	考核要求	分值	扣分标准	检验结果	得分
工艺措施及焊接参数的选择	选择合理	5	工艺措施或焊接参数选择不当酌情扣分		
焊缝宽度	比坡口每侧增宽0.5～2.5mm	5	根据情况酌情扣分		
宽度差	≤3mm	5	根据情况酌情扣分		
余高	0～4mm	5	根据情况酌情扣分		
余高差	≤3mm	5	根据情况酌情扣分		
咬边	深度≤0.5mm，焊缝两侧咬边总长度不得超过焊缝长度的10%	10	深度>0.5mm，或咬边总长度超过焊缝长度的10%不得分		
背面凹坑	≤2mm，长度不得超过焊缝长度的10%	10	根据情况酌情扣分		
角变形	<3°	5	超差不得分		
错边	≤1mm	5	超差不得分		
焊缝表面成形质量	波纹细腻、均匀、美观，焊缝表面非焊道上不应有引弧痕迹	15	根据成形情况酌情扣分		
射线检测	符合JB/T 4730.2—2005《承压设备无损检测 第2部分 射线检测》规定，射线检测质量不应低于AB级，焊缝缺陷等级不低于Ⅱ级	30	Ⅰ级片不扣分，Ⅱ级片扣10分，Ⅲ级片扣20分，Ⅳ级片不得分		
否定项	焊缝表面不得有裂纹、未熔合、夹渣、气孔、焊瘤、未焊透等缺陷				

问题防治

操作时面对焊缝，半开步站稳，右手握焊枪，手腕应能自由运作，肘关节不要贴住身体，左手持面罩。反复练习直线运丝法后练习采用月牙形摆动的横向摆动运丝法向下立焊，再进行月牙形大幅度或小幅度横向摆动运丝法向上立焊操作练习。

焊接时，打底层采用向下立焊，并采用直线运丝法；填充层以后均采用向上立焊、月牙形摆动运丝法；盖面层焊时，要求焊道成形整齐，宽度均匀，高度适宜，避免出现咬边和焊缝余高过大。

考证要点

1. CO_2 焊时，常用的熔滴过渡形式有哪两种？它们各有何特点？
2. CO_2 焊时，产生飞溅的原因及防止措施有哪些？

任务4 板-板横对接V形坡口 CO_2 焊单面焊双面成形

任务描述

CO_2 焊时，板-板V形坡口对接横焊与平焊、立焊一样，在生产领域中应用非常广泛。本任务要求熟悉 CO_2 焊所用的焊接材料及焊接设备，掌握板-板横对接V形坡口 CO_2 焊单面焊双面成形的操作技能。

任务分析

CO_2 焊横位焊接时，熔化金属受重力作用下淌，在焊缝的上边缘容易产生咬边，下边缘容易产生焊瘤、未焊透等缺陷。本任务要求进一步熟悉并能够正确使用 CO_2 焊的焊接设备，合理选择焊接参数，掌握板-板横对接V形坡口 CO_2 焊单面焊双面成形时打底层焊、填充层焊、盖面层焊的操作技能及注意事项。

相关知识

一、CO_2 焊的焊接材料

CO_2 焊所用的焊接材料有 CO_2 气体和焊丝。

1. CO_2 气体

CO_2 焊时，将钢瓶装的液态 CO_2 经汽化后变成气态 CO_2 供焊接使用。

容量为40L的钢瓶可装25kg液态 CO_2，满瓶压力为5～7MPa。钢瓶中液态 CO_2 和气态 CO_2 分别占钢瓶容积的80%左右和20%左右。钢瓶压力表指示的压力是这部分气体的饱和压力。它的值与环境温度有关，一般随温度升高而升高。因此，CO_2 钢瓶不准靠近热源或置于烈日下曝晒，以防发生爆炸。

液态 CO_2 在标准大气压力下的沸点为－78℃，所以常温下很容易汽化。1kg液态 CO_2 可汽化成509L气态 CO_2（0℃、0.1 MPa时）。液态 CO_2 密度在温度高于－11℃时比水的密度小，可溶解0.05%（质量分数）的水。溶于液态 CO_2 中的水蒸发成水蒸气混入 CO_2 气体中，影响 CO_2 气体的纯度。

钢瓶内 CO_2 气体的含水量与瓶内的压力有关，随着使用时间的延长，瓶内压力降低，水蒸气增多。当压力降低到0.98MPa时，CO_2 气体的含水量大为增加，就不能继续使用了。

焊接用 CO_2 气体的纯度应大于99.5%，含水量、含氮量均不应超过0.1%，否则会产生气孔，降低焊缝的力学性能。如果 CO_2 气体纯度不够，可进行以下提纯处理：

1）将钢瓶倒置1～2h，使水分下沉，每隔30min放水一次，放两三次后将钢瓶放正。

2）更换新气时，先放气2～3min，以排出混入瓶内的空气和水分。

3）在气路中串联预热器和干燥器，进一步去除水分。

2. 焊丝

（1）对焊丝的要求　对焊丝成分的要求如下：

1）CO_2 焊焊丝必须比母材含有较多的Mn和Si等脱氧元素，以减少飞溅，防止焊缝产生气孔，保证焊缝金属具有足够的力学性能。

2）将焊丝中碳的质量分数限制在0.11%以下，并控制S、P的含量。

3）焊丝表面镀铜可防止生锈，有利于保存，并可改善焊丝的导电性及送丝的稳定性。

（2）焊丝型号及规格　GB/T 8110—2008《气体保护电弧焊用碳钢、低合金钢焊丝》规定，焊丝型号由三部分组成。其中，ER表示焊丝，ER后面的两位数字表示熔敷金属的最低抗拉强度，短线“-”后面的字母或数字表示焊丝化学成分分类代号。若还附加其他化学成分，则直接用元素符号表示，并以短线“-”与前面的数字分开。例如：

ER　50-6

- 6——表示焊丝化学成分分类代号
- 50——表示熔敷金属抗拉强度的最低值为500MPa
- ER——表示焊丝

目前常用的CO_2焊焊丝有ER49-1和ER50-6等。CO_2焊常用的焊丝牌号、型号及用途见表3-8。

表3-8　CO_2焊常用的焊丝牌号、型号及用途

焊丝牌号	焊丝型号	用　途
H08Mn2SiA	ER49-1	用于焊接低碳钢及某些低合金结构钢
H11Mn2SiA	ER50-6	用于焊接碳素钢及500MPa级的造船、桥梁等结构用钢

CO_2焊所用的焊丝直径在0.5～5mm范围内，半自动CO_2焊常用的焊丝有ϕ0.8mm、ϕ1.0mm、ϕ1.2mm等几种。自动CO_2焊除上述焊丝外大多采用ϕ2.0mm、ϕ2.5mm、ϕ3.0mm、ϕ4.0mm、ϕ5.0mm的焊丝。在使用焊丝前应当适当清除其表面上的油污和铁锈。

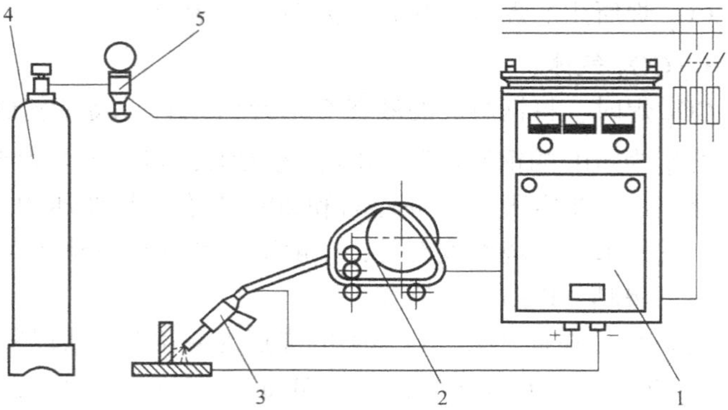

图3-22　半自动CO_2焊设备

1—电源　2—送丝机　3—焊枪　4—气瓶　5—减压流量调节器

二、CO_2焊设备

CO_2焊设备有半自动CO_2焊设备和自动CO_2焊设备。常用的半自动CO_2焊设备如图3-22所示。它主要由焊接电源、焊枪及送丝系统、CO_2供气系统、控制系统等几部分组成，而自动CO_2焊设备还有焊车行走机构。

1. 焊接电源

CO_2焊采用交流电源焊接时，电弧不稳定，飞溅大，所以必须使用直流电源，通常选用平外特性的弧焊整流器。

因为CO_2焊电弧静特性曲线工作在上升段，所以平的、下降的外特性都可使电弧稳定燃烧，但CO_2焊在等速送丝的条件下焊接时，采用平外特性曲线电源的电弧自身调节作用最好，如图3-23所示。虽然缓降外特性曲线电源的电弧自身调节作用较平外特性差，但在短路过渡焊接中，焊接过程的稳定性和焊接质量有时也可满足生产实际要求。因此，在有些情况下，也可采用下降率不大（4V/100A 左右）的缓降外特性电源。常用的弧焊整流器有抽头式硅弧焊整流器、晶闸管弧焊整流器及逆变弧焊整流器。

2. 送丝系统及焊枪

（1）送丝系统 半自动 CO_2 焊为等速送丝，其送丝方式有推丝式、拉丝式和推拉丝式三种。

1）推丝式：如图 3-24a 所示，焊丝盘、送丝机构与焊枪是分开的，焊丝经一段软管送入焊枪，因而焊枪结构简单、轻便，但焊丝通过软管时会受到阻力作用，因而软管长度受到限制。通常焊丝直径宜在 0.8mm 以上，焊枪的操作范围应在 2 ~4m 以内。目前半自动 CO_2 焊多采用推丝式焊枪。

2）拉丝式：如图 3-24b 所示，焊丝盘、送丝机构与焊枪连在一起，没有软管，因而送丝阻力小，送丝稳定，但焊枪结构复杂，重量增加，增大了焊工的劳动强度。拉丝式只适用于细焊丝（ϕ0.8mm 以下），操作的活动范围较大。

3）推拉丝式：如图 3-24c 所示，具有前两种送丝方式的优点，送丝时以推丝为主，由于焊枪上装有拉丝轮，因此可将焊丝拉直，减小了焊丝在软管内的摩擦力，增加了送丝距离（可使软管加长至 15m 左右），增大了操作的灵活性。

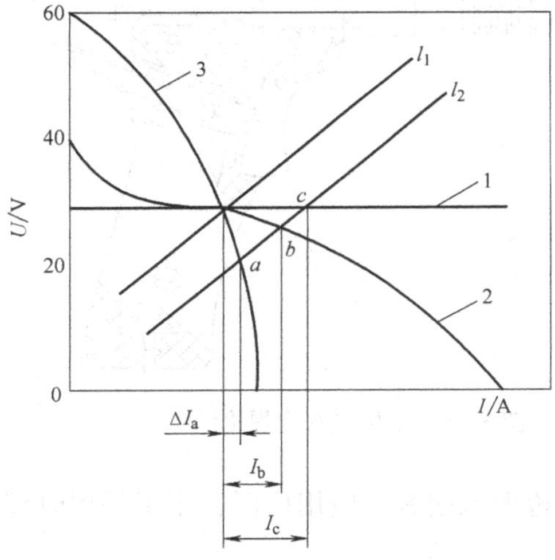

图 3-23 电源外特性与电弧自动调节作用的关系

1—平外特性曲线 2—缓降外特性曲线 3—陡降外特性曲线

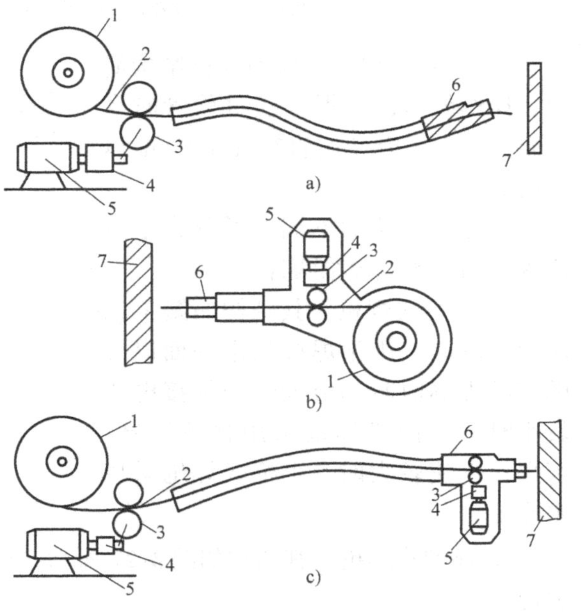

图 3-24 半自动 CO_2 焊送丝方式

a）推丝式 b）拉丝式 c）推拉丝式

1—焊丝盘 2—焊丝 3—送丝滚轮 4—减速器 5—电动机 6—焊枪 7—焊件

（2）焊枪 焊枪是用来传导电流，输送焊丝和 CO_2 气体的。焊枪按其送丝方式的不同，可分为推丝式焊枪与拉丝式焊枪。

1）拉丝式焊枪：其结构如图 3-25 所示。这种焊枪送丝均匀稳定，活动范围大，但因焊丝盘装在焊枪上，结构复杂且笨重，只能使用直径为0.5mm、0.8mm的细焊丝焊接。

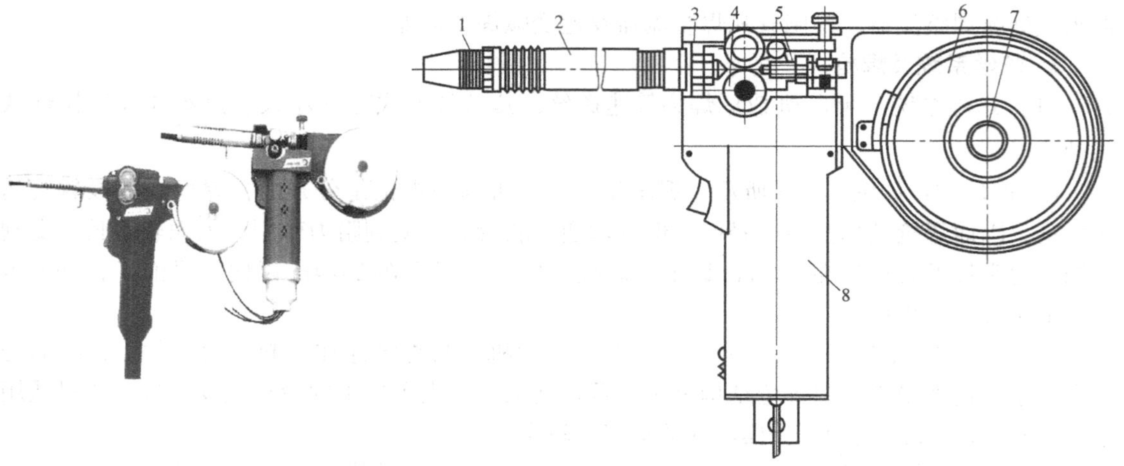

a)　　b)

图3-25　拉丝式焊枪

a）外形　b）结构

1—喷嘴　2—枪体　3—绝缘外壳　4—送丝轮　5—螺母　6—焊丝盘　7—压栓　8—电动机

2）推丝式焊枪：这种焊枪结构简单、操作灵活，但焊丝经过软管时摩擦阻力大，只能使用直径在1.0mm以上的焊丝。

焊枪按形状的不同，可分为手枪式焊枪和鹅颈式焊枪两种。

① 手枪式焊枪：其结构如图3-26所示。该焊枪用于焊接除水平面以外的空间焊缝时较为方便。当焊接电流较小时，手枪式焊枪采用自然冷却；当焊接电流较大时，手枪式焊枪采用水冷却。

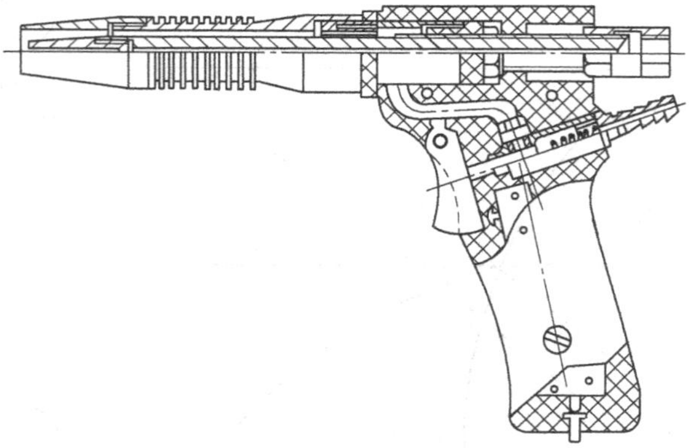

图3-26　手枪式水冷焊枪

② 鹅颈式焊枪：其结构如图3-27所示。这种焊枪形似鹅颈，应用广泛，用于平焊时较方便。

喷嘴和导电嘴是焊枪的主要零件，直接影响焊接工艺性能。喷嘴一般为圆柱形，内孔直径在$\phi12 \sim \phi25$mm之间。为了节约保护气体，便于观察熔池，喷嘴直径一般不宜太大，常用纯铜或陶瓷材料制造。焊接前，最好在喷嘴的内表面涂一层防飞溅喷剂，或涂一层硅油，便于清除黏附在喷嘴上的飞溅物，以延长其使用寿命。

导电嘴常用纯铜、铬青铜或磷青铜制造。通常导电嘴的孔径比焊丝直径大0.2mm左右。若孔径太小，则送丝阻力大；若孔径太大，则送出的焊丝摆动得厉害，致使焊缝宽窄不一，严重时可使焊丝与导电嘴间起弧，造成黏结或烧损。

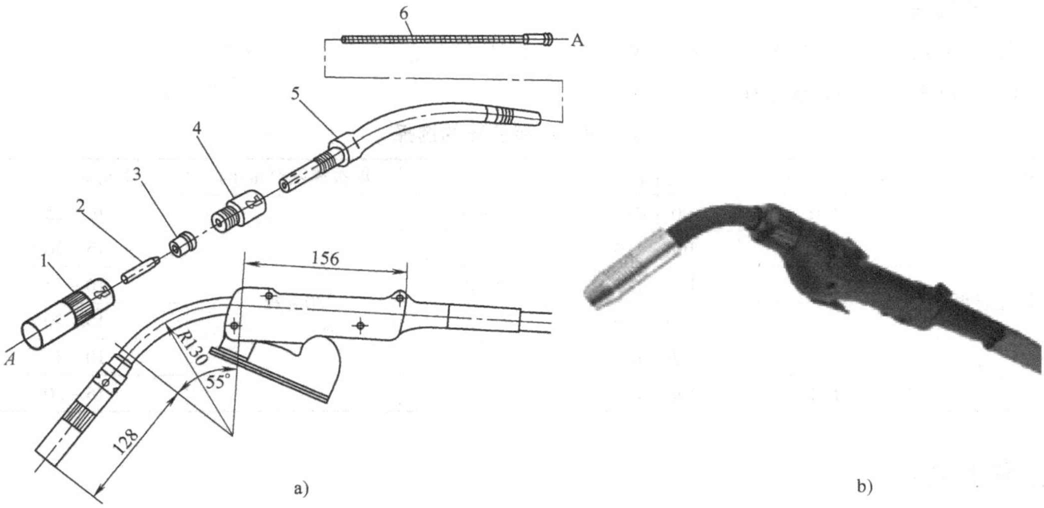

图 3-27　鹅颈式焊枪

a）结构　b）外形

1—喷嘴　2—导电嘴　3—分流器　4—接头　5—枪体　6—弹簧软管

3. CO_2 供气系统

供气系统包括 CO_2 气瓶和供气装置。供气装置主要由预热器、减压器、流量计和电磁气阀等组成。

预热器的作用是防止高压的 CO_2 从瓶内流出时因汽化吸热而使瓶阀及减压器冻结，堵塞气路。所以，在减压器之前，需经预热器预热。预热器的功率为 75～100W。

减压器的作用是将高压的 CO_2 气体变为低压的 CO_2 气体，并保持 CO_2 气体压力在供气过程中稳定。减压器的一般工作压力为 0.1～0.2MPa。

流量计是用于控制和测量 CO_2 气体流量的装置。现在使用的减压流量调节器将预热器、减压器和流量计合为一体，使用起来非常方便。

电磁气阀的作用是控制 CO_2 气体的接通与关闭。

4. 控制系统

控制系统在半自动 CO_2 焊过程中，对供气、送丝和供电等部分进行控制。

其对供气系统的控制要保证引弧时提前供气 1～2s，收弧时滞后 2～3s 停气，焊接时均匀送气。

其对焊接电源的控制要保证引弧时，在送丝的同时接通电源或接通电源后送丝；收弧时，为防止焊丝末端与熔池黏结，应在停止送丝后再停电。

目前，我国定型生产且使用较广的 NBC 系列半自动 CO_2 焊设备有 NBC—200 型、NBC1—300 型、NBC1—500 型等。

任务准备

1. 焊接材料

（1）焊丝　牌号为 ER49-1（H08Mn2SiA），直径为 1.0mm 或 1.2mm。

（2）焊件　与本单元任务 2 中相同，如图 3-11 所示。

2. 焊接设备

选用 NBC1—300 型半自动 CO_2 焊焊机，直流反接。

3. 焊接参数（见表 3-9）

表 3-9　焊接参数的选择

焊接层次	焊丝直径/mm	焊接电流/A	电弧电压/V	焊接速度/(m/h)	气体流量/(L/min)
打底层焊	1.0	90～100	18～20	20～22	10～15
	1.2	100～110	20～22		15～20
填充层焊	1.0	110～120	20～22		10～15
	1.2	130～150	20～22		15～20
盖面层焊	1.0	110～120	20～22		10～15
	1.2	130～150	20～24		15～20

任务实施

1. 焊件的装配

焊件的装配与本单元任务 1 相同。由于采用多层多道焊，焊件预置反变形量为 5°～6°。将焊件垂直固定在焊接夹具上，使焊缝处于水平位置，将间隙小的一端放于右侧。

2. 操作要点及注意事项

横焊时，熔池虽有下面的母材支撑，但焊道表面不易对称，所以焊接时，必须使熔池尽量小。同时，采用多道焊的方法来调整焊道表面形状，最后获得较对称的焊缝。

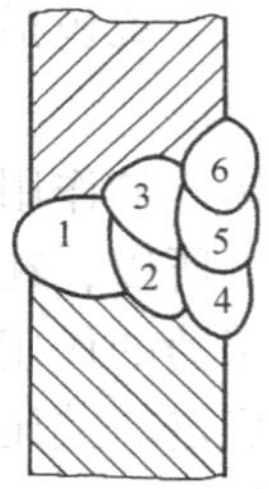

图 3-28　对接横焊时焊道的分布

横焊时，采用左焊法，三层六道，焊道的分布如图 3-28 所示。

（1）打底层焊　调试好焊接参数后，从右向左进行焊接。

在焊件定位焊缝上引弧，以小幅度锯齿形或斜圆圈形运丝摆动，自右向左焊接，并保持熔孔边缘超过坡口上下棱边 0.5～1mm，如图 3-29a 所示。

若在打底层焊过程中电弧中断，则应按下述步骤接头：

1）将接头处的焊道打磨成斜坡。

2）在斜坡的高处引弧，并以小幅度锯齿形运丝摆动，在接头区前端形成熔孔后，继续焊完打底层焊道。

（2）填充层焊　调试好焊接参数后，按照图 3-29b 所示的焊枪角度进行填充层焊道 2 与 3 的焊接。填充层表面应低于母材 1.5～2mm，且不得熔化坡口棱边。

1）填充焊道 2 时，焊枪角度为 0°～10°的俯角，电弧以打底层焊的下缘为中心做横向斜圆圈形摆动，以保证下坡口熔合良好。

2）填充焊道 3 时，焊枪角度为 0°～10°的仰角，电弧以打底层焊的上缘为中心，在焊道 2 和上坡口面间摆动，保证熔合良好。这一焊道应重叠前一焊道 1/2～2/3。

3）清除填充焊道的表面飞溅物，并用角向磨光机打磨局部凸起处。

（3）盖面层焊　调试好焊接参数后，按照图 3-29c 所示的焊枪角度进行填充层焊道 4、5、6 的焊接，操作要领与填充层焊时基本相同。

盖面层焊时焊接电流可略微减小，防止因熔敷金属下淌而造成焊道成形不规则。

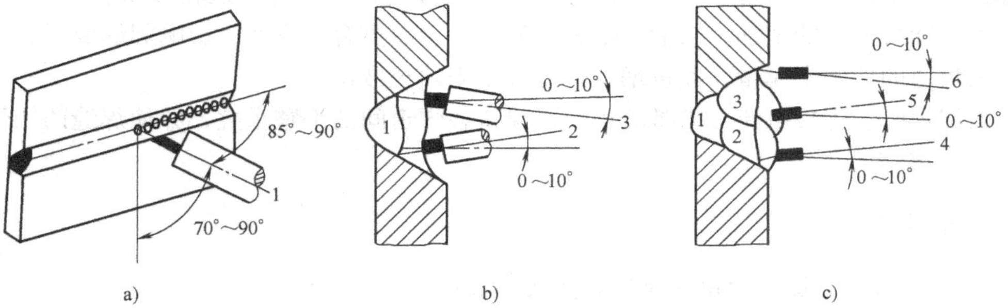

图3-29 对接横焊时的焊枪角度

a) 打底层焊 b) 填充层焊 c) 盖面层焊

检查评议

完成的焊件应该满足焊接质量要求。检查评议表见表3-10。

表3-10 检查评议表

项 目	考核要求	分值	扣分标准	检验结果	得分
工艺措施及焊接参数的选择	选择合理	5	工艺措施或焊接参数选择不当酌情扣分		
焊缝宽度	比坡口每侧增宽0.5~2.5mm	5	根据情况酌情扣分		
宽度差	≤3mm	5	根据情况酌情扣分		
余高	0~3mm	5	根据情况酌情扣分		
余高差	≤2mm	5	根据情况酌情扣分		
咬边	深度≤0.5mm，焊缝两侧咬边总长度不得超过焊缝长度的10%	10	深度>0.5mm，或咬边总长度超过焊缝长度的10%不得分		
背面凹坑	≤2mm，长度不得超过焊缝长度的10%	10	根据情况酌情扣分		
角变形	<3°	5	超差不得分		
错边	≤1mm	5	超差不得分		
焊缝表面成形	波纹细腻、均匀、美观，焊缝表面、非焊道上不应有引弧痕迹	15	根据成形情况酌情扣分		
射线检测	符合JB/T 4730.2—2005《压力容器无损检测 第2部分 射线检测》的规定，射线检测质量不应低于AB级，焊缝缺陷等级不低于Ⅱ级	30	Ⅰ级片不扣分，Ⅱ级片扣10分，Ⅲ级片扣20分，Ⅳ级片不得分		
否定项	焊缝表面不得有裂纹、未熔合、夹渣、气孔、焊瘤、未焊透等缺陷				

问题防治

CO_2 焊横向焊接时，熔化金属受重力作用下淌，容易造成上边缘咬边，下边缘产生未焊透、焊瘤等缺陷，焊接操作时难度较大，必须进行反复练习，掌握一定的运丝技巧，以控制熔敷金属的下淌。

焊接时，采用多层多道焊，每层焊道从下向上排列，焊道与焊道相互重叠1/2 ~ 2/3 为宜。另外，随着焊道的增加，热输入增大，使熔池金属更容易下淌，影响焊缝成形，所以应减小每条焊道的熔敷金属量，通过增加焊道数量来填充坡口。

盖面层焊时，焊接电流可略微减小，以保持各焊道间的平整重叠，并使焊缝两侧焊道平直且高度一致。

考证要点

1. CO_2 焊时，对焊丝的化学成分有什么要求？
2. CO_2 焊时，对气体的纯度有什么要求？如何对 CO_2 气体进行提纯处理？
3. CO_2 焊的焊接设备由哪几部分组成？

任务5　板-板仰对接V形坡口 CO_2 焊单面焊双面成形

任务描述

CO_2 焊时，板-板对接V形坡口仰位是最难焊接的位置。本任务要求熟悉 CO_2 焊所用的焊接参数，了解各项焊接参数对焊接过程的影响，并能够合理选择各项焊接参数，掌握板-板仰对接V形坡口 CO_2 焊单面焊双面成形的操作技能。

任务分析

板-板仰对接V形坡口 CO_2 焊单面焊双面成形仰焊时的主要困难是熔化金属严重下坠，要采取相应的措施予以克服。本任务要求进一步熟悉并能够正确使用 CO_2 焊的焊接设备，合理选择焊接参数，掌握板-板仰对接V形坡口 CO_2 焊单面焊双面成形时打底层焊、填充层焊、盖面层焊的操作技能及注意事项。

相关知识

一、CO_2 焊的焊接参数

CO_2 焊时，合理地选择焊接参数是获得优良焊接质量和提高焊接生产率的重要条件。焊接参数主要包括：焊丝直径、焊接电流、电弧电压、焊接速度、焊丝伸出长度、气体流量、电源极性等。

1. 焊丝直径

焊丝直径应根据焊件厚度、焊接位置和生产率的要求来选择。在对薄板或中厚板进行立焊、横焊、仰焊时，多采用直径在1.6mm以下的焊丝；在平焊位置焊接中厚板时，可以采用直径在1.2mm以上的焊丝。焊丝直径的选择见表3-11。

表3-11　焊丝直径的选择

焊丝直径/mm	熔滴过渡形式	焊件厚度/mm	焊缝位置
0.5 ~ 0.8	短路过渡	1.0 ~ 2.5	全位置
	细滴过渡	2.5 ~ 4.0	平焊

（续）

焊丝直径/mm	熔滴过渡形式	焊件厚度/mm	焊缝位置
1.0～1.2	短路过渡	2.0～8.0	全位置
	细滴过渡	2.0～12.0	平焊
1.6	短路过渡	3.0～12.0	全位置
≥1.6	细滴过渡	>6.0	平焊

2. 焊接电流

焊接电流应根据焊件厚度、焊丝直径、焊接位置及熔滴过渡形式来确定。焊接电流越大，焊缝厚度、焊缝宽度及余高也都越大。通常直径为0.8～1.6mm的焊丝，在短路过渡时，焊接电流为50～230A，在细滴过渡时，焊接电流为150～500A。焊丝直径与焊接电流的关系见表3-12。

表3-12 焊丝直径与焊接电流的关系

焊丝直径/mm	焊接电流/A		焊丝直径/mm	焊接电流/A	
	短路过渡	细滴过渡		短路过渡	细滴过渡
0.8	60～160	150～250	1.6	100～180	350～500
1.2	100～175	200～300	2.4	150～200	500～750

3. 电弧电压

电弧电压必须与焊接电流相配合。电弧电压的大小会影响到焊缝成形、熔深、飞溅、气孔及焊接过程和稳定性。电弧电压随着焊接电流的增大而增大。短路过渡时，电弧电压通常为16～24V；细滴过渡时，对于直径为1.2～3.0mm的焊丝，电弧电压为25～36V。短路过渡时电弧电压与焊接电流的关系如图3-30所示。

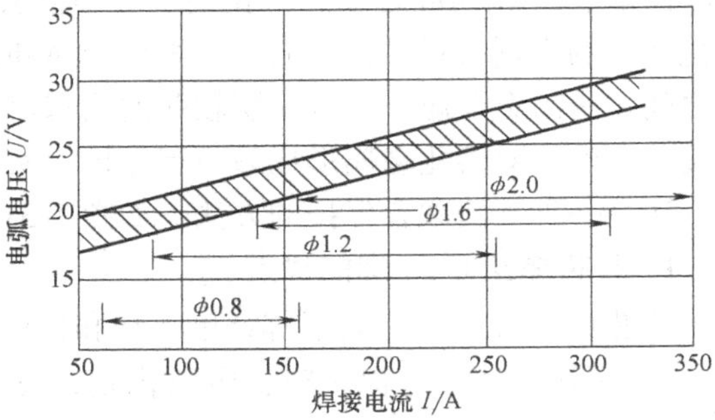

图3-30 短路过渡时电弧电压与焊接电流的关系

4. 焊接速度

在焊丝直径、焊接电流和电弧电压一定的条件下，随着焊接速度的增大，焊缝的熔宽与熔深减小。焊接速度过快时，容易产生咬边及未熔合等缺陷，且气体保护效果变差，可能出现气孔；若焊接速度过慢，则焊接生产率降低，焊接变形量增大。一般半自动CO_2焊的焊接速度为15～30m/h。

5. 焊丝伸出长度

焊丝伸出长度取决于焊丝直径，一般约等于焊丝直径的10倍，且不超过15mm。焊丝伸出长度过大时，焊丝会成段地熔断，飞溅增加，气体保护效果变差；焊丝伸出长度过小时，既易造成飞溅，堵塞喷嘴，影响保护效果，也不便于观察熔池。

6. CO_2气体流量

CO_2气体流量应根据焊接电流、焊接速度、焊丝伸出长度及喷嘴直径来选择。如果气体流量过小，则电弧不稳，有密集气孔产生，焊缝表面易被氧化成褐色；如果气体流量过大，则会出现气体紊流，也会产生气孔，焊缝表面呈浅褐色。

通常在细丝CO_2焊时，CO_2气体流量为8～15L/min；粗丝CO_2焊时，CO_2气体流量为

15～25L/min。

7. 电源极性

为了减少飞溅，保证焊接电弧的稳定性，CO_2 焊应选用直流反接。焊接回路的电感值应根据焊丝直径和电弧电压来选择。不同直径焊丝适用的电感见表3-13。

表3-13　不同直径焊丝适用的电感

焊丝直径/mm	0.8	1.2	1.6
电感值/mH	0.01～0.08	0.10～0.16	0.30～0.70

CO_2 焊的焊接参数应按照细丝焊与粗丝焊及半自动焊与自动焊的形式来确定，同时，要根据焊件厚度、接头形式和焊缝空间位置等因素来正确选择适用的焊接参数。

二、药芯焊丝 CO_2 焊

药芯焊丝 CO_2 焊的基本原理与普通 CO_2 焊一样。它以可熔化的药芯焊丝作为电极（通常接正极），以焊件作为另一极，通常采用纯 CO_2 或 CO_2 + Ar 的混合气体作为保护气体。其与普通熔化极气体保护焊的主要区别在于：焊丝内部装有焊剂混合物，焊接时，在电弧热的作用下，熔化状态的焊剂材料、焊丝金属、焊件金属和保护气体相互之间发生冶金反应，形成一层较薄的液态熔渣包覆熔滴并覆盖熔池，对熔化金属形成另一层保护。实质上这种焊接方法是一种气渣联合保护的方法，如图3-31所示。

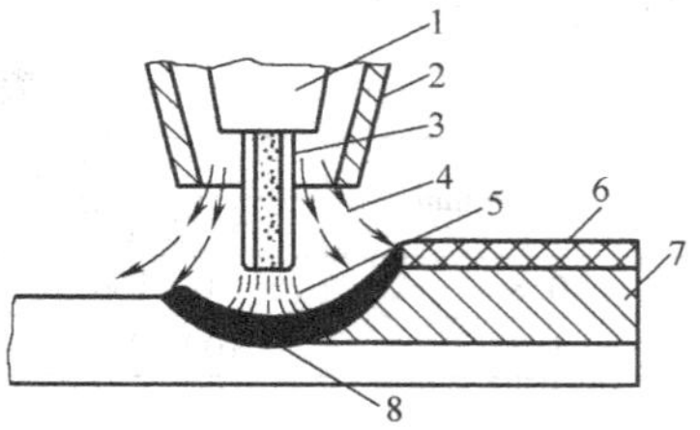

图3-31　药芯焊丝 CO_2 气体保护焊示意图

1—导电嘴　2—喷嘴　3—药芯焊丝　4—保护气体　5—电弧　6—焊渣　7—焊缝　8—熔池

1. 药芯焊丝 CO_2 焊的优点

药芯焊丝 CO_2 焊综合了焊条电弧焊和普通熔化极气体保护焊的主要优点。

1）采用气渣联合保护时，电弧稳定，飞溅少且颗粒细，容易清理；熔池表面有熔渣，焊缝成形美观。

2）焊丝熔敷速度快，熔敷效率为85%～90%，生产率为焊条电弧焊的3～5倍。

3）焊接各种钢材的适应性强，通过调整焊剂的成分与比例，可提供所要求的焊缝金属的化学成分。

2. 药芯焊丝 CO_2 焊的不足之处主要有：

1）焊丝制造过程复杂。药芯焊丝是由冷轧薄钢带经轧机纵向折叠加粉剂后拉拔而成的，焊丝的断面结构可以有不同的形式。

2）送丝困难，需要特殊的送丝机构。

3）焊丝外表容易锈蚀，其内部粉剂易吸潮。

4）与其他熔化极气体保护焊相比，增加了清渣工序。

任务准备

1. 焊接材料

（1）焊丝　牌号为ER49-1（H08Mn2SiA），直径为1.0mm。

（2）焊件　焊件材质为Q345（16Mn）钢或20钢，焊件尺寸为300mm×100mm×

12mm，开65°±5°V形坡口。

2. 焊接设备

选用NBC1—300型半自动CO_2焊焊机，直流反接。

3. 焊接参数（见表3-14）

表3-14　焊接参数的选择

焊接层次	焊丝直径/mm	焊接电流/A	电弧电压/V	焊接速度/(m/h)	气体流量/(L/min)
打底层焊	1.0mm	95～100	22～24	25～30	20～25
填充层焊		110～130	22～24	25～30	
盖面层焊		100～120	22～24	25～30	

任务实施

1. 焊件的装配

1）修磨钝边0.5～1mm。

2）清理坡口及坡口正反面两侧各20mm范围内的油污、铁锈、水分及其他污物，直至露出金属光泽。为了便于清理飞溅和防止堵塞喷嘴，可在焊件表面涂上一层飞溅防粘剂，再在喷嘴上涂一层喷嘴防堵剂。

3）装配间隙：始端为1.5mm，终端为2.0mm；错边量≤1.2mm。

4）在焊件两端坡口进行定位焊，定位焊缝长度为10～15mm。

5）预制反变形量为4°。

2. 操作要点及注意事项

V形坡口仰位是板-板对接CO_2焊最难的焊接位置，主要原因是熔化金属在重力作用下会严重下坠。因此，必须严格控制焊接热输入和冷却速度，采用较小的焊接电流、较大的焊接速度，加大气体流量，使熔池尽可能小，凝固尽可能快，防止熔化金属下坠，保证焊缝成形美观。

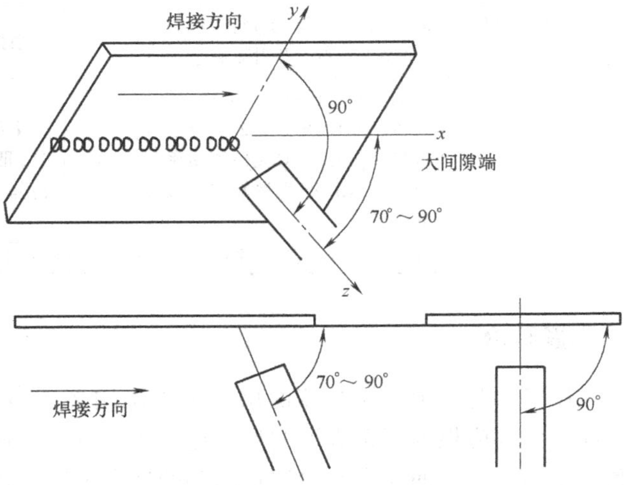

图3-32　对接仰焊时的焊枪角度

（1）打底层焊　焊枪与焊件表面垂直，呈90°，与焊接方向的夹角为70°～90°，如图3-32所示。

焊接时，尽量压低电弧，采用直线移动或小幅度摆动运丝法，从始焊端开始，在坡口一侧引弧，再移至另一侧，并保证焊透和形成根部熔孔（熔孔每侧比根部总间隙大0.5～1mm），然后匀速向前移动，要尽可能快。利用CO_2气体来承托金属熔池，使电弧在熔敷金属的前方，防止熔化金属下坠。

（2）填充层焊　第二层以后的各层焊接，焊枪角度与打底层焊时相似。但从第二层开始，焊丝摆动幅度要逐渐增大，以保证坡口两侧熔合良好。焊道不要太厚，越薄凝固越快。填充层表面应低于母材表面1mm，不得熔化坡口棱边。

（3）盖面层焊　焊接盖面层时，焊丝摆动幅度增大，焊接速度减小，使熔池两侧超过坡口棱边0.5～2mm并熔合良好，焊缝表面成形美观。

检查评议

完成的焊件应该具满足焊接质量要求。检查评议表见表3-15。

表3-15　检查评议表

项　目	考核要求	分值	扣分标准	检验结果	得分
工艺措施及焊接参数的选择	选择合理	5	工艺措施或焊接参数选择不当酌情扣分		
焊缝宽度	比坡口每侧增宽0.5～2.5mm	5	根据情况酌情扣分		
宽度差	≤3mm	5	根据情况酌情扣分		
余高	0～3mm	5	根据情况酌情扣分		
余高差	≤2mm	5	根据情况酌情扣分		
咬边	深度≤0.5mm，焊缝两侧咬边总长度不得超过焊缝长度的10%	10	深度>0.5mm，或咬边总长度超过焊缝长度的10%不得分		
背面凹坑	长度不得超过焊缝长度的10%	10	根据情况酌情扣分		
角变形	<3°	5	超差不得分		
错边	≤1mm	5	超差不得分		
焊缝表面成形质量	波纹细腻、均匀、美观，焊缝表面、非焊道上不应有引弧痕迹	15	根据成形情况酌情扣分		
射线检测	符合JB/T 4730.2—2005《承压设备无损检测　第2部分　射线检测》规定，射线检测质量不应低于AB级，焊缝缺陷等级不低于Ⅱ级	30	Ⅰ级片不扣分，Ⅱ级片扣10分，Ⅲ级片扣20分，Ⅳ级片不得分		
否定项	焊缝表面不得有裂纹、未熔合、夹渣、气孔、焊瘤、未焊透等缺陷				

问题防治

对接仰焊时，填充层和盖面层也可以采用多层多道焊，采用直线运丝法，焊丝稍微摆动，焊枪角度应根据每条焊道的位置进行相应调整。每条焊道要良好地搭接，以防焊道间脱节和产生夹渣。盖面层焊时要注意两侧的熔合情况，防止咬边。

考证要点

1. CO_2焊时，其焊接参数主要有哪些？
2. CO_2焊时，各焊接参数应如何选择？选择不当，会出现哪些现象？

任务6　薄板平对接V形坡口TIG焊单面焊双面成形

任务描述

TIG焊以其独特的优点，近年来被广泛应用于机械、化工等生产领域。本任务要求了解

TIG焊的原理、特点、分类及应用，熟悉TIG焊的焊接材料及焊接设备，掌握薄板平对接V形坡口TIG焊单面焊双面成形的操作技能。

任务分析

TIG焊时，设备的正确使用及焊接参数的合理选择，是保证焊接质量的一个重要因素。本任务要求熟悉并能够正确使用手工钨极氩弧焊的焊接设备，合理调节焊接参数，掌握手工钨极氩弧焊焊接时的基本操作技能。

相关知识

TIG焊（钨极惰性气体保护焊）是使用纯钨或活化钨（钍钨、铈钨等）作电极的惰性气体保护焊。TIG焊一般采用氩气作保护气体，因此也称为钨极氩弧焊。由于钨极本身不熔化，只起发射电子引燃电弧的作用，因此，TIG焊也称为非熔化极氩弧焊。

一、TIG焊的原理、特点及分类

1. TIG焊的原理

TIG焊原理示意图如图3-33所示。氩气气流从焊枪喷嘴中喷出，在焊接区形成严密的气体保护层，从而将电极和金属熔池与空气隔绝，并利用电极（钨极或焊丝）与焊件之间产生的电弧热量来熔化填充焊丝及待焊金属，将被焊金属连接在一起，形成牢固的接头。

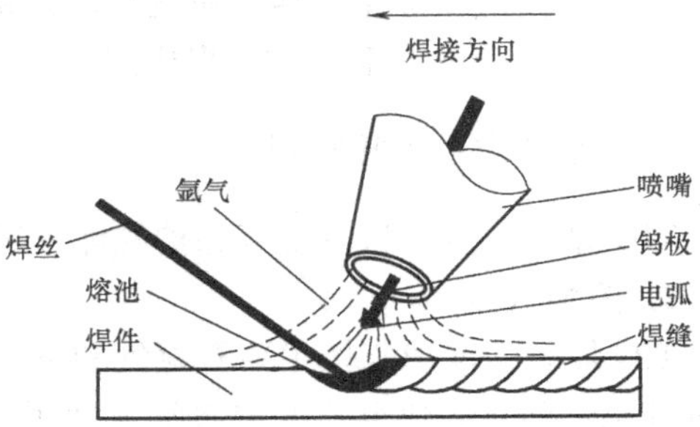

图3-33 TIG焊原理示意图

2. TIG焊的特点

TIG焊除具有气体保护焊共有的特点外，还具有如下特点：

（1）TIG焊的优点

1）焊缝质量较高。由于氩气是一种惰性气体，不与金属发生化学反应，可在焊接区形成稳定的保护层而隔绝空气，使高温下的合金元素不会被氧化烧损。另外，氩气不溶于液态金属，不会产生气孔，保护效果非常好，因此能获得高质量的焊缝。

2）适应性强。TIG焊采用氩气保护，无熔渣，焊缝成形美观，并且电弧稳定性好，即使电流很小（小于10A），也能稳定燃烧，且热源和填充焊丝可分别控制，热输入容易调节。因此，TIG焊特别适合薄件、超薄件（厚度为0.1mm）及全位置焊接。

3）可焊的材料范围很广。TIG焊几乎可以焊接除熔点非常低的铅、锡以外的所有金属材料，特别适宜焊接化学性质较活泼的金属和合金。通常，TIG焊多用于焊接铝、镁、钛、铜及其合金，以及低合金钢、不锈钢、耐热钢等，有时还用于构件的打底层焊。

4）易于实现自动化和机械化。由于TIG焊采用明弧焊接，且没有熔滴过渡，焊接过程稳定，焊缝成形好，因此易于实现机械化和自动化。

（2）TIG焊的缺点

1）需要特殊的引弧装置。由于Ar和He的电离电压较高，钨极的逸出功也较高，因此引弧比较困难，需要特殊的引弧装置。

2）对焊件的清理要求高。TIG焊时惰性气体没有脱氧去氢的能力，因此对焊前的除油、去锈、去污等清理工作要求严格，尤其在焊接容易氧化的有色金属如铝、镁及其合金时，若清理工作不到位，则会严重影响焊缝质量。

3）焊接效率低。由于钨极作电极，承载焊接电流的能力较差，过大的焊接电流会引起钨极的烧损，造成钨污染。因此，TIG 焊使用的焊接电流较小，电弧功率较低，焊缝熔深浅，熔敷速度小，仅适用于焊接厚度小于6mm 的焊件，且大多数采用手工焊，焊接效率较低。

4）焊接成本高。由于使用氩气等惰性气体，焊接成本较高，因此常用于质量要求较高的焊缝及难焊金属的焊接。

3. TIG 焊的分类

TIG 焊按采用的电流类型可分为直流 TIG 焊、交流 TIG 焊和脉冲 TIG 焊等；按其操作方式可分为手工 TIG 焊和自动 TIG 焊。手工 TIG 焊时，焊工一手握焊枪，另一手持焊丝，随焊枪的摆动而前进，逐渐将焊丝填入熔池，有时也可不加焊丝，仅将接口边缘熔化后形成焊缝。自动钨极氩弧焊是以传动机构带动焊枪行走，送丝机构尾随焊枪进行连续送丝的焊接方式。在实际生产中，手工 TIG 焊应用最广。

二、TIG 焊的焊接材料

TIG 焊的焊接材料主要有保护气体、钨极和焊丝。

1. 保护气体

TIG 焊时的保护气体主要有氩气和氦气，其中以氩气使用最为普遍。氦气价格昂贵，而且气体消耗量大，因此常与氩气混合使用，较少单独使用。

氩气是无色、无味的惰性气体，不与金属起化学反应，也不溶于液态金属，并且氩气的密度是空气密度的 1.4 倍，因此能在熔池上方形成一层较好的覆盖层。另外，采用氩气作保护气体时，产生的烟雾较少，便于控制熔池和电弧。

氩的电离能较高，引燃电弧较困难，因此需要采用高频引弧及稳弧装置。但氩弧一旦引燃，燃烧就很稳定，在常用的保护气体中，氩弧的稳定性最好。

焊接用氩气以瓶装供应，氩气瓶外表涂成灰色，并且标有绿色“氩气”字样。氩气瓶的容积一般为 40L，在 20℃时的满瓶工作压力为 14.7MPa。使用时，氩气瓶应直立放置，严禁敲击、碰撞等，不得用电磁起重搬运机搬运，防止日光暴晒。

氩弧焊对氩气的纯度要求很高，按我国现行标准规定，其纯度应达到 99.99%。

2. 钨极材料

TIG 焊对钨极的要求是：熔点高、电流容量大、损耗小，引弧和稳弧性能好等。常用的钨极有纯钨极、钍钨极和铈钨极三种。

（1）纯钨极　其牌号是 W1、W2，纯度为 99.85% 以上。纯钨极对焊机的空载电压要求较高，使用交流电时，承载电流的能力较差，目前很少采用。

（2）钍钨极　其牌号是 WTh—10、WTh—15，是在纯钨中加入质量分数为 1% ~2% 的氧化钍而制成的。钍钨极电子发射率得到提高，增大了许用电流的范围，降低了空载电压，改善了引弧和稳弧性能，但是具有微量放射性。

（3）铈钨极　其牌号是 WCe—20，是在纯钨中加入质量分数约为 2% 的氧化铈而制成的。铈钨极比钍钨极更容易引弧，烧损率比钍钨极低 5% ~50%，使用寿命长，放射性极低，是目前推荐使用的电极材料。

钨极的规格按长度供给，在76～610mm之间；常用的钨极直径为ϕ0.5mm、ϕ1.0mm、ϕ1.6mm、ϕ2.0mm、ϕ2.5mm、ϕ3.2mm、ϕ4.0mm、ϕ5.0mm、ϕ6.3mm、ϕ8.0mm、ϕ10mm多种。

小提示：

教你一招：修磨钨极时，要采用密封式或抽风式砂轮机，焊工要戴口罩和手套；磨削完毕，应洗净手脸；存放钨极时，若数量较大，最好放在铅盒中保存。

3. 焊丝

TIG焊时，惰性气体仅起保护作用，主要靠焊丝中的合金元素调整焊缝成分，保证焊缝质量。TIG焊对填充金属要求较高，必须严格控制填充金属中的硫、磷及有害杂质的含量。

根据母材种类，TIG焊所使用的焊丝有钢焊丝、铝焊丝、铜焊丝等。其中，钢焊丝包括碳素结构钢焊丝、合金结构钢焊丝和不锈钢焊丝。如果这些钢焊丝都不能满足母材的需求，则可采用成分相同或相近的药芯焊丝作填充金属。

TIG焊时按“等强”与“近性”原则选用焊丝，选用焊丝的成分应与母材的成分相同或接近。焊接钢材时，焊丝的含碳量最好比母材的含碳量稍低一些，合金元素含量可稍高。

三、TIG焊的焊接设备

手工TIG焊设备包括焊机、焊枪、供气系统、冷却系统、控制系统等部分，如图3-34所示。自动TIG焊设备，除上述几部分外，还有送丝装置及焊接小车行走机构。

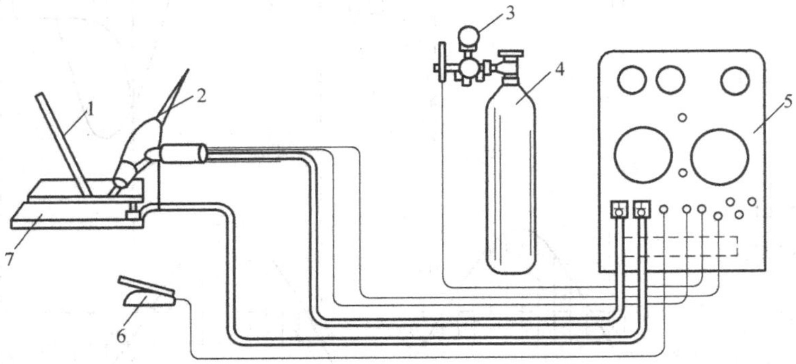

图3-34　手工TIG焊设备示意图

1—填充金属　2—焊枪　3—流量计　4—氩气瓶　5—焊机　6—开关　7—焊件

1. 焊机

焊机包括焊接电源及高频振荡器、脉冲稳弧器、消除直流分量等控制装置。

（1）焊接电源　由于TIG焊的电弧静特性工作在水平段，所以应选用具有陡降外特性的电源。一般焊条电弧焊的电源都可用作手工TIG焊的电源。若采用焊条电弧焊的电源，则应配备单独的控制箱，直流焊接电源附加高频振荡器即可。

（2）引弧及稳弧装置　由于氩气的电离能较高，难以电离，引弧比较困难，但又不宜采用提高空载电压的方法，因此TIG焊必须使用高频振荡器来引燃电弧。对于交流电，由于电流每秒钟经过零点100次，电弧不稳，因此还需要使用脉冲稳弧器，以保证重复引燃电弧并稳弧。

高频振荡器是TIG焊设备的专用引弧装置，可在焊接回路中加入约3000V的高频电压，使引弧变得容易，在钨极与焊件距离2mm左右时即可引燃电弧，不必接触引弧。高频振荡器一般仅供焊接时初次引弧，不用于稳弧，引燃电弧后马上切断。

脉冲稳弧器施加一个高压脉冲迅速引弧，并保证电弧连续燃烧，从而起到稳定电弧的作用。

（3）消除直流分量装置　用交流电焊接时，容易产生直流分量。正极性时，钨极为负极，由于钨极的熔点高，热导率低，且断面尺寸小，易将电极端部加热到很高的温度，电子发射能力强，所以焊接电流较大，电弧电压较低；反极性时，焊件为负极，由于焊件的熔点低，热导性能好，断面尺寸又大，不易将熔池金属加热到较高的温度，使电子发射能力减弱，所以焊接电流较小，电弧电压较高，如图3-35所示。这种正负半波不对称的电流，可以看成是由两部分组成的：一部分是真正的交流电；另一部分是叠加在交流部分上的直流电，这部分直流电被称为直流分量。

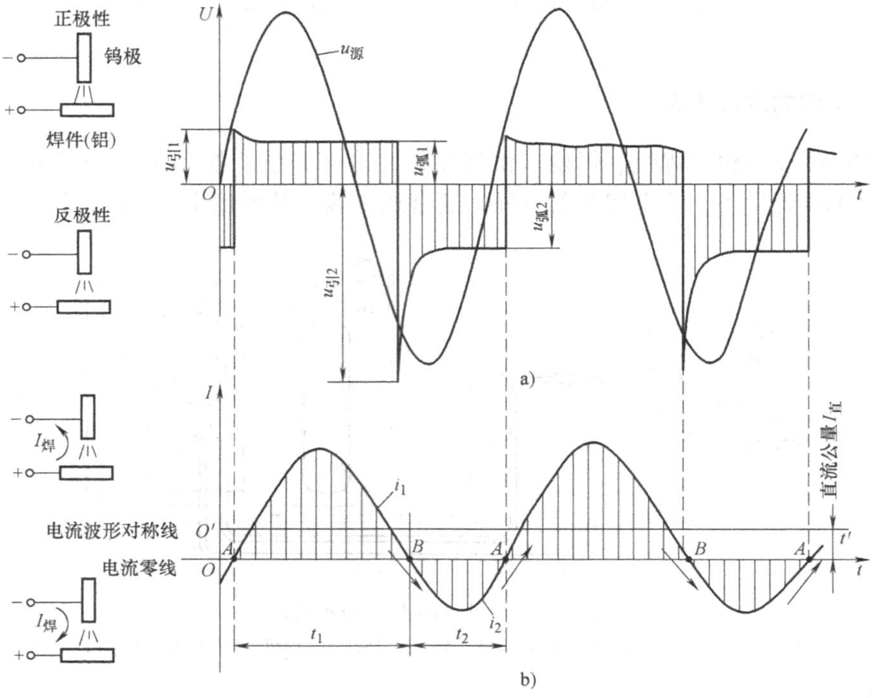

图3-35　交流TIG焊的电压和电流波形图

a）电压波形　b）电流波形

$u_{引1}$—正极性的引燃电压　$u_{弧1}$—正极性的电弧电压　$u_{引2}$—反极性的引燃电压

$u_{弧2}$—反极性的电弧电压　i_1—正极性的焊接电流　i_2—反极性的焊接电流

t_1—正极性时间　t_2—反极性时间　$u_{源}$—焊接电源空载电压

直流分量的出现，对焊接工艺及交流电源均不利：其一是消弱了“阴极破碎”作用；其二使焊接变压器的工作条件恶化，易损坏设备。因此，交流 TIG 焊时，必须消除直流分量。

交流 TIG 焊时，消除直流分量的方法是在焊接回路中串联电容，因为电容对交流电的阻抗很小，可允许交流电通过，而使直流电不能通过，因此隔断了直流电，从而消除了直流分量。

2. 焊枪

TIG 焊焊枪有气冷式和水冷式两种。气冷式焊枪供小电流（小于 150A）焊接时使用，其结构简单、操作灵活方便；水冷式焊枪因带有水冷系统，所以较重，且结构复杂，主要供电流大于 150A 的焊接使用。焊枪一般由枪体、喷嘴、电极夹头、电缆、氩气输入管、水管和开关组成，如图 3-36 所示。

焊枪喷嘴是决定氩气保护性能的重要部件，常见的喷嘴形状如图 3-37 所示。圆柱带锥形喷嘴或圆柱带球形喷嘴的保护效果最佳，氩气流速均匀，容易保持层流。圆锥形的喷嘴因氩气流速变快而使保护效果较差，但操作方便，熔池可见性好，也经常使用。

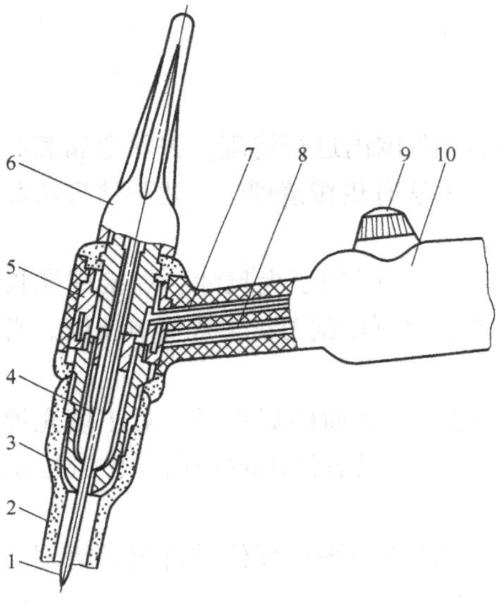

图 3-36　水冷式焊枪结构

1—钨极　2—喷嘴　3—导气套管　4—电极夹头　5—枪体　6—电极帽　7—进气管　8—冷却水管　9—控制开关　10—手柄

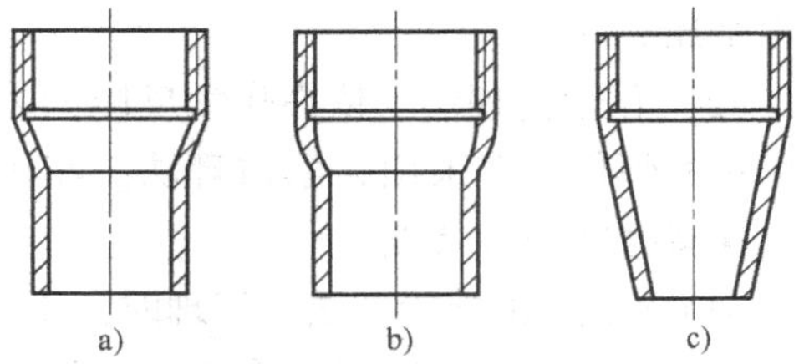

图 3-37　常见的喷嘴形状

a）圆柱带锥形　b）圆柱带球形　c）圆锥形

3. 供气系统

TIG 焊的供气系统由氩气瓶、减压器、流量计和电磁气阀等组成。减压器用以减压和稳压。流量计用于标定通过的氩气流量，有的气体流量计将减压器与流量计制成一体。电磁气阀是控制气体通断的装置。

4. 冷却系统

一般当最大焊接电流在 150A 以上时，必须通水来冷却焊枪和电极。在接通冷却水并有一定压力后，才能起动焊接设备，通常在 TIG 焊设备中用水压开关或手动控制水流量。

5. 控制系统

控制系统是通过控制线路来对供电、供气、引弧与稳弧等各个阶段的动作程序实现控制的。手工 TIG 焊焊接过程框图如图 3-38 所示。

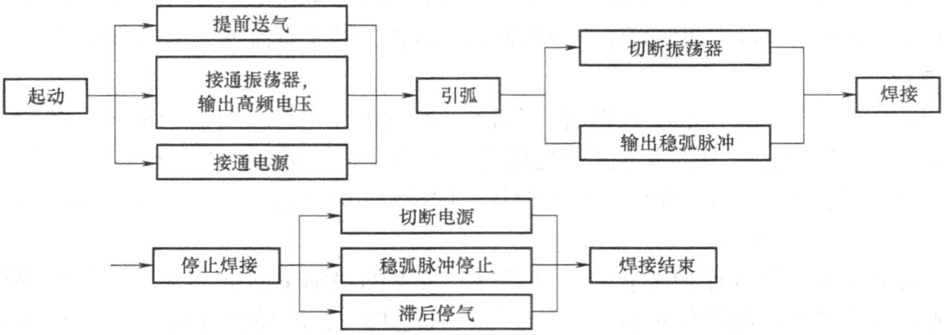

图 3-38　手工 TIG 焊焊接过程框图

四、TIG 焊的焊前清理与焊接参数的选择

1. 焊前清理

TIG 焊时，必须对焊丝和焊件的坡口及其附近 20mm 范围内进行清理，去除金属表面的氧化膜和油污等杂质，以确保焊缝的质量。焊前清理的方法有机械清理法、化学清理法和化学-机械清理法。

（1）机械清理法　这种方法比较简便，而且效果较好，适用于大尺寸、焊接周期长的焊件。通常使用直径小的不锈钢钢丝刷等工具进行打磨，也可用刮刀铲去表面氧化膜，直至露出金属光泽。

（2）化学清理法　依靠化学反应的方法去除焊丝或焊件表面的氧化膜，对于填充焊丝及小尺寸焊件，多采用化学清理法。与机械清理法相比，它具有清理效率高、质量稳定均匀、保持时间长等特点。

（3）化学-机械清理法　清理时先用化学清理法，焊前再对焊接部位进行机械清理。这种联合清理的方法，适用于质量要求更高的焊件。

不论用哪种方法进行清理，都应在清理后尽快施焊，放置时间不应超过 24h，否则应重新清理。

2. TIG 焊焊接参数的选择

TIG 焊的焊接参数主要有：电源种类和极性、钨极直径、焊接电流、电弧电压、焊接速度、氩气流量和喷嘴直径、喷嘴与焊件间的距离、钨极伸出长度等。

（1）电源种类和极性　TIG 焊可以使用直流电，也可以使用交流电。电流种类和极性可根据焊件材质进行选择。

1）直流反接。TIG 焊直流反接时（即钨极接正极，焊件接负极），由于阳极区温度高于阴极区温度，从而使钨极端部容易过热而烧损，因此，许用电流较小，焊件上产生的热量较少，焊缝厚度较小，焊接生产率低，很少被采用。

但是，直流反接也有其有利之处，能产生“阴极破碎”作用，即电弧空间的正离子由钨极的阳极区飞向焊件的阴极区，撞击金属熔池表面，将致密难熔的氧化膜击碎，使焊接顺利进行，如图3-39所示。在焊接铝、镁及其合金时，由于这类合金极易氧化，形成一层致密且熔点很高的氧化膜（如 Al_2O_3 的熔点为2050℃）覆盖在熔池表面，阻碍母材与填充金属的良好熔合，这时，就可利用“阴极破碎”作用有效地去除氧化膜，避免产生焊接缺陷。

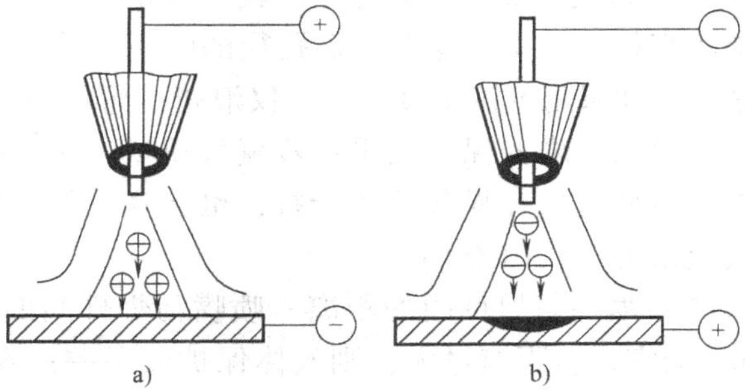

图3-39 “阴极破碎”作用示意图
a）直流反接 b）直流正接

尽管“阴极破碎”作用对焊接铝、镁及其合金非常有利，但由于直流反接时，钨极的许用电流小，钨极容易烧损，电弧燃烧不稳定，因此焊接铝、镁及其合金时，一般不采用直流反接，而使用交流电。

2）直流正接。直流正接时（即钨极接负极，焊件接正极），焊件表面受到比正离子质量小得多的电子的撞击，不能有效去除氧化膜，因此没有“阴极破碎”作用。但是，由于电弧在焊件阳极区产生的热量大于钨极阴极区，使焊缝厚度增加，生产率提高，并且钨极不易过热与烧损，许用电流增大，电弧燃烧稳定，因此适合于焊接表面无致密氧化膜的金属材料。

3）交流TIG焊。由于交流电极性是不断变化的，在正极性的半周中（钨极接负极），钨极可以得到冷却，以减小烧损，而在正半周中（焊件为负极）有“阴极破碎”作用，可以有效地清除熔池表面的氧化膜。因此，交流TIG焊兼有直流正、反接的优点，是焊接铝、镁及其合金的最佳方法。

（2）焊接电流　焊接电流主要根据焊件厚度、钨极直径和焊缝的空间位置来选择，一般随焊接电流的增大，其熔深与熔宽都相应增大，而余高相应减小。如果焊接电流太大，则易造成咬边、烧穿等缺陷；如果焊接电流太小，则易造成未焊透缺陷。

（3）电弧电压　电弧电压是随着弧长的变化而变化的。电弧拉长，则电弧电压增大，焊缝的熔宽和加热面积都略有增大。但电弧长度增大到一定值后，会因电弧热量的分散而造成熔宽和熔化面积减小。若电弧长度过长，则气体保护效果会变差，因此在不短接的情况下，应尽量采用短弧焊。不加填充焊丝时，弧长一般控制在1～3mm；加填充焊丝时，弧长为3～6mm。

（4）焊接速度　在其他参数不变的情况下，若焊速过大，则会使保护气流偏离钨极与熔池，影响气体保护效果，易产生未焊透等缺陷；当焊速过慢时，易产生咬边和烧穿缺陷。因此，TIG焊时应选择合适的焊接速度。

（5）钨极直径和端部形状　钨极直径主要根据焊件厚度、焊接电流、电源极性来选择。如果钨极直径选择不当，就会造成电弧不稳、钨极烧损及焊缝夹钨等。

钨极端部的形状对焊接电弧的稳定性及焊缝成形有很大的影响，因此在使用前应对钨极端部进行磨削。使用交流电时，钨极端部应磨成球形，以减小极性变化对电极的损耗；使用直流电时，因多采用直流正接，为使电弧集中并且能够稳定燃烧，钨极端部多磨成圆台形，而用小电流施焊时可以磨成圆锥形，如图3-40所示。

（6）氩气流量和喷嘴直径　氩气流量主要根据钨极直径与喷嘴直径来选择。对于一定孔径的喷嘴，选用的氩气流量要适当。如果氩气流量过大，不仅浪费，而且容易形成紊流，使空气混入，降低保护效果；若氩气流量过小，则气流挺度变差，容易受到外界气流的干扰，也会降低保护效果。通常氩气流量为 3 ~ 20L/min。

（7）喷嘴与焊件间的距离　喷嘴与焊件间的距离以 5 ~ 15mm 为宜。若距离过大，则气体保护效果差；若距离过小，虽对气体保护有利，但能观察的范围和保护区域变小。

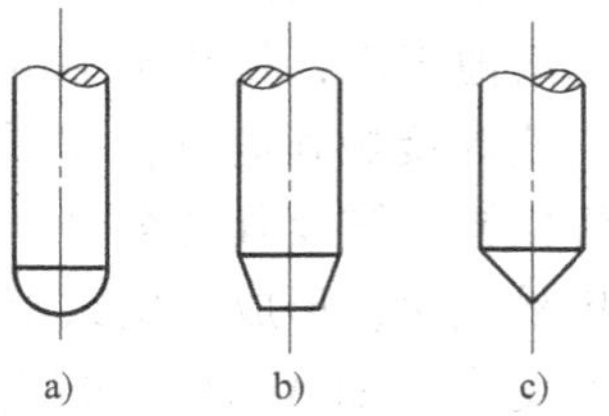

图 3-40　电极端部的形状
a）球形　b）圆台形　c）圆锥形

（8）钨极伸出长度　为了防止电弧烧坏喷嘴，钨极端部应突出喷嘴以外，其伸出长度在对接焊时一般为 3 ~ 6mm，角焊缝时为 7 ~ 8mm。若钨极伸出长度过小，则焊工不便于观察熔池情况，对操作不利；若钨极伸出长度过大，则气体保护效果会受到一定的影响。

任务准备

1. 焊接材料

（1）焊丝　牌号为 ER49-1（H08Mn2SiA）；电极为铈钨极，其端部磨成图 3-41 所示的形状；氩气纯度为 99. 99%。

（2）焊件　焊件材质为 Q235 钢，焊件尺寸为 300mm × 100mm × 6mm，每组两块，开 60° ± 5°V 形坡口，如图 3-42 所示。

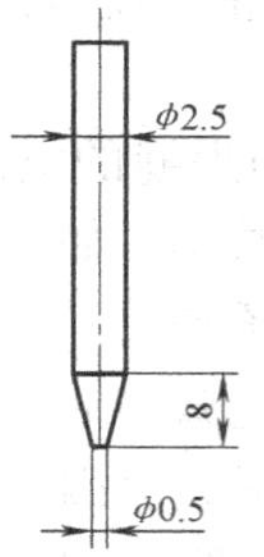

图 3-41　铈钨极的形状

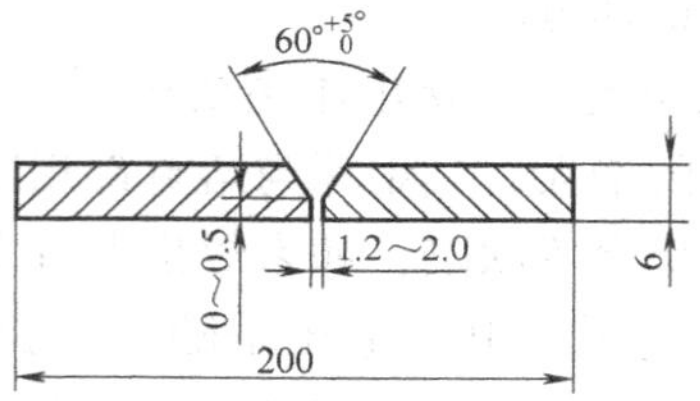

图 3-42　试件及坡口尺寸

2. 焊接设备

选用 WS-300 型焊机，直流正接。使用前应检查焊机各处接线是否正确、牢固、可靠，同时检查其冷却系统和供气系统有无堵塞、泄漏现象。

3. 焊接参数（见表 3-16）

表 3-16　焊接参数的选择

焊接层次	焊接电流/A	电弧电压/V	氩气流量/(L/min)	钨极直径/mm	焊丝直径/mm	钨极伸出长度/mm	喷嘴直径/mm	喷嘴至焊件的距离/mm
打底层焊	80 ~ 100	10 ~ 14	8 ~ 10	2. 5	2. 5	4 ~ 6	8 ~ 10	≤12
填充层焊	90 ~ 100							
盖面层焊	100 ~ 110							

任务实施

1. 焊件的装配

（1）焊前清理　清理坡口正反面两侧20mm范围内和焊丝表面的油污、锈蚀、水分等，直至露出金属光泽，然后用丙酮进行清洗。

（2）装配间隙　装配间隙为1.2～2.0mm，错边量小于或等于0.6mm。

（3）定位焊　采用手工钨极氩弧焊，按表3-16中打底层焊焊接参数在试件两端正面坡口内进行定位焊，焊缝长度为10～15mm，并将焊缝接头处预先打磨成斜坡。

2. 焊接操作要点及注意事项

（1）打底层焊　手工钨极氩弧焊通常采用左焊法，因此应将焊件装配间隙大的端面放在左侧。

1）引弧。在焊件右端定位焊缝上引弧，引弧时采用较长的电弧（弧长为4～7mm），在坡口处预热4～5s。在定位焊缝左端形成熔池并出现熔孔后开始送丝。

2）焊接。焊接打底层时，采用较小的焊枪倾角和较小的焊接电流。焊丝、焊枪与焊件的角度如图3-43所示。焊接时，焊枪移动要平稳，速度应一致，焊丝送进要均匀，同时，注意观察熔池的变化，随时调整有关参数，保证焊缝背面成形良好。当熔池增大、焊缝变宽且出现下凹时，说明熔池温度过高，应减小焊枪与焊件的夹角，增大焊接速度；当熔池减小时，说明熔池温度过低，应增加焊枪与焊件的夹角，降低焊接速度。

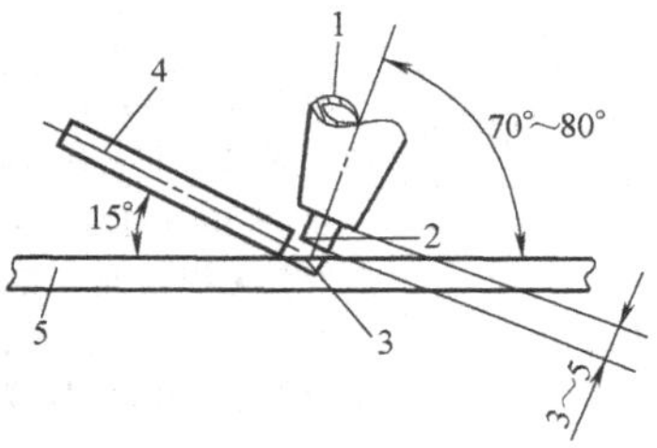

图3-43　焊丝、焊枪与焊件的角度
1—喷嘴　2—钨极　3—熔池
4—焊丝　5—焊件

3）接头。当更换焊丝或暂停焊接时，需要接头。这时松开焊枪上的开关，停止送丝，借焊机电流衰减熄弧，但焊枪仍需对准熔池进行保护，待其完全冷却后方能移开焊枪。在进行接头前，应先检查接头熄弧处弧坑质量。如果无氧化物等缺陷，则可直接进行接头焊接。如果有缺陷，则必须把缺陷修磨掉，并将其前端打磨成斜面，然后在弧坑右侧15～20mm处引弧，缓慢向左移动，待弧坑处开始熔化并形成熔池和熔孔后，继续填丝焊接。

4）收弧。当焊至焊件末端时，应减小焊枪与焊件的夹角，使热量集中在焊丝上，加大焊丝熔化量以填满弧坑。切断控制开关后，焊接电流将逐渐减小，熔池也随之减小，此时将焊丝抽离电弧，但不能离开氩气保护区。停弧后，应延时约10s再停止供应氩气，从而防止熔池金属在高温下氧化。

（2）填充层焊　按表3-16中填充层焊的焊接参数调节好设备，进行填充层焊接。其操作要点与打底层焊时相同，焊接时焊枪可做锯齿形横向摆动，其幅度应稍大，并在坡口两侧停留，以保证坡口两侧熔合良好，焊道均匀，并使焊缝表面平整且稍下凹。填充层的焊道焊完后应比焊件表面低1.0～1.5mm，焊完后将焊道表面清理干净。

（3）盖面层焊　按表3-16中盖面层焊的焊接参数调节好设备，进行盖面层焊。其操作要点与填充层焊时基本相同，但要加大焊枪的摆动幅度，保证熔池两侧超过坡口边缘0.5～1mm，并按焊缝余高确定填丝速度与焊接速度，尽可能保持焊接速度均匀，熄弧时必须填满弧坑。

检查评议

完成的焊件应该满足焊接质量要求。检查评议表见表3-17。

表3-17 检查评议表

项目	考核要求	分值	扣分标准	检验结果	得分
工艺措施及焊接参数的选择	选择合理	5	工艺措施或焊接参数选择不当酌情扣分		
焊缝宽度	比坡口每侧增宽0.5～2.5mm	5	根据情况酌情扣分		
宽度差	≤3mm	5	根据情况酌情扣分		
余高	0～2mm	5	根据情况酌情扣分		
余高差	≤2mm	5	根据情况酌情扣分		
咬边	深度≤0.5mm，焊缝两侧咬边总长度不得超过焊缝长度的10%	10	深度>0.5mm，或咬边总长度超过焊缝长度的10%不得分		
背面凹坑	≤2mm，长度不得超过焊缝长度的10%	10	根据情况酌情扣分		
角变形	<3°	5	超差不得分		
错边	≤1mm	5	超差不得分		
焊缝表面成形质量	波纹细腻、均匀、美观，焊缝表面非焊道上不应有引弧痕迹	15	根据成形情况酌情扣分		
射线检测	符合JB/T 4730.2—2005《承压设备无损检测 第2部分 射线检测》规定，射线检测质量不应低于AB级，焊缝缺陷等级不低于Ⅱ级	30	Ⅰ级片不扣分，Ⅱ级片扣10分，Ⅲ级片扣20分，Ⅳ级片不得分		
否定项	焊缝表面不得有裂纹、未熔合、夹渣、气孔、焊瘤、未焊透等缺陷				

问题防治

TIG焊的对接平焊操作技术是最基础的操作技术，必须反复练习，熟练掌握其引弧、焊接、接头、收弧等操作要点，并能根据不同的层面调整焊接参数。

考证要点

1. 请简述TIG焊的工作原理及其特点。
2. TIG焊时，氩气保护有什么特点？
3. TIG焊时，焊接设备包括哪几部分？
4. TIG焊时，焊前清理的目的是什么？清理方法有哪些？
5. TIG焊时，应如何选择电源种类与极性？
6. TIG焊时有哪些焊接参数？

任务7 小直径管对接垂直固定TIG焊单面焊双面成形

任务描述

小直径管垂直固定对接焊在生产领域应用较广本任务要求了解MIG焊的原理、特点、分类及应用，熟悉 MIG 焊的焊接材料、焊接设备及焊接工艺，掌握小直径管对接垂直固定 TIG 焊单面焊双面成形的操作技能。

任务分析

垂直固定管指管子处于垂直位置或接近垂直位置，焊缝则处于横向位置，形成环缝。焊接时液体金属因自重下淌，容易产生上咬边、下焊瘤及未焊透等缺陷，应采用较小的焊接电流、短弧焊，焊枪倾角随着焊道部位的不同而相应地变化。

相关知识

熔化极惰性气体保护焊一般是采用氩气或氩气和氦气的混合气体作为保护气体进行焊接的，简称 MIG 焊。所以熔化极惰性气体保护焊通常指的是熔化极氩弧焊。

一、MIG 焊的原理及特点

1. MIG 焊的原理

MIG 焊的原理示意图如图 3-44 所示。MIG 焊采用焊丝作电极，在惰性气体的保护下，电弧在焊丝与焊件之间燃烧，焊丝连续送给并不断熔化，而熔化的熔滴也不断向熔池过渡，与液态的焊件金属熔合，经冷却凝固后形成焊缝。MIG 焊按操作方式可以分为半自动 MIG 焊和自动 MIG 焊。

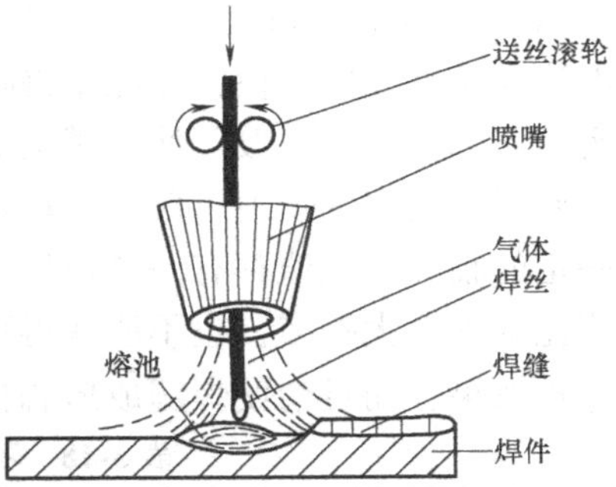

图 3-44 MIG 焊的原理示意图

2. MIG 焊的特点

MIG 焊与 CO_2 焊、TIG 焊相比有以下特点：

（1）焊缝质量高 由于采用惰性气体作为保护气体，不与金属发生化学反应，因此高温下的合金元素不会被氧化烧损。同时，氩气不溶于液态金属，不会产生气孔，保护效果非常好。因此，MIG 焊能获得高质量的焊缝。

（2）焊接范围广 采用 Ar、He 或 Ar + He 作为保护气体，几乎可以焊接所有的金属，尤其适合于焊接铝及铝合金、铜及铜合金等有色金属。

（3）生产效率高 由于用焊丝作电极，可采用高密度电流，因此母材的熔深大，填充金属熔敷速度快，焊接铝、铜等金属厚板时，生产率比 TIG 焊高，焊件变形量比 TIG 焊小。

（4）MIG 焊的主要缺点 惰性气体没有脱氧去氢的能力，对水、锈、油污较敏感，对焊丝及母材的表面清理要求较严格。

3. MIG 焊的熔滴过渡形式

当采用短路过渡或滴状过渡焊接时，由于飞溅较严重，电弧复燃困难，焊件金属熔化不良，容易产生焊缝缺陷，所以 MIG 焊时一般不采用短路过渡或滴状过渡的形式，而多采用喷射过渡的形式。

二、MIG 焊的设备

MIG 焊的设备与 CO_2 焊基本相同，主要由焊接电源、供气系统、送丝系统、控制系统、半自动焊枪或自动焊小车等部分组成。

MIG 焊的工作原理与埋弧焊基本相同，选用细焊丝时，采用等速送丝系统，配用缓降外特性的焊接电源；选用粗焊丝时，采用变速送丝系统，配用陡降外特性的焊接电源，以保证自动调节作用及焊接过程的稳定性。另外，半自动 MIG 焊用细焊丝，而自动 MIG 焊用粗焊丝。

其供气系统由于采用惰性气体，不需要预热器，又因为惰性气体也不像 CO_2 那样含有水分，因此不需要干燥器。

三、MIG 焊的焊前清理与焊接参数的选择

1. 焊前清理

MIG 焊与 TIG 焊一样均采用惰性气体保护，而惰性气体既无氧化性，又无还原性，对油污、水分、锈蚀等较为敏感，因此，焊前必须对焊丝及坡口两侧至少 20mm 范围内进行彻底清理。其清理方法见 TIG 焊相关内容。

2. 焊接参数的选择

MIG 焊的焊接参数主要有焊丝直径、焊接电流、电弧电压、焊接速度、喷嘴直径、氩气流量等。

（1）焊接电流和电弧电压　焊接电流和电弧电压是获得喷射过渡的关键，一般具有焊接电流大于临界电流值，才能获得喷射过渡。但焊接电流也不能过大，否则，熔滴将产生不稳定的非轴向喷射过渡，使飞溅增加，破坏熔滴过渡的稳定性。

要得到稳定的喷射过渡，在选定焊接电流后，还要匹配合适的电弧电压。实践表明，对于一定的临界电流值都有一个最低的电弧电压与之相匹配，如果电弧电压低于这个值，即使电流比临界值大得多，也不能获得稳定的喷射过渡。但电弧电压也不能过高，否则，不仅影响保护效果，而且会使焊缝成形恶化。不同材料和不同直径焊丝的临界电流见表 3-18。

表 3-18　不同材料和不同直径焊丝的临界电流

材料	焊丝直径/mm	临界电流/A
铝	0.8	95
	1.2	135
	1.6	180
脱氧铜	0.8	180
	1.2	210
	1.6	310
钛	0.8	120
	1.2	225
	2.4	320
碳素钢	0.8	160
	1.2	210
	1.6	240
	2.0	280
	2.5	300
	3.0	350

（2）氩气流量和喷嘴孔径　由于 MIG 焊对熔池和电弧区的保护要求较高，而且电弧功率和熔池体积比 TIG 焊时大，因此氩气流量和喷嘴孔径也相应增大，通常喷嘴孔径为 20mm

左右，氩气流量为30～65L/min。

（3）电源极性 由于直流反接有助于实现喷射过渡，飞溅少，而且还有利于发挥“阴极破碎”作用，因此MIG焊采用直流反接。

任务准备

1. 焊接材料

（1）焊丝 牌号为ER49-1（H08Mn2SiA），直径为2.5mm。

（2）焊件 焊件材料为20钢管，焊件尺寸为ϕ42mm×5mm，$L=100$mm，每组两根；坡口尺寸如图3-45所示。

2. 焊接设备

选用WS—300型焊机，直流正接。使用前应检查焊机各处接线是否正确、牢固、可靠，同时检查其冷却系统和供气系统有无堵塞、泄漏现象。

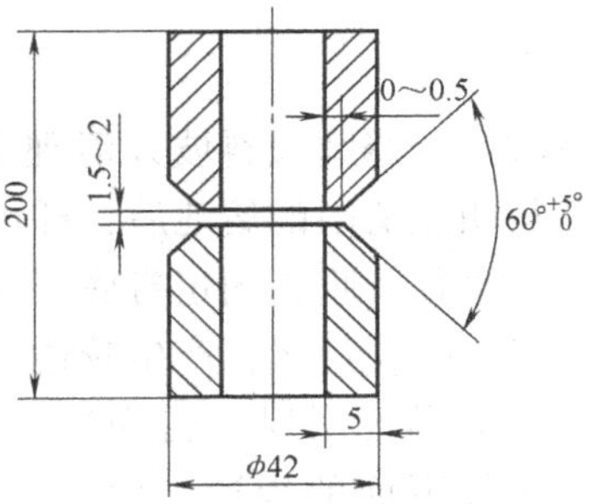

图3-45 试件及坡口尺寸

3. 焊接参数（见表3-19）

表3-19 焊接参数的选择

焊接层次	焊接电流/A	电弧电压/V	氩气流量/(L/min)	焊丝直径/mm	喷嘴直径/mm	喷嘴至焊件的距离/mm
打底面焊	90～95	15～17	8～10	2.5	8	≤8
盖面面焊	95～100		6～8			

任务实施

1. 焊件的装配

（1）焊前清理 清理坡口正反面两侧20mm范围内和焊丝表面的油污、锈蚀、水分等，直至露出金属光泽，然后用丙酮进行清洗。

（2）钝边 修磨钝边0～0.5mm。

（3）装配间隙 装配间隙为1.5～2.0mm，错边量≤0.5mm。

（4）定位焊 一点定位，焊缝长10mm左右，并保证该处间隙为2mm，与之相隔180°处间隙为1.5mm，使管子轴线垂直，间隙小的一侧位于右边，定位焊点两端应先打磨成斜坡，以利于接头。

2. 焊接操作要点及注意事项

采用两层三道焊，打底层焊为一层一道，盖面层焊为上、下两道。

（1）打底层焊 焊枪角度如图3-46所示。在右侧间隙最小处（1.5mm处）引弧，先不加焊丝，待坡口根部熔化形成熔池后，将焊丝轻轻地向熔池里送一下，并向管子坡口内摆动，将熔化金属送到坡口根部，以保证背面焊缝的高度。在填充焊丝的同时，焊枪小幅度作横向摆动并向左均匀移动。

在焊接过程中，将焊丝以往复运动的方式间断地送入电弧内的熔池前方，在熔池前呈滴状加入。焊丝送进要有规律，不能时快时慢，以保证焊缝成形美观。

当暂停焊接时，应按收弧要点操作（同本单元任务6的收弧部分）。继续焊接时，焊前

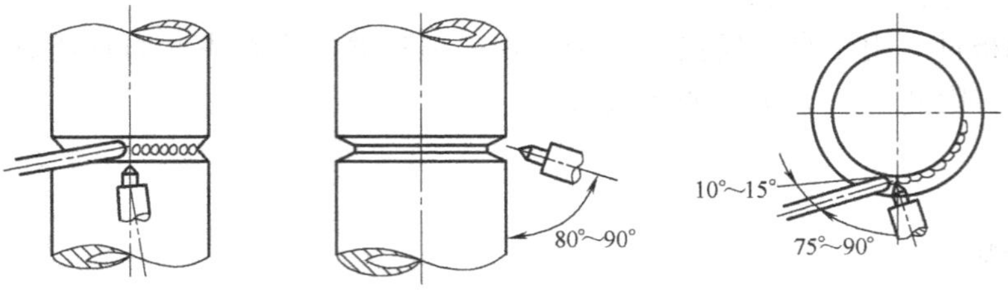

图 3-46　打底层焊时的焊枪角度

应将收弧处修磨成斜坡并清理干净，在斜坡上引弧后移至离接头 8 ~ 10mm 处，焊枪不动，当获得明亮清晰的熔池后，即可填加焊丝，继续从右向左进行焊接。

小直径管垂直固定打底层焊时，应使熔池的热量集中在坡口的下部，以防止上部坡口过热，母材熔化过多，产生咬边或使焊缝背面的余高下坠。

（2）盖面层焊　盖面层焊缝由上、下两道组成，先焊下面的焊道，后焊上面的焊道，焊枪角度如图 3-47 所示。

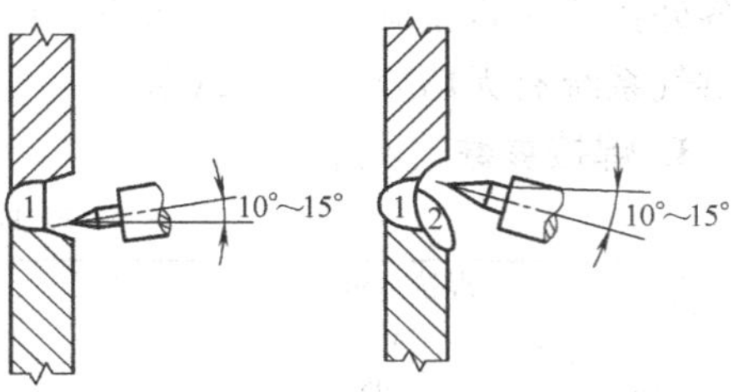

图 3-47　盖面层焊时的焊枪角度

焊下面的盖面层焊道时，将电弧对准打底层焊道下沿，使熔池下沿超出管子坡口的棱边 0.5 ~ 1.5mm，熔池上沿在打底层焊道的 1/2 ~ 2/3 处。

焊上面的盖面层焊道时，将电弧对准打底层焊道上沿，使熔池上沿超出管子坡口的棱边 0.5 ~ 1.5mm，下沿与下面的焊道圆滑过渡，焊接速度要适当加快，送丝频率也应加快，适当减少送丝量，防止焊缝下坠。

检查评议

完成的焊件应满足焊接质量要求。检查评议表见表 3-20。

表 3-20　检查评议表

项目	考核要求	分值	扣分标准	检验结果	得分
工艺措施及焊接参数的选择	选择合理	5	工艺措施或焊接参数选择不当酌情扣分		
焊缝宽度	比坡口每侧增宽 0.5 ~ 2.5mm	5	根据情况酌情扣分		
宽度差	≤3mm	5	根据情况酌情扣分		
余高	0 ~ 2mm	5	根据情况酌情扣分		
余高差	≤2mm	5	根据情况酌情扣分		
咬边	深度≤0.5mm，焊缝两侧咬边总长度不得超过焊缝长度的 10%	10	深度 > 0.5mm，或咬边总长度超过焊缝长度的 10% 不得分		
背面凹坑	深度≤1mm，长度不得超过焊缝长度的 10%	10	根据情况酌情扣分		
角变形	< 3°	5	超差不得分		
错边	≤1mm	5	超差不得分		
未焊透	无未焊透	5	有未焊透不得分		

（续）

项目	考核要求	分值	扣分标准	检验结果	得分
通球试验	通过	5	不能通过不得分		
焊缝表面成形质量	波纹细腻、均匀、美观，焊缝表面非焊缝上不应有引弧痕迹	5	根据成形情况酌情扣分		
射线检测	符合 JB/T 4730.2—2005《承压设备无损检测　第2部分　射线检测》规定，射线检测质量不应低于AB级，焊缝缺陷等级不低于Ⅱ级。	30	Ⅰ级片不扣分，Ⅱ级片扣10分，Ⅲ级片扣20分，Ⅳ级片不得分		
否定项	焊缝表面不得有裂纹、未熔合、夹渣、气孔、焊瘤等缺陷				

问题防治

小管垂直固定打底焊时，容易出现咬边或焊缝背面余高下坠，因此，焊接时要注意熔池的热量应该集中在坡口的下部，以防止上部坡口过热，母材熔化过多，产生咬边或焊缝背面的余高下坠。

另外，操作时，多用左焊法，要注意起焊时所形成的熔孔，并一直保持到第一层焊完，这样才能使管子熔透，保证双面成形。

考证要点

1. 请简述MIG焊的工作原理及其特点。
2. MIG焊时，选用哪种熔滴过渡形式？
3. MIG焊时，其焊接参数包括哪些？应如何选择？

任务8　小直径管对接水平固定TIG焊单面焊双面成形

任务描述

小直径管对接水平固定TIG焊单面焊双面成形在生产领域应用也非常广泛。本任务要求了解脉冲TIG焊的原理、特点，熟悉脉冲TIG焊的焊接工艺，掌握小直径管对接水平固定TIG焊单面焊双面成形的操作技能。

任务分析

水平固定管焊缝是环形的，在焊接过程中需要经过仰焊、立焊、平焊几种空间位置的焊接，操作比较困难，因此需要注意每个环节的操作要领。

相关知识

一、脉冲TIG焊的原理

脉冲TIG焊与一般TIG焊的主要区别在于，它向焊接电弧供以周期性脉冲式的焊接电流来进行焊接。目前，这种方法已经得到了推广与应用。

周期性脉冲式的焊接电流包括基值电流（维弧电流）和脉冲电流。基值电流用来维持电弧稳定燃烧和预热电极与焊件；脉冲电流用来熔化金属，是焊接时的主要热源。

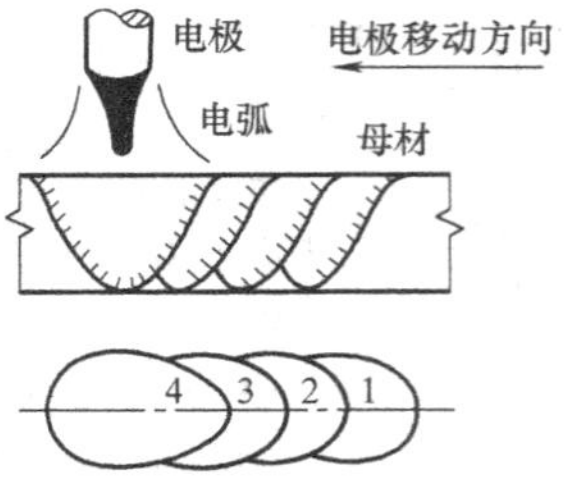

图 3-48 脉冲 TIG 焊焊缝形成过程

在焊接过程中，当电极通过脉冲电流时，焊件在电弧热的作用下形成一个熔池，焊丝熔化滴入熔池。当只有基值电流时，由于热量减少，熔池凝固形成一个焊点。下一个脉冲作用时，原焊点的一部分与焊件新的接头处产生一个新熔池。如此循环，最后形成一条由许多搭接的焊点组成的链状焊缝，如图 3-48 所示。通过对脉冲电流、基值电流的调节和控制，可实现对焊接热输入的控制，从而控制焊缝的尺寸和质量。

二、脉冲 TIG 焊的特点

1. 接头质量好

脉冲 TIG 焊能有效地控制焊接热输入和接头金属的高温停留时间，因此可减小焊缝和热影响区的过热，能够减少焊接应力与变形，并且提高接头的力学性能。

2. 扩大氩弧焊的使用范围

脉冲 TIG 焊比一般 TIG 焊的焊缝厚度大，可焊板厚范围广，在减小平均电流的情况下，可焊接一般 TIG 焊不能焊接的薄板构件，用它可焊接厚度小于 0.1mm 的薄钢板。

3. 适用于全位置焊

采用脉冲电流后，可用较小的平均电流进行焊接，从而减小熔池体积，并且熔滴过渡和熔池金属加热是间歇性的，更容易进行全位置焊接。

三、脉冲 TIG 焊的焊接参数

脉冲 TIG 焊的焊接参数除一般 TIG 焊的焊接参数外，还包括基值电流、脉冲电流、基值电流持续时间、脉冲持续时间、脉冲频率等。

1. 基值电流

脉冲 TIG 焊时一般选用较小的基值电流，只要能维持电弧的稳定燃烧即可。在其他参数不变的情况下，改变基值电流可调节焊件的预热和熔池的冷却速度。

2. 基值电流持续时间

其对焊缝成形尺寸的影响较小。若间隙时间过长，则会明显减少热输入，使焊缝冷却时间增加；若间隙时间过短，又相当于“连续”焊，发挥不出脉冲焊的优点。

3. 脉冲电流和脉冲持续时间

这是决定焊缝成形尺寸的主要参数。若脉冲电流增大，脉冲持续时间增长，则焊缝的熔深和熔宽都会增加，其中脉冲电流的作用比脉冲持续时间的作用要大。脉冲电流的选择主要取决于焊件材料的性质和厚度。如果脉冲电流过大，则容易产生咬边现象。

4. 脉冲频率

脉冲频率是通过改变脉冲持续时间和基值电流持续时间来进行调节的。若脉冲频率过高，第一个焊点来不及形成，第二个脉冲又来到，则不能显示出脉冲工艺的特点。

任务准备

1. 焊接材料与焊接设备

与本单元任务7相同。

2. 焊接参数（见表3-21）

表3-21 焊接参数的选择

焊接层次	焊接电流/A	电弧电压/V	氩气流量/(L/min)	焊丝直径/mm	钨极直径/mm	喷嘴直径/mm	喷嘴至焊件的距离/mm
打底层焊	90～100	15～17	8～10	2.5	2.5	8	≤10
盖面层焊							

任务实施

1. 焊件的装配

焊件装配的内容和要求与本单元任务7相同。

2. 焊接操作要点及注意事项

焊接时采用两层两道焊，按两个半圈进行焊接，从仰焊位置起焊，在平焊位置收尾，如图3-49和图3-50所示。

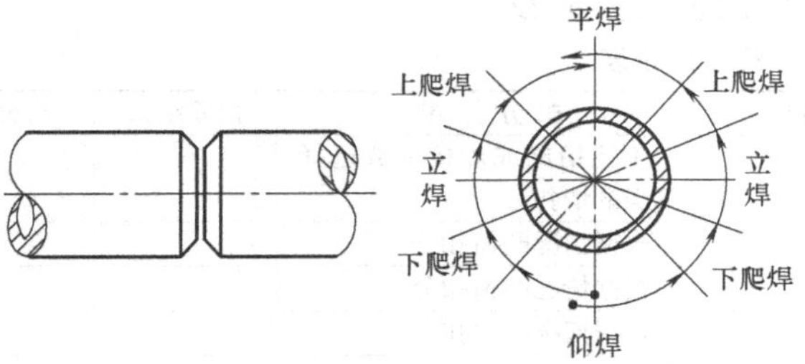

图3-49 水平固定管焊接

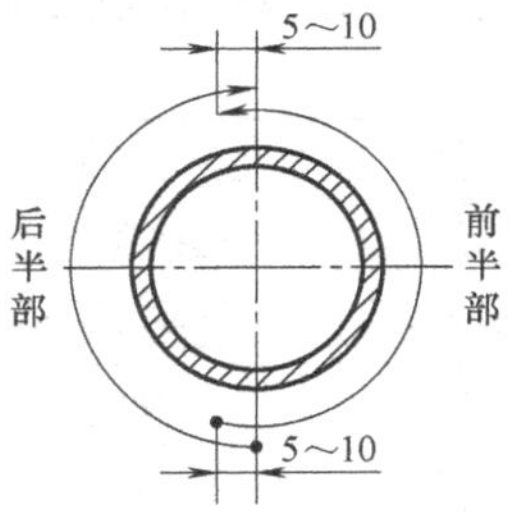

图3-50 水平固定管起弧和收尾位置示意图

（1）打底层焊

1）引弧。将钨极对准坡口根部并使其逐渐接近母材引燃电弧，起焊点在管中心线后5～10mm，如图3-50所示。

引弧后控制弧长为2～3mm，对坡口根部加热，待钝边熔化形成熔池后，填加焊丝。始焊时焊接速度应慢一些，并多填加焊丝来加厚焊缝，以达到背面成形和防止裂纹的目的。

2）焊枪角度。焊枪、焊丝与管子的夹角如图3-51所示。

3）焊接。在焊接过程中，电弧应交替加热坡口根部和焊丝端部，使坡口两侧熔透均匀，以保证背面焊缝的成形。焊丝送进要均匀、有规律，应使焊丝端部始终处于氩气保护范围中，以避免焊丝氧化，且不能直接插入熔池，应间断送入熔池前方，边熔化边送丝。

4）收弧。收弧位置在平焊位置越过管中心线5～10mm处，如图3-50所示。收弧前应连续送进2滴或3滴填充金属填满弧坑，以免出现缩孔，并将电弧移至坡口的一侧熄灭电弧。灭弧后修磨引弧处和收弧处的焊缝金属，使其成缓坡形，以便于后半圈接头。

5）后半圈的起焊位置应在前半圈起焊位置后 4～5mm 处。引燃电弧，先不填加焊丝，待接头处熔化形成熔孔后，在熔池前沿填加焊丝，然后向前焊接，焊到平焊位置接头处，停止填加焊丝，待原焊缝端部熔化后，再加焊丝焊接最后一个接头，填满弧坑后收弧。

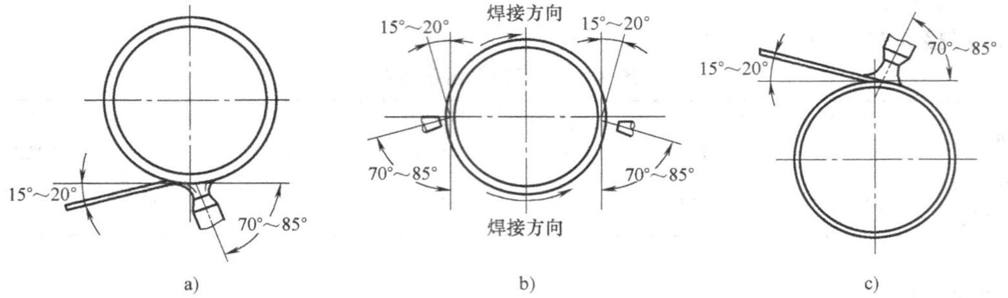

图 3-51　焊枪、焊丝与管子的夹角

a）仰焊位置　b）立焊位置　c）平焊位置

（2）盖面层焊　盖面层焊也分前、后两个半圈进行，焊接时，除焊枪横向摆动幅度稍大，焊接速度稍慢，焊接电流稍大一些外，其余的操作方法与打底层焊时相同。

检查评议

完成的焊件应该满足焊接质量要求检查评议表见表 3-22。

表 3-22　检查评议表

项目	考核要求	分值	扣分标准	检验结果	得分
工艺措施及焊接参数的选择	选择合理	5	工艺措施或焊接参数选择不当酌情扣分		
焊缝宽度	比坡口每侧增宽 0.5～2.5mm	5	根据情况酌情扣分		
宽度差	≤3mm	5	根据情况酌情扣分		
余高	0～2mm	5	根据情况酌情扣分		
余高差	≤2mm	5	根据情况酌情扣分		
咬边	深度≤0.5mm，焊缝两侧咬边总长度不得超过焊缝长度的 10%	10	深度＞0.5mm，或咬边总长度超过焊缝长度的 10% 不得分		
背面凹坑	深度≤1mm，长度不得超过焊缝长度的 10%	10	根据情况酌情扣分		
角变形	＜3°	5	超差不得分		
错边	≤1mm	5	超差不得分		
未焊透	无未焊透	5	有未焊透不得分		
通球试验	通过	5	不能通过不得分		
焊缝表面成形质量	波纹细腻、均匀、美观，焊缝表面非焊道上不应有引弧痕迹	5	根据成形情况酌情扣分		
射线检测	符合 JB/T 4730.2—2005《承压设备无损检测　第 2 部分　射线检测》规定，射线检测质量不应低于 AB 级，焊缝缺陷等级不低于Ⅱ级	30	Ⅰ级片不扣分，Ⅱ级片扣 10 分，Ⅲ级片扣 20 分，Ⅳ级片不得分		
否定项	焊缝表面不得有裂纹、未熔合、夹渣、气孔、焊瘤等缺陷				

问题防治

水平固定管焊接时，仰焊位置的焊接难度最大，易产生液体金属下淌，应采用较小的焊接电流、短弧焊、利用电弧和氩气的吹力托住液体金属。短弧焊有利于熔化金属向熔池中过渡。另外，焊接时，由于是全位置焊接，随着空间位置的变化，焊枪、焊丝与管子的夹角要及时灵活地调整，以保证焊缝成形质量。

考证要点

1. 请简述脉冲TIG焊的工作原理及其特点。
2. 脉冲TIG焊时，其焊接参数包括哪些？应如何选择？

任务9 大直径中厚壁管对接水平固定组合焊（TIG焊+焊条电弧焊）

任务描述

TIG焊焊接接头质量较高，但生产率低，仅用于焊接薄件，很少用于焊接大厚件，生产中通常用手工氩弧焊进行打底层焊。本任务要求了解富氩混合气体保护焊的原理、特点，熟悉其焊接工艺；掌握大直径中厚壁管对接水平固定组合焊（TIG焊+焊条电弧焊）的操作技能。

任务分析

本任务要求掌握熔化极活性混合气体保护焊的特点，掌握富氩混合气体保护焊的焊接参数，掌握大直径中厚壁管对接水平固定组合焊（TIG焊+焊条电弧焊）的焊接方法及要点。

相关知识

熔化极活性混合气体保护焊常采用富氩混合气体作为保护气体。

一、富氩混合气体保护焊的特点

在氩气中加入一定比例的某种其他气体，可稳定电弧，提高熔滴过渡的稳定性，减少飞溅，改善焊缝成形条件，增大电弧的热功率以及控制焊缝冶金质量等。

二、富氩混合气体保护焊气体组分的配比

在焊接生产中应用较为典型的富氩混合气体保护焊气体组合方式主要有：Ar+He、$Ar+N_2$、$Ar+O_2$、$Ar+CO_2$、$Ar+CO_2+O_2$。

1. Ar+He

He气的密度比空气的密度小，热导率比Ar气高得多，对于给定的电弧长度和焊接电流，He弧的电弧电压比Ar弧的高，因而He弧的电弧温度和能量密度高。向Ar气中以一定的配比加入氦气后，就得到的混合气体就具有两者的优点，既可实现稳定的轴向射流过渡，又可提高电弧温度，使焊件熔透深度增加，飞溅减小，焊缝成形条件得到改善。

焊接大厚度铝及铝合金时，采用Ar+He混合气体，可增加焊缝的熔深，并能消除用纯

氩作为保护气体时形成的蘑菇状焊缝，使焊缝形状得到改善，可以减少气孔等缺陷，并可提高生产率。He 气加入量随焊件厚度的增加而增加，焊件厚度越大，加入的 He 气量应当越多。焊件厚度为 10～20mm 时，可加入 He 气 50%（体积分数）；厚度为 20mm 以上时，在 Ar＋He 混合气体中 He 的比例为 75%～90%（体积分数）。

焊接铜及铜合金时，由于其热导率非常高，为降低焊前的预热温度，改善焊缝金属的润湿性，提高焊接质量，采用 Ar＋He 混合气体是相当有效的，而且当 He 气的体积分数增加到 75% 左右时，可实现无预热焊接。因此，He 气的加入量一般为 50%～70%（体积分数）。

焊接钛、锆、镍基合金等金属时，采用 Ar＋He 混合气体，也可增大焊缝熔深及改善焊缝金属的润湿性。焊接钛、锆等材料时，He 气的加入量为 25%（体积分数）；焊接镍基合金时，He 气的加入量为 15%～20%（体积分数）。

2. Ar＋N_2

Ar＋N_2 主要用于焊接具有高热导率的铜及铜合金。N_2 对铜来说是一种惰性气体，有良好的保护作用。N_2 是双原子气体，导热性比氩气高，弧柱的电场强度也较高，因而 Ar 气中加入 N_2 会增大电弧的热功率，电弧的温度比纯氩保护时高。同时，弧柱中形成的氮离子或氮原子接触到较冷的母材表面时，会复合并放出热量，使焊缝熔深增大。采用 Ar＋N_2 混合气体焊接铜及铜合金时，往往可降低焊前的预热温度。

Ar＋N_2 混合气体中 N_2 的加入量通常为 20%（体积分数）左右。这种混合气体与 Ar＋He 混合气体相比，气源方便，价格便宜，但 N_2 加入到 Ar 气中会导致射流过渡的临界电流值增大，熔滴变粗，过渡特性变坏，会产生飞溅，还伴有一定的烟尘，焊缝表面较粗糙，外观不如采用 Ar＋He 混合气体时漂亮。

采用 Ar＋N_2（体积分数为 1%～4%）混合气体焊接奥氏体不锈钢，对提高电弧的刚直性及改善焊缝成形条件有一定的效果。

3. Ar＋O_2

用纯 Ar 气焊接不锈钢、低碳钢及低合金结构钢时，往往不能得到满意的效果。其主要问题是：

1）液态金属的黏度及表面张力较大，熔滴过渡过程不够稳定。

2）阴极斑点不稳定，往往出现所谓的“阴极漂移”现象，即阴极斑点在焊件表面漂移不定，导致电弧稳定性较差，焊缝成形不规则，易产生咬边、未熔合等缺陷。同时，气体保护作用受到干扰，可能侵入空气而产生气孔。不锈钢、碳素钢及低合金钢焊件表面的氧化物分布不均匀，而且在纯 Ar 气保护下，焊件表面几乎不产生氧化物。金属氧化物的电子逸出功低，电弧的阴极斑点总是在有氧化物的地方生成。由于氩弧在直流反极性条件下具有“阴极破碎”作用，阴极斑点处的氧化物会很快被破碎清除，因此阴极斑点又向其他有氧化物的地方转移。在氧化物分布不均匀的情况下，阴极斑点不停地破碎和转移，便形成阴极斑点飘移现象。

当 Ar 气中加入少量的 O_2，熔池表面便会形成均匀分布的氧化物，容易形成阴极斑点，使得熔池表面上的阴极破碎作用和氧化过程同时进行，将电弧的阴极斑点稳定和控制住，阴极斑点漂移现象消失。向 Ar 气中加入体积分数为 1%～5% 的 O_2，对防止或消除焊缝中的氢气孔是有好处的。

焊接铝合金时，采用 Ar＋O_2（体积分数为 1%）混合气体对消除焊缝中的氢气孔效果明显。

4. $Ar + CO_2$

$Ar + CO_2$ 混合气体广泛用于碳素钢和低合金结构钢的焊接。$Ar + CO_2$ 混合气体与 $Ar + O_2$ 混合气体类似，也具有氧化性，可克服阴极斑点漂移现象，能稳定与控制阴极斑点的位置，改善焊缝熔深及其成形条件。为实现射流过渡，Ar 气中加入 CO_2 的体积分数以 5% ~ 30% 为宜。在此混合比例下，也可实现脉冲射流过渡以及短路过渡。当 CO_2 混合比例大于 30%（体积分数）时，常用于钢材的短路过渡焊接，以获得较大的熔深和较小的飞溅。

5. $Ar + CO_2 + O_2$

Ar80% + $CO_2$15% + $O_2$5%（体积分数）混合气体用于焊接低碳钢、低合金结构钢是最适宜的。焊缝成形、接头质量、金属熔滴过渡和电弧稳定性方面都可获得满意的结果，可获得理想的焊缝。

纯 Ar 气的 MIG 焊形成的指状熔深比较明显；CO_2 焊的焊缝容易产生裂纹，且飞溅大，成形质量不好；$Ar + O_2 + CO_2$ 混合气体用于焊接低碳钢、低合金钢效果最好。在三种不同气体中焊缝剖面形状如图 3-52 所示。

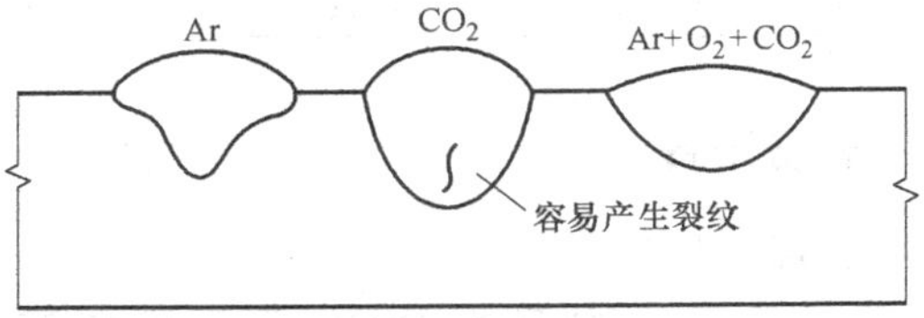

图 3-52　在三种不同气体中焊缝剖面形状

三、富氩混合气体熔化极保护焊设备

富氩混合气体熔化极保护焊设备常用直流电源，采用直流反接。粗丝熔化极氩弧焊一般采用电弧电压自动调节式焊机，配用陡降外特性电源；细丝熔化极氩弧焊时，因为焊接电弧的静特性为上升特性，所以采用等速送丝焊机并配用平外特性或缓降外特性电源为好。

铝及铝合金熔化极氩弧焊采用亚射流过渡时，一般采用等速送丝系统并配备下降特性的直流电源，即恒流源。

起焊时，在按起动开关的同时，接通氩气，延时一定时间后接通电源并开始送丝，焊丝与焊件接触，短路起弧，以选定的焊接电流和电弧电压进行焊接。若为自动焊，则在起弧后焊接小车开始行走。

停止焊接时，送丝速度减慢，焊接电流开始衰减（若为自动焊，则焊接小车停止行走），延时后先停止送丝，经少许时间后切断电源，目的是保证收弧时弧坑的质量，并防止焊丝粘在焊件上，最后停止供气，全部焊接过程结束。

半自动或自动熔化极氩弧焊的控制系统，均应保证上述动作顺序，并应使各个延时动作能单独均匀调节。

四、富氩混合气体保护焊的焊接参数

以低碳钢和低合金钢的熔化极氩弧焊为例，焊接这类钢时常用 $Ar + CO_2$ 混合气体，配以硅锰焊丝（如 H08Mn2SiA）进行焊接，已得到广泛的应用。

1. 短路过渡焊接参数的选择

以短路过渡进行薄板焊接及全位置焊接时，一般采用细焊丝、低电压和小电流，使用的保护气体是 Ar50% + $CO_2$50%（体积分数）的混合气体，其焊接参数见表 3-23。

表 3-23　短路过渡焊接参数

板厚/mm	焊丝直径/mm	间隙/mm	焊丝伸出长度/mm	焊接电流/A	电弧电压/V	焊接速度/(cm/min)
0.4	0.4	0	5 ~ 8	20	15	40
0.6	0.4 ~ 0.6	0	5 ~ 8	25	15	30
0.8	0.6 ~ 0.8	0	5 ~ 8	30 ~ 40	15	40 ~ 55
1.2	0.8 ~ 0.9	0	6 ~ 10	60 ~ 70	15 ~ 16	30 ~ 50
1.6	0.8 ~ 0.9	0	6 ~ 10	100 ~ 110	16 ~ 17	40 ~ 60
3.2	0.8 ~ 1.2	1.0 ~ 1.5	10 ~ 12	120 ~ 140	16 ~ 17	25 ~ 30
4.0	1.0 ~ 1.2	1.0 ~ 1.2	10 ~ 12	150 ~ 160	17 ~ 18	20 ~ 30

2. 射流过渡焊接参数的选择

以射流过渡形式焊接低碳钢及低合金钢时，通常采用的保护气体为 Ar（85% ~ 80%）+ CO_2（15% ~ 20%）（体积分数）。射流过渡电流范围见表 3-24。

表 3-24　射流过渡电流范围[Ar(85% ~ 80%) + CO_2(15% ~ 20%)]

焊丝直径/mm	0.8	1.2	1.6	2.0
焊接电流/A	220 ~ 280	380 ~ 440	440 ~ 500	520 ~ 600

任务准备

1. 焊接材料

（1）焊丝　牌号为 ER49-1（H08Mn2SiA），直径为 2.5mm；电极为铈钨极；焊条为 E4303，直径为 3.2mm。

（2）焊件 焊件材料为 20 钢管，焊件尺寸为 ϕ133mm × 8mm，L = 200mm，开 V 形坡口。

2. 焊接设备

TIG 焊选用 WS—300 型焊机，直流正接；焊条电弧焊选用 BX3-300 或 ZX5-400 型焊机。使用前应检查焊机各处接线是否正确、牢固、可靠，同时检查其冷却系统和供气系统有无堵塞、泄漏现象。

3. 焊接参数（见表 3-25）

表 3-25　焊接参数的选择

焊接方法及层次	焊丝(焊条)直径/mm	焊接电流/A	电弧电压/V	氩气流量/(L/min)	钨极直径/mm	喷嘴直径/mm	喷嘴至焊件的距离/mm
TIG 焊打底	2.5	90 ~ 95	10 ~ 12	8 ~ 10	2.5	8	≤10
焊条电弧焊填充、盖面	3.2	100 ~ 110	22 ~ 26	—	—	—	—

任务实施

1. 焊件的装配

（1）焊前清理　清理坡口正反面两侧 20mm 范围内和焊丝表面的油污、锈蚀、水分等，直至露出金属光泽，然后用丙酮进行清洗。

（2）钝边　修磨钝边 0 ~ 0.5mm。

（3）装配间隙　装配间隙为 2.5 ~ 3.0mm，错边量小于或等于 1mm。

（4）定位焊　TIG 焊两点定位，分别为时钟的 2 点、10 点位置，且保证装配最小间隙位于6点处。焊缝长度为10mm左右，要求焊透、无焊接缺陷，并且定位焊点两端应先打磨成斜坡，以利于接头。

2. 焊接操作要点及注意事项

采用三层三道焊接，其焊接方法与次序为：TIG焊打底，焊条电弧焊填充并盖面。焊接分左右两个半圈进行，在仰焊位置起焊，平焊位置收尾。

（1）TIG焊打底

1）按要求将组装好的焊件固定在焊接架上，并保证6点钟位置无定位焊缝。

2）引弧。先按逆时针方向焊前半圈，在时钟6点位置前8mm左右处引弧起焊，先不填加焊丝，待坡口根部钝边形成熔池后，即可填加焊丝焊接。焊接时焊丝、焊枪的角度如图3-51所示。

3）焊接。在焊接过程中，电弧应交替加热坡口根部和焊丝端部，控制坡口两侧熔透均匀，以保证背面焊缝的成形。焊丝送进要均匀、有规律，应使焊丝端部始终处于氩气保护范围中，以避免焊丝氧化，且不能直接插入熔池，应间断送入熔池前方，边熔化边送丝。

4）收弧。按逆时针方式焊完前半圈，收弧位置在平焊位置越过管中心线5～10mm处，如图3-50所示。收弧前应连续送进2滴或3滴填充金属填满弧坑，以免出现缩孔，并将电弧移至坡口的一侧熄灭电弧。灭弧后修磨引弧处和收弧处的焊缝金属，使其成缓坡形，以便于后半圈接头。

5）后半圈的起焊位置应在前半圈起焊位置后4～5mm处。引燃电弧，先不填加焊丝，待接头处熔化形成熔孔后，在熔池前沿填加焊丝，然后向前焊接，焊到平焊位置接头处，停止填加焊丝，待原焊缝端部熔化后，再加焊丝焊接最后一个接头，填满弧坑后收弧。

6）打底层焊接时，每半圈最好一气呵成，若中断，则应将焊缝末端重新熔化，并重叠5～10mm。一般打底层厚度以3mm左右为宜，不应太薄，以防焊条电弧焊时烧穿。

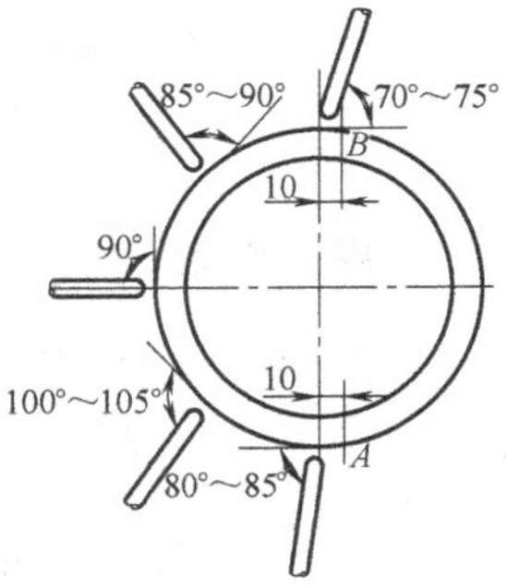

图3-53　焊条角度

（2）焊条电弧焊填充

1）清理和修整打底层焊道氧化物及局部凸起的接头等。

2）采用锯齿形或月牙形运条法，施焊时的焊条角度如图3-53所示。

3）电弧到坡口两侧时稍作停顿，中间过渡稍快，以防焊缝与母材交界处产生夹角。

4）填充层表面应低于母材表面1～1.5mm，并且不得熔化坡口棱边。

5）中间接头时，更换焊条要迅速，应在弧坑上方10mm处引弧，然后把电弧拉至弧坑处，填满弧坑，再正常焊接。焊缝收尾时应填满弧坑。

（3）焊条电弧焊盖面　盖面层的焊条运条方法、焊条角度与填充层焊时相同，不过焊条的摆动幅度应适当加大，并使两侧坡口棱边各熔化1～2mm，在坡口两侧稍作停留，以防咬边。

盖面层中间接头时应特别注意，当焊接位置偏下时，易使焊接接头过高；当焊接位置偏上时，易造成焊缝脱节。焊缝接头的方法与填充层焊时相同。

检查评议

完成的焊件应该满足焊接质量要求。检查评议表见表3-26。

表3-26　检查评议表

项目	考核要求	分值	扣分标准	检验结果	得分
工艺措施及焊接参数的选择	选择合理	5	工艺措施或焊接参数选择不当酌情扣分		
焊缝宽度	比坡口每侧增宽0.5~2.5mm	5	根据情况酌情扣分		
宽度差	≤3mm	5	根据情况酌情扣分		
余高	0~4mm	5	根据情况酌情扣分		
余高差	≤3mm	5	根据情况酌情扣分		
咬边	深度≤0.5mm，焊缝两侧咬边总长度不得超过焊缝长度的10%	10	深度>0.5mm，或咬边总长度超过焊缝长度的10%不得分		
背面凹坑	深度≤2mm，长度不得超过焊缝长度的10%	10	根据情况酌情扣分		
角变形	<3°	5	超差不得分		
错边	≤1mm	5	超差不得分		
未焊透	无未焊透	5	有未焊透不得分		
焊缝表面成形质量	波纹细腻、均匀、美观，焊缝表面非焊道上不应有引弧痕迹	10	根据成形情况酌情扣分		
射线检测	符合JB/T 4730.2—2005《承压设备无损检测　第2部分　射线检测》规定，射线检测质量不应低于AB级，焊缝缺陷等级不低于Ⅱ级	30	Ⅰ级片不扣分，Ⅱ级片扣10分，Ⅲ级片扣20分，Ⅳ级片不得分		
否定项	焊缝表面不得有裂纹、未熔合、夹渣、气孔、焊瘤等缺陷				

问题及防治

在手工钨极氩弧焊打底过程中易出现的缺陷及排除方法见表3-27。

表3-27　在手工钨极氩弧焊打底过程中易出现的缺陷及排除方法

缺陷名称	产生原因	排除方法
咬边、焊瘤	（1）熔化金属受重力作用下淌 （2）操作技术不正确	（1）调整焊枪角度，以短弧焊接 （2）完全熔透后再填加焊丝
未焊透	未完全熔透时填加焊丝	掌握焊枪角度，观察熔池变化，使其熔透

考证要点

1. 在氩气中加入其他气体作为焊接保护气体有什么优点？
2. 常见的富氩保护气体有哪些？分别有什么应用？

单元4　气焊与气割

4

知识目标：

1. 了解气焊与气割时所用气体的种类。
2. 掌握气体火焰的种类及性质。
3. 掌握不同火焰的调节方法。

技能目标：

1. 能够熟练调节不同的火焰。
2. 熟练掌握薄板气焊的操作技术要点。
3. 熟练掌握气体火焰的点燃、调节和熄灭。

任务1　薄板对接气焊

任务描述

薄板对接气焊是气焊的基础。本任务要求认识和了解气体火焰的性质，了解和掌握气体火焰的点燃、调节和熄灭的方法，掌握气焊的起头、焊接和收尾的操作手法，能够解决气焊过程中经常遇到的问题。

任务分析

薄板对接气焊时的起焊位置？薄板及厚板的装配和固定焊方法？火焰焰心与焊件的距离？焊炬分别与焊件及焊丝之间的角度？接头及收尾方法？左焊法及右焊法时焊丝和焊炬的摆动方法是怎样的？要想了解以上问题的答案，就要熟悉薄板对接气焊的操作方法。

相关知识

一、产生气体火焰的气体

气焊是将可燃气体和助燃气体混合燃烧的火焰作为热源进行焊接的一种熔焊方法。

1. 氧气

氧气在常态下是气体，无色、无味、无毒。氧气本身不能燃烧，但却有着强烈的助燃作用。气焊、气割时氧气的纯度分两个等级，一级氧的纯度为99.2%，二级氧的纯度为

98.5%。氧气的纯度对气焊、气割的质量有着直接的影响。一般情况下对气焊质量要求高的用一级氧。

2. 乙炔

乙炔是一种无色却带有特殊臭味的碳氢化合物（即水与电石相互作用的产物）。乙炔是一种具有爆炸性的危险气体。乙炔在空气中燃烧时所产生的火焰温度为2350℃，与乙炔混合后燃烧的温度可达3000～3300℃，因此能够很快地进行金属材料的焊接与切割。

3. 液化石油气

液化石油气（简称石油气）是石油炼制过程中的副产品。它的主要成分是丙烷、丁烷和丙烯。在常温常压下，它是气体，在不大的压力（一般为0.8～1.5MPa）下即成为液态，装入瓶中便于储存和运输。

液化石油气燃烧时，火焰温度比乙炔焰温度低，为2800～2850℃。由于液化石油气焰温度较低，用于焊接时不能够保证焊接质量，但是液化石油气用于切割时却能得到光洁、不渗碳的割口。

二、气体火焰的种类及性质

1. 氧乙炔焰

按氧与乙炔混合比的不同，可将氧乙炔焰分为三种性质不同的火焰，即中性焰（氧与乙炔的混合比为1:10）、碳化焰（氧与乙炔的混合比小于1的乙炔过剩焰）和氧化焰（氧与乙炔的混合比大于1:20）。

（1）中性焰　当氧气阀再开大时（见图4-1），内焰几乎消失，形成由焰心与外焰构成的中性焰一般氧乙炔气焊用此火焰。

（2）碳化焰　稍稍打开氧气阀，即形成如图4-2所示的碳化焰。碳化焰是氧与乙炔比值小于1的乙炔过剩焰。它由三部分构成：焰心、内焰、外焰。根据内焰长度是焰心长度的倍数，判断乙炔过剩倍数，如两倍碳化焰、三倍碳化焰。

图4-1　中性焰

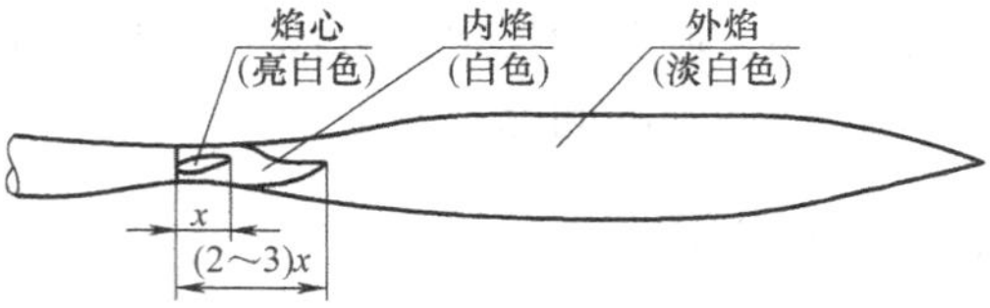

图4-2　碳化焰

（3）氧化焰　当氧与乙炔的混合比大于1:20时，形成氧化焰，如图4-3所示。氧化焰的焰心更灰白，外焰变短，且呈浅蓝色。在白焰心附近，由于充分燃烧，温度最高，可用于预热工件，一般不用于焊接，因为整个火焰呈氧化性。

衡量火焰的温度一般以中性焰为准。中性焰的温度分布如图4-4所示。

图4-3　氧化焰

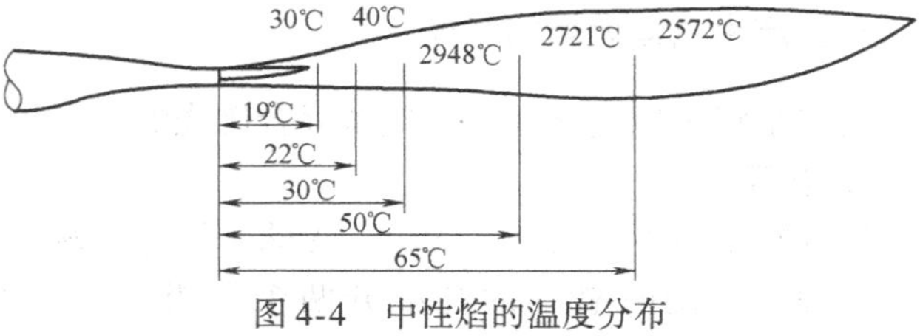

图4-4　中性焰的温度分布

2. 氧-液化石油焰

氧-液化石油焰的构造与氧乙炔焰大致相同，不同的是氧-液化石油焰的内焰不明显。由于液化石油气的着火点较高，因此用明火方可点燃。

任务准备

1. 氧气瓶

容积为40L。

2. 乙炔瓶

容积为41L。

3. 减压器

型号为QD-1、QD-20。

4. 焊炬

型号为H01-6。

5. 割炬

型号为G01-30。

6. 焊接材料

Q235钢。

任务实施

一、气体火焰的点燃、调节和熄灭

1. 焊炬的握法

气焊操作时，右手握住焊炬手柄，右手食指和拇指握住预热氧手轮，以便于随时调整火焰。左手食指和拇指握住氧气手轮，与右手配合来调节所需的火焰性质和能率。

2. 火焰的点燃

右手握住焊炬手柄，先开少量的氧气，然后再开少许乙炔，两种气体在焊炬内混合后，从焊嘴喷出，此时将火源靠近焊嘴即可点燃。这里要强调的是点火时，不要将焊嘴正对着持火源的手，也不准正对着人及可燃物品，以免伤人或引起火灾和爆炸。

3. 火焰的调节

一般情况下，刚开始点燃的火焰多为碳化焰，若要采用中性焰进行焊接，则需要增加氧气的供给量，直到火焰的内、外焰无明显的界限；如果要采用氧化焰进行焊接，就可以继续增大氧气或者减少乙炔的供给量；反之，要想得到碳化焰，就应减少氧气或增大乙炔的供给量。

4. 火焰的熄灭

火焰的熄灭方法是先关闭乙炔阀门，再关闭氧气阀门，否则会出现冒黑烟和火焰倒吸的现象。这里要注意的是，不要将阀门关闭得太紧，以防磨损乃至降低焊炬的使用寿命。

二、定位焊

定位焊是为了装配和固定焊件接头的位置而进行的焊接。气焊时，薄板与较厚板定位焊缝的长度、间距及方向是不同的。若焊件较厚，则定位焊的顺序如图4-5所示，即由两端向中间进行，定位焊的长度一般为20～30mm，间距为200～300mm；若焊件较薄，则定位焊的顺序如图4-6所示，即由中间向两端进行，定位焊的长度一般为5～7mm，间距为50～100mm。

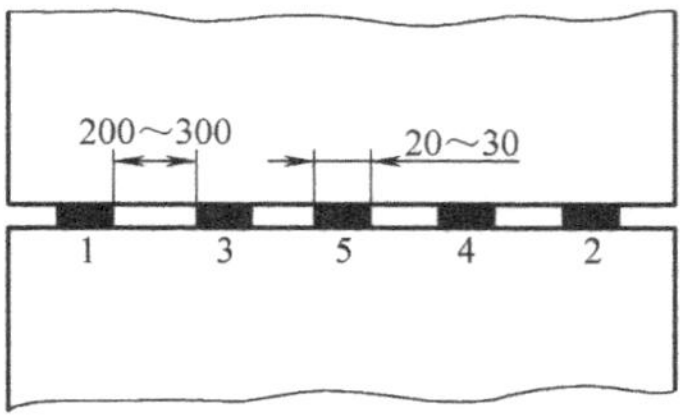

图4-5　较薄焊件的定位焊顺序

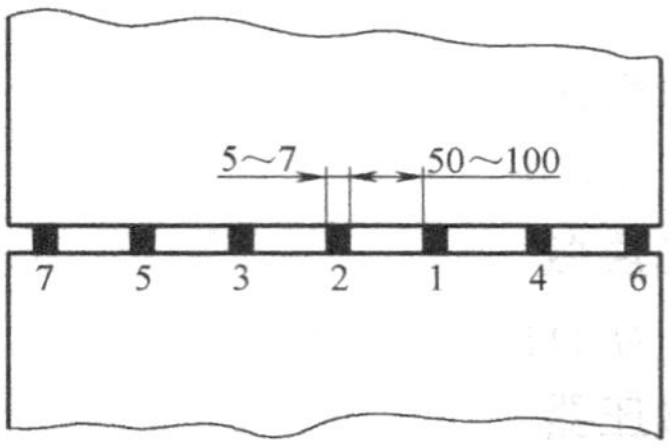

图4-6　较厚焊件的定位焊顺序

定位焊焊缝不宜过长，更不宜过高和过宽。对较厚的焊件，定位焊时要有足够的熔深，不然会造成正式焊缝高低不平、宽窄不一和熔合不良等现象。对定位焊焊缝熔深的要求如图4-7b所示。若定位焊产生焊接缺陷（见图4-7a），则应当将其铲除或修补。

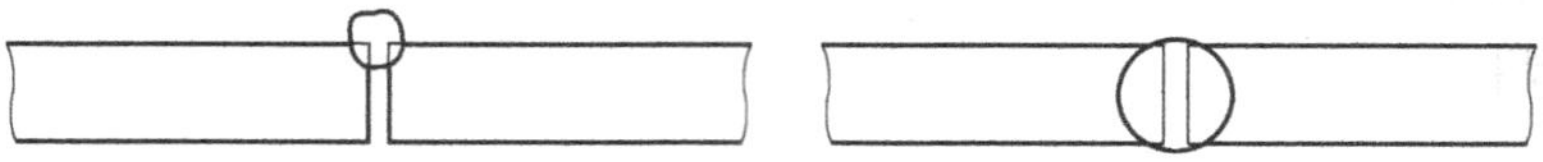

a)　　b)

图4-7　定位焊熔深的要求

a）不合格　b）合格

板对接焊时，为了防止或控制焊接变形，定位焊之后应对焊件预制反变形，即将焊件沿接缝处向下弯折成160°左右，然后将焊件接缝处矫正齐平，再进行焊接，如图4-8所示。

三、平焊

平焊是在焊缝倾角为0°～5°，焊缝转角为0°～10°的焊接位置进行的焊接，如图4-9所示。

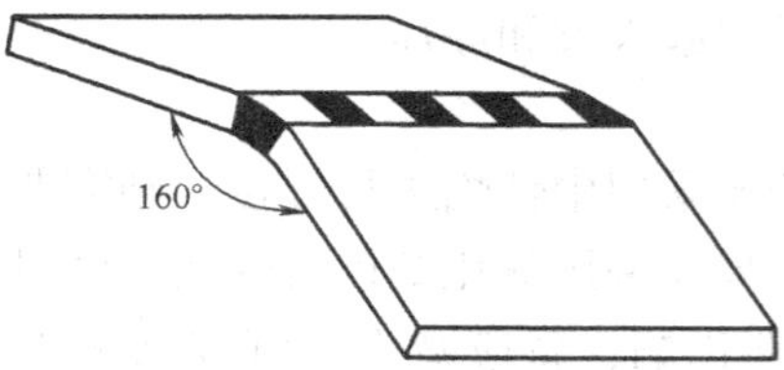

图4-8　预制反变形

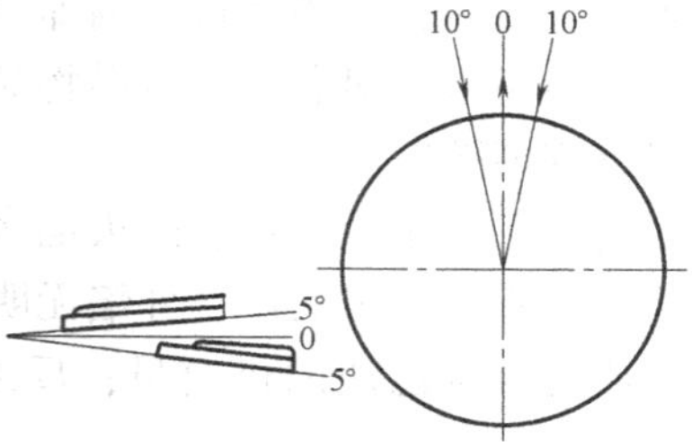

图4-9　平焊位置

平焊是气焊时最常用的一种焊接方法，操作简单，焊接质量容易得到保证。较薄的板气焊时多采用左焊法，如图4-10所示。焊接时焊炬应从右向左移动，焊丝在焊炬前面，火焰指向焊件金属的待焊部分。左焊法操作简单、方便，容易掌握，主要适用于厚度在3mm以下的薄板和低熔点金属的气焊。左焊法是应用最普遍的气焊方法。

较厚的板气焊时则采用右焊法。焊接时焊炬应从左向右移动，焊丝在焊炬后面，火焰指向焊件金属的已焊部分，如图4-11所示。右焊法较难掌握，一般不采用，主要适用于厚度较大、熔点较高金属的气焊。

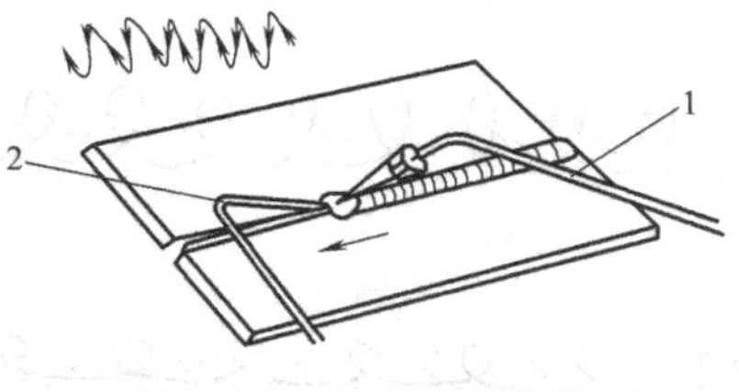

图4-10　左焊法示意图

1—焊炬　2—焊丝

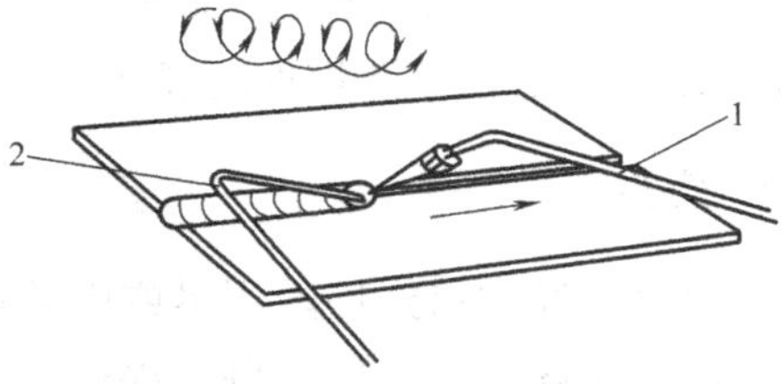

图4-11　右焊法示意图

1—焊炬　2—焊丝

1. 起头

气焊时的火焰性质应选用中性焰。对接接头的起焊点一般从焊缝一端的30mm处施焊。起焊时由于母材温度低，因此应将焊嘴的倾角增大一些，火焰焰心的末端与焊件表面保持2～4mm的距离，以使焊件温度快速升高而形成熔池。焊接时要仔细观察熔池的形成，同时将焊丝端部置于火焰中进行预热。当焊件形成清晰（油亮）的熔池时，便可熔化焊丝并将焊丝熔滴过渡到熔池中，随后立即将焊丝微微提起（此时焊丝不离开火焰），焊炬向前移动形成新的焊接熔池。

2. 焊接过程

焊接时焊嘴倾角是一项较重要的参数。如图4-12所示，焊嘴的倾斜角度（也称焊嘴倾角）是指焊嘴与焊件之间的夹角。如图4-13所示，焊嘴倾角与焊件厚度有着密切关系。

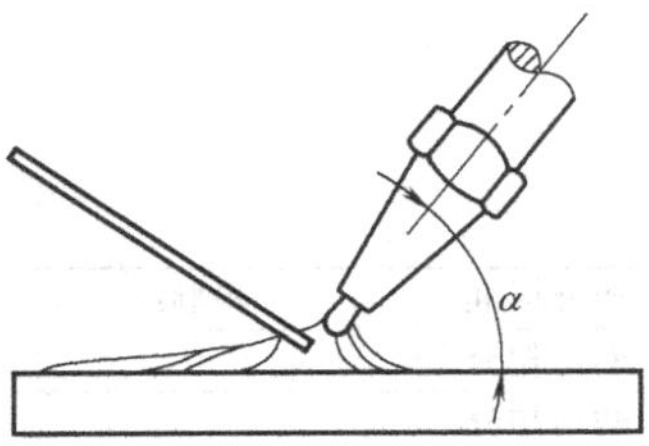

图4-12　焊嘴倾角示意图

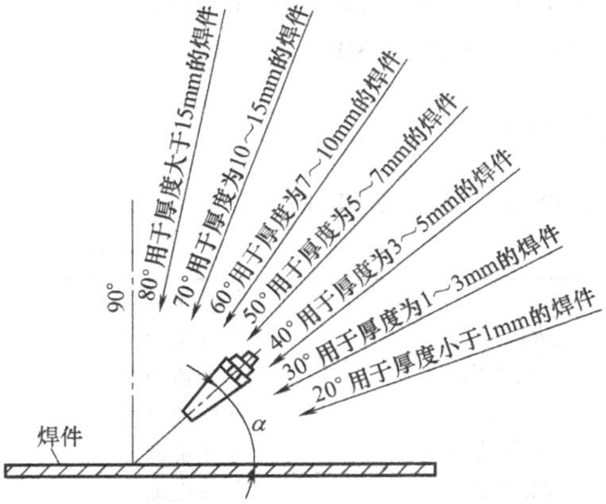

图4-13　焊嘴倾角与焊件厚度的关系

在焊接过程中，始终要保持火焰性质为中性焰。为了保证焊接质量，一定要控制熔池的热量，焊丝和焊嘴应协调地摆动。焊接时，焊丝和焊炬的运动包括三个动作：①向前移动；②沿焊缝横向摆动；③打圆圈摆动。焊丝的摆动除了进行以上①②两种摆动外，主要进行上下跳动。图4-14所示摆动方法适用于较厚大焊件的焊接。

图4-14　焊炬和焊丝的摆动方法（右焊法）

1—焊炬　2—焊丝

图4-15所示为采用左焊法焊接时，焊炬和焊丝的三种摆动方法。焊炬和焊丝的摆动

方法与幅度，主要与焊件厚度、性质、空间位置及焊缝尺寸有关。图 4-15a、b 所示方法适用于较厚大焊件的焊接，图 4-15c所示方法适用于薄焊件的焊接。

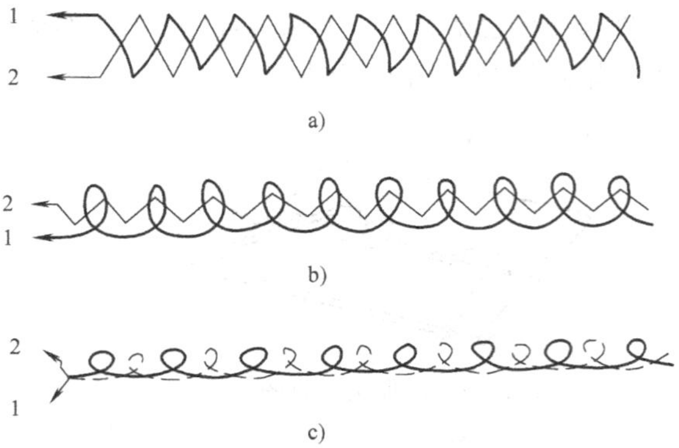

图 4-15　焊炬和焊丝的摆动方法（左焊法）
1—焊炬　2—焊丝

3. 接头

气焊时会经常遇到焊丝用尽或因其他原因中途停止焊接的情况，再次焊接时就会出现接头。接头环节非常重要，如果处理不当，则会影响到焊缝质量。接头时，将火焰对准原熔池，将其重新加热至熔化状态，形成新的熔池后再填加焊丝，使新焊道的起头与前焊道的收尾处重叠 5 ~ 10mm。为使新旧焊道搭接得圆滑过渡，焊接时也可不加或少加焊丝。

4. 收尾

随着焊接时间的延长，整个母材的温度也随之升高，焊至焊道尾部时易出现塌陷或烧穿的现象。这时应采用减小焊嘴倾角、加快焊速及多填加焊丝的方法来填满熔池（此时火焰也不要抬得过高）。结束时缓慢抬高焊炬，以免熔池金属被氧化。

在焊接过程中，焊炬的倾角是在不断变化的。它是根据熔池的温度状况和熔池与母材的熔合状态而改变的。一般情况下，起头焊接时为了使母材的温度迅速升高形成熔池，这时的焊嘴倾角应为 50° ~ 70°。在正常焊接阶段，焊嘴倾角应为 30° ~ 50°。临近焊道收尾阶段，焊嘴倾角应为 20° ~ 30°。

检查评议

检查评议表见表 4-1。

表 4-1　检查评议表

项目	考核要求	分值	扣分标准	检验结果	得分
点火的姿势	姿势正确	10	酌情扣分		
点火动作	点火熟练	10	酌情扣分		
参数的选择	选择合适	10	酌情扣分		
火焰能率的调节	方法正确	10	酌情扣分		
焊接顺序	顺序正确	5	酌情扣分		
未熔合	无	10	出现一处扣 5 分		
焊瘤	无	10	出现一处扣 5 分		
烧穿	无	10	出现一处扣 5 分		
未焊透	无	10	出现一处扣 5 分		
焊缝外形	波纹均匀、美观	15	酌情扣分		

问题防治

水平位置气焊是初学者的基础操作，对于其来说，这个过程会较困难，焊接时会出现较多的问题，如粘丝、烧穿等现象，具体防治方法如下：

1）焊接时焊丝在熔池边缘被粘住时不要用力去拔，应使火焰焰心的末端与焊件表面保持 2 ~ 4mm 的距离，焊炬继续行走，会使焊丝自然脱离。

2）初学者操作时会不自主地将焊炬抬高，致使焰心远离熔池，导致热量分散，使熔池失去保护气氛，甚至不能形成熔池。焊接过程中时刻都要使焰心的焰尖部分处于熔池表面并指向熔池的中心位置，以保证局部熔化（形成熔池），否则不得填丝。

3）焊接过程中有时会不自主地将火焰加热至抬高的焊丝上，使熔化了的焊丝熔滴落在已经凝固的焊件上，造成未熔合现象。操作者一定要加强控制两手的协调能力。

4）如果想要得到较宽的焊道，则在采用月牙形或锯齿形运炬法时，焊炬走到两侧要稍作停顿，使焊缝两侧与母材平滑过渡，以保证良好熔合。

5）如果有液体飞溅出熔池，则说明此时气体流动量过大或焰心离熔池太近，这时应及时调整火焰能率或距离。

6）若熔池内有气泡、火花出现，或熔池内有金属沸腾的现象，则说明火焰的性质不合格，要及时调整火焰性质。

考证要点

1. 工业上常用（　　　　　　）法制取氧气。
2. 乙炔发生器是（　　　　　　　）的设备。
3. 减压器的作用是（　　　　　　　　）。
4. 气焊焊接参数有（　　　　）、（　　　　　）、（　　　　　）和（　　　　）等。
5. 氧的化合能力随着压力的加大和（　　）的升高而（　　）。

任务 2　板-板角接气焊

任务描述

角焊缝是由 T 形接头、搭接接头构成的，是气焊结构中较常见的焊缝形式。本任务要求掌握板-板角接气焊的操作方法。

任务分析

板-板角接气焊时，由于立板与平板的受热程度不同，熔池金属液体易下淌，易造成平板焊缝厚、立板焊缝薄且易产生咬边的现象。在焊接过程中要通过适当的焊炬、焊丝倾斜角度，以及合适的运炬、运丝方式来控制焊道成形。

相关知识

一、气焊原理、特点及应用

1. 气焊原理

气焊时，将焊件接缝处的金属加热至熔化状态，形成熔池，并不断地向熔池填充熔化的焊丝金属，同时气体火焰覆盖在熔池金属的表面起到保护作用，随着焊接过程的进行，熔化金属冷却形成焊缝。

2. 气焊的特点及应用

气焊主要采用氧乙炔火焰作为焊接时的热源，如图4-16所示。其特点是：火焰的温度比电弧焊时低；火焰对熔池的压力及对焊件的热输入调节方便；焊缝成形容易控制；设备简单，移动方便；适合焊接薄件及要求背面成形的焊缝。

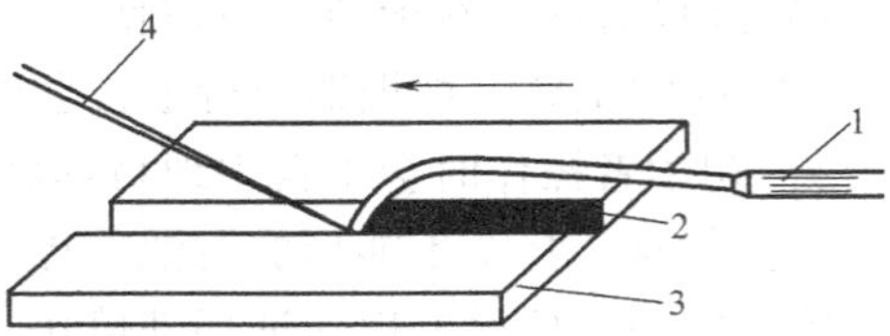

图4-16 气焊示意图
1—焊炬 2—焊缝 3—母材 4—焊丝

二、气焊焊接材料

气焊的焊接材料主要是焊丝和气焊熔剂。

1. 焊丝

气焊用的焊丝在气焊中主要起填充金属的作用，并与部分熔化的母材金属共同形成焊缝。常用的气焊焊丝有碳素结构钢焊丝、合金结构钢焊丝、不锈钢焊丝、铸铁焊丝、铜及铜合金焊丝和铝及铝合金焊丝等。常用气焊焊丝的型号、牌号、化学成分及用途见表4-2～表4-5。

表4-2 钢焊丝的牌号及应用

	牌号	用途
碳素结构钢焊丝	H08	焊接一般低碳钢结构
	H08A	焊接较重要的低、中碳钢及某些低合金结构
	H08E	焊接较重要的低、中碳钢及某些低合金结构，工艺性能较好
	H08Mn	焊接较重要的的碳素钢及普通低合金钢结构，如锅炉、受压容器等
合金结构钢焊丝	H10Mn2	焊接较重要的的碳素钢及普通低合金钢结构，如锅炉、受压容器等
	H08Mn2Si	
	H10Mn2MoA	焊接普通低合金钢
	H10Mn2MoVA	焊接普通低合金钢
	H08CrMoA	焊接铬钼钢等
不锈钢焊丝	H00Cr19Ni9	焊接超低碳不锈钢
	H0Cr19Ni9	焊接18-8型不锈钢①
	H1Cr19Ni9	焊接18-8型不锈钢
	H1Cr19Ni9Ti	焊接18-8型不锈钢

① 18-8型不锈钢是行业内对含铬18%（质量分数）镍8%（质量分数）的不锈钢的统称。

表4-3 铜及铜合金焊丝的型号、牌号、名称及用途

焊丝型号	牌号	名称	用途
SCu1898	丝201	特制纯铜焊丝	纯铜的氩弧焊及气焊
SCu1898	丝202	低磷铜焊丝	纯铜的气焊及碳弧焊
SCu4700	丝221	锡黄铜焊丝	纯铜的气焊及碳弧焊，也可以用于钎焊铜、钢、铜镍合金、灰铸铁及镶嵌硬质合金刀具等。其中，丝222流动性较好，丝224能获得较好的力学性能
SCu6800	丝222	铁黄铜焊丝	
SCu6810A	丝224	硅黄铜焊丝	

表4-4 铝及铝合金焊丝的型号、牌号、名称及用途

焊丝型号	牌号	名称	用途
SAl1450	丝301	纯铝焊丝	纯铝的氩弧焊及气焊
SAl4043	丝311	铝硅合金焊丝	焊接除铝镁合金外的铝合金气
SAl3103	丝321	铝锰合金焊丝	铝镁合金的氩弧焊及气焊
SAl5556	丝331	铝镁合金焊丝	铝镁合金及铝锌镁合金焊接

表 4-5　铸铁焊丝的牌号、成分及用途

牌号	化学成分(质量分数,%)					用　　途
	C	Mn	S	P	Si	
丝 401—A	3 ~ 3.6	0.5 ~ 0.8	≤0.08	≤0.5	3.0 ~ 3.5	焊补灰铸铁
丝 401—B	3 ~ 4.0	0.5 ~ 0.8	≤0.5	≤0.5	2.75 ~ 3.5	

2. 气焊熔剂

气焊熔剂是气焊时的助熔剂，在焊接不锈钢、耐热钢、铸铁，以及铝、铜、镁等及其合金时起着至关重要的作用。气焊时的熔剂能有效去除焊接过程中熔池内形成的氧化物或非金属夹杂物，并与其形成熔渣，覆盖在熔池上面起到隔离空气的作用，并能改善润湿性能和焊接质量。气焊低碳钢时可不必使用气焊熔剂。常用气焊熔剂的牌号、名称及用途见表 4-6。

表 4-6　常用气焊熔剂的牌号、名称及用途

牌　　号	名　　称	用　　途
CJ101	不锈钢及耐热钢气焊熔剂	用于不锈钢及耐热钢气焊
CJ 201	铸铁气焊熔剂	用于铸铁气焊
CJ 301	铜及铜合金气焊熔剂	用于铜及铜合金气焊
CJ 401	铝及铝合金气焊熔剂	用于铝及铝合金气焊

三、气焊设备与工具

气焊时使用的设备及工具如图 4-17 所示。

1. 氧气瓶

氧气瓶是一种储存和运输氧气用的高压容器，如图 4-18 所示。氧气瓶的容积为 40L，在 15MPa 压力下，可以储存 $6m^3$ 的氧气。氧气瓶的外表为天蓝色，并标注有黑色“氧气”字样。

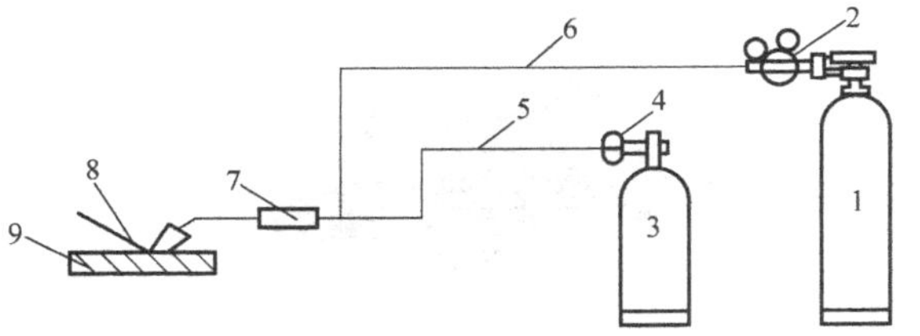

图 4-17　气焊时使用的设备及工具

1—氧气瓶　2—氧气减压器　3—乙炔瓶　4—乙炔减压器　5—乙炔管　6—氧气管　7—焊炬　8—焊丝　9—焊件

2. 乙炔瓶

乙炔瓶是一种储存和运输乙炔用的容器。其外形与氧气瓶相似，但它的构造要比氧气瓶复杂，如图 4-19 所示。为了能使乙炔稳定而安全地储存在乙炔瓶内，瓶体内装满了多孔性材料。乙炔瓶外表面涂成白色，并用红漆写有“乙炔”字样，瓶内最高压力为 1.5MPa。

3. 液化石油气瓶

液化石油气瓶是储存液化石油气的专用容器。其外表涂银灰色漆，并标有“液化石油气”红色字样。其容量有 15kg、20kg、30kg、50kg 等多种规格，必要时还可制成容量为 1t、2t 或更大的储气罐。其最大工作压力为 1.6MPa。

4. 减压器

(1) 氧气减压器　氧气减压器的作用：一是将氧气瓶内高压气体的压力降至为工作时使用的压力（氧气的工作压力为 0.1 ~ 0.4MPa）；二是使工作压力至始至终保持稳定。氧气减压器如图 4-20 所示。

(2) 乙炔减压器　乙炔减压器的作用：一是将乙炔瓶内高压气体的压力降至使用时的工

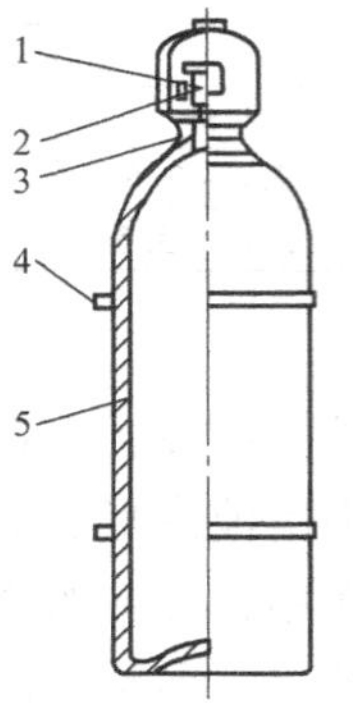

图 4-18　氧气瓶

1—瓶帽　2—瓶阀　3—瓶箍

4—防振圈（橡胶制品）　5—瓶体

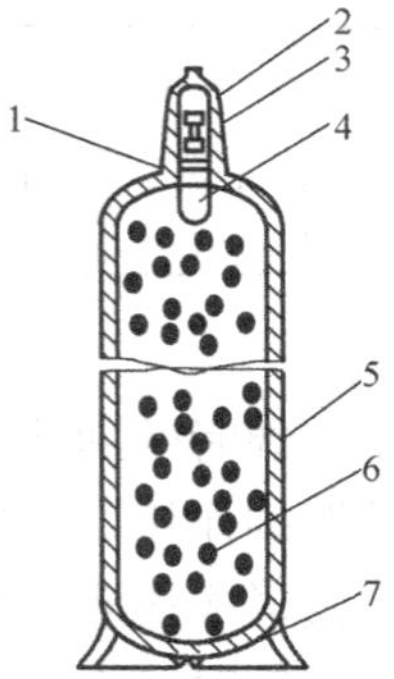

图 4-19　乙炔瓶

1—瓶口　2—瓶帽　3—瓶阀　4—石棉

5—瓶体　6—多孔性填料　7—瓶座

作压力（乙炔的工作压力最高不超过 0.15MPa），并使其至始至终保持稳定不变。乙炔减压器如图 4-21 所示。

图 4-20　氧气减压器

图 4-21　乙炔减压器

（3）液化石油气减压器　液化石油气减压器的作用与氧气减压器和乙炔减压器的作用一样，也是降压和稳压作用。一般民用的液化石油气减压器稍加改造即可用于切割一般厚度的钢板。如果液化石油气用乙炔瓶来装，就可以直接使用乙炔减压器。

5. 焊炬

焊炬按可燃气体与氧气混合方式的不同可分为低压焊炬和等压式焊炬两类，常用的是低压焊炬，如图 4-22 所示。打开氧气调节阀，氧气即从喷嘴口快速射出，并在喷嘴外围造成负压；再打开乙炔调节阀，乙炔气即聚集在喷嘴的外围。由于氧射流负压的作用，聚集在喷嘴外围的乙炔气很快被氧气吸出，并按一定的比例与氧气混合，经过射吸管、混合气管从焊嘴喷出。

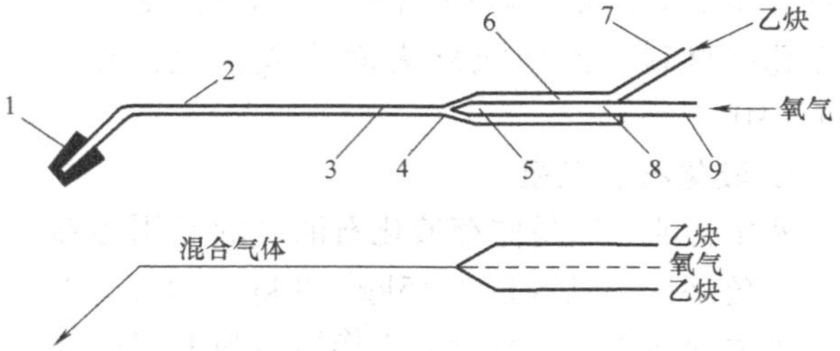

图 4-22　焊炬的构造与工作原理

1—焊嘴　2—混合气管　3—射吸管　4—喷嘴　5—喷射管

6—乙炔通道　7—乙炔调节阀　8—氧气通道　9—氧气调节阀

任务准备

1. 氧气瓶

容积为40L。

2. 乙炔瓶

容积为41L。

3. 减压器

型号为QD—1、QD—20。

4. 焊炬

型号为H01—6。

5. 割炬

型号为G01—30。

6. 焊接材料

Q235钢。

任务实施

横焊时，焊炬与平板之间应保持45°~50°的夹角，与立板之间的夹角一般为20°~30°，与焊丝的夹角为110°左右，如图4-23所示。焊丝应始终浸入熔池，以防止火焰对熔化金属过多地加热，避免熔池金属下淌。

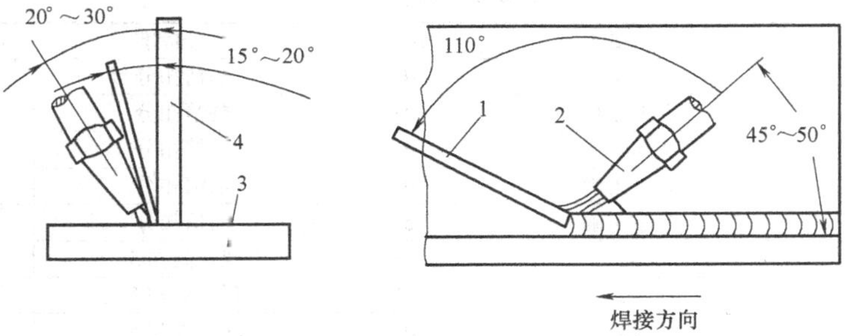

图4-23 角焊缝横焊操作方法示意图

1—焊丝 2—焊炬 3—平板 4—立板

一、打底层焊

气焊较厚板的角焊缝时，一般采用多层焊和右焊法。

为了能获得平整和美观的盖面层焊缝，打底层焊（第一层）时，焊道应薄一些和窄一些，焊缝表面应为平整或凹面形状。焊接时将火焰对准始焊端进行预热，此时的焊炬与平板之间的夹角可适当大一些（65°左右）。当母材接缝处呈红色时即填充焊丝形成熔池，随即将焊炬倾角调整为45°~50°，焊丝与焊炬夹角为110°。为避免造成立板和平板之间的焊缝分布不均匀和咬边现象，焊炬与立板的夹角应为20°~30°，焊丝与立板的夹角应为15°~20°，并使焊丝始终浸入熔池和立板之间，以抵挡一部分来自火焰的热量，使立板的熔池液态金属得到快速凝固。在焊接过程中，焊炬应做螺旋形横向摆动，并利用火焰气体的吹力，推动熔池液态金属向立板方向流动，以避免液态金属下淌过多，造成焊丝金属上薄下厚、焊脚尺寸不等的缺陷，如图 4-24 所示。

焊接中，要控制熔池对称地存在于接缝两侧，运炬、运丝要均匀协调，要控制焊丝始终在熔池的上半部填丝，结束时要注意填满熔池。

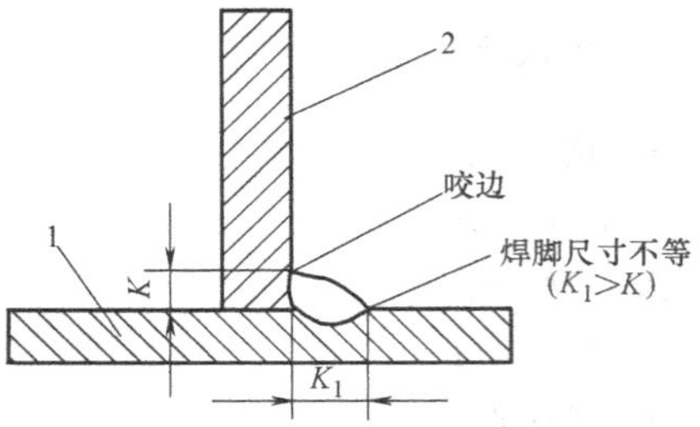

图 4-24　横角焊焊缝缺陷示意图

1—平板　2—立板

二、盖面层焊

盖面层焊时的焊炬角度、焊丝倾角及焊炬摆动方法与打底层焊时大致相同。为了获得美观、高质量的盖面层焊缝。焊接时要严格控制运炬和运丝的协调性。焊接时，焊炬摆动幅度要适当加宽，使焊缝与两侧母材充分熔合，以达到所要求的焊脚尺寸。

在多层焊时，第一、二层应选用较细的焊丝，以后各层可采用较粗的焊丝。一般平焊应比其他焊接位置选用粗一号的焊丝，右焊法比左焊法选用的焊丝要适当粗一些。

焊接角焊缝时，若有条件，则应尽可能采用船形焊，这样能够更容易获得对称、平整、高质量的角焊缝。

检查评议

检查评议表见表 4-7。

表 4-7　检查评议表

项目	考核要求	分值	扣分标准	检验结果	得分
点火的姿势	姿势正确	10	酌情扣分		
点火动作	点火熟练	10	酌情扣分		
参数的选择	选择合适	10	酌情扣分		
火焰能率的调节	方法正确	10	酌情扣分		
焊接顺序	顺序正确	5	酌情扣分		
未熔合	无	10	出现一处扣 5 分		
焊瘤	无	10	出现一处扣 5 分		
烧穿	无	10	出现一处扣 5 分		
未焊透	无	10	出现一处扣 5 分		
焊缝外形	波纹均匀、美观	15	酌情扣分		

问题防治

焊接时应严格控制焊炬和焊丝角度，尤其是焊丝的填丝位置；应严格控制熔池温度，熔池面积不能过大，熔池的深度也应减小；要随时掌握熔池温度的变化，控制熔池形状，使熔池金属受热适当，防止液态金属下淌。

考证要点

1. 氧气既是助燃气体，又可以促使某些（　　）物质自然。
2. 氧气瓶在夏季长时间曝晒引起的爆炸是（　　）爆炸。
3. 乙炔是一种碳氢化合物，比空气（　　）。

4. 乙炔与空气混合形成的爆炸性混合物的自燃点为（　　）。
5. 乙炔与氧气混合形成的爆炸性混合物的自燃点为（　　）。

任务 3　管子气焊

任务描述

管子气焊的焊缝一般是对接接头的环焊缝。按焊缝位置的不同，管子气焊可分为水平管子对接气焊和垂直管子对接气焊；按操作方法的不同管子气焊可分为可转动管子对接气焊、垂直管子对接气焊和固定管子对接气焊；按对焊接质量要求的不同管子气焊可分为不开坡口管子对接气焊和开坡口管子对接气焊。

任务分析

气焊时的焊接参数包括哪些？管子气焊时是如何定位的？水平转动管焊接时的起焊点应在什么位置？垂直固定管焊接时焊炬与焊丝的夹角如何？焊丝的运丝轨迹如何？水平固定管在焊接过程中经历了哪几种焊接位置？起头和收尾时要注意什么？要想了解以上问题的答案，就要熟悉管子气焊的操作方法。

相关知识

气焊焊接参数主要有接头形式，焊丝的型号、牌号及直径，气焊熔剂，火焰的性质及能率，焊炬的倾斜角度，焊接方向和焊接速度等。

一、接头形式

气焊的接头形式有对接接头（是气焊时主要的接头形式，当板厚大于或等于 5mm 时必须开坡口）、角接接头和卷边接头（在薄板焊接时常使用这两种接头形式）三种形式。搭接接头和 T 形接头由于在气焊时会产生较大的焊后变形，所以很少采用。

二、焊丝

1. 焊丝的型号、牌号

见本单元任务 2 中的表 4-2 ~ 表 4-5。

2. 焊丝直径的选择

1）焊丝直径应根据焊件的厚度、坡口形式、焊缝位置、火焰能率等确定。焊件厚度与焊丝直径的关系见表 4-8。

表 4-8　焊件厚度与焊丝直径的关系　（单位：mm）

焊件厚度	1.0 ~ 2.0	2.0 ~ 3.0	3.0 ~ 5.0	5.0 ~ ~10	10 ~ 15
焊丝直径	1.0 ~ 2.0 或不用焊丝	2.0 ~ 3.0	3.0 ~ 4.0	3.0 ~ 5.0	4.0 ~ 6.0

2）多层焊时，第一、二层用较细的焊丝，以后各层可选择相应较粗的焊丝。

3）平焊位置焊接时比其他位置选用较粗一号的焊丝。

4）右焊法比左焊法选用较粗的焊丝。

三、气焊熔剂

见本单元任务 2 中的表 4-6。

四、火焰性质及火焰能率的选择

1. 火焰性质的选择

1）当考虑减少元素的烧损时，应选用中性焰焊接。

2）若选用碳化焰焊接，则能使焊缝及热影响区增碳和增加还原气氛。

3）若要阻止低熔点元素蒸发（如母材中含有锡、锌时），则要考虑选用需要生成覆盖在熔池表面的氧化物薄膜的氧化焰。常用金属材料气焊时火焰性质的选择见表 4-9。

表 4-9 常用金属材料气焊时火焰性质的选择

焊接材料	应用火焰	焊接材料	应用火焰
低碳钢	中性焰或轻微碳化焰	镀锌铁皮	轻微碳化焰
中碳钢	中性焰或轻微碳化焰	铬镍不锈钢	中性焰或轻微碳化焰
低合金钢	中性焰	纯铜	中性焰
高碳钢	轻微碳化焰	黄铜	氧化焰
灰铸铁	碳化焰、轻微碳化焰	铝及铝合金	中性焰或轻微碳化焰
锰钢	轻微氧化焰	硬质合金	碳化焰

2. 火焰能率的选择

火焰能率是指气焊（割）时，可燃气体单位时间内的消耗量。火焰能率是由焊炬型号和焊嘴号码决定的。焊炬型号越大，火焰能率也就越大；焊炬型号越小，火焰能率也就越小。通过调节氧气调节阀和乙炔调节阀来实现细调节，乃至达到焊接时所需要的火焰能率。

火焰能率应根据焊件的厚度、母材的熔点和导热性及焊缝的空间位置来选择。例如，当气焊厚件，以及熔点或导热性较高的铜、铝及其合金时，应选用较大的火焰能率。平焊时的火焰能率要比其他位置时稍大一些。

五、焊炬的倾斜角度（见任务一）

六、焊接方向

见本单元任务 1 中的平焊部分

七、焊接速度的选择

焊接速度一般根据焊件的厚度及熔点来确定。厚度大、熔点高的焊件，焊接速度应慢一些，以免产生未焊透或未熔合等缺陷。在保证焊接质量的前提下，应尽可能加快焊接速度，以降低成本，提高生产率。

任务准备

1. 氧气瓶

容积为 40L。

2. 乙炔瓶

容积为 41L。

3. 减压器

型号为 QD-1、QD-20。

4. 焊炬

型号为 H01-6。

5. 割炬

型号为 G01-30。

6. 焊接材料

Q235 钢。

任务实施

一、对管子焊接的要求

1. 对焊接质量的要求

对于重要的管道，要求工作压力较高时，必须采用单面焊双面成形；对于工作压力较低的管道，则达到不泄漏且满足使用要求即可。

2. 对定位焊缝的要求（见图 4-25）

一般直径不超过 70mm 的管子，只需定位焊两处，如图 4-25a 所示；管子直径为 100～300mm 时需定位焊 3～5 处，如图 4-25b所示；管子直径为 300～500mm 时，需定位焊 5～7 处，如图 4-25c 所示。不论管子直径大小，起焊点都应从两个相邻定位焊点的中间开始。

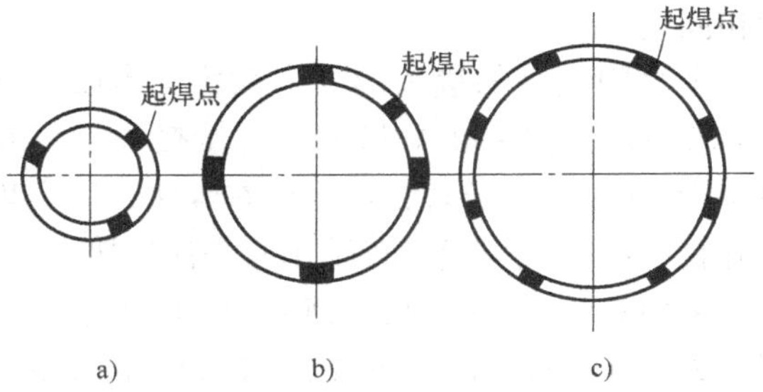

图 4-25　不同管径的定位焊和起焊点示意图

a）直径小于 70mm　b）直径为 100～300mm

c）直径为 300～500mm

3. 对管子坡口尺寸和间隙的要求（见表 4-10）

表 4-10　气焊时的坡口尺寸及间隙

接头形式	壁厚/mm	坡口角度/(°)	钝边/mm	间隙/mm
不开坡口对接	≤2.5	—	—	1 ～1.5
开坡口对接	2.5 ～ 10	40 ～ 80	0.5 ～ 2.5	1 ～ 2.5

4. 对焊丝牌号及直径的要求

见表 4-2～表 4-5 及表 4-8。

5. 对焊接层次和焊缝余高的要求

对于开坡口的管子，可分两层或三层焊接，焊缝余高一般为 1～2mm，焊缝宽度一般为熔化坡口边缘 1～2mm 即可。

二、水平转动管焊接

由于管子可以转动，薄壁（壁厚小于或等于 2.5mm）管子气焊时，可将焊接熔池控制在焊缝易成形的平焊位置进行焊接。厚壁管子焊接时，应将熔池控制在爬坡（半立焊）位置进行焊接，这样易获得较厚的焊缝。

管子转动焊接有左焊法和右焊法两种。采用左焊法时，应将熔池控制在时钟钟面位置的1点至2点钟范围内，其目的是易于控制熔池形状，使接头全部熔透。采用右焊法时，因火焰方向总是指向熔池金属部分，为了防止熔池液态金属因受火焰气体吹力的影响而形成焊瘤，熔池应控制在时钟钟面位置的10点30分至11点30分之间。

开始焊接时，形成熔池后方可填充焊丝，以避免产生未熔合等缺陷。焊接即将结束时，应使首尾焊缝搭接10mm左右，并填满熔池，使火焰缓慢离开熔池，避免产生气孔或夹渣等缺陷。焊接过程中尽可能一次完成整个焊缝，避免接头时产生缺陷，影响焊接质量。

三、垂直固定管焊接

垂直固定管焊缝属于横焊位置的环形焊缝，焊接时需随着环形焊缝的前进不断地变换焊接位置，以保证焊接过程中焊嘴、焊丝与管子的相对位置始终保持不变，从而控制熔池形状，保证焊缝成形质量。垂直固定管可以采用左焊法和右焊法两种方法进行焊接，如图4-26所示。其操作技能与横焊时相同。

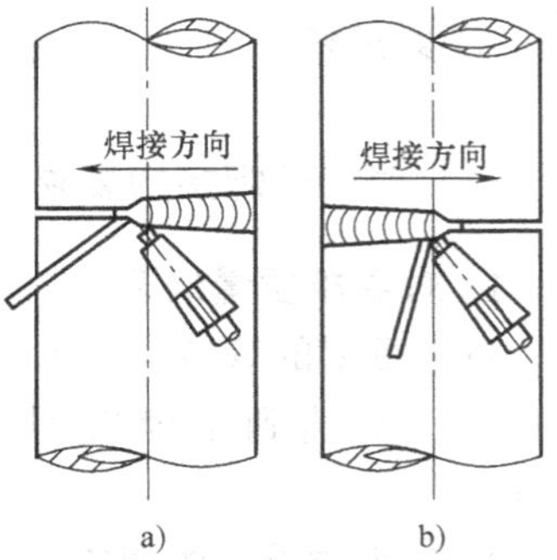

图4-26　垂直固定管的气焊

a）左焊法　b）右焊法

垂直固定管的接头形式一般为I形坡口对接接头、单边V形坡口对接接头和V形坡口对接接头。一般情况下气焊壁厚小于7mm的管子时，可采用右焊法，以实现单面焊双面成形并且一次完成焊缝。若采用左焊法，则可采用多层单道焊或多层多道焊。

采用右焊法焊接时，焊嘴与管子轴线的夹角为80°，焊丝与管子轴线的夹角为90°，（见图4-27），焊嘴与管子切线方向的夹角为60°，焊丝与焊炬之间的夹角为30°，如图4-28所示。

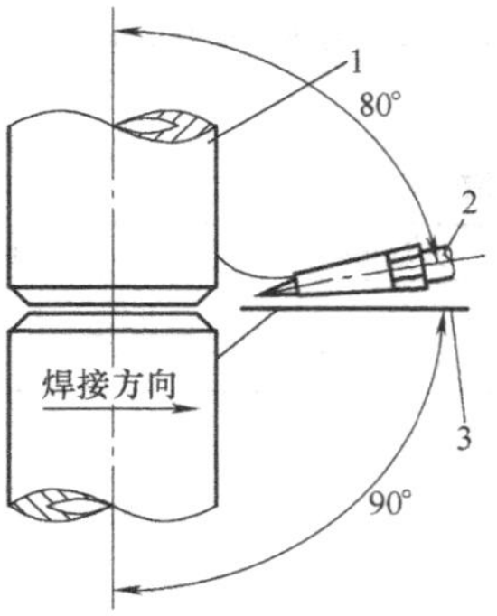

图4-27　焊丝、焊炬与管子轴线方向的夹角

1—焊件　2—焊炬　3—焊丝

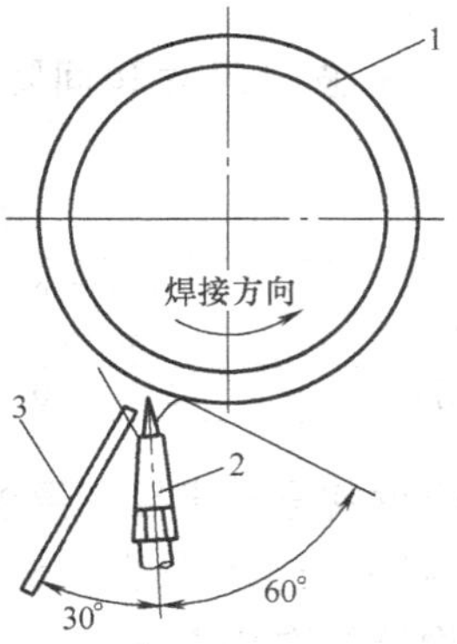

图4-28　焊炬、焊丝与管子切线方向的夹角

1—焊件　2—焊炬　3—焊丝

起焊点设在两定位焊缝的中间。焊接时先将被焊处适当加热，然后将熔池焊穿并形成熔孔（这个熔孔要保持到焊接结束，其目的是使管壁焊透，以获得双面成形的焊缝；还可以通过控制熔孔的大小来调节熔池的温度，以获得厚度均匀的焊缝。将熔孔的大小控制在等于

或略大于焊丝直径为宜），熔孔形成后立即填充焊丝。焊接过程中焊炬只在熔池和熔孔之间作往复（不作横向）摆动，以控制熔池温度。当管壁较厚时，焊炬要作小环形摆动，焊丝作斜圆形摆动，并在摆动过程中不断被火焰加热熔化。焊炬在摆动过程中，要避免产生图4-29所示的咬边及焊瘤等缺陷。焊丝在上坡口边缘至下坡口的1/2处沿斜环形轨迹运丝，并有节奏地向上拨动熔池里的液态金属，以免造成熔池金属下淌的现象。焊接时熔孔的大小要始终保持一致，直到焊接结束。若发现熔孔的尺寸变大，则说明熔池温度过高，此时不要急于将火焰远离熔池，只要将焰心的端头指向熔孔即可，使熔池和近缝区始终在火焰笼罩的气氛中，以免使熔池金属被氧化。若要完成有一定余高的焊缝，则焊接速度不能过快，必须将焊缝填满。焊接结束时，要填满熔池，缓慢抬高焊炬，以免产生缺陷。

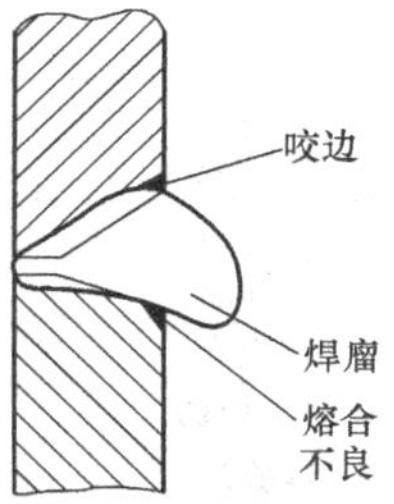

图4-29　垂直固定管气焊时的缺陷

四、水平固定管子焊接

水平固定管气焊比较困难，原因是在操作上包括所有的焊接位置，如图4-30所示。焊接时，焊炬和焊丝应随着焊缝在空间位置的改变而变化。一般情况下，焊炬与焊丝呈90°左右的夹角，焊丝与焊件呈45°夹角。为控制熔池温度，要适当调节和灵活掌握焊丝与焊炬和焊件之间的角度，使焊缝不被烧穿，以保证焊缝质量。

焊接时分两个半圈完成，即分别从最下端（仰焊位置）焊至最高点（平焊位置）。焊接第一个半圈时，起头和结尾要分别多焊出5～10mm（即超过半径）。焊第二个半圈时，首尾要多搭接第一个半圈首尾10～20mm，以防止起头和收尾处产生缺陷，如图4-31所示。

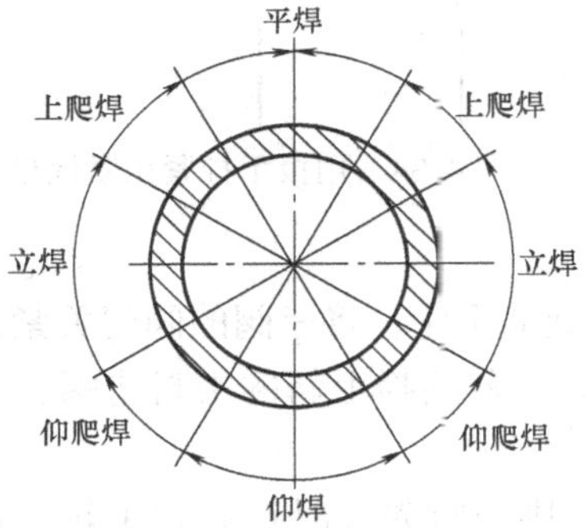

图4-30　水平固定管焊接位置分布图

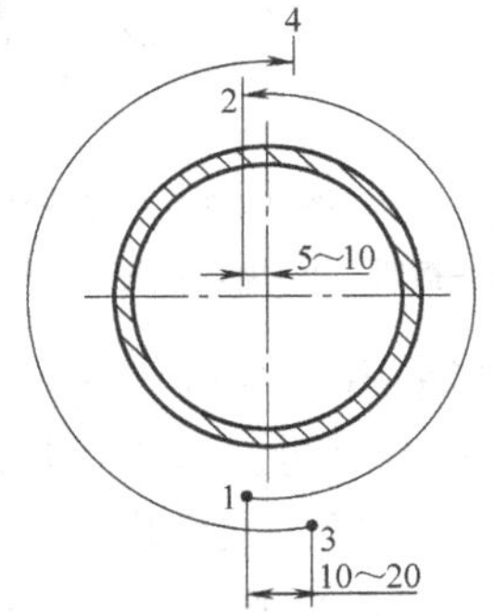

图4-31　水平固定管的气焊

检查评议

检查评议表见表4-11。

表4-11　检查评议表

项目	考核要求	分值	扣分标准	检验结果	得分
点火的姿势	姿势正确	10	酌情扣分		
点火动作	点火熟练	10	酌情扣分		
参数的选择	选择合适	10	酌情扣分		
火焰能率的调节	方法正确	10	酌情扣分		

（续）

项目	考核要求	分值	扣分标准	检验结果	得分
焊接顺序	顺序正确	5	酌情扣分		
未熔合	无	10	出现一处扣5分		
焊瘤	无	10	出现一处扣5分		
烧穿	无	10	出现一处扣5分		
未焊透	无	10	出现一处扣5分		
焊缝外形	波纹均匀、美观	15	酌情扣分		

问题防治

1）在气焊过程中，火焰孔道常常发生堵塞现象，此时需要用通针来疏通。通针可用普通钢丝磨制而成，根据孔径的不同，可选用相应直径的通针。图4-32所示为一组成套的通针。

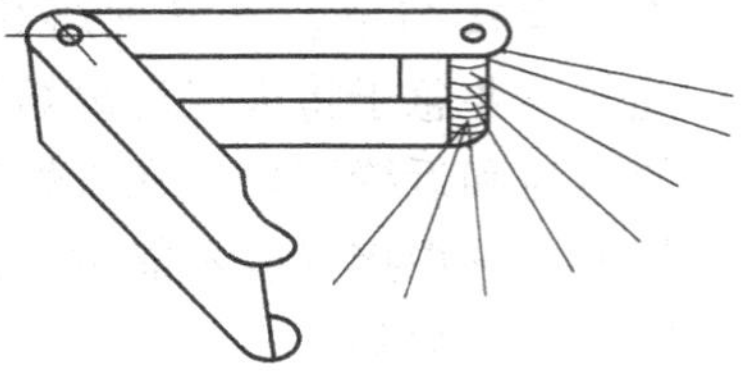

图4-32　成套通针

2）为确保火焰的点火安全，常采用专用的打火枪来点燃。其方法是利用摩擦齿轮转动时与打火电石摩擦迸发出的火花来引燃可燃气体。图4-33所示为常用打火枪的构造。

3）当发现氧气瓶阀漏气时，可待瓶内压力低于0.2MPa后，采用图4-34所示的方法，用扳手将压紧螺母扳紧。

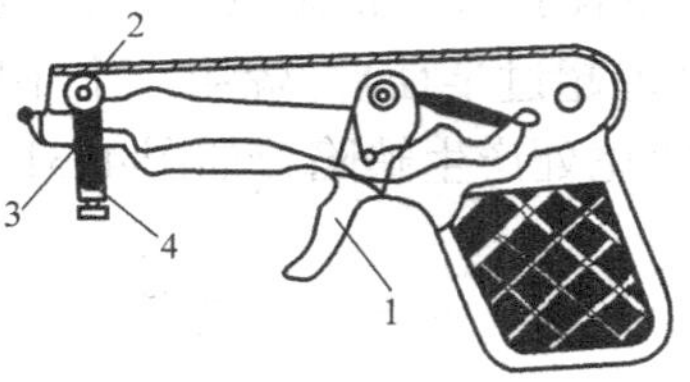

图4-33　打火枪的构造

1—扳机　2—摩擦齿轮　3—电石　4—弹簧管

图4-34　用扳手拧紧压紧螺母

4）当采用图4-34所示的方法无效时，应顺时针旋动手轮，将瓶阀的阀门关紧，然后卸掉手轮及压紧螺母，取出损坏的密封垫圈（见图4-35），然后换上新的密封垫圈，并用扳手将压紧螺母扳紧，最后将手轮重新装好。

5）冬季若发现氧气瓶阀的阀杆空转，排不出气，则应首先顺时针旋动手轮，将瓶阀的阀门关紧，然后用热水或蒸汽将瓶阀缓慢加热，使之解冻，如图4-36a所示。绝对禁止用明火烘烤，如图4-36b所示。

6）当采用图4-36所示的方法无效时，可将手轮卸掉，检查手轮的方套孔和阀杆的方棱是否被磨成圆形。若已磨损，则应更换新的手轮或阀杆。若故障仍未排除，则可待瓶内压力低于0.2MPa后，分别卸掉手轮1、压紧螺母2、密封垫圈4、阀杆5，取出断裂的开关板6（见图4-37），然后换上新的开关板，最后再将阀杆等重新装好。

7）取氧气瓶的瓶帽时，只能用手或扳手旋取。图4-38a所示为正确的操作方法。

8）取氧气瓶的瓶帽时，禁止用铁锤等铁器敲击。图4-39所示为错误的操作方法。

9）在瓶阀上安装氧气减压器之前，应旋动手轮，将瓶阀缓慢开启，以吹掉出气口处的

图 4-35　取出损坏的密封垫圈

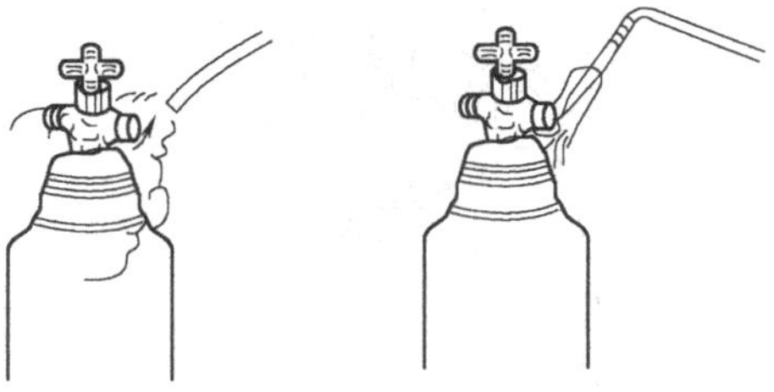

图 4-36　瓶阀冻结时的处理

a）正确　b）错误

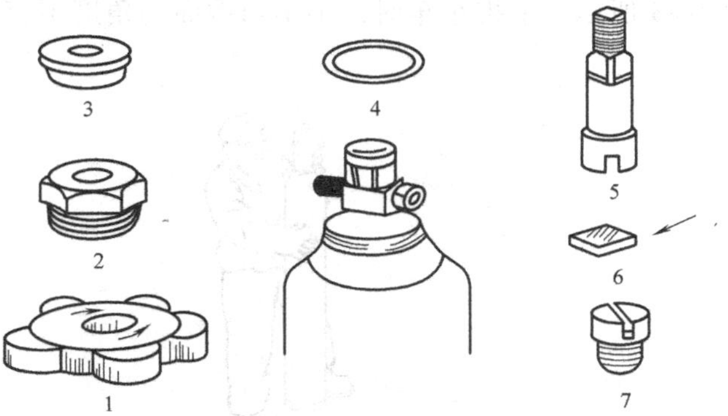

图 4-37　更换开关板

1—手轮　2—压紧螺母　3—弹簧压帽　4—密封垫圈　5—阀杆　6—开关板　7—活门

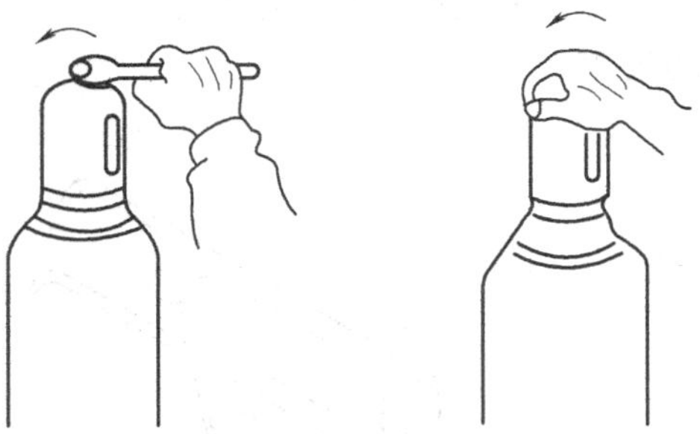

图 4-38　取氧气瓶的瓶帽

a）正确　b）错误

杂质。开启氧气瓶的瓶阀时，操作者应站在气体喷出方向的侧面，并避免氧气流朝向人体，避免易燃气体或火源喷出。图 4-40 所示为错误的操作方向。

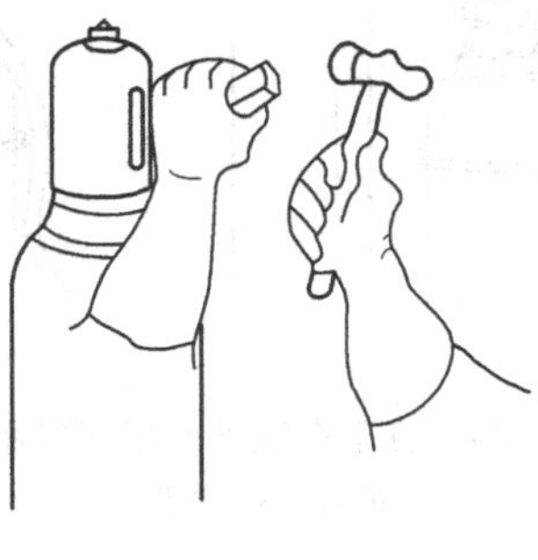

图 4-39　取氧气瓶瓶帽的错误方法

图 4-40　开启氧气瓶瓶阀的错误操作方向

10）禁止在带压力的氧气瓶上，通过拧紧阀体和压紧螺母的方法来消除泄漏现象。图 4-41 所示为错误动作。

11）严禁让粘有油脂或易燃物质的手套、棉纱和工具等与氧气瓶、瓶阀、减压器及管路等接触（见图 4-42），以防止在压缩状态下的高压氧与油脂或易燃物接触自燃，从而引起火灾或爆炸。

图 4-41　带压状态下消除瓶阀泄漏的错误动作

图 4-42　油脂污染氧气瓶

12）氧气瓶应装在小车上运输，如图 4-43 所示。手推小车时，小车与地面的角度不应超过 45°。

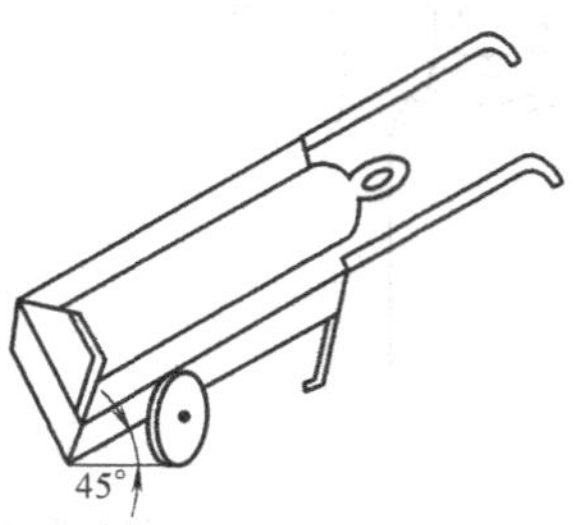

图 4-43　运输氧气瓶的小车

图 4-44　移动气瓶的错误动作

13）移动氧气瓶时，禁止用手托瓶帽（图 4-44 所示为移动气瓶的错误动作），以防瓶帽松脱而将氧气瓶摔倒。

14）夏季在室外使用氧气瓶时，必须把它放在凉棚内（见图 4-45a），不应露天存放（见图 4-45b），以免遭受阳光的强烈照射，否则会因瓶内氧气体积的急剧膨胀而引起气瓶爆炸。

15）检查氧气瓶瓶口是否有泄漏现象时，可用肥皂水涂在瓶口上试验，如图 4-46 所示。若有气泡出现，则说明该处泄漏，应采取措施将其消除。

a)　　b)

图 4-45　夏季在室外使用氧气瓶

a）正确　b）错误

16）氧气瓶内的余氧不能全部用完，在一般情况下，应留有 0.1～0.2MPa 的余量（见图 4-47），以便重新充装氧气时，吹除瓶口灰尘和防止其他气体或杂质侵入瓶内。若将余氧放尽，当重新充装氧气时，制氧站在充气前还要对气瓶进行清洗，这就给充氧带来了不必要的麻烦。

17）乙炔气的开启和关闭，是利用方孔套筒扳手，转动乙炔瓶阀中阀杆上端的方形头来实现的。当逆时针转动方孔套筒扳手时，就会从瓶内放出乙炔气，如图 4-48a 所示；顺时

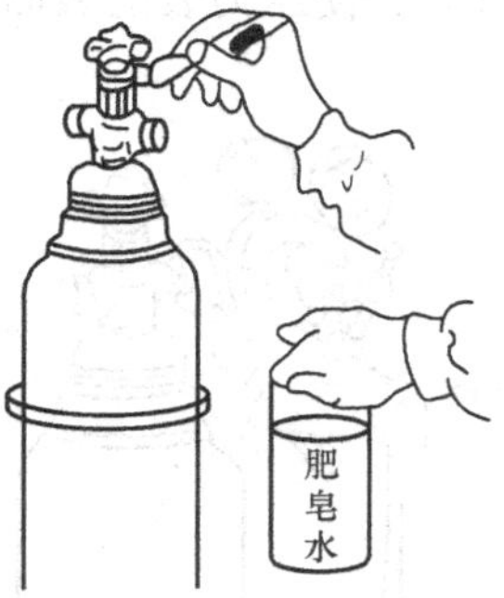

图4-46　检查氧气瓶口的泄漏情况

图4-47　氧气瓶内的余氧

针转动方孔套筒扳手时，则停止供气，如图4-48b所示。

18）使用乙炔瓶时，应直立放置，如图4-49所示。

19）使用乙炔瓶时，不能将其卧置，如图4-50所示。卧放乙炔瓶会使丙酮随乙炔流出，甚至会通过减压器流入乙炔气胶管和焊、割炬内，这是非常危险的。若要使用已卧放的乙炔瓶，则必须先将其直立20min，然后再连接乙炔减压器使用。

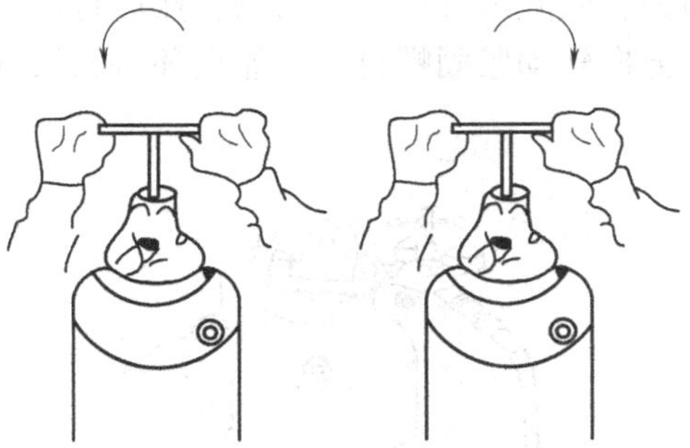

a)　　b)

图4-48　放气和关闭

a）放气　b）关闭

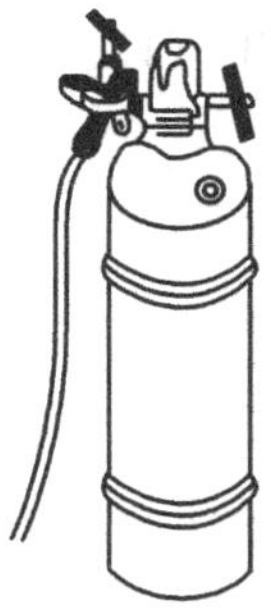

图4-49　乙炔瓶的使用

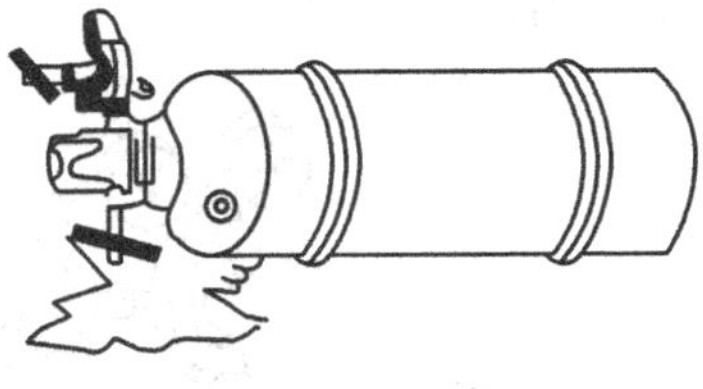

图4-50　乙炔瓶的错误使用方法

20）吊装乙炔瓶时应使用麻绳，如图4-51a所示。严禁使用电磁起重机、铁链或钢丝绳吊装（见图4-51b），以免乙炔瓶滑落或与乙炔瓶摩擦产生火花，引起乙炔瓶爆炸。

21）当乙炔瓶阀由于凝水而冻结时，绝对禁止用明火烘烤（见图4-52），必要时可用40℃以下的温水解冻。

22）以YQY-1型氧气减压器为例，说明氧气减压器的安装方法，如图4-53所示。在安装氧气减压器之前，先按逆时针方向缓慢旋动氧气瓶阀上部的手轮，利用瓶内的高压氧气流吹除瓶阀出气口处的污物，此时瓶阀出气口不得对准操作者或他人。污物吹尽后，应立即旋紧

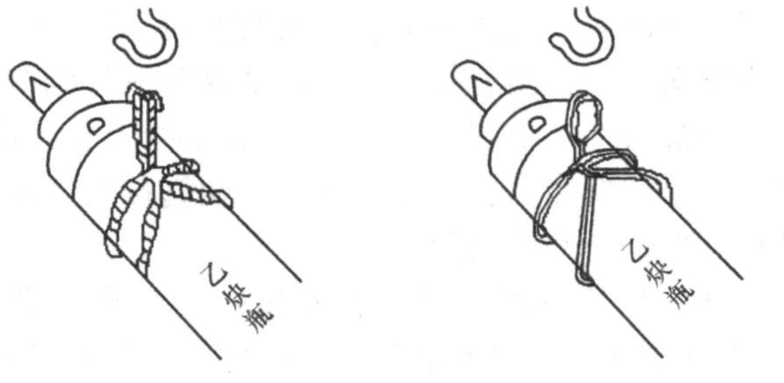

a)　　b)

图4-51　吊装乙炔瓶

a）正确　b）错误

手轮，并将 YQY—1 型氧气减压器的进口对准氧气瓶阀的出气口，使压力表的表面处于垂直位置，然后用无油脂的扳手将螺母拧紧。

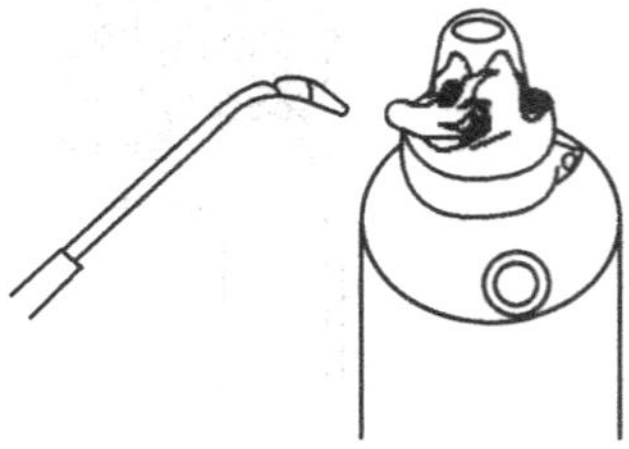

图 4-52　解冻乙炔瓶瓶阀的危险动作

图 4-53　安装氧气减压器的方法

23）需要调整工作压力时，可沿顺时针方向缓慢地转动减压器调压螺钉（见图 4-54），直至减压器的低压表指针指到所需的工作压力为止。此时应注意：不能过快地旋转调压螺钉，以防止高压气体冲坏弹性薄膜装置或使低压表损坏。

24）以 YQE—222 型乙炔减压器为例，说明乙炔减压器的安装方法。在安装 YQE—222 型乙炔减压器前，先用方孔套筒扳手打开乙炔瓶的瓶阀，吹除出气口处的污物，然后将乙炔减压器的进气口对准乙炔瓶瓶阀的出气口，并顺时针方向转动紧固螺钉，依靠夹环将乙炔减压器固定在瓶阀上。

图 4-54　调整工作压力

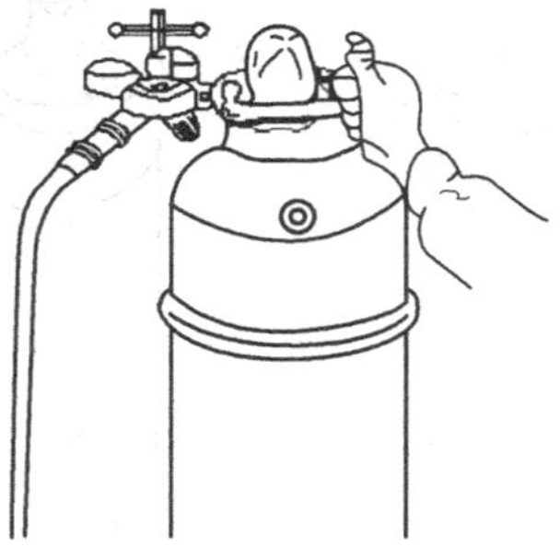

图 4-55　安装乙炔减压器的方法

25）在使用焊炬前，应先检查其射吸能力是否正常。方法是：将黑色的氧气胶管接在焊炬下方的氧气管接头上，乙炔胶管暂不接，然后打开氧气瓶阀，调节减压器调压螺钉，向焊炬输送氧气，接着打开乙炔调节阀和氧气调节阀。当氧气从焊嘴流出时，用手指按在乙炔进气管接头上，如图 4-56 所示。若手指上感到有足够的吸力，则表明焊炬的射吸力是正常的；如果没有吸力，甚至氧气从乙炔管接头中喷出来，则说明焊炬的射吸能力不正常，必须进行修理，否则严禁使用。

26）焊炬使用过程中若发生回火，则应迅速关闭乙炔调节阀，同时关闭氧气调节阀（见图 4-57），等回火熄灭后，再打开氧气调节阀，吹除残留在焊炬内的余烟或烟灰，并将焊炬手柄前面的部分放在水中冷却。

27）图 4-58 所示为使用通针时的正确操作方法。在使用通针清洁孔道时，通针和孔道必须保持在一个水平面上，不应有扭曲现象，否则会导致孔径磨损不均或产生划痕，或出现

“喇叭口”等使火焰偏斜。

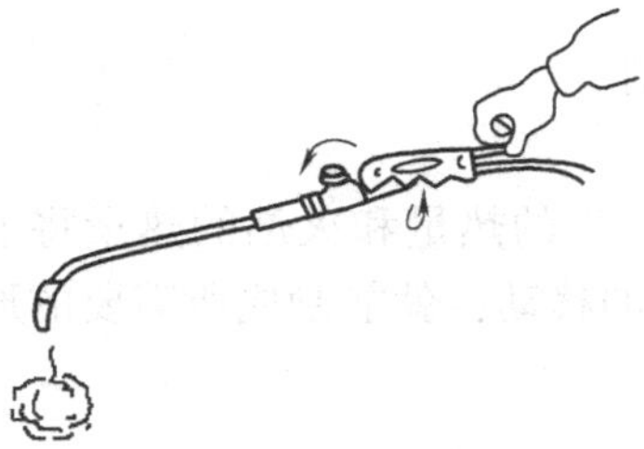

图 4-56 检查焊炬射吸力的方法

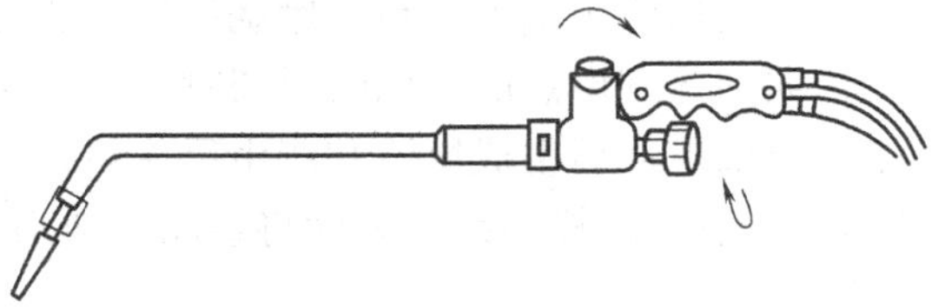

图 4-57 消除回火的方法

28）当焊炬没有射吸能力，并拌有逆流现象时，首先应检查焊嘴是否被堵塞。如果不是这种情况，则可将乙炔胶管卸下来，用手堵住焊嘴，开启氧气调节阀，使之倒流，将杂质从乙炔管接头处吹出，如图 4-59 所示。必要时，可把混合气管卸下来，将其内部杂质清除干净。

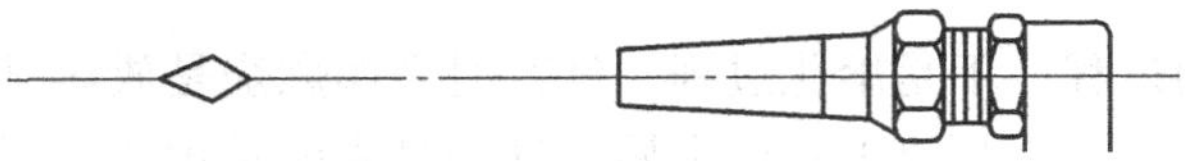

图 4-58 通针的使用

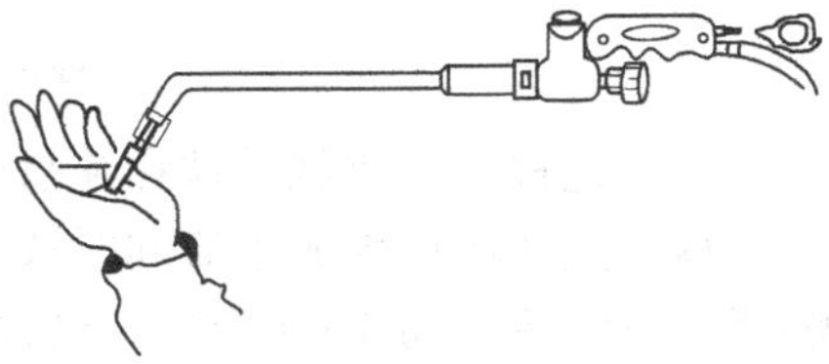

图 4-59 用氧气冲刷射吸管

考证要点

1. 气焊时焊嘴过热是焊炬发生（　　）的原因之一。
2. 气焊时，氧气的消耗量比乙炔（　　）。
3. 气焊时，焊嘴孔径越（　　），火焰能率也就越（　　）。
4. 电石及水的纯度越高，其分解速度就越（　　）。
5. 电石的尺寸越（　　），分解速度越（　　）。

任务4 气　割

任务描述

气割是完成金属材料切割下料的主要方法。本任务要求掌握气割的基本操作技能。

任务分析

进行气割操作时，重点是注意操作要点，同时对常见的故障进行正确分析和处理。了解气割的工作原理及割炬的构造。

相关知识

一、气割原理及条件

1. 气割的原理

气割是利用气体火焰的热量，将割件待切割区域的附近预热到一定温度后，喷出高压切割氧流，使其燃烧，发生氧化反应并放出热量，来实现金属切割的方法。

氧乙炔火焰切割的过程包括三个阶段：

1）用火焰将起割处预热到燃烧温度即燃烧点，开始气割。

2）向加热到燃点的金属喷射切割氧，使金属燃烧。

3）金属燃烧后生成熔渣和产生反应热，熔渣被吹除，产生的热量和火焰的热量将下一层预热到燃点，这样继续下去就将金属逐渐割穿，随着割炬的移动，就能割成所需要的形状及尺寸。

铁在氧气中的燃烧反应式为

$$Fe+\frac{1}{2}O_2=FeO+269MJ/mol$$

$$2Fe+\frac{3}{2}O_2=Fe_2O_3+272MJ/mol$$

$$3Fe+2O_2=Fe_2O_3+276MJ/mol$$

气割过程的实质就是铁在纯氧中燃烧的过程，不是熔化过程。气割时金属燃烧是放热反应过程，金属燃烧生成熔渣同时放出大量的热量，预热下一层金属。气割过程就是预热——燃烧——吹渣。图4-60为气割过程示意图。

（1）预热　氧乙炔混合气火焰从割嘴外圈喷出将切割部位的金属表层预热至燃点以上。

（2）氧化　切割氧从割嘴中心喷出，已达到燃点的金属急剧氧化（燃烧），并形成氧化物渣。

（3）吹渣　液态的氧化物渣被高速切割氧流吹走，将未被氧化的金属暴露在氧气流中。

（4）前进　暴露在氧气流中的金属，在上面金属氧化时放出热量的作用下温度升高到燃点，继续被氧气流氧化，燃烧成渣后被吹走，最后金属在整个厚度方向被氧化吹通。随着氧气流按切割方向前进，新接触的金属将重复预热、氧化、吹渣的过程，最后形成切口。

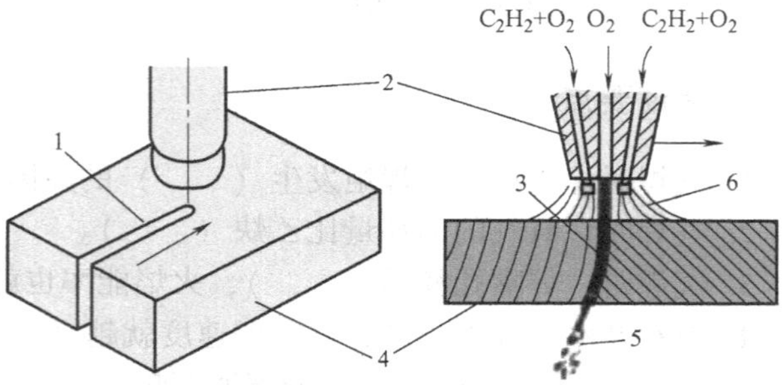

图4-60　气割过程示意图

1—切口　2—割嘴　3—氧气流　4—焊件
5—氧气物渣　6—预热火焰

2. 气割的条件

不是所有金属都能进行气割，对被切割材料要有一定的物理及化学特性要求。

1）金属在氧气中的燃点必须低于它的熔点，否则没等燃烧就熔化了，就不能切割了。例如，低碳钢燃点约为1350℃，其熔点约为1530℃。满足了氧乙炔切割的这个基本条件。随着钢含碳量的增加，其燃点增高，熔点则降低，这样就使气割难以进行。当碳的质量分数为0.70％的碳素钢，其燃点和熔点基本相等，而碳的质量分数大于0.70％的高碳钢，其燃点高于熔点，所以都不能用普通氧乙炔切割。

2）金属气割所形成的氧化物的熔点应低于金属本身的熔点且流动性好。只有这样，液态易流动的氧化物渣才能被吹掉，使切割过程继续。否则，高熔点的氧化物将以固态覆盖于切口处，阻碍后面材料的燃烧，使切割过程难以进行。

3）金属的导热性不应太高。

4）金属在切割氧流中燃烧是放热反应。

5）金属中阻碍气割过程和提高钢的可淬性的杂质要少。进行气割的金属必须具备下列条件：金属的熔点应高于本身的燃点；金属氧化物的熔点应低于切割金属本身的熔点及切割温度，且流动性要好；金属在氧气流中燃烧时能释放出较多的热量；金属的导热性不能太高。

其他比较常见的金属材料，如铸铁，不锈钢，铜、铝及其合金等采用等离子切割。

二、气割的特点及应用

1. 优点

同机械切割法（如采用锯片式或剪板式机床）相比，气割具有成本低、设备简单、操作灵活方便、机动性强等优点。

2. 缺点

气割时热量较大，会对切口两侧金属的成分和组织产生一定的影响，还会引起被割工件的变形等；劳动强度大，要求操作者具有较高的技术水平；薄板气割时会产生较大的变形。

3. 应用

适用于低碳钢、中碳钢、普通低合金钢等少数几种金属材料。钢板的合理下料、装配过程中的余量切割与边缘修整、不同形式焊接坡口的加工和铸件冒口的切割，都可以采用气割方法。

三、设备与工具

气割设备及工具主要有氧气瓶、乙炔瓶、焊割气瓶、割炬或气割机、减压器等。

1. 割炬

割炬是手工气割的主要工具，可以安装或更换割嘴。它将可燃气体与氧气以一定比例和方式混合后，形成具有一定能量和形状的预热火焰，并在预热火焰的中心喷射切割氧气进行气割。

割炬主要由手柄、乙炔开关、氧化阀手轮、高压氧手轮、切割氧气管、混合气管、割嘴等部分组成，如图4-61所示。割炬按可燃气体与氧的混合方式分为射吸式和等压式两种，以射吸式割炬使用较多；按用途可分为普通割炬、重型割炬和焊割两用割炬。

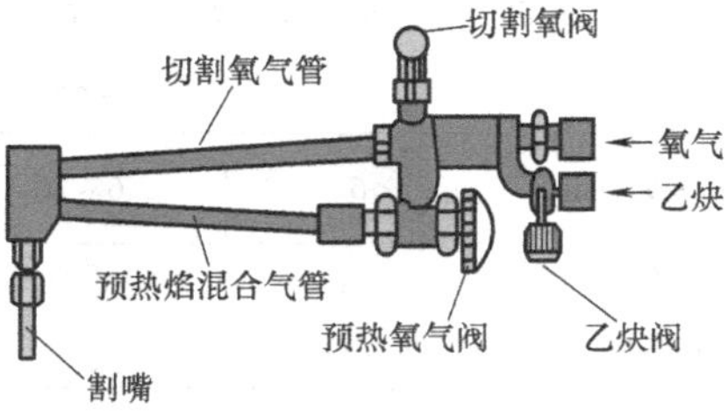

图4-61 割炬结构示意图

普通割炬型号为G01—30、G01—100、G01—300、和GD1-100，型号含义如图4-62所示。前三种为射吸式，最后一种为等压式。此外还有高压重型割炬GZ—100，能切割200~1000mm厚度的低碳钢和中碳钢材料。焊割两用割炬的型号为HG01—3/50和HG01—12/200，如图4-62所示。

2. 气割机

气割机是代替手工割炬进行气割的机械化设备。它比手工气割的生产率高，切口质量好，劳动强度和成本都低。工厂生产常见的有半自动气割机、仿形气割机、光电跟踪气割机和数控气割机。

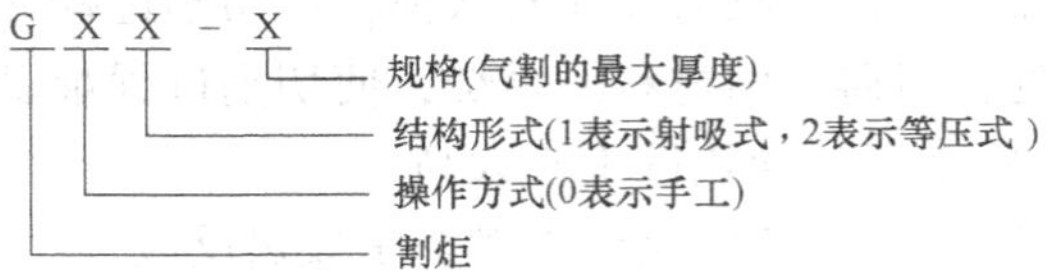

图4-62　割炬型号含义

四、气割参数

气割参数主要包括气割氧的压力、预热火焰能率、气割速度、割嘴与工件的倾斜角度、割嘴与割件的距离。气割参数的选择直接影响切口表面的质量，而气割参数主要取决于割件的厚度。

1. 气割氧的压力

1）与割件厚度、割嘴型号、氧气纯度有关。

2）切割薄件时，宜选用小的割嘴号码和氧气压力。

3）氧气的纯度对气割速度、气体消耗量及切口质量有很大影响。氧气的纯度低，金属氧化缓慢，使气割时间增加，而且气割单位长度割件时的氧气消耗量也增加。

2. 气割速度

1）取决于割件的厚度和割嘴形状，随着厚度的增大，切割的速度降低。

2）切割速度不能太快或太慢，否则会产生后拖量和割不透。

3）气割速度的正确与否，主要根据割缝的后拖量来判断。后拖量是切割面上切割氧气流轨迹的始点与终点在水平方向上的距离。

3. 预热火焰的能率

1）气割时预热火焰均采用中性焰或轻微的氧化焰，碳化焰不能使用。

2）预热火焰的能率以可燃气体每小时的消耗量来表示。

3）预热火焰的能率与割件厚度有关。随着割件厚度的增大，火焰能率应越大。

4. 割嘴与割件的倾斜角度（见表4-12）

1）割嘴与割件倾斜角度的大小主要根据割件厚度而定。

2）割嘴与割件的倾斜角度直接影响气割速度和后拖量。

3）后倾时，能减少后拖量，提高切割速度。

表4-12　割嘴与割件的倾斜角度

割件厚度/mm	<6	6～30	>30		
			起割	割穿后	停割
倾角方向	后倾	垂直	前倾	垂直	后倾
倾斜角度	25°～45°	0°	5°～10°	0°	5°～10°

5. 割嘴离割件表面的距离

1）割嘴离割件表面的距离应根据预热火焰长度和割件厚度来确定，一般为3～5mm。

2）板厚小于20mm时，火焰可长一些，距离可适当加大。

3）板厚大于或等于20mm时，火焰应短一些，距离应减小。

五、回火现象

在气焊、气割工作中有时会发生气体火焰进入喷嘴或割嘴内逆向燃烧的现象，这种现象称为回火。回火分为两种形式：回烧和逆火。回烧是火焰向喷嘴孔或割嘴孔逆行，并继续向混合室和气体管路燃烧的现象；逆火是火焰向喷嘴或割嘴逆行，并瞬时自行熄灭，同时伴有爆鸣声的现象。回火的根本原因是混合气体从割炬的喷射孔内喷出的速度小于混合气体的燃烧速度。

在气割过程中割炬发生回火时，应先关闭乙炔开关，然后再关闭氧气开关，待火熄灭后，割嘴不烫手时方可重新进行气割。

任务准备

1. 氧气瓶

容积为 40L。

2. 乙炔瓶

容积为 41L。

3. 减压器

型号为 QD－1、QD－20。

4. 焊炬

型号为 H01－6。

5. 割炬

型号为 G01－30。

6、焊接材料

Q235 钢。

任务实施

1. 气割前的准备

气割前要检查场地是否符合安全要求，整个气割系统的设备是否能正常工作，若有故障，则应及时排除；将工件表面的油污、氧化皮等清除干净；割件应垫平且下面应留有一定的空间，以利于氧化熔渣的顺利吹出，同时可防止氧化铁的飞溅；调节氧气和乙炔阀门压力，使其达到要求。一切工作准备好后方可点燃火焰，并调到合适的形状开始气割。

2. 气割的基本过程

手工气割时可根据个人的生活习惯，在满足气割要求的前提下可采用不同的操作姿态。一般情况如下：

1）双脚呈八字形蹲在割线的一侧，右手握住割炬手把，右手拇指和食指靠住手把下面的预热氧气调节阀，以方便调节预热火焰，并在回火时能及时切断混合气管的氧气。

2）左手的拇指和食指应把住气割氧气阀的开关，其余三指平稳地托住割炬，以便掌握方向。

3）右臂靠住右膝盖，左臂悬空在两膝盖中间，确保移动割炬方便，不移动位置时的割线较长。身体略微向前挺起，眼睛注意前面的割线和割嘴，切割方向一般自右向左。

4）起割时，先在割件划线处边缘进行预热（割件发红），然后缓慢开启气割氧调节阀，待金属液被氧射流吹掉时，加大气割氧气流，当听到割件下面发出清脆的声音时，表明割件已被切透。这时根据割件厚度灵活掌握切割速度，沿割线前进方向施割。

5）在整个气割过程中，割炬运行要均匀，割嘴离割件表面的距离应保持不变。在切割较长的工件时，每割 300~500mm 需移动操作位置，这时应先关闭气割氧气手轮，使割炬火焰离开割件，移动身体位置后再将割嘴对准接割处并适当预热，然后缓慢打开气割氧继续向前切割。

6）气割临近终点时，割嘴应沿切割方向略向后倾斜一定角度，以利于将割件下面提前割透，保证收尾时的切口质量。气割结束时，应先关闭气割氧气手轮，再关闭乙炔手轮和预热氧气手轮。如果停止工作时间较长，则应旋松氧气减压器，再关闭氧气瓶阀和乙炔输送阀。

检查评议

检查评议表见表 4-13。

表 4-13　检查评议表

项目	考核要求	分值	扣分标准	检验结果	得分
点火的姿势	姿势正确	10	酌情扣分		
点火动作	点火熟练	10	酌情扣分		
参数的选择	选择合适	10	酌情扣分		
火焰能率的调节	方法正确	10	酌情扣分		
焊接顺序	顺序正确	5	酌情扣分		
未熔合	无	10	出现一处扣 5 分		
焊瘤	无	10	出现一处扣 5 分		
烧穿	无	10	出现一处扣 5 分		
未焊透	无	10	出现一处扣 5 分		
焊缝外形	波纹均匀、美观	15	酌情扣分		

问题防治

1. 常见缺陷的产生原因及防止方法

（1）切口过宽且表面粗糙　切口过宽且表面粗糙是由于气割氧气压力过大造成的。当气割氧气压力过低时，切割的熔渣便不能被吹掉，切口处的熔渣粘在一起不易去除。因此气割时，应将气割氧气压力调整适宜。

（2）切口表面不齐或棱角熔化　切口表面不齐或棱角熔化产生的原因是预热火焰过强，或气割速度过慢；火焰能率过小时，气割过程容易中断且切口表面不整齐。所以，为保证切口规则，预热火焰能率大小要适宜。

（3）切口后拖量大　气割速度过快导致切割后拖量过大，不易切透，严重时会使熔渣向上飞，发生回火。切割时，可根据熔渣流动情况进行判断，采用较为合理的气割速度，从而消除过大的后拖量。

2. 引起回火现象的主要原因

1）输送气体的软管太长、太细，或者曲折太多，使气体在软管内流动时所受的阻力增大，从而降低了气体的流速。

2）气割时间过长或者焊（割）嘴离工件太近，致使焊（割）嘴温度升高，焊（割）炬内的气体压力增大，从而增大了混合气体的流动阻力，降低了气体的流动速度。

3）割嘴端面黏附了过多飞溅出来的熔化金属微粒，这些微粒阻塞了喷射孔，使混合气体不能畅通地流出。

4）输送气体的软管内壁或焊（割）炬内部的气体通道上黏附了固体碳质微粒或其他物质。

扩展知识

提高切口表面质量的途径如下：

（1）气割氧气压力大小要适当　气割氧纹理过大时，会使切口过宽，切口表面粗糙，同时浪费氧气；气割氧纹理过小时，气割的氧化渣吹不掉，切口处的熔渣容易粘在一起不易清除。

（2）预热火焰能率要适当　预热火焰能率过大时，切口表面的棱角被熔化，尤其在气割薄件时会产生前面割开，后面粘在一起的现象；火焰能率过小时，气割过程容易中断，而且切口表面不整齐。

（3）气割速度要适当　气割速度太快时，会产生较大的后拖量，不易切透，甚至造成熔渣往上飞，容易发生回火现象；气割速度太慢时，会熔化割件两侧棱角，同时浪费气割气体，较薄的板材易产生过大的变形以及粘连现象，割后不易清理；气割速度适当时，熔渣和火花垂直向下飞去，切口光洁，熔渣容易清除。

考证要点

1. 若气割割炬和焊炬（　）射吸能力，则不能使用。
2. 钢管在正常气割时，预热火焰均应（　　）于钢管的表面。
3. 按国家标准规定，氧气瓶应涂成（　）色。

单元5　自动埋弧焊

5

知识目标

1. 了解自动埋弧焊的分类及应用。

2. 掌握自动埋弧焊的特点及应用、自动埋弧焊的冶金特点、自动埋弧焊的设备与工艺、自动埋弧焊常见缺陷及防止方法，并熟悉自动埋弧焊的其他焊接方法。

技能目标

1. 能够正确选择自动埋弧焊焊接参数。

2. 熟练掌握板对接自动埋弧焊的操作技术要点。

任务1　板-板平对接I形坡口悬空自动埋弧焊

任务描述

自动埋弧焊具有生产效率较高、机械化程度高、焊接质量好且稳定的优点，广泛应用于金属结构、桥梁、石油化工、核容器、船舶制造等领域。本任务，要求了解自动埋弧焊的原理、特点及应用，掌握板-板平对接I形坡口悬空自动埋弧焊的基本操作技能。

任务分析

自动埋弧焊与其他焊接方法相比有其自身的特点，本任务要求熟悉并能够正确使用自动埋弧焊的焊接设备，并能进行板-板平对接I形坡口悬空自动埋弧焊的操作。

相关知识

一、自动埋弧焊的原理、分类及特点

1. 自动埋弧焊的原理

埋弧焊是指电弧在焊剂层下燃烧进行焊接的一种工艺方法。利用机械装置自动控制送丝和移动电弧的一种埋弧焊方法称为自动埋弧焊。

自动埋弧焊原理示意图如图5-1所示。

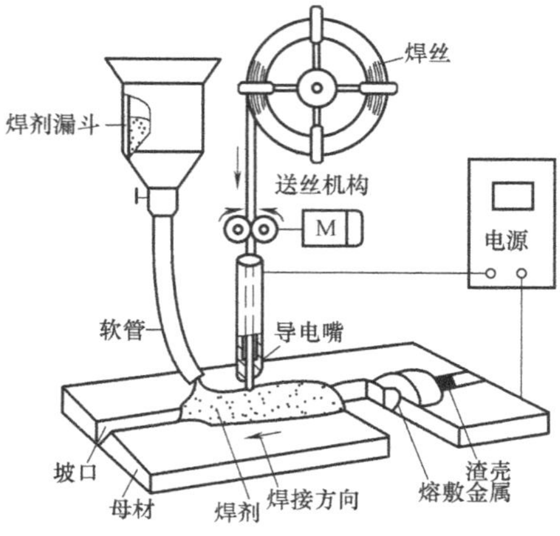

图5-1　自动埋弧焊原理示意图

埋弧焊时，由于焊接电弧是埋在颗粒状的焊剂层下燃烧的，因此在焊丝和焊件之间引燃电弧后，电弧热使焊件、焊丝和焊剂局部熔化，部分蒸发，在靠近熔池前沿处，电弧的周围形成了一个气泡（通常称为弧腔），如图5-2所示。从图5-2中可见，电弧在弧腔内稳定燃烧，弧腔的下部是熔池液态金属，上部被一层熔融的焊剂即熔渣构成的渣膜所包围。这层渣膜不仅很好地隔绝了空气对电弧和熔池的侵扰，而且遮蔽了弧光使之不能对外辐射，同时使电弧的热效率得到提高。随着焊接过程的进行，焊接电弧向前移动，电弧力将熔化金属推向后方并逐渐冷却结晶而形成焊缝。自动埋弧焊焊接过程示意图如图5-2所示。

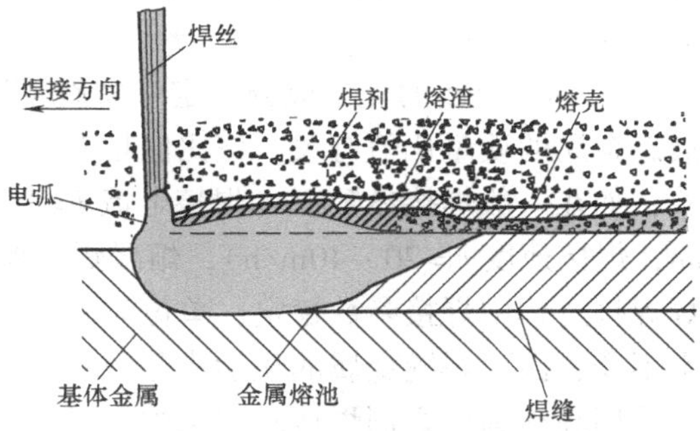

图5-2 自动埋弧焊焊接过程示意图

2. 自动埋弧焊设备的分类

（1）按送丝方式分 等速送丝式埋弧焊机和电弧电压调节式埋弧焊机两类。

（2）接用途分 通用焊机、专用焊机。

（3）按行走机构形式分 小车式、门架式、悬臂式埋弧焊机。

（4）按焊丝数量分 单丝、双丝和多丝埋弧焊机。

3. 自动埋弧焊的特点

自动埋弧焊与焊条电弧焊相比，具有以下特点：

（1）提高生产率，节约材料和工时 自动埋弧焊可以使用较大的焊接电流，因此一般焊接熔深也较大。加之电弧受到焊剂的保护，电弧热量集中，热能利用率高，较厚焊件不开坡口也能一次焊透。这样既节省了焊接工时，也降低了材料消耗，同时大大提高了焊接生产率。

（2）焊接质量好，焊缝成形美观 自动埋弧焊焊接过程稳定，焊剂能有效地保护焊接熔池，防止外界空气侵入，因此焊接质量良好。同时，覆盖于焊缝表面的熔渣冷却后形成的渣壳，保证了焊缝的光洁、平直、美观。

（3）焊接变形量小 自动埋弧焊热能集中，速度快，因此焊接变形也较小。

（4）改善了劳动条件 自动埋弧焊过程的机械化、自动化，使焊工的劳动强度大大降低。另外，由于焊接电弧在焊剂层下燃烧，因此焊工可不带面罩进行操作，同时也防止了弧光对人体的有害作用，从而改善了劳动条件。

4. 埋弧焊的冶金特点

（1）空气不易侵入焊接区 在埋弧焊时，焊剂在电弧热的作用下，形成熔融的液态焊剂薄膜，将焊接区即焊接电弧和熔池完全包围起来，隔离外界空气。其保护效果可以由低碳钢埋弧焊焊缝金属中的氮含量得知。埋孤焊焊缝金属中氮的质量分数为0.002%，而采用药皮焊条焊接的焊缝金属中氮的质量分数为0.02%～0.03%。虽然埋弧焊焊缝中有较明显的铸造组织，但是由于焊缝含氮量极少，因此焊缝仍具有较好的韧性。这说明埋弧焊时，焊剂及渣膜有着较好的隔绝空气的作用。

（2）冶金反应充分 埋弧焊的熔池体积较大，冷却缓慢，处于液态时间较长，加强了液态金属与熔融焊剂之间的相互作用，冶金反应充分，气体与熔渣易析出，不易形成气孔、夹渣等缺陷。

（3）焊缝金属的化学成分稳定　实践证明：焊缝金属的化学成分与熔池中的熔融焊剂和液态金属的质量比值有关。该比值越大，向焊缝渗硅、锰的效果越好。此比值与焊接参数有关，如在一般焊接参数下（焊接电流 $I=700\sim800$A，电弧电压 $U=30\sim40$V，焊丝直径为5mm，焊接速度 $v=20\sim40$m/h），熔融焊剂质量约为液态金属总质量的30%～40%。由于埋弧焊焊接过程中焊接参数稳定，单位时间内熔化的金属和焊剂的量较为固定，焊缝的熔合比基本不变，因而焊缝金属的化学成分稳定。

采用高锰高硅焊剂焊接碳素结构钢时，主要是焊剂中的硅、锰过渡到焊缝中去，以弥补焊接过程中碳烧损引起的接头强度降低，从而保证焊缝金属的力学性能。当采用高锰高硅焊剂进行埋弧焊时，去氢的重要途径是利用焊剂中的氟化物和氧化物与氢进行冶金反应，把氢结合成 HF 和 OH 两种不溶于熔池的气态化合物，从而去除熔池中的氢，防止焊缝产生氢气孔。由于限制焊丝和焊剂中的 S、P 含量，减少了 S、P 向焊缝金属中的过渡，因此能够防止产生热裂纹和冷裂纹。

5. 埋弧焊的缺点

1）难以在空间位置施焊。埋弧焊是依靠颗粒状的焊剂堆敷形成保护条件的，通常只适用于水平位置焊接。20 世纪 80 年代研制出的横焊埋弧焊机是埋弧焊技术领域的一项重大突破。这种焊机能在施工现场出色地完成大型储油罐和储气罐横向环缝的埋弧焊。

2）难以焊接氧化性强的金属。现有焊剂的成分主要是金属及非金属氧化物，如 MnO_2、SiO_2 等这类焊剂难以用来焊接铝、钛等氧化性强的金属及其合金。

3）不适于焊接薄板和短焊缝。由于埋弧焊电弧的电场强度较大，在小电流时焊接电弧的稳定性变差，所以不适于焊接厚度小于 1mm 的薄板。

焊接的机动灵活性比焊条电弧焊差，焊接设备也比焊条电弧焊复杂，短焊缝显示不出它的生产效率高的特点。

4）焊接时不能直接观察电弧与坡口的相对位置，需要焊前调整好焊丝的位置或采用焊缝自动跟踪装置以便对准焊缝。

任务准备

1. 焊接材料

（1）焊丝　牌号为 H08MnA（配 HJ431 焊剂），直径为 4mm。

（2）焊件　焊件材质为 Q345（16Mn）钢，尺寸为 1000mm×300mm×10mm，两件。

2. 焊接设备

选用 MZ1—1000 型自动埋弧焊机，直流反接。

3. 焊接参数（见表 5-1）

表 5-1　板-板 I 形坡口平对接悬空双面自动埋弧焊焊接参数

焊接层次	焊丝直径/mm	焊接电流/A	电弧电压/V	焊接速度/(m/h)
正面	4.0mm	530～570	31	27.7
反面		590～640	33	27.7

任务实施

1. 设备的检查

1）检查各电焊线接头是否可靠连接。

2）电源安全装置是否可靠。

3）检查焊剂是否干燥，焊盘焊丝是否正确安装。

2. 焊件的装配

1）焊前必须清除焊接坡口及其两侧 20mm 宽度范围内的氧化物铁锈、水分、油污等，如图 5-3 所示。

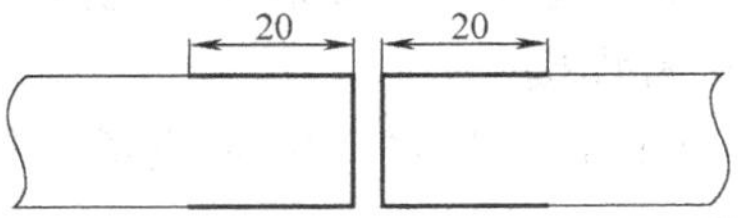

图 5-3　试件的装配

2）焊件装配板材必须平整，装配间隙公差为 0 ~ 1mm，横向断面不允许倒斜。

3）装配定位焊所用焊材应与正常焊接时所用焊材强度等级相一致。对于不开坡口的对接焊缝，定位焊缝高度不应超过 3mm；定位焊长度，一般强度钢为 30 ~ 40mm，间距为 100 ~ 300m；不允许有气孔、夹渣、裂缝、焊穿等缺陷。

4）焊前，在焊缝始端和末端必须装好引弧板和引出板，其尺寸为 150mm × 150mm。引弧板和引出板的材质、厚度与焊件相同，厚度上可比焊件厚度大 1 ~ 2mm。

5）间隙不超过 1mm。

3. 操作要点及注意事项

（1）操作要点

1）准备

① 首先检查焊机外部接线是否正确。

② 将焊接小车放在焊件的焊接位置上。

③ 将装好焊丝的焊丝盘装到固定位置上，再把准备好的焊剂装入焊剂漏斗内。

④ 闭合焊接电源的开关和控制线路的开关。

⑤ 调整焊接参数，使之达到预先选定的值。

⑥ 打开焊接小车的离合器，将焊接小车推至焊件起焊处，调节焊丝对准焊缝中心。

⑦ 按下按钮，使焊丝轻轻接触焊件表面。

⑧ 扳下焊接小车的离合器，并打开焊剂漏斗阀门堆放焊剂。

2）焊接。按下起动按钮，接通焊接回路，电动机反转，焊丝上抽，电弧引燃。待电弧引燃后，再松开按钮，电动机变反转为正转，将焊丝送向电弧空间，焊接小车前行，焊接过程正常进行。

在焊接过程中，应注意小车的行走路线，随时进行调整，保证对中，并要注意焊剂漏斗内的焊剂量，必要时添加，以免影响焊接工作的正常进行。

3）停止

① 关闭焊剂漏斗的阀门。

② 先半按下按钮，电动机停止转动，小车停止行走，焊丝也停止送丝，电弧拉长，此时弧坑被逐渐填满，待弧坑填满后，再全部按下按钮，切断焊接电源，焊接过程完全停止，然后放开按钮，焊接过程结束。

③ 扳下小车离合器的手柄，用手将焊接小车推至适当位置。

④ 回收焊剂，清除渣壳，检查焊缝外观。

⑤ 焊接完毕必须切断电源，将现场清理干净，确定无暗火后才能离开现场。

（2）操作时的注意事项

1）正确执行焊接参数，不允许在产品上边焊接边调试，防止产生未焊透现象。

2）焊前应使焊丝与焊缝对中，焊丝伸出长度应等于焊接时的长度。

3）起、熄弧应在引弧板和引出板上进行，其焊缝长度不少于60mm。

4）起弧时应观察焊接电流、电弧电压值，当稳定在预定参数时，合上小车离合器，开始正常焊接。

5）在焊接过程中应注意焊接电流及电弧电压的变化，指针与焊缝对中变化时应不断调整。

6）导电嘴磨损使参数不稳定时应更换导电嘴。

7）在将正面焊道焊完后，应将焊渣清除干净，认真检查焊缝，若发生质量问题，则应及时处理，直到确认焊缝表面质量合格后，再进行反面焊缝的焊接。

8）施焊过程中焊剂必须全部覆盖住焊缝，若覆盖不良，则会出现各种焊接缺陷。

9）焊接过程不应中断，遇到中间熄弧、焊穿等缺陷时，必须在距离弧坑100mm的范围内刨去缺陷，用手工焊或半自动 CO_2 焊修补后再继续焊接。

10）焊接时焊剂覆盖不宜过高、过多或过少，否则会影响焊缝成形质量。当天使用后剩余的焊丝、焊剂要及时返回仓库保管，防止生锈和受潮。

检查评议

检查评议表见表5-2。

表5-2 检查评议表

项目	考核要求	分值	扣分标准	检验结果	得分
工艺措施的选择	选择合理	15	工艺措施不当酌情扣分		
裂纹	无	15	出现裂纹不得分		
未焊透或烧穿	无	10	出现一处扣5分		
余高及余高差	合理范围内	10	出现一处扣5分		
焊缝宽度及宽度差	合理范围内	10	出现一处扣5分		
夹渣	无	10	出现一处扣5分		
咬边	≤0.5mm	10	出现一处扣5分		
气孔	无	10	出现一处扣5分		
焊缝表面成形质量	波纹细腻、均匀、美观	10	根据成形情况酌情扣分		

问题及防治

自动埋弧焊过程中出现故障时，应尽可能地及时检查排除。操作不当引起的问题及其排除方法见表5-3。

表5-3 操作不当引起的问题及其排除方法

现象	产生原因	排除方法
焊丝送进速度不均匀或正常送丝时电弧熄灭	1. 送丝机中焊丝未夹紧 2. 送丝滚轮磨损 3. 焊丝在导电嘴中卡死	1. 调整压紧机构 2. 更换送丝滚轮 3. 调整导电嘴

（续）

现象	产生原因	排除方法
焊接过程中机头及导电嘴位置变化不定	1. 焊接小车调整机构有间隙 2. 导电装置有间隙	1. 更换零件 2. 重新调整
焊机无机械故障，但常粘丝	电网电压太低，电弧过短	进行调节
焊机无机械故障，但常熄弧	电网电压太高，电弧过长	进行调节
焊剂供给不均匀	1. 焊剂漏斗中焊剂用完 2. 焊剂漏斗闸门卡死	1. 添加焊剂 2. 修理闸门
焊接过程中焊机突然停止运行	1. 离合器脱开 2. 有异物阻拦 3. 电缆拉得太紧 4. 停电或开关接触不良	1. 关闭离合器 2. 清理障碍 3. 放松电缆 4. 对症处理
焊缝粗细不均	1. 电网电压不稳 2. 导电嘴接触不良 3. 导线松动 4. 送丝滚轮打滑	对症处理
焊接时焊丝通过导电嘴产生火花	1. 导电嘴磨损 2. 导电嘴安装不良 3. 焊丝有油污	1. 更换导电嘴 2. 重新安装导电嘴 3. 清理焊丝
导电嘴与焊丝一起熔化	1. 电弧太长 2. 焊丝伸出长度太短 3. 焊接电流太大	调节焊接参数
焊机停止时焊丝与焊件黏结	返烧过程控制不当，焊接电源停止过早	调整返烧参数
焊接电路接通，电弧未引燃，而焊丝与导电嘴焊合	焊丝与焊件接触得太紧	调整焊丝与焊件的接触状态

考证要点

1. 简述自动埋弧焊的工作原理。
2. 与其他焊接方法相比，自动埋弧焊有何优缺点？
3. 自动埋弧焊操作不当时容易产生哪些问题？如何排除？

任务 2　带焊剂垫的板-板平对接 I 形坡口自动埋弧焊

任务描述

本任务要求掌握自动埋弧焊的设备与应用，掌握自动埋弧焊的工艺特点，掌握自动埋弧焊焊接参数的选择方法，掌握带焊剂垫的板-板平对接 I 形坡口自动埋弧焊的基本操作技能。

任务分析

自动埋弧焊时，设备的正确使用及焊接参数的合理调节，是保证焊接质量的一个重要因素。本任务要求熟悉并能够正确使用自动埋弧焊的焊接设备，合理调节焊接参数，掌握自动埋弧焊的基本操作技能。

相关知识

一、自动埋弧焊设备及应用

埋弧焊机由机械结构、电源和控制系统三个主要部分组成，如图 5-4 所示。

（1）机械结构　机械结构就是焊接小车部分。它由送丝机头、行走小车、机头调节机构、导电嘴以及焊丝盘、焊剂漏斗等部件组成，通常还装有操作控制盘。

（2）电源　埋弧焊机的电源分为交流和直流两种类型。埋弧焊电源外特性因送丝方式的不同而异。等速送丝选用缓降或平外特性电源，电弧电压反馈变速送丝则选用陡降外特性电源，空载电压一般为 70～80V。

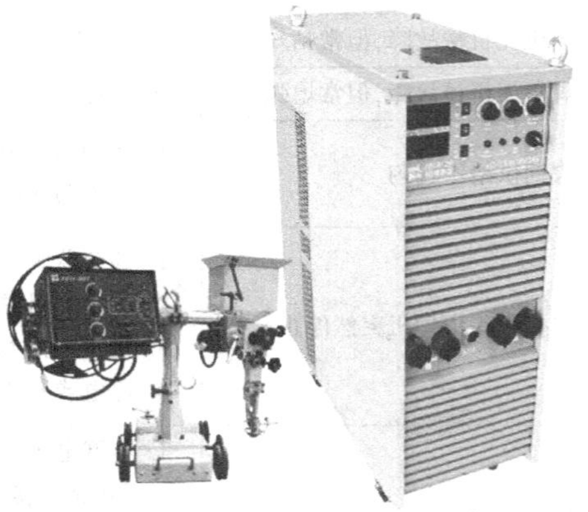

图 5-4　埋弧焊机的组成

常用的埋弧焊交流电源有 BX2—500 型和 BX2—1000 型，直流电源为 ZXG—1000R 型、ZDG—1000R 型和 ZDG—1500 型。

（3）控制系统　电源外特性控制、送丝和小车拖动控制及程序自动控制。

此外，根据焊接生产的需要，还可配置其他辅助装置，如焊接胎夹具、工件变位机、焊缝成形装置和焊剂回收装置等。

目前，埋弧焊机按电弧调节方法可分为电弧自身调节和弧压反馈自动调节两类。根据这两种不同的调节原理，设计制造了等速送丝式焊机和变速送丝式焊机。

等速送丝式焊机常采用电弧的自身调节作用。电弧的自身调节作用是指在焊接过程中，焊丝等速送进，利用焊接电源固有的电特性来调节焊丝的熔化速度，以控制电弧长度保持不变，从而使焊接过程的稳定。典型等速送丝式焊机是 MZ1—1000 型焊机。

变速送丝式焊机通常采用弧压反馈变速送丝调节。当使用粗焊丝进行埋弧焊时，仅依靠电弧自身调节作用，没有足够的调节灵敏度，因此发展了带有弧压调节器的变速送丝式埋弧焊。在焊接过程中，当弧长波动引起焊接参数偏离原来的稳定值时，利用电弧电压作为反馈量，通过一个专门的自动调节装置，强迫送丝速度发生改变。例如，当弧长增加时，电弧电压增加，反馈系统迫使送丝速度相应地增加，从而使弧长恢复到原来的长度，以保持焊接参数稳定。以电弧电压为被调量，送丝速度为操作量，利用电弧电压反馈来改变送丝速度的调节方式，称为弧压反馈变速送丝式调节，又称为电弧电压自动调节。典型变速送丝式焊机是 MZ—1000 型焊机。

二、自动埋弧焊焊接工艺

自动埋弧焊最主要的焊接参数有焊接电流、电弧电压、焊接速度、焊丝直径、电流种类和极性，其次是焊丝伸出长度、焊剂粒度和焊剂层厚度等。

中厚板、平板对接焊缝大多采用双面焊。对接双面焊在进行第一面焊接时，既要保证一定的熔深，又要防止熔化金属的流淌和烧穿，因此应采取有效的工艺方法。常用的方法有小间隙无衬垫焊接法（悬空法）、焊剂垫法和加临时衬垫等。

1. 小间隙无衬垫焊接法（悬空焊）

焊接第一面时的焊接参数应使熔深小于焊件厚度的40%～50%，翻转后再进行反面焊接。为保证焊透，反面焊缝的熔深应达到焊件厚度的60%～70%。I形坡口小间隙无衬垫双面埋弧焊焊接参数见表5-4。

表5-4 I形坡口小间隙无衬垫双面埋弧焊焊接参数

焊丝直径/mm	焊件厚度/mm	焊接顺序	焊接电流/A	电弧电压/V	焊接速度/(m/h)
4	6	正 反	380～420 430～470	30 30	34.6 32.7
4	8	正 反	440～480 480～530	30 31	30 30
4	10	正 反	530～570 590～640	31 33	27.7 27.7
4	12	正 反	620～660 680～720	35 35	25 24.8
4	14	正 反	680～720 730～770	37 40	24.6 22.5
5	15	正 反	800～850 850～900	34～36 36～38	38 26
5	17	正 反	850～900 900～950	35～37 37～39	36 26
5	18	正 反	850～950 900～950	36～38 38～40	36 24
5	20	正 反	850～900 900～1000	36～38 38～40	35 24
5	22	正 反	900～950 1000～1050	37～39 38～40	32 24

2. 焊剂垫法

用焊剂垫法施焊时，其结构原理图如图5-5所示。该工艺的要点是：焊剂垫的焊剂与正式焊接用焊剂相同，要求焊剂在焊缝全长都与焊件贴合，并且压力均匀，防止出现漏渣和液态金属下淌而造成焊穿现象。焊前装配时，应根据焊件的厚度预留一定的间隙。一般在定位焊的反面进行第一面焊接，采用的焊接参数应保证第一面焊缝的熔深超过焊件厚度的60%～70%。翻转后进行反面焊接，其焊接参数可与正面相同或适当减小，但必须保证完全熔透。重要产品在第二面焊接前需对焊缝根部进行清根，清理至无熔渣缺陷等为止。平板对接时，采用焊剂垫法，可以保证焊接过程稳定。I形坡口预留间隙双面埋弧焊焊接参数见表5-5。

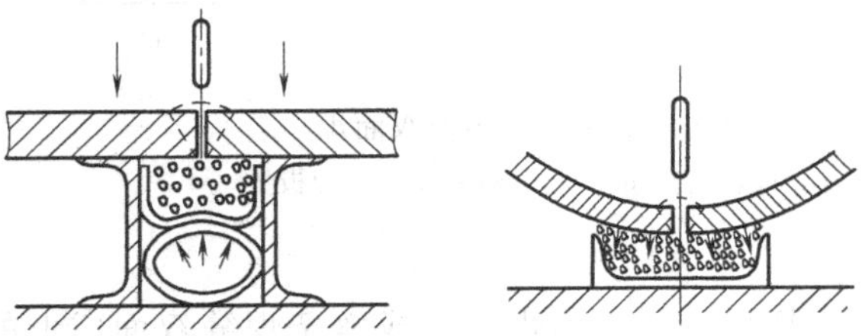

图5-5 焊剂垫法结构原理图

带坡口的双面埋弧焊焊接参数见表5-6。

表5-5　I形坡口预留间隙双面埋弧焊焊接参数

焊丝直径/mm	焊接厚度/mm	装配间隙/mm	焊接电流/A	电弧电压/V	焊接速度/(m/h)
5	14	3～4	700～750	34～36	30
5	16	3～4	700～750	34～36	27
5	18	4～5	750～800	36～40	27
5	20	4～5	850～900	36～40	27
5	24	4～5	900～950	38～42	25
5	28	5～6	900～950	38～42	20
5	30	6～7	950～1000	40～44	16
5	40	8～9	1100～1200	40～44	12
5	50	10～11	12000～1300	44～48	10

表5-6　带坡口的双面埋弧焊焊接参数

焊件厚度/mm	坡口形式	焊丝直径/mm	焊接顺序	坡口尺寸		焊接电压/V	焊接电流/A	焊接速度/(m/h)
				α/(°)	l 或 k/mm			
14	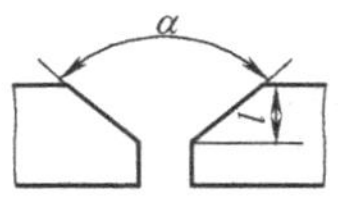	5	正 反	80 —	6 —	36～38 36～38	830～850 600～620	25 45
16		5	正 反	70 —	7 —	36～38 36～38	830～850 600～620	20 45
18		5	正 反	60 —	8 —	36～38 36～38	830～860 600～620	20 45
22		6 5	正 反	55 —	13 —	38～40 36～39	1050～1150 600～620	18 45
24	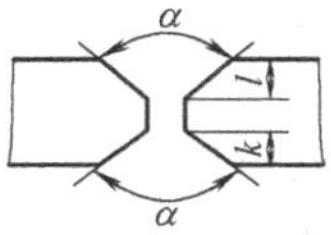	6 5	正 反	40 40	14 14	38～40 36～38	1100 800	24 28
30		6	正 反	80 60	10 10	36～40 36～38	1000～1100 900～1000	18 20

3. 临时工艺垫板法

在预留间隙双面焊时，也可采用临时工艺垫板法进行焊接。临时工艺垫板常用厚度为3～4mm，宽度为30～50mm的薄钢带，也可采用石棉绳、带及板作承托物，如图5-6所示。焊完第一面后，翻转焊件并除去临时工艺垫板、间隙内的焊剂和焊缝根部的渣壳，然后进行第二面的焊接。

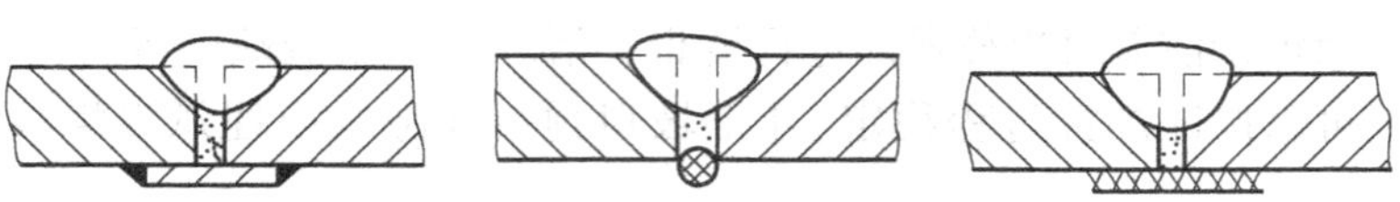

a)　　b)　　c)

图5-6　临时工艺垫板双面焊

a）薄钢带垫　b）石棉绳垫　c）石棉板垫

4. 单面焊双面一次成形

单面焊双面一次成形是仅在焊件的一面施焊，完成整条焊缝双面成形的一种焊接技术。这种焊接技术的特点是焊接时使用较大的焊接电流，将焊件一次熔透。为达到单面焊双面成形的目的，常常采用强制成形的衬垫，使熔池在衬垫上冷却凝固。与双面焊相比，它在焊接过程中无需翻转焊件，并减少了焊缝清根所造成的焊接材料的消耗。

采用这种焊接技术可提高生产率，减轻劳动强度，改善劳动条件。目前，生产中常采用的衬垫有铜衬垫、焊剂衬垫、热固化焊剂衬垫、陶瓷或陶质衬垫等几种。

埋弧焊焊接参数直接影响焊接质量，主要焊接参数对焊接质量的影响如下：

（1）焊接电流　增大焊接电流，可以加快焊丝熔化速度，同时电弧吹力也随焊接电流的增大而增大，使熔池金属被电弧排开，熔池底部未被熔化的母材受到电弧直接加热，熔深增加。对于同一直径的焊丝来说，熔深与焊接电流成正比，焊接电流对熔池宽度的影响较小。若焊接电流过大，则容易产生咬边，使焊缝成形不良，并使热影响区增大，甚至造成烧穿；若焊接电流过小，则熔深减小，容易产生未焊透缺陷，而且电弧的稳定性也差。

（2）电弧电压　电弧电压随焊接电流的增大适当增大，二者有一定的配合关系。电弧电压与电弧长度成正比。电压增高，弧长增加，熔宽增大，同时焊缝余高和熔深略有减小，使焊缝变得平坦。电弧电压增大后，焊剂熔化量增多。若电弧电压不随着焊接电流的增加而增加，则易出现截面呈蘑菇状的焊缝，严重时在焊缝表面会产生焊瘤。这主要是由于熔宽太小造成大。所以，随着焊接电流的增大，电弧电压也要适当增大。

（3）焊接速度　焊接速度对熔宽和熔深有明显的影响。当焊接速度较低时，焊接速度的变化对熔深影响较小。但当焊接速度较大时，由于电弧对母材的加热量明显减小，熔深显著下降。若焊接速度过大，则会造成咬边、未焊透、焊缝粗糙不平等缺陷。适当降低焊接速度，会使熔池体积增大，存在时间变长，有利于气体浮出熔池，减小气孔生成的倾向。但焊接速度过低会形成易裂的蘑菇形焊缝或产生烧穿、夹渣、焊缝不规则等缺陷。

（4）焊丝直径　焊丝直径主要影响熔深。若焊丝直径较小，则焊丝的电流密度较大，电弧的吹力大，熔深大，易于引弧。焊丝越粗，允许采用的焊接电流就会越大，生产率也就越高。焊丝直径的选择取决于焊件厚度和焊接电流。

（5）焊丝伸出长度　一般将导电嘴下端到焊件表面的距离定为焊丝伸出长度，一般为焊丝直径的8~10倍。焊丝伸出长度决定了导电嘴的高度，也决定了焊剂层的厚度。最短的焊丝伸出长度以不产生明弧为准，但也不能过长，过长会使焊丝受电流电阻热的预热作用增强，造成焊缝成形不良，同时也影响焊缝的平直性。若焊丝伸出长度太短，则易烧坏导电嘴。焊丝应与导电嘴接触良好，否则会影响焊接过程的稳定性，严重时会使导电嘴熔化。导电嘴是由纯铜或黄铜加工而成的。导电嘴熔化使铜过渡到焊缝中去。铜与熔池金属在液态下不能相互混合，形成大块的铜夹渣，而且铜还会引起焊接热裂纹，危害性很大。所以，一旦发现导电嘴熔化，应立即停止焊接，铲除混铜焊缝。

（6）焊剂粒度和堆高　一般当焊件较薄、焊接电流较小时，可采用较小颗粒度的焊剂。埋弧焊时焊剂的堆积高度称为堆高。当堆高合适时，则电弧被完全埋在焊剂层下，不会长时间出现电弧闪光，保护效果良好。若堆高过厚，则电弧受到焊剂层的压迫，透气性变差，使焊缝表面变得粗糙，容易造成成形不良。

（7）电流种类和极性　采用含氟焊剂焊接时，直流反极性（反接法）接法容易形成熔深大、熔宽较小的焊缝；直流正极性（正接法）接法容易形成扁平的焊缝，而且熔深小；交流电时介于两者之间。

（8）焊丝倾斜角度和焊件倾斜角度　单丝埋弧焊时，焊丝都要垂直于焊件表面。焊丝

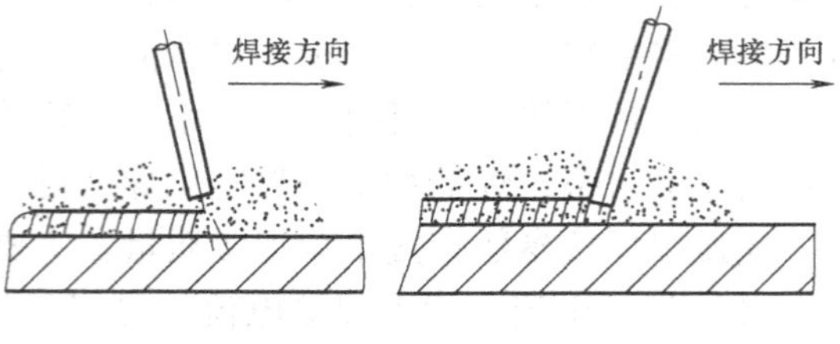

a)　　b)
图 5-7　焊丝后倾及前倾的影响
a）后倾　b）前倾

前倾时（见图 5-7a），电弧对熔池底部液态金属排开作用加强，熔深增加，熔宽减小，导致焊缝成形质量严重变坏，而且焊缝易产生气孔和裂纹，所以一般不采用焊丝后倾。焊丝后倾时（见图 5-7b），电弧对熔池底部液态金属排开作用减弱，由于电弧指向焊接方向，因此对熔池前面的母材金属的预热作用加强，而且熔宽较大，但熔深有所减小，焊缝平滑，不易产生咬边缺陷。所以，在高速焊时，应将焊丝前倾。

上坡焊时，与焊丝后倾相似，由于熔池金属向下流动，使熔深和余高增加，熔宽减少，形成窄而高的焊缝，严重时出现咬边缺陷。下坡焊时，与焊丝前倾情况相似，熔宽增加，熔深减小，这时易产生未焊透和边缘未熔合缺陷。所以，埋弧焊时，应尽量在平焊位置焊接，如果不能实现，则无论是上坡焊还是下坡焊，焊件与水平面的倾角都不得超过 8°。

任务准备

1. 焊接材料

（1）焊丝　牌号为 H08MnA，直径为 5mm，焊剂选用 HJ431；定位焊时用型号为 E5015，直径为 4mm 的焊条。焊前应对待焊部位进行清理，对焊条的焊剂进行烘干。

（2）焊件　焊件材质为 Q345（16Mn）钢，焊件尺寸为 300mm × 200mm × 12mm，开 I 形坡口。

2. 焊接设备

选用 MZ1—1000 型自动埋弧焊机，直流反接。

3. 焊接参数

表 5-7　I 形坡口对接埋弧焊焊接参数

焊接层次	焊件厚度	焊丝直径/mm	焊接电流/A	电弧电压/V
正面	14	5. 0mm	700 ~ 750	34 ~ 36
反面			800 ~ 850	

任务实施

1. 设备的检查

1）检查各电焊线接头是否可靠连接。

2）电源安全装置是否可靠。

3）检查焊剂是否干燥，焊盘焊丝是否正确安装。

2. 焊件的装配

焊件的装配必须保证间隙均匀，焊件的错边量不大于 1. 2mm，反变形量为 3°左右，在焊件两端加装引弧板和引出板，焊后割掉。定位焊缝在焊件的引弧板和引出板处及待焊焊件的焊缝处，每段定位焊缝长度为 30 ~ 40mm，间距为 100 ~ 300mm，不允许有气孔、夹渣、裂缝、焊穿等缺陷。

3. 操作要点及注意事项

（1）焊接位置　将焊件放在水平面上进行平位二层二道双面焊。

（2）焊接顺序　先焊背面的焊道，再焊正面的焊道。

1）焊背面焊道

① 垫焊剂垫。焊背面焊道时，必须垫好焊剂垫，以防止熔渣和熔池金属流失。

② 焊丝对中。调整好焊丝位置，使焊丝对准焊件焊缝间隙，但不与焊件接触，往返拉动焊接小车几次，使焊丝在整个焊件上能对中间隙。

③ 准备引弧。将焊接小车拉到引弧板处，调整好小车行走方向的开关位置，锁紧小车行走的离合器，一切工作完成后，按送丝及退丝按钮，使焊丝端部与引弧板可靠接触，然后将焊剂漏斗阀门打开，让焊剂覆盖住焊丝头。

④ 引弧。按起动按钮，引燃电弧，焊接小车沿焊件间隙行走，开始焊接。此时要注意控制盘上的电流表和电压表，检查焊接电流和电弧电压与规定的焊接参数是否相符，如果不符，则迅速调整相应的按钮，直至符合规定为止。在整个焊接过程中，焊工都要始终注意观察电流表、电压表和焊接情况，看小车运行是否均匀，机头上的电缆是否妨碍小车移动，焊剂是否足够，漏出的焊剂是否能埋住焊接区，焊接过程的声音是否正常等，直至焊接电弧走到引出板中部，焊接熔池已经全部到了引出板上为止。

⑤ 收弧。在熔池全部到了引出板上后，准备引弧。先将停止按钮按下一半，此时焊接小车停止前进，但电弧仍在燃烧，待熔化了的焊丝将熔池填满后，继续将停止按钮按到底，此时电弧熄灭，焊接过程结束。

收弧时要分两步按停止按钮，先按下一小半，小车停止前进，但电弧仍在燃烧，熔化了的焊丝用来填满弧坑。若按停止按钮的时间太短，则弧坑填不满；若按停止按钮的时间过长，则弧坑填得太高，也不好。估计弧坑已填满后，立即将停止按钮按到底。

⑥ 清渣。待焊缝金属及熔渣完全凝固并冷却后，敲掉焊渣，并检查背面焊道的外观。要求背面焊道熔深达到焊件厚度的 40% ~50%。如果熔深不够，则需加大间隙，增加焊接电流或减小焊接速度。

2）焊正面焊道。经外观检验，确认背面焊道合格后，将焊件正面朝上放好，开始焊正面焊道。焊接步骤与焊背面焊道时完全相同，但需注意以下两点：

① 为了防止未焊透或夹渣缺陷，要求焊正面焊道时的熔深达到板厚的 60% ~70%，因此可以适当增大焊接电流或减小焊接速度。

② 焊正面焊道时，可不用焊剂垫，直接进行焊接，此时可以通过观察熔池背面的颜色变化来估计熔深。

检查评议

检查评议表见表 5-8。

表 5-8　检查评议表

项目	考核要求	分值	扣分标准	检验结果	得分
工艺措施的选择	选择合理	15	工艺措施不当酌情扣分		
裂纹	无	15	出现裂纹不得分		
未焊透或烧穿	无	10	出现一处扣 5 分		

（续）

项目	考核要求	分值	扣分标准	检验结果	得分
余高及余高差	合理范围内	10	出现一处扣5分		
焊缝宽度及宽度差	合理范围内	10	出现一处扣5分		
夹渣	无	10	出现一处扣5分		
咬边	≤0.5mm	10	出现一处扣5分		
气孔	无	10	出现一处扣5分		
焊缝表面成形质量	波纹细腻、均匀、美观	10	根据成形情况酌情扣分		

问题及防治

自动埋弧焊焊接时容易产生的缺陷及排除方法见表5-9。

表5-9　自动埋弧焊焊接时容易产生的缺陷及排除方法

缺陷名称	产生原因	扣除方法
气孔	1. 坡口表面或焊丝表面有油、锈等脏物 2. 焊剂受潮 3. 回收焊剂中有刷毛 4. 焊剂覆盖量不够，空气侵入熔池	1. 清理坡口及焊丝表面 2. 按工艺要求烘干焊剂 3. 用钢丝刷回收焊剂 4. 适当增加焊剂输送量
未焊透	1. 焊接参数不当，如焊接电流过小、电弧电压过高或焊接速度过快 2. 焊丝偏离坡口中心线	1. 调整焊接参数 2. 使焊丝对准坡口中心线
夹渣	1. 熔渣超前 2. 多层焊时层间清渣不彻底 3. 等速送丝埋弧焊电网电压波动	1. 放平焊件或增大焊接速度 2. 每道焊缝均彻底清渣 3. 采用变速送丝式埋弧焊机
咬边	1. 焊接速度过快 2. 焊接电流与电弧电压匹配不当 3. 焊丝与坡口边缘的距离不正确	1. 降低焊接速度 2. 调整焊接参数使其匹配 3. 焊丝与坡口边缘的距离约等于焊丝直径

考证要点

1. 埋弧焊机由哪几部分组成？
2. 自动埋弧焊焊接工艺有哪些方面？

任务3　板-板平对接V形坡口自动埋弧焊

任务描述

焊接材料的正确选择是保证焊接质量的前提条件，焊丝与焊剂在焊接过程中要相互匹配；自动埋弧焊在实际应用中有许多高效率的实用方法，这些高效率自动埋弧焊在生产中的应用越来越广泛。

任务分析

本任务掌握焊丝与焊剂的分类、特点及选用，了解几种高效率自动埋弧焊的工艺特点，掌握板-板平对接V形坡口自动埋弧焊的基本操作技能。

相关知识

一、自动埋弧焊用焊丝与焊剂

1. 焊丝

（1）焊丝的分类　自动埋弧焊常用的焊丝分为碳钢焊丝和不锈钢焊丝两大类。

焊丝有实心焊丝和药芯焊丝，生产中普遍使用的是实心焊丝，药芯焊丝只用于某些特殊场合，如耐磨堆焊。

（2）焊丝的选用　焊丝是焊缝的填充金属材料，同时担负着电弧的导电作用。

焊接碳素结构钢和某些低合金结构钢时，推荐用低碳钢焊丝 H08、H08A 和含锰焊丝 H08Mn、H08MnA 及 H10Mn2 等。在这些焊丝中碳的质量分数不应超过 0.12%，否则会降低焊缝的塑性和韧性，并增加焊缝产生热裂纹的倾向。

焊接合金钢或高合金钢时，应当采用与母材成分相同或相近的焊丝。

2. 焊剂

（1）焊剂的作用　自动埋弧焊时焊剂起到以下三方面作用：

1）保护作用。自动埋弧焊时在电弧热的作用下，部分焊剂熔化形成熔渣并产生某种气体，从而有效地隔绝空气，保护熔滴、熔池和焊接区，防止焊缝金属氧化和合金元素的烧损，并使焊接过程稳定。

2）冶金作用。焊剂在焊接过程中起脱氧和渗合金的作用，与焊丝恰当配合，使焊缝金属获得所要求的化学成分和力学性能。

3）改善焊接工艺性能，使电弧稳定地连续燃烧，焊缝成形美观。

（2）对焊剂的基本要求

1）具有良好的稳弧作用，保证电弧稳定燃烧。

2）具有合适的熔点，其熔渣具有适中的黏度，保证焊缝成形良好，焊后有良好的脱渣性。

3）S、P 的含量低，对油、锈等其他杂质的敏感性小，以保证焊缝中不产生裂纹和气孔等缺陷。

4）具有适当的粒度，其颗粒具有足够的强度，吸湿性小，以便多次使用。

5）在焊接过程中不应析出有害气体。

（3）焊剂的分类　焊剂可按照制造方法、用途、化学成分、化学性质和颗粒的结构进行分类，如图 5-8 所示。

焊剂按其制造方法分为熔炼焊剂和非熔炼焊剂。

1）熔炼焊剂。熔炼焊剂是把各种原材料按照一定的配方经过熔炼及粒化而制成的颗粒状物质。由于熔炼焊剂化学成分均匀，吸湿性小，颗粒的强度高，不易粉化，可多次重复使用，同时具有良好的焊接性和冶金性能，故在国内外得到广泛应用。

2）非熔炼焊剂　非熔炼焊剂按照烘焙温度的不同又分为黏结焊剂和烧结焊剂。

向一定比例的各种粉状配料中加入适量黏结剂，混合搅拌后进行粒化（颗粒直径为 0.5～2.0mm），经 400℃以下的温度低温烘干，制成的焊剂为黏结焊剂。若经 400～1000℃高温烧结成块，然后粉碎、筛选而制成的焊剂则为烧结焊剂。

黏结焊剂和烧结焊剂的优点：

① 通过向焊剂中加入大量的合金成分或变质剂，可以改善焊缝的组织和性能，克服熔炼焊剂脱氧不完全，不能大量掺合金等的缺点。

② 能加入脱氧剂，脱氧较充分，同时可提高焊剂的碱度，减少焊缝的含氧量，可提高焊缝的韧性。

③ 可加入合金剂。用普通低碳钢焊丝配合适当的黏结焊剂几乎可以得到任意化学成分

- 焊剂
  - 熔炼焊剂
    - 按化学成分分类
      - 按 SiO_2 含量分类
        - 高硅焊剂[$w(SiO_2)$>30%]
        - 中硅焊剂[$w(SiO_2)$ = 10%～30%]
        - 低硅焊剂[$w(SiO_2)$<10%]
      - 按MnO含量分类
        - 高锰焊剂[w(MnO)>30%]
        - 中锰焊剂[w(MnO)=15%～30%]
        - 低锰焊剂[w(MnO)=2% ～15%]
        - 无锰焊剂[w(MnO)<2%]
      - 按 CaF_2 含量分类
        - 高氟焊剂[$w(CaF_2)$ >30%]
        - 中氟焊剂[$w(CaF_2)$>10%～30%]
        - 低氟焊剂[$w(CaF_2)$ <10%]
      - 按氧化物性分类
        - 酸性焊剂
        - 中性焊剂
        - 碱性焊剂
    - 按化学性质分类
      - 氧化性焊剂
      - 弱氧化性焊剂
      - 惰性焊剂
    - 按颗粒结构分类
      - 玻璃状焊剂
      - 结晶状焊剂
      - 浮石状焊剂
  - 非熔炼焊剂
    - 黏结焊剂
    - 烧结焊剂

图 5-8　埋弧焊焊剂的分类

的焊缝金属，而熔炼焊剂只有配合合金钢焊丝才能实现。

④ 黏结焊剂抗气孔能力强，制造简单，成本低。

黏结焊剂和烧结焊剂的缺点是：

① 容易吸潮，会增加焊缝含氧量。

② 反复使用时易粉化。

③ 焊剂成分均匀程度比熔炼焊剂差，对焊接参数的波动比较敏感，因而易引起焊缝化学成分不均匀。

3）焊丝与焊剂的选配熔炼焊剂与焊丝的选配原则为：埋弧焊焊接碳素结构钢和低合金结构钢时，应遵照焊缝金属与母材等强度的原则来选择焊丝和焊剂；在焊接某些高强钢时，为了防止产生裂缝，可以采用低匹配，即焊缝的强度可以稍低于母材的强度；焊接碳素结构钢和某些低合金结构钢时，焊丝和焊剂合理的配合方式有以下三种：

① 高锰高硅焊剂（如 HJ430、HJ431、HJ433）与低碳钢焊丝 H08A 或含锰焊丝 H08MnA 配合，在这种配合下，主要依靠焊剂中的硅、锰还原反应向焊缝过渡硅、锰；高硅中锰焊剂（如 HJ330）与含锰焊丝 H08MnA、H08MnSi 等配合。

② 高硅低锰焊剂（如HJ230）或高硅无锰焊剂（如HJ130）与高锰焊丝H10Mn2配合，在这种情况下，依靠焊剂中的硅还原反应向焊缝过渡硅，通过焊丝向焊缝过渡锰。

③ 焊接强度较高的低合金结构钢时，为保证焊缝的韧性，可采用中锰中硅或低锰中硅焊剂配合适当的低合金结构钢焊丝。目前，我国广泛采用HJ350、HJ260、HJ250焊剂配以与被焊金属相应的焊丝。

焊接耐热钢和不锈钢时，应当采用与母材成分相同或者合金元素的种类和含量与母材相近的焊丝，并与适当的焊剂配合使用；对于耐热钢、低温钢、耐蚀钢的焊接，可选用中硅或低硅型焊剂配合相应的合金钢焊丝。大多数中硅焊剂属于弱氧化性焊剂，能获得韧性较高的焊缝金属。

二、常见的高效率埋弧焊方法

1. 多丝埋弧焊

多丝埋弧焊是同时使用2根或2根以上的焊丝完成一条焊缝的焊接方法，是一种既能保证合理的焊缝成形质量和良好的焊接质量，又可提高焊接速度的高效率焊接方法之一。多丝埋弧焊中比较典型的是双丝埋弧焊。双丝埋弧焊焊丝的排列和与电源的连接通常采用以下三种形式：

1）各焊丝沿接缝前后排列的纵列式，即各焊丝分别使用独立电源，各自独立形成电弧进行焊接。纵列式多丝埋弧焊的焊缝熔深大，而熔宽较窄；各个电弧都可独立地调节焊参数，而且可以使用不同电流种类和极性（见图5-9a）。

2）横列双丝串联式，即各焊丝分别接于同一焊接电源两极，横跨接缝两侧，利用焊丝间的间接电弧进行焊接，母材熔化量小，使得焊缝熔合比小（见图5-9b）。

3）横列双丝并联式（见图5-9c），即焊丝并联于同一电源，横跨接缝两侧并列前进，使得焊缝的熔宽增大。

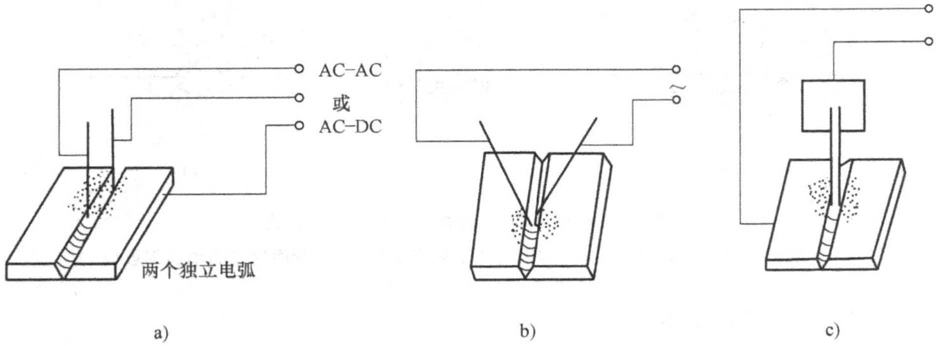

图5-9　双丝埋弧焊示意图

a）纵列式　b）横列双丝串联式　c）横列双丝并联式

由于横列双丝串联式和横列双丝并联式的焊丝都合用一个电源，因此虽然设备简单，但是每一个电弧功率很难单独调节。纵列双丝埋弧焊焊接时两弧之间的距离为50～80mm，分别具有各自的熔化空间。后续电弧不是作用在母材上，而是作用在前导电弧已熔化而又凝固的焊道上，为此后续电弧必须冲开已被前导电弧熔化而尚未凝固的熔渣层。采用分列电弧是提高焊接速度及熔深的有效方法。前导电弧一般采用直流（也可用交流）以保证熔深，后续电弧通常采用交流，调节熔宽使焊缝具有适当的成形系数。所以，前丝的焊接电流大，后丝的焊接电流小一些，而电弧电压恰好相反。虽然焊缝熔深大，但是焊接速度可以显著提高，焊缝不易产生热裂纹。

2. 窄间隙埋弧焊

（1）窄间隙埋弧焊的特点

1）高效率。由于坡口窄，熔敷金属量少，与普通埋弧焊相比熔敷金属量可节省60%，大大节约了焊接材料和电能的消耗，焊接生产率高。窄间隙埋弧焊通用的坡口形式如图5-10所示。

2）优质。焊缝金属的化学成分及金相组织均匀性好，焊接接头的力学性能好。窄间隙埋弧焊母材熔化相当少，焊缝金属很少受母材的影响，因而在相同的焊丝成分下与普通埋弧焊相比，焊缝具有较好的力学性能。

3）变形小、抗裂性强。由于降低了焊接热输入和金属熔敷量，母材的热输入小，使得母材的热影响区相当窄，因而焊接应力及变形量小，提高了焊接接头的抗裂性，焊后焊件不用进行消除应力处理和组织细化热处理。

4）设备自动控制技术高。采用了传感器及微电子技术进行自动控制，焊接过程操作简单，从坡口的底部一直焊接到顶部全部自动进行，无需操作者任何调节。焊接过程即使中途停顿，在停顿处重新起弧焊接对接头质量也无影响。此外，为了脱渣方便，常配有专用焊剂。

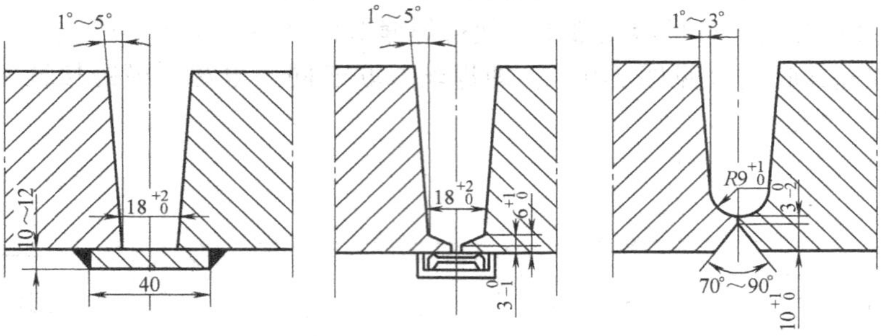

图5-10　窄间隙埋弧焊通用的坡口形式

a）固定衬垫单面焊坡口　b）陶瓷衬垫单面焊坡口　c）背面封底的单面焊坡口

（2）窄间隙埋弧焊的分类

1）多层单道焊。它适用于厚度为70～150mm的焊件焊接，坡口间隙一般为12～21mm。由于坡口间隙小，因此具有较高的生产效率。在焊接过程中，焊丝必须严格对准坡口中心，焊接参数应保持恒定，使焊道光滑且呈弯月形。为保证良好的脱渣性和层间熔合，必须采用有良好脱渣性的焊剂。

2）多层双道焊。它适用于厚度为100～300mm的焊件焊接，坡口间隙比单道焊时大，一般为14～22mm。当板厚超过200mm时，最好选择宽度为22～24mm的间隙。该工艺适应性比多层单道焊好，可采用的焊接参数范围较宽，对焊接参数的波动敏感性减小，焊缝成形比较容易控制，易于脱渣，焊接缺陷产生的可能性减少。

3）多层三道焊。它适用于焊件厚度大于300mm的深坡口接头的焊接。为便于操作和观察，必须适当加宽坡口的间隙，一般为33～38mm，因而可以采用较大直径的焊丝和较高的焊接电流，从而可获得较高的熔敷率和生产效率。

（3）焊接参数的选择

1）焊接电流和电弧电压。焊接电流根据板厚、间隙及焊丝直径等来选取。为了防止根部的第一道焊缝产生裂纹，应选择焊接电流较小的焊接参数。焊接电流过大，容易造成坡口侧壁咬边，而且熔敷金属量大，焊缝成形质量差，易产生缺陷；焊接电流过小，则熔深减小，成形质量不良。

电弧电压的波动对焊缝成形、咬边及未熔合将产生很大影响。一般电弧电压为25～30V时，可获得良好的焊缝；小于25V时会造成焊道凸起、焊道侧壁熔合不良，并造成夹渣等缺陷；大于32V时会产生咬边，并且在这两种情况下都会造成脱渣困难。

2）焊丝直径。一般焊接较薄的焊作和较窄的间隙时选用直径较小的焊丝，反之则用直径较大的焊丝。但在窄间隙埋弧焊时为防止产生未熔合等缺陷，可通过导电嘴将焊丝弯曲成一定角度，使电弧指向坡口侧壁，保证侧壁的熔合。

当焊丝直径小于2mm时，焊丝易偏摆，难以准确地保持与侧壁的间距，直径在5mm以上的焊丝刚度太大。所以在I形坡口焊接时，一般采用直径为3～4mm的焊丝；当间隙小于16mm时，选用直径为3mm的焊丝；板厚为150～200mm、间隙为20mm时，可选用直径为4mm的焊丝。

3）丝-壁间距。丝-壁间距是影响焊缝质量和性能的主要参数之一。丝-壁间距D决定了侧壁熔深E、粗晶区和细晶区的比例，因此在焊接过程中要严格控制，使D保持恒定。

最佳的丝-壁间距应等于焊丝直径，允许偏差为±0.5mm。当选用大热输入焊接时，允许偏差略大，但不能超过±1.0mm。

4）焊接电流种类和极性。窄间隙埋弧焊可采用直流和交流焊接。直流焊接时一般采用反接，以便获得稳定的焊接过程和高质量的焊缝。通常在焊接纵缝时，最好采用交流焊接，因为采用直流焊接时会产生电弧偏吹现象。在环缝焊接时，采用直流焊接不会产生电弧磁偏吹现象。

5）焊接速度。焊接速度是决定焊接热输入和焊缝成形质量的重要参数。在每层单道焊时，为保证侧壁可靠地熔合和良好地润湿，形成弯月形焊缝表面，应采用较小的焊接速度。在每层双道焊时可选用比单道焊时高的焊接速度，最佳速度为25～30m/h。

3. 带极埋弧堆焊

带极埋弧堆焊是用长方形断面的带状电极进行堆焊的一种方法，如图5-11所示。在堆焊过程中，电弧热分布在整个带状电极上，带极熔化并以熔滴形式过渡到熔池，堆敷金属冷凝后形成堆焊焊道。堆焊层要求熔深小，稀释率低。

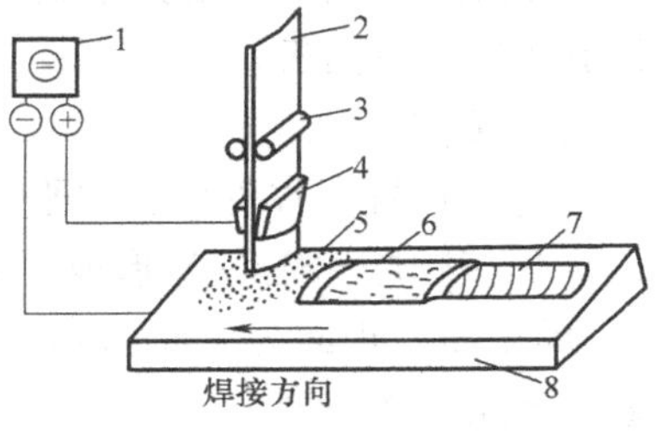

图5-11 带极埋弧堆焊示意图

1—电源 2—带状电极 3—带极送进装置 4—导电嘴 5—焊剂 6—熔渣 7—焊缝 8—母材

4. 金属粉末埋弧焊

金属粉末埋弧焊示意图如图5-12所示。它是利用焊接熔池中剩余的高温电弧热来熔化添加的金属粉末，在不增加电弧热量的情况下可以大大地提高焊缝金属的熔敷率。金属粉末埋弧焊主要适用于中等强度、低合金结构钢及重要产品结构钢的焊接，在石油化工容器及海洋化工结构制造中得到了应用。该方法也已用于大面积耐磨合金覆层板的堆焊。

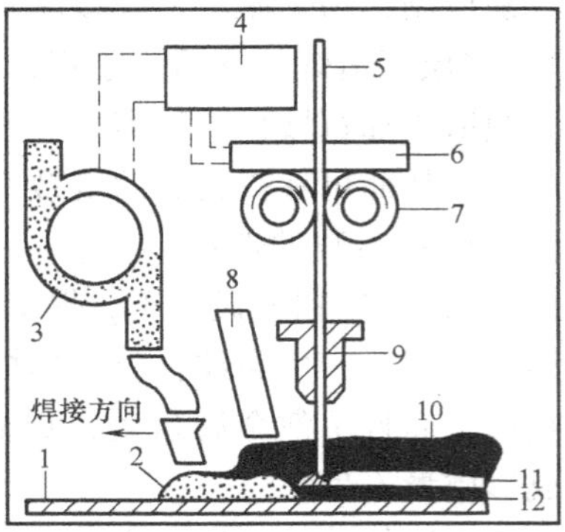

图 5-12　金属粉末埋弧焊示意图

1—母材　2—金属粉末　3—电动金属粉末计量仪　4—计量仪控制装置　5—焊丝　6—送丝匹配器　7—送丝滚轮　8—焊剂漏斗　9—导电嘴　10—堆敷焊剂　11—熔渣　12—焊缝金属

任务准备

1. 焊接材料

（1）焊丝　牌号为 H08MnA，直径为 4mm，焊剂选用 HJ431；定位焊时用 E5015，直径为 4mm 的焊条。焊前应对待焊部位进行清理；焊条的焊剂烘干。

（2）焊件　焊件材质为 Q345（16Mn）钢，尺寸为 300mm×200mm×12mm，开 V 形坡口。

2. 焊接设备

选用 MZ1—1000 型自动埋弧焊接机，直流反接。

3. 焊接参数（见表 5-10）

表 5-10　焊接参数

焊接层次	焊件厚度/mm	焊丝直径/mm	焊接电流/A	电弧电压/V
正面	25	4	600 ~ 700	34 ~ 38
反面				

任务实施

1. 设备检查

1）检查各电焊线接头是否可靠连接。

2）电源安全装置是否可靠。

3）检查焊剂是否干燥，焊盘焊丝是否正确安装。

2. 焊件的装配

V 形坡口的装配间隙不大于 2mm，错边量不大于 1.5mm，反变形量为 3°～4°。焊件两端加装引弧板和引出板。

3. 焊接要点

（1）焊接位置　焊件放在水平位置进行平焊，两面多层多道焊。

（2）焊接顺序　先焊 V 形坡口表面，焊完清渣后，将焊件翻转，清根后焊封底焊道。

1）焊正面。正面为 V 形坡口，采用多层多道焊，每层的操作步骤都是一样的，每焊一层，重复下述步骤一遍。

① 焊接开始前先在钢板上调整好焊接参数，然后按焊丝对中—引弧焊接—收弧—清渣的步骤焊接。焊完每一层焊道后，必须打掉渣壳，检查焊道，要求焊道不能有缺陷，同时还要求焊道表面平整或稍有下凹，两个坡口面的熔合应均匀，焊道表面不能上凸，特别是两个

坡口面处不能有死角，否则容易产生未熔合或夹渣等缺陷。

如果发现层间焊道熔合不好，则应重新对中焊丝，增加焊接电流、电弧电压或减小焊接速度。下一层施焊时层间温度不应高于 200℃，盖面焊道边缘要熔合好。

② 清渣。将焊件翻转后，用碳弧气刨在焊件背面间隙刨一条宽度为 8 ~ 10mm，深度为 4 ~ 5mm 的 U 形槽，将未焊透的地方全部清除掉，然后用角向磨光机将 U 形槽内的焊渣及氧化皮全部清除。

2）封底焊。按焊正面焊道的步骤和要求焊接封底焊道。

检查评议

检查评议表见表 5-11。

表 5-11　检查评议表

项目	考核要求	分值	扣分标准	检验结果	得分
工艺措施的选择	选择合理	15	工艺措施不当酌情扣分		
裂纹	无	15	出现裂纹不得分		
未焊透或烧穿	无	10	出现一处扣 5 分		
余高及余高差	在合理范围内	10	出现一处扣 5 分		
焊缝宽度及宽度差	在合理范围内	10	出现一处扣 5 分		
夹渣	无	10	出现一处扣 5 分		
咬边	≤0.5mm	10	出现一处扣 5 分		
气孔	无	10	出现一处扣 5 分		
焊缝表面成形质量	波纹细腻、均匀、美观	10	根据成形情况酌情扣分		

问题及防治

自动埋弧焊焊机在使用过程中要注意保养，否则会影响设备性能，从而影响焊接质量。保养时要注意以下几个方面：

1）轨道不允许人员站立、踩踏、靠压重物，更不允许撞击，轨道面用压缩空气除尘后用纱布蘸 20 号机油擦拭轨道面，随时保持导轨面清洁、润滑。

2）操作人员只能拆卸导电嘴，不能随意拆卸其余零件，电器接线盒只允许有关人员检修时打开。

3）若设备出现故障，则应及时请维修人员处理。当故障较大时，应先报有关部门组织有关人员会审，确定方案，严禁私自拆机检查。

考证要点

1. 如何选用自动埋弧焊焊丝？
2. 自动埋弧焊焊剂有什么作用？
3. 对自动埋弧焊焊剂有什么基本要求？

单元6　其他焊接方法

6

知识目标

了解等离子弧的形成、特性及应用，电阻焊的原理、特点、分类及工艺，以及其他焊接方法的种类、特点和应用。

技能目标

掌握等离子弧焊接与切割的工艺及操作方法，掌握电阻焊的设备、焊接参数及操作方法。

任务1　等离子弧焊平敷焊

任务描述

等离子弧焊接与切割在焊接领域中是一种较有发展前途的先进工艺。它是在钨极氩弧焊的基础上形成的，利用等离子弧的高温，可以焊接电弧焊所能焊接的金属材料，甚至解决了氩弧焊所不能解决的极薄金属焊接问题，而且还可以切割氧乙炔焰不能切割的难熔金属和非金属。

任务分析

等离子弧焊的通用接头是对接接头，板厚小于或等于8mm，采用I形坡口，随着厚度的增加可采用单面V形或U形、双面V形或U形坡口，从一侧或两侧进行单道或多道焊。此外，等离子弧焊也适于角接头和T形接头的焊接。当焊件厚度为0.05～1.6mm时，通常用微束等离子弧焊熔透型焊接技术。厚度为0.05～0.25mm的焊件一般用卷边接头，接头可在折机上制备。厚度在1.6～3mm之间的焊件，推荐采用TIG焊。厚度大于3mm的焊件可用I形坡口以穿透法焊接技术单面一次焊成。对于密度较小，或在液态下表面张力较大的金属，如铁合金等，穿透法技术能焊更厚的截面（可达15mm）。当厚度较大（>8mm）的焊件采用开坡口对接焊时，因等离子弧焊的熔深比TIG焊大，故其接头的钝边可加大。

相关知识

1. 等离子弧的形成及特性

（1）等离子弧的形成　等离子弧焊是在钨极氩弧焊的基础上发展起来的一种焊接方法。

钨极氩弧焊使用的热源是常压状态下的自由电弧，简称自由电弧。等离子弧焊用的热源则是将自由电弧压缩强化之后而获得电离度更高的电弧等离子体，称为等离子弧，又称为压缩电弧。两者在物理本质上没有区别，仅在弧柱中的电离程度方面有所不同。经压缩的电弧的能量密度更为集中，温度更高。目前广泛采用压缩电弧的方法是，将产生钨极氩弧焊的钨极缩入到焊枪的喷嘴内部，并在喷嘴中通入等离子气（通常是氩气），强制电弧从喷嘴的孔道通过，如图6-1所示。

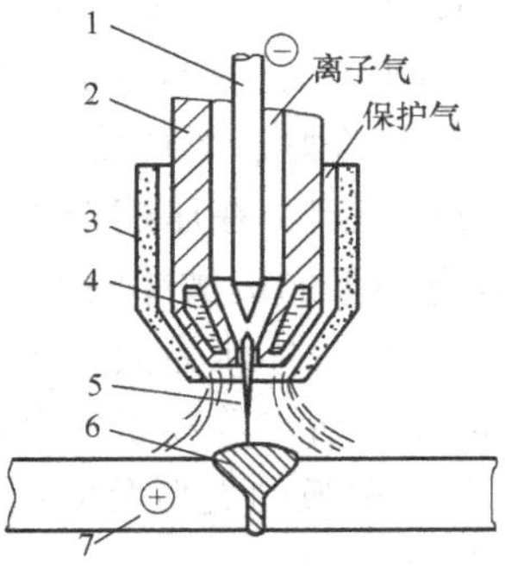

图6-1　等离子弧的形成

1—钨极　2—压缩喷嘴　3—保护罩　4—冷却水　5—等离子弧　6—焊缝　7—焊件（母材）

这样，电弧就受到了三种压缩作用，即

1）机械压缩效应。在钨极（负极）和焊件（正极）之间加上较高的电压，通过激发使气体电离形成电弧，同时送入一定压力的气体作用于弧柱，强迫其通过水冷喷嘴细孔道，弧柱便受到了机械压缩，使弧柱截面积缩小，称为机械压缩效应。

2）热收缩效应。电弧通过水冷却喷嘴，同时受到不断送给的高速冷却气流（氩气、氮气等）的强迫冷却作用，使其外围的电离度大大减弱，迫使弧柱导电截面积进一步缩小，电流密度却进一步提高，这种收缩称为热收缩效应。

3）磁收缩效应。在电弧弧柱受到机械压缩和产生热收缩效应后，喷嘴处等离子弧的电流密度大大提高。若把电弧看成一束平行的同向电流线，则其自身磁场所产生的电磁力使之相互吸引，由此而产生电磁收缩力，这种磁收缩作用迫使电弧更进一步受到压缩。

喷嘴孔道的机械压缩、离子气冷气流的热收缩和弧柱自身电磁产生的磁收缩，使弧柱的导电截面积缩小，直到与其内部的膨胀力平衡为止，而电流密度增大。在以上三种效应的作用下，弧柱被压缩到很细的程度，弧柱内气体也得到了高度的电离，温度高达16000～33000℃，能量密度高度集中，电弧挺度好，具有很强的机械冲刷力，形成了高能束的等离子弧。

（2）等离子弧的特性　等离子弧的最大电压降在弧柱区里，这是弧柱被强烈压缩，使电场强度明显增大的缘故。因此，等离子弧焊主要利用弧柱等离子体热来加热金属，而自由电弧则利用两电极区产生的热来加热母材和电极金属。另外，等离子弧能量密度可达10^5～10^6W/cm^2，比自由电弧的能量密度（在10^5W/cm^{2}以下）高，温度可达18000～24000K，也高于自由电弧的温度（5000～8000K）。图6-2所示为两种电弧的温度分布，左侧为自由电弧，右侧为等离子弧。等离子弧因为具有这些特性，所以会表现出以下特点：

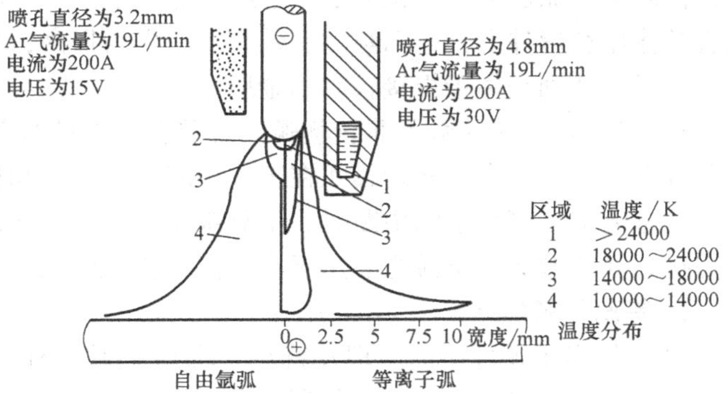

图6-2　自由电弧与等离子弧的温度分布

1）温度高、能量高度集中。等离子弧的导电性高，承受的电流密度大，因此温度能高达16000～33000℃，并且截面积很小，能量密度高度集中。

2）电弧挺度好、燃烧稳定。自由电弧的扩散角度约为45°，而等离子弧由于电离程度高，放电过程稳定，在压缩作用下，其扩散角仅为5°，故电弧挺度好，燃烧稳定。

3）具有很强的机械冲刷力。等离子弧发生装置内通入常温压缩气体后，受到电弧高温加热而膨胀，使气体压力大大增加，高压气流通过喷嘴细通道喷出时，可达到很高的速度，甚至超过声速，所以等离子弧有很强的机械冲刷力。

（3）等离子弧的类型及应用　根据电源的不同接法，等离子弧可以分为非转移弧、转移弧和联合弧三种。

1）非转移弧。钨极接电源负极，水冷喷嘴接电源正极。等离子弧在钨极与喷嘴内表面之间产生，并从喷嘴喷出等离子焰（见图6-3a）。工作时，焊件不接电源，靠等离子焰向焊件传送热量，加热能量和温度比转移弧的低，主要用于焊接和切割较薄的金属和非金属。

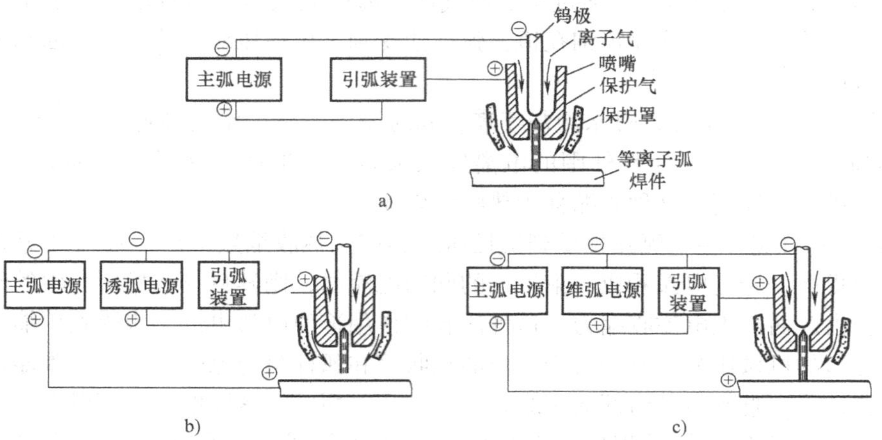

图6-3　等离子弧的类型

a）非转移弧　b）转移弧　c）联合弧

2）转移弧。钨极接电源负极，焊件接电源正极。首先在钨极和喷嘴之间引燃小电弧，随即在钨极与焊件间加一个较高的电压，然后转移到钨极与焊件间形成等离子弧，这时喷嘴与钨极间小电弧熄灭（见图6-3b）。这类电弧是在非转移弧的基础上形成的，高温的阳极斑点直接作用在焊件上，电弧热的有效利用率大为提高，所以金属的焊接和切割都采用转移型等离子弧，特别是用于焊接较厚的金属。

3）联合弧。转移弧及非转移弧同时并存的电弧称为联合型等离子弧（见图6-3c），简称联合弧。联合弧中的非转移弧在工作中起补充加热和稳定电弧的作用，故称维弧。即在某种因素影响下，等离子弧中断时，依靠维持电弧可立即使等离子弧复燃；转移弧为主弧，用于焊接。联合型等离子弧主要用于小电流（微弧）等离子弧焊接和粉末等离子弧堆焊。

2. 等离子弧焊接

（1）等离子弧焊接的原理及特点　等离子弧焊有三种类型：一种称为熔透型，其工作方式与其他的熔焊方法一致，都利用电弧的热量来熔化母材及焊丝；第二种称为穿透型，利用等离子弧的高密度特性和液态金属的表面张力来实现金属的连接；第三种就是利用等离子弧的可调范围大的特性，使用超小的焊接电流来焊接超小、薄的材料，称为微束等离子弧焊接。

（2）等离子弧焊电源、电极及工作气体

1）等离子弧焊设备。等离子弧焊工艺接照操作方式可以分为手工操作、自动操作及机器人操作三种，设备分为手工焊设备及自动焊设备，如图6-4所示。

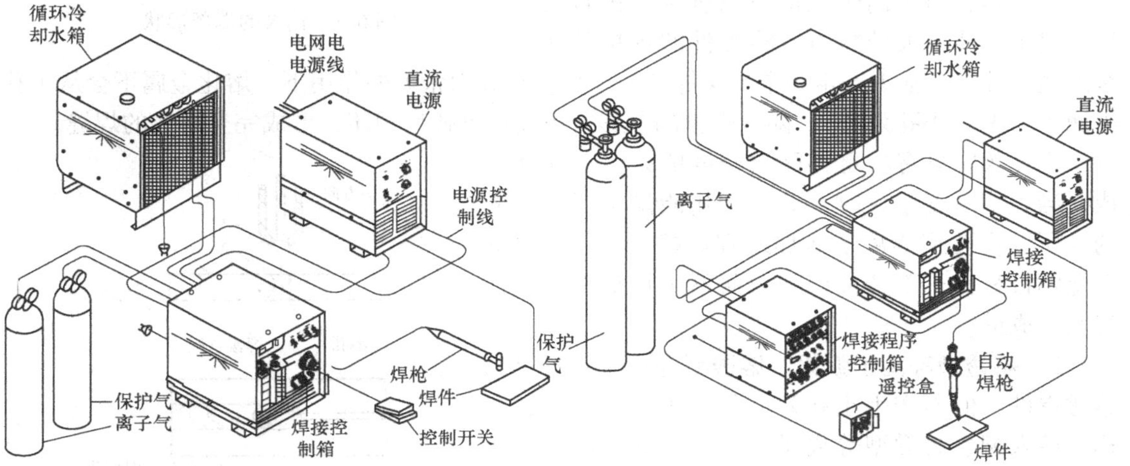

图6-4 典型的手工焊及自动焊等离子设备

一个完整的手工等离子弧焊系统由焊枪、控制台、电源、离子气及保护气气源、焊枪冷却循环装置及一些辅助部件（如气流流量计及电流遥控盒）等组成。与氩弧焊不同，等离子弧焊的焊枪必须是水冷的，手工等离子弧焊枪的许用正极性电流范围为0.1～220A。

大电流等离子弧焊需使用自动焊设备，自动焊焊枪许用的正极性电流达500A。自动等离子弧焊和手工等离子弧焊的主要区别在于焊枪。自动等离子弧焊设备配备一个顺序控制器，其作用是使一个焊件的完整焊接工艺按顺序自动进行。若焊缝有填丝要求，则自动焊设备中还应增加送丝机构。根据工艺需要，有的自动等离子弧焊设备还要配备弧高控制器。自动等离子弧焊的优点是可以在大电流的规范下获得高的焊接速度和大的熔深。另外，由于自动焊可以准确地控制焊接参数，精密等离子弧焊接工艺或小孔法等离子弧焊接工艺也必须使用自动焊。

2）等离子弧焊所用材料

① 工作气体。等离子弧焊的工作气体分为离子气和保护气两种。大电流等离子弧焊时，离子气和保护气用同一种气体，否则会影响等离子弧的稳定性。小电流等离子弧焊时，离子气一律用氩气；保护气可以用氩气，也可以选用其他成分的气体，如Ar（95%）+H_2（5%）、或Ar（95%～80%）+CO_2（5%～20%）混合气体。保护气中加入CO_2后有利于消除焊缝内的气孔，并能改善焊缝成形质量，但不宜加入过多，否则熔池下塌、飞溅增加。

② 电极和极性。一般采用铈钨极作为电极。焊接不锈钢、合金钢、钛合金、镍合金等时，采用直流正接；焊接铝、镁合金时，采用直流反接，并使用水冷铜电极。

为了便于引弧和提高等离子弧的稳定性，一般电极端部磨成60°的尖角。电流小、钨极直径较大时锥角可磨得更小一些，电流大、钨极直径大的可磨成圆台形、圆台尖锥形、球形等，以减少烧损。钨极的端部形状如图 6-5 所示。

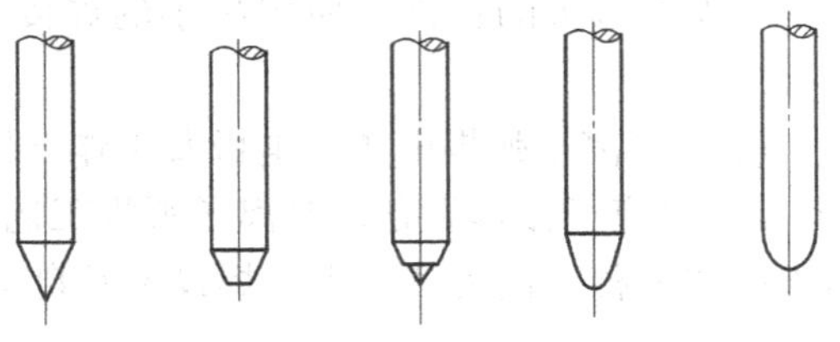

图 6-5　钨极的端部形状

（3）等离子弧焊接方法

1）小孔型等离子弧焊　小孔型等离子弧焊又称为穿孔、锁孔或穿透等离子弧焊，如图 6-6 所示。它是利用等离子弧能量密度大、挺直度好、离子弧冲力大的特点，将焊件的焊接处完全熔透，并在熔池上产生一个贯穿焊件的小孔。在表面张力的作用下，熔化金属不会从小孔中滴落下去（小孔效应）。随着焊枪的前移，小孔在电弧后锁闭，形成完全熔透的焊缝。

小孔效应只有在足够能量密度的条件下才能形成，当焊件厚度增大时，等离子弧能量密度是有限的，所以小孔型等离子弧焊适宜焊接 2～8mm 厚的合金钢板材，可不开坡口和背面不用衬垫进行单面焊双面成形。

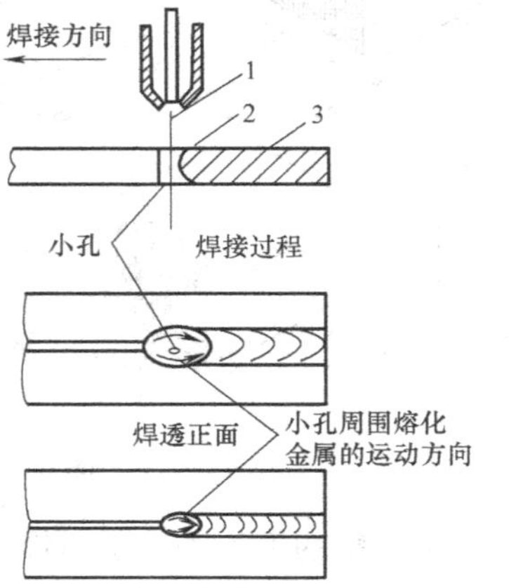

图 6-6　小孔型等离子弧焊焊缝成形原理
1—等离子弧　2—熔池　3—焊缝

2）熔透型等离子弧焊。熔透型等离子弧焊是只熔透焊件，但不产生小孔效应的一种焊接技术，又称为熔入型、熔融型等离子弧焊。它的等离子气流量较小，弧柱压缩程度较弱，主要用于薄板焊接、卷边接头、单面焊双面成形及厚板的多层焊。

3）微束等离子弧焊。利用小电流（通常在 30A 以下）进行焊接的等离子弧焊称为微束型等离子弧焊，又称为针状等离子弧焊。它采用 $\phi0.6$～$\phi1.2$mm 的小孔径压缩喷嘴及联合型弧，当焊接电流小于 1A 时，仍有较好的稳定性，特别适合于薄板和细丝的焊接。焊接不锈钢时，其最小焊接厚度可以为 0.025mm。熔点和沸点低的金属和合金，如铅、锌等不适于等离子弧焊。

3. 等离子弧切割

等离子弧切割是利用等离子弧热能实现金属熔化的切割方法。根据切割气流的不同，其可分为氮等离子弧切割、空气等离子弧切割和氧等离子弧切割等。切割用等离子电弧温度一般在 10000～14000℃之间，远远超过所有金属以及非金属的熔点，因此能够切割绝大部分金属和非金属材料。这种方法诞生于 20 世纪 50 年代，最初用于切割氧乙炔焰无法切割的金属材料，如铝合金及不锈钢等。随着这种方法的发展，其应用范围已经扩大到碳素钢和低合金钢。

（1）等离子弧切割的原理及特点

1）工作原理。等离子弧切割与氧乙炔切割有本质上的区别。它是以高温、高速的等离子弧为热源，将被切割件局部熔化，并利用压缩的高速气流的机械冲刷力，将已熔化的金属或非金属吹走而形成狭窄切口的过程。等离子弧是一种比较理想的切割热源。

2）等离子弧切割的特点

① 应用范围广。等离子弧可以切割各种高熔点金属及其他切割方法不能切割的金属，

如不锈钢、耐热钢、钛、钼、钨、铸铁、铜及铜合金、铝及铝合金等，切割不锈钢、铝材等的厚度可达 200mm 以上。采用非转移弧时，由于工件不连接电源，所以还能切割各种非导电材料，如耐火砖、混凝土、花岗石、碳化硅等。

② 切割速度快、生产率高。在目前采用的各种切割方法中，等离子弧切割的速度比较快，生产率也比较高。例如，切割厚度为 10mm 的铝板时速度可达 200～300m/h，切割 12mm 厚的不锈钢时速度可达 100～130m/h。

③ 切割质量高。等离子弧切割时，能得到比较狭窄、光洁、整齐、无粘渣、接近于垂直的切口，而且切口的变形量和热影响区较小，其硬度变化也不大，切割质量好。

（2）等离子弧切割设备　等离子弧切割设备的种类有多种，总体上由电源、控制系统、水路系统、气路系统和割炬组成。下面以空气等离子切割为例，说明各部件的组成及参数。

1）电源。电源应具有陡降的外特性曲线。等离子弧的工作电压比电弧焊的要高，为 100～200V。为了维持这种高电压电弧的稳定燃烧，空载电压为 150～400V。切割大厚度板用的大功率电源要求空载电压高达 500V。

2）控制系统。控制系统主要包括程序控制接触器、高频振荡器、电磁气阀、水压开关等。等离子弧切割过程的控制程序框图如图 6-7 所示。

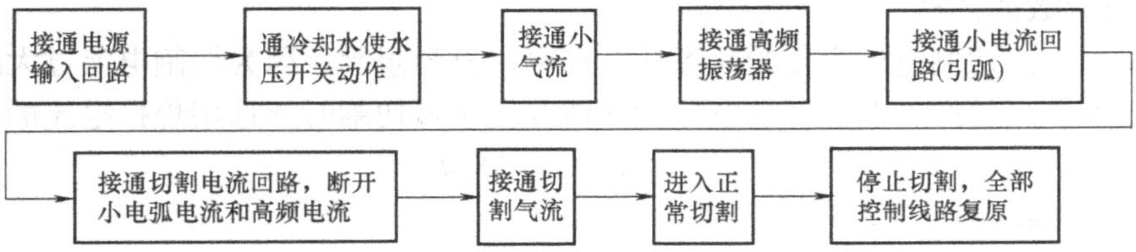

图 6-7　等离子弧切割过程的控制程序框图

3）水路系统。由于等离子弧切割的割炬在 10000℃ 以上的高温下工作，因此为保持正常切割，必须通水冷却。冷却水流量应为 2～3L/min，水压为 0.15～0.2MPa。水管设置得不宜太长，一般自来水即可满足要求，也可采用循环水。

4）气路系统　气路系统的作用是防止钨极氧化、压缩电弧和保护喷嘴不被烧毁，一般气体压力应为 0.35～0.45MPa。

5）割炬。等离子弧割炬（也称割枪）如图 6-8 所示。它主要由本体、电极组件、喷嘴和压帽等部分组成。其中，喷嘴是割炬的核心部分，其结构和几何尺寸对等离子弧的压缩和稳定有重要影响。当喷嘴孔径过小、孔道长度太长时，等离子弧不稳定，甚至不能引弧，且容易产生“双弧”。

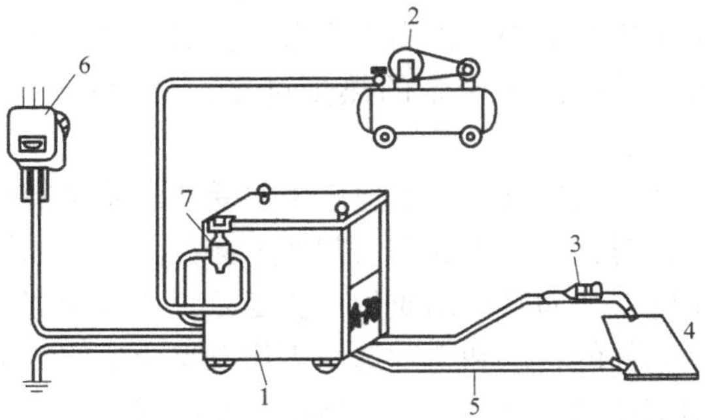

图 6-8　等离子弧切割机外部接线示意图
1—电源　2—空气压缩机　3—割炬　4—割件
5—接割件的电缆　6—电源开关　7—过滤减压阀

（3）等离子弧切割工艺

1）气体的选择。形成等离子弧的工作气体有氩气、氮气、氢气、氧气、空气及某些混合气体等。氩气是单元子气体，易电离，电离度高，电弧稳定。因其是惰性气体，高温下不会与金属起化学反应，故对电极和喷嘴有一定保护作用。但它的热导率低，携热性差，弧柱较短，故切割能力较低，现在已不单一使用，而是和氮气或氢气混合使用。

氮气是双原子气体，热压缩效应好，动能大，但引弧和稳弧性差，要求电源具有较高的空载电压。由于氮气等离子弧的弧柱长，切割能力大，故常单独用作工作气体。氮气在高温时会与金属起反应，对电极有侵蚀作用，宜加入氩气或氢气。另外，氮气还会使切割面氮化。

氧气也是双原子气体，离解热高，携热性好，在切割时投入割件的热量多，故可单独用作工作气体。它具有氧化性，当切割铁基金属时，既发生高温等离子的熔割过程，又有铁氧燃烧放热过程，增加热量，加速切割进程。但氧气会使钨极烧损快，故需使用特殊电极材料或割炬结构。

空气是氮气和氧气等的混合气体，其中含约80% 的氮和约20% 的氧（体积分数）。因此，它的特性与氮气接近，又具有氧化性的特点，故应用较多。但它又兼有氮气和氧气的缺点，对金属有氮化作用并会氧化电极。

2）切割参数的选择

①切割电流。切割电流主要受喷嘴孔径和电极直径限制，因为切割电流过大时，极易烧损电极和喷嘴，且易产生双弧。非氧化性气体等离子弧切割时，选用焊接电流的经验公式为

$$I=(70\sim100)d$$

式中 I——切割电流（A）；

d——喷嘴孔径（mm）。

②空载电压。空载电压与使用的工作气体的电离度有关。根据预定使用的工作气体种类和切割厚度，在设计切割电源时就已确定空载电压，但它会影响切割电压。空载电压高，易于引弧。切割大厚件和采用双原子气体时，空载电压相应要高。空载电压还与割炬结构、喷嘴至割件的距离、气体流量等有关。高空载电压对手工切割来说存在安全问题，要注意防护。

③ 气体流量。气体流量要与喷嘴孔径相适应，气体流量大，利于压缩电弧，使等离子弧能量更为集中。提高工作电压，对提高切割速度和及时吹走熔化金属有利。但气体流量过大时，从电弧中带走的热量过多，从而降低切割能力，使切割面质量恶化，不利于电弧稳定。

④切割速度。切割速度主要受切割质量制约。一般都希望采用高的切割速度，但切割速度过快时，切口下缘和切割面上会挂渣，后拖量大甚至割不透；切割速度过慢时，不仅切割效率降低，而且切割质量也会变差，切口变宽，切割面倾斜度加大，切口下缘挂渣等。通常根据割件的材质和厚度选用工作电流合适的割炬，在切割时以切口下缘无粘渣或少量挂渣时的切割速度为宜，稍有后拖量是允许的。

⑤ 喷嘴至割件的距离。在电极内缩量一定时（常为2～4mm），喷嘴至割件的距离一般为6～8mm 。空气等离子弧切割和水再压缩等离子弧切割的喷嘴至割件的距离可略小。

（4）空气等离子弧切割　空气等离子弧切割一般使用压缩空气作为切割气体。这种方

法切割成本低，气体来源方便。压缩空气在电弧中加热后分解和电离，生成的氧与切割金属产生化学放热反应，加快了切割速度。充分电离了的空气等离子体的热焓值高，因而电孤的能量大，切割速度快。由于切割速度快，人工费用相对降低，加之压缩空气价廉易得，因此空气等离子弧在切割30mm以下板材时比氧乙炔焰更具有优势。除切割碳素钢外，这种方法也可以切割铜、不锈钢、铝及其他材料。但是这种方法电极受到强烈的氧化腐蚀，所以一般采用纯锆或纯铪电极。

任务准备

1. 焊接材料

（1）电极　焊枪电极最好选购铈钨电极，其直径应按焊接参数中的焊接电流选择。焊接电流较大时选直径为1.2mm的电极，焊接电流较小时可选用直径为0.8mm的电极。电极尖端磨成10°～15°的圆锥角。电极尖端最好使用专用的电极磨尖机磨制，这样可以保证度数和不偏心。

（2）焊丝　焊丝采用与板材相近的不锈钢焊丝，直径为1mm。

（3）惰性气体源　在等离子枪的电弧室里，电弧柱是在三个压缩效应（机械压缩效应、热收缩效应和磁压缩效应）的作用下形成等离子弧的。三个效应中有两个是惰性气体所产生的。微束等离子弧所使用的惰性气体一般都是氩气，使用工业用瓶装压缩氩气即可。使用时要接装减压表和流量计，以便能精细地调节压力和流量这两个参数。

（4）焊件　将板厚为1mm的不锈钢板加工成若干块尺寸为300mm×100mm×1mm的训练用焊件。采用I形坡口，不留间隙对接，每隔3～5mm设置一个定位焊点，并控制根部间隙不超过板厚的1/10，不出现错边。焊前将油污清理干净的焊件置于铜垫板上夹紧。

2. 焊接设备

（1）微束等离子弧发生器　微束等离子弧发生器是产生微束等离子弧的器件，也称为等离子枪。它以等离子电弧室为主体。产生微束等离子弧的第一要素是要有一个良好的等离子枪，要求其不漏气、不漏水、不漏电，电极对中且调整更换方便，喷嘴既耐用又便于更换。

电弧室由上下两枪体构成，中间加以绝缘。上枪体的主要功能是：夹持钨极并使之接入电源负极，以使钨极尖端能产生电弧放电的阴极斑点；将电弧放电产生在钨极区的热量及时排出；使钨极始终保持对准下枪体的喷嘴孔径中心，且能调整极尖的高度和更换新钨极；导入惰性压缩气体。这样，上枪体应有电、气、水三个导入孔道和一个水的出口。下枪体上安装有经常更换的喷嘴，接电源的正极，有进出冷却水的散热系统。有的微束等离子弧焊枪上设有保护气系统，也设置在下枪体上。

（2）直流电源　作为微束等离子弧的电源，除了有普通等离子弧的直流电源、下降伏安特性、电流可以细微调节等要求外，还有一个重要的特殊要求，即高空载电压。一般直流电源的空载电压为80～100V，微束等离子弧的电源空载电压应为120～160V，有时还要高达200V。因为微束等离子弧的电流小（<30A），电弧气体介质质点的电离、发射作用弱，为便于引弧和稳弧，就需要提高空载电压来加强场致发射作用，所以微束等离子弧焊的电源需要特制专用。

微束等离子弧焊电源使用时采用正极性接法，即将焊枪钨极接电源负极，电源的正极通过接触器开关接焊枪的喷嘴。同时，电源的正极还要并联一个电路，即通过接触器并联到焊件上。

就微束等离子弧的直流电源的供电连续性来说，可以有两种电源：一种是连续直流供电，得到的焊接电流是连续的直流电，这就是通常所说的直流电源；另一种是可以有规律地进行断续供电，即脉冲电源。脉冲电流的主要优越性在于，除了能像连续直流那样调节电流的大小以外，通电时间和间隙时间也可以调节。因此，脉冲电源优于普通直流电源。

3. 微束等离子弧焊的焊接参数

微束等离子弧焊的焊接参数主要是焊接电流、焊接速度、工作气体流量、保护气体流量、电弧长度、喷嘴直径、喷嘴通道比和钨极的内缩量等。它们对焊缝的形状和焊接质量都有影响。常用的微束等离子弧焊的焊接参数见表6-1

表6-1　常用的微束等离子弧焊的焊接参数

焊接材料	板厚/mm	焊接速度/(cm/s)	焊接电流/A	焊接电压/V	等离子气体流量(Ar)/(L/min)	保护气体流量/(L/min)		嘴直径/mm
						种类	流量	
不锈钢	1.0	0.62	2.7	25	0.6	Ar	11	1.2
	0.75	0.21	10	25	0.28	Ar	9.5	0.75
	0.25	0.53	5	30	0.5	Ar	7	0.6
	]0.1	0.62	3.3	24	0.6	Ar	6	0.8

任务实施

1. 检查准备情况

（1）调整焊接参数

1）调整气体压力和流量。

2）调节引弧电流，并通过显示屏显示引弧电流预设值，使等离子弧电流能够以较小的电流起弧，避免使电流过大而引起烧穿。

3）调节焊接电流，由焊件的厚度确定调节范围为0.5～15A，通过液晶显示屏显示。

4）选择遥控近程控制。

（2）调试焊枪　先将钨极端部磨削成20°～60°的锥角，使顶端呈尖状或稍加磨平，然后调整电极与喷嘴的同心度。其方法是在焊枪下方放一块平面镜子，然后接通高频振荡回路，通过镜子可以观看在电极与喷嘴之间产生的高频火花，并调整电极与喷嘴的同心度，使高频火花呈圆周均匀分布。

2. 焊接操作

首先打开气路，接通焊接电源，戴上焊工面罩，手持等离子弧焊枪，按动起动按钮，接通高频振荡装置及电极与喷嘴的电源回路，将非转移弧引燃，接着使焊枪对准焊件，建立转移弧，然后保持喷嘴与焊件的距离即可进行等离子弧焊接。

保持喷嘴与焊接金属表面呈70°的斜角，采用左焊法，焊枪应保持均匀的直线形移动（与钨极氩弧焊相似）。

起焊时，转移弧在起焊处稍停片刻，用焊丝触及焊接部位，当有熔化迹象时，立即填加焊丝。焊丝的填加和焊枪的动作要协调，焊枪平稳向前移动，并保持3～5mm的弧长。

当焊至焊缝终端时，适当填加焊丝，再松开按钮，随焊接电流的衰减熄灭电弧，并保持焊枪停留片刻，以对熔池进行保护。

结束工作时，关闭焊机电源开关，关闭气体阀门，整理工作现场，检查有无安全隐患。焊后检查焊接质量，保证焊缝表面要呈清晰且均匀的银白色鱼鳞状波纹，并且焊缝宽度适宜，熔深一致。

检查评议

检查评议表见表6-2。

表6-2 检查评议表

项目	考核要求	分值	扣分标准	检验结果	得分
设备的检查	检查设备有无损坏	5	不正确不得分		
正确安装气表	安装是否符合要求	5	不正确不得分		
正确安装焊枪	焊枪安装是否正确	5	不正确不得分		
调整焊接参数	焊接参数是否正确	5	不正确不得分		
正确选择焊接材料	正确选择	5	不正确不得分		
焊缝宽度	3～5mm	10	超差0.5mm扣2分		
焊缝宽度差	≤1mm	5	超差1mm扣2分		
焊缝余高	0～0.5mm	10	超差0.5mm扣3分		
焊缝余高差	≤1mm	5	超差0.5mm扣2分		
焊缝平直	无明显弯曲	5	不平直不得分		
焊缝接头平整	不超高且无脱节	10	不平整不得分		
起头焊缝平滑	起头平滑	5	不平滑不得分		
收尾弧坑饱满	弧坑饱满	5	不饱满不得分		
焊波均匀美观	焊波均匀、成形美观	20	根据成形情况酌情扣分		

问题及防治

等离子弧焊接或切割的双弧问题

（1）形成双弧的原因　在等离子弧焊接或切割时，等离子弧的弧柱与喷嘴孔壁之间存在着由离子气所形成的冷气膜。这层冷气膜因喷嘴的冷却作用而具有比较低的温度和电离度，对弧柱向喷嘴的传热和导电都具有较强的阻滞作用。因此，冷气膜的存在一方面起到绝热作用，可以防止喷嘴因过热而烧坏；另一方面，冷气膜的存在相当于在弧柱和喷嘴孔壁之间有一绝缘套筒存在，隔断了喷嘴与弧柱间电的联系，因此等离子弧能稳定燃烧，不会产生双弧。焊接或切割时，当冷气膜被击穿遭到破坏时，绝热和绝缘作用消失，就会产生双弧现象。

（2）双弧的危害性

1）破坏等离子弧的稳定性，使焊接或切割过程不能稳定地进行，恶化焊缝成形和切口质量。

2）产生双弧时，在钨极和工件之间同时形成两条并列的导电通路，减小了主弧电流，降低了主弧的功率，因而使焊接时熔透能力和切割时的切割厚度减小。

3）双弧一旦产生，喷嘴就成为并列弧的电极，就会有并列弧的电流通过。此时等离子弧和喷嘴内孔壁之间的冷气膜受到破坏，从而使喷嘴受到强烈加热，容易烧坏喷嘴，使焊接或切割工作无法进行。

（3）防止双弧产生的措施

1）正确选择焊接电流和离子气种类及流量。焊接电流增大，等离子弧的弧柱直径也增大，使冷气膜的厚度减小，容易被击穿，故易产生双弧。等离子气种类不同，产生双弧的可能性也不一样。例如，采用 $Ar+H_2$ 的混合气体时，由于 H_2 的冷却作用强，弧柱热收缩作用增大，弧柱直径缩小，冷却膜厚度增大，故不易被击穿形成双弧。同样，增大离子气流量，冷却作用增强，也可降低产生双弧的可能性。

2）正确选择喷嘴。喷嘴结构参数对双弧形成有着决定性作用。喷嘴孔径减小、喷嘴孔道长度增大或钨极内缩量增大都易产生双弧。

3）电极与喷嘴尽可能同心。电极与喷嘴同心度不好往往是引起双弧的主要原因。因为电极偏心时，等离子弧在喷嘴中的分布也偏心，从而使冷气膜厚度不均匀。这时冷气膜厚度小处就容易被击穿而产生双弧。

4）正确确定喷嘴与工件的距离。喷嘴与工件的距离过小易引起双弧，一般在 5 ~ 12m 之间为宜。

5）加强对喷嘴和电极的冷却，保持喷嘴端面清洁，采用切向进气的焊枪等也可防止双弧的形成。

扩展知识

1. 防电击

等离子弧焊接和切割用电源的空载电压较高，尤其在手工操作时，有电击的危险。因此，电源在使用时必须可靠接地，焊枪枪体或割枪枪体与手触摸部分必须可靠绝缘。

2. 防强光辐射

等离子弧较其他电弧的光辐射强度更大，尤其是紫外线强度，故对皮肤损伤严重，操作者在焊接或切割时必须带上良好的面罩、手套，颈部也要保护好。

3. 防灰尘与烟气

等离子弧焊接和切割过程中伴随有大量金属蒸气、臭氧、氮化物等。尤其切割时，由于气体流量大，致使工作场地上的灰尘大量扬起，这些烟气与灰尘对操作工人的呼吸道、肺等会产生严重影响。因此，要求工作场地必须配置良好的通风设备。

4. 防噪声

等离子弧会产生高强度、高频率的噪声，尤其在大功率等离子弧切割时，其噪声更大，这对操作者的听觉系统和神经系统非常有害。其噪声能量集中在 2000 ~ 8000Hz 范围内，要求操作者必须戴耳塞。

5. 防高频

等离子弧焊接和切割时都采用高频振荡器引弧，但高频对人体有一定的危害。引弧频率选择在 20 ~60 kHz 较为合适，还要求工件接地可靠，转移弧引燃后应立即可靠地切断高频振荡器电源。

考证要点

1. 等离子弧焊用的热源是将（　　　　）压缩强化之后而获得（　　　　　　）的电弧等离子体，称为等离子弧，又称为压缩电弧。

2. 经压缩的电弧（　　　　）更为集中，（　　）更高。

3. 根据电源的不同接法，等离子弧可以分为（　　　　）、（　　　　）和（　　　　）三种。

4. 等离子弧焊主要分为三种类型：一种称为（　　），另外一种称为（　　　）；第三种称为微束等离子弧焊接。

5. 等离子弧的工作电压比电弧焊的要高，为（　　　）。为了维持这种高电压电弧的稳定燃烧，空载电压为（　　　　）。

6. 电弧受到哪些作用会转变为等离子弧？

7. 等离子弧的特点是什么？

8. 等离子弧切割的原理是什么？

9. 等离子弧切割的特点是什么？

10. 等离子弧切割的设备有哪些？

任务2　电　阻　焊

任务描述

电阻焊是将电阻热作为热源的一类焊接方法。电阻焊发明于19世纪末期，随着航空航天、电子、汽车、家用电器等工业的发展，电阻焊越来越受到重视，同时，对电阻焊的质量也提出了更高的要求。电子技术的发展和大功率半导体器件的研制成功，给电阻焊技术提供了坚实的技术基础。因此，可以预测，电阻焊在工业生产中将会获得越来越广泛的应用。

电阻焊有三大显著特点：一是焊接的热源是电阻热，故称为电阻焊；二是焊接时焊件必须接触，因而也曾称为接触焊；三是焊接时需施加压力，故属于压焊。

任务分析

熔焊是利用外加热源使连接处熔化、凝固结晶而形成焊缝的。电阻焊则利用本身的电阻热及大量塑性变形能量，形成结合面的共同晶粒，从而得到焊点、焊缝或对接接头。从连接的物理本质来看，二者都是靠焊件金属原子之间的结合力结合在一起的，但它们之间的热源不同，在接头形成过程中塑性变形也不同，即实现接头牢固结合的途径不同。这便是电阻焊与一般熔焊的不同之处。

相关知识

1. 电阻焊的原理

电阻焊是焊件组合后通过电极施加压力，利用电流流过接头的接触面及邻近区域时产生的电阻热进行焊接的方法。

电阻点焊原理和接头的形成如图6-9所示。将焊件3压紧在两电极2之间，施加电极压力后，电阻焊变压器I向焊接区输送强大的焊接电流，在焊件接触面上形成真实的物理接触点，并随着通电加热的进行而不断扩大。塑变能与热能使接触点的原子不断激活，进而使接

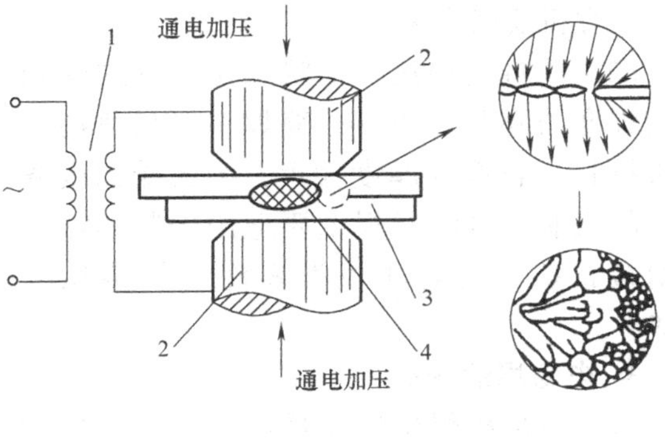

图6-9　电阻点焊原理和接头的形成

1—电阻焊变压器　2—电极　3—焊件　4—熔核

触面消失，继续加热，形成熔化核心4，简称熔核。熔核中的液态金属在电动力作用下强烈搅拌，熔核内的金属成分均匀化，结合界面迅速消失。加热停止后，核心液态金属将自由能最低的熔核边界半熔化晶粒表作为晶核开始结晶，然后沿与散热相反的方向不断以枝晶的形式向中间延伸。通常熔核以柱状晶的形式生长，将合金浓度较高的成分排至晶叉及枝晶前端，直至生长的枝晶相互抵住，获得牢固的金属结合，接合面消失，得到了柱状晶生长较充分的焊点。或因合金过冷条件不同，核心中心区同时形成等轴晶粒，得到柱状晶与等轴晶两种凝固组织并存的焊点。同时，液态熔核周围的高温固态金属在电极压力作用下产生塑性变形和强烈再结晶而形成塑性环，该环先于熔核形成且始终伴随着熔核一起长大。它的存在可防止周围气体侵入和保证熔核液态金属不沿板缝向外喷溅。

2. 电阻焊的特点

电阻焊具有下列优点：

（1）焊接生产率高　点焊时，通用点焊机的生产率约为每分钟60点，若用快速点焊机则可达到每分钟500点以上；对直径为40mm的棒材，每分钟可焊一个接头；缝焊厚度为1～3mm的薄板时，其焊速可达0.5～1m/min。因此，电阻焊非常适用于大批量生产。

（2）焊缝质量好　电阻焊冶金过程简单，焊缝金属的化学成分均匀，并且基本上与母材一致；热作用集中，受热范围小，热影响区很小，焊接变形量较小，且容易控制。

（3）焊接成本比较低　电阻焊不使用填充材料，焊接时也无需保护气体，所以在正常情况下除必要的电力消耗外，几乎没有其他消耗，因此焊接成本比较低。

（4）焊接操作比较规范　易于实现机械化和自动化，焊接过程中既没有较强的弧光辐射，也无有害气体的侵蚀，劳动条件比较好。

但电阻焊还存在以下缺点：

（1）无易行的检测手段　焊接过程进行得比较快，当焊接过程中某些工艺因素发生波动，对焊接过程的稳定性产生较大影响时，往往来不及调整；焊后也没有简便易行的无损检测手段。因此，重要结构使用电阻焊时应慎重。

（2）价格高　电阻焊设备比较复杂，除了必要的电力系统外，还需要精度较高的机械系统、液压系统，因而其整套设备的价格比一般焊机要高许多。

（3）焊件的厚度、形状和接头形式受到一定程度的限制　点焊、缝焊一般只适用于薄板搭接，若焊件厚度太大，则会受到设备功率的限制。电阻对焊主要适用于紧凑截面的对接接头，而对薄板类零件的焊接比较困难。

3. 电阻焊的分类

电阻焊是压焊中应用最广的一种焊接方法。它的分类方法很多，一般可根据接头形式和工艺方法、焊接电流以及电源能量的种

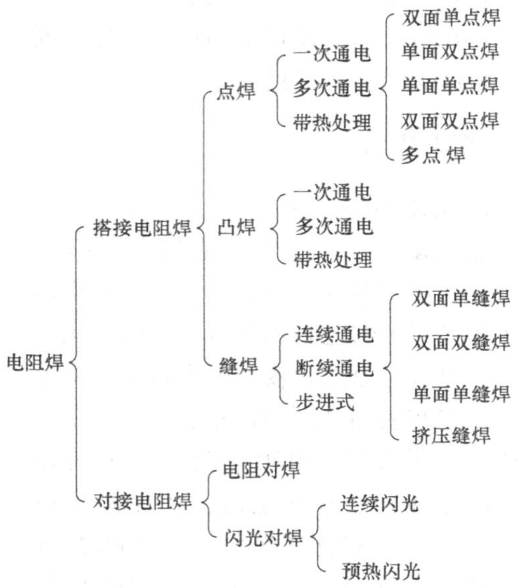

图6-10　电阻焊的种类

类进行划分，如图 6-10 所示。

4. 电阻焊设备（以电阻点焊为例）

（1）点焊机的分类 点焊机可按下列方式进行分类：

1）按电源性质分类，有工频点焊机（50Hz 的交流电源）、脉冲点焊机（交流脉冲点焊机、直流脉冲点焊机、电容储能点焊机）以及变频点焊机（高频点焊机、低频点焊机）等。

2）按加压机构的传动装置分类，有脚踏式、电动凸轮式、气压传动式、液压传动式以及气压-液压传动式等点焊机。

3）按电极的运动形式分类，有垂直行程和圆弧引程等点焊机。

4）按焊点数目分类，有单点式和多点式等点焊机。

5）按安装方式分类，有固定式、移动式或悬挂式等点焊机。

（2）点焊机的组成 固定式点焊机的结构及外形如图 6-11 所示。它是由电源、机架、加压机构、焊接回路、电极、传动与减速机构和开关及调节装置组成的。其主要部分是加压机构、焊接回路和控制装置。

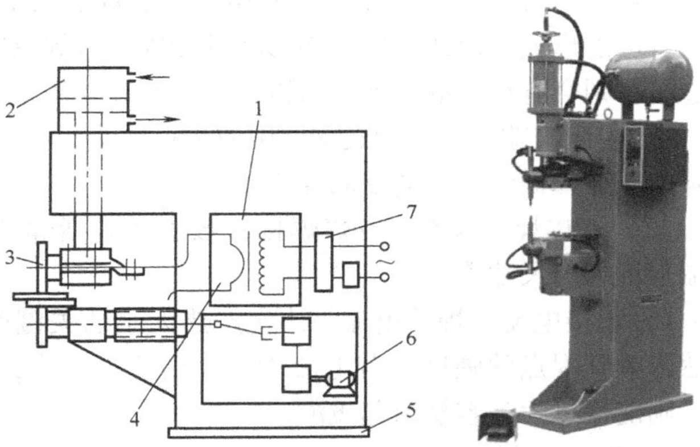

图 6-11 固定式点焊机的结构及外形

1—电源 2—加压机构 3—电极 4—焊接回路 5—机架 6—传动与减速机构 7—开关与调节装置

1）加压机构。电阻焊在焊接中必须要对焊件进行加压，所以加压机构是点焊机的重要组成部分。为了保证焊接质量，加压机构应力求满足下列要求：刚度要好，不致在加压中因机臂刚度不足而发生挠曲，或因导柱失去稳定而引起上下电极错位；加压、消压动作灵活、轻便、迅速；应有良好的工艺性，适应焊件工艺特性的要求；焊接开始时，能快速地将预压力全部压上，而焊接过程中压力应稳定，当焊件厚度变化时压力波动要小。

由于各种产品要求不同，因此点焊机上有多种形式的加压机构。小型薄零件多用弹簧、杠杆式加压机构，无气源车间，则用电动机、凸轮加压机构，而使用最多的是气压式和气、液压式加压机构。

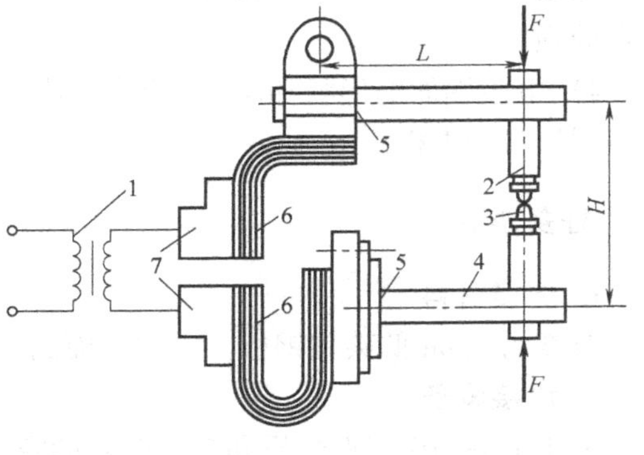

图 6-12 焊接回路

1—变压器 2—电极夹 3—电极 4—机臂

5—导电盖板 6—母线 7—导电铜排

2）焊接回路。焊接回路是指除焊件之外由参与焊接电流导通的全部零件所组成的导电通路。它是由变压器、电极夹、电极、机臂、导电盖板、母线和导电铜排等组成的，如图 6-12 所示。

3）控制装置。控制装置由开关和同步控制两部分组成。其中，开关的作用是控制电流的通断；同步控制的作用是调节焊接电流的大小，精确控制焊接程序，且当电网电压有波动时，能自动进行补偿。

目前，常用的点焊机有 DN—10 型、DN—25 型、DN1—40—1 型等。

5. 电阻焊工艺

电阻焊的焊接方法有多种，下面就以最具代表性的点焊工艺来说明。

（1）点焊接头的设计　点焊的接头形式为搭接和折边搭接。设计接头时，必须考虑边距、搭接宽度、焊点间距和装配间隙等。

1）边距与搭接宽度。边距是焊点到焊件边缘的距离。边距的最小值取决于被焊金属的种类、焊件厚度和焊接参数。搭接宽度一般为边距的两倍。

2）焊点间距。焊点间距是为避免点焊产生的分流影响焊点质量而规定的数值。所谓分流，是指点焊时不经过焊接区，未参加形成焊点的那一部分电流。分流使焊接区的电流降低，有可能形成未焊透或使核心形状畸变等。若焊点间距过大，则接头强度不足；若焊点间距过小，则会有很大的分流。所以，应控制焊点间距。

3）装配间隙。接头的装配间隙应尽可能小，因为消除装配间隙将消耗一部分压力，使实际的压力降低。一般装配间隙为 0.1 ~1 mm。

（2）点焊焊接参数　点焊焊接参数主要包括焊接电流、焊接通电时间、电极压力、电极端部形状与尺寸等。

1）焊接电流。焊接电流是决定产热大小的关键因素，将直接影响熔核直径与焊透率，必然影响到焊点的强度。若电流太小，则能量过小，无法形成熔核或熔核过小。若电流太大，则能量过大，容易引起飞溅。

2）焊接通电时间。焊接通电时间对产热与散热均产生一定的影响。在焊接通电时间内，焊接区产出的热量除部分散失外，将逐步积累，用来加热焊接区，使熔核扩大到所要求的尺寸。若焊接通电时间太短，则难以形成熔核或熔核过小。要想获得所要求的熔核，应使焊接通电时间有一个合适的范围，并与焊接电流相配合。

3）电极压力。电极压力将影响到焊接区的加热程度和塑性变形程度。随着电极压力的增大，接触电阻减小，电流密度降低，从而减小加热速度，导致焊点熔核直径减小。若在在增大电极压力的同时，适当延长焊接时间或增大焊接电流，则可使焊点熔核增大，从而提高焊点的强度。

4）电极端面的形状和尺寸。根据焊件结构、焊件厚度及表面质量要求等的不同，应使用不同形状的电极。

任务准备

1. 焊接材料

厚度为 1mm 低碳钢钢板，去除表面的油污、氧化膜。

2. 焊接设备

采用 DN—10 型点焊机和与之配套的空气压缩机。

3. 焊接参数的选择

焊接参数包括焊接电流、焊接通电时间、电极压力、电极端部直径等。根据材料厚度和结构进行点焊试验，确定最佳焊接参数。

（1）焊接电流 焊接电流太大时，焊件熔化过快，熔核来不及形成，导致飞溅的产生，引起焊件烧毁；焊接电流过小时，来不及形成熔核或熔核太小，接头强度低。

（2）电极压力 电极压力过大时，焊件加热不足，熔核小，甚至不能形成熔核。若电极压力过小，则容易导致焊件表面产生飞溅。

（3）焊接通电时间 焊接通电时间的长短对形成熔核的影响与对焊接电流的影响相似。

（4）电极工作表面尺寸 熔核的直径（$d_{核}$）与电极工作表面直径（$d_{极}$）有关，两者的关系为

$$d_{核}=(0.9\sim1.4)d_{极}$$

但焊点核心尺寸还与焊件厚度有关。因此，电极工作表面尺寸可根据焊件厚度的电极形状来确定。

低碳钢板点焊焊接参数见表6-3。

表6-3 低碳钢板点焊焊接参数

厚度/mm	焊接电流/A	焊接通电时间/s	电极端头直径/mm	电极压力/N	熔核直径/mm
0.3	3000～4000	0.06～0.20	3	300～400	4
0.5	4000～6000	0.12～0.48	4	450～1350	4.3
0.8	5000～7500	0.16～0.6	5	600～1900	5.3
1.0	5600～8800	0.20～0.72	5	750～2250	5.4
1.2	6100～9800	0.24～0.8	6	850～2700	5.8
1.5	7090～10000	0.3～0.9	6	1400～3800	5.8
2.0	8000～13300	0.4～1.28	8	1500～4700	7.6
3.0	10000～17000	0.64～2.1	10	2600～8000	8.5

4. 修磨、调整电极端头

修磨好电极端头直径，尽量使表面光滑。调整好上、下电极的位置，保证电极端头平行与轴线对中。

5. 定位焊

焊件较大时应进行定位焊，以保证焊点位置准确，防止变形。对点焊质量要求高的结构件进行定位焊时，要选用有精确控制（如恒流控制）的点焊机，并在点焊前、焊接过程中、焊接结束时分别做好焊接试验试片，及时检验点焊质量。

任务实施

1. 起动焊机

合上电源开关，慢慢打开冷却水阀，并检查排水管是否有水流出，接着打开气源开关，按焊件要求的参数调节气压。检查电极的相互位置，调节上、下电极，使接触表面对齐、同心并贴合良好。根据焊接要求，通过焊接变压器和控制系统调整各开关及旋钮，调节焊接电流、预压时间、焊接时间、锻压时间、休止时间等工艺参数。按起动按钮，接通控制系统，约5min指示灯亮，表示准备工作结束，可以开动焊机进行焊接。

2. 焊接操作

操作者成站立姿势，面向电极，右脚向前跨半步踏在脚踏开关上，左手持焊件，右手搬

动开关或手动三通阀。

（1）预压　首先将焊件放置在下电极端头处，踩下脚踏开关，电磁气阀通电动作，上电极下降压紧焊件，进行一定时间的预压。

（2）焊接　触发电路启动，按已调好的焊接电流对焊件进行通电加热，经过一定的时间，触发电路断电，焊接阶段结束。

（3）锻压　在焊件焊点的冷凝过程中，经过一定时间的锻压后，电磁气阀随之断开，上电极开始上升，锻压结束。

（4）休止　经过一定的休止时间，抬起脚踏开关，一个焊点焊接过程结束，为下一个焊点焊接做好准备。

3. 停止操作

焊接停止时，应先切断电源开关，然后经过10min后再关闭冷却水。

检查评议

检查评议表见表6-4。

表6-4　检查评议表

项目	考核要求	分值	扣分标准	检验结果	得分
设备的检查	检查有无损坏	10	不正确不得分		
清理焊件表面	清理是否符合要求	10	不正确不得分		
调整焊接参数	参数是否正确	20	不正确不得分		
调整电极直径	参数是否正确	10	不正确不得分		
焊接姿势	操作是否正确	10	不正确不得分		
焊点间距	20～30mm	10	超差3mm扣3分		
焊点强度	拉伸后是否撕裂	10	假焊不得分		
关闭设备	是否符合要求	10	不正确不得分		
清理现场	是否符合要求	10	不正确不得分		

问题及防治

熔核偏移及其防止措施如下：

1. 熔核偏移

熔核偏移是指不等厚度的不同材料点焊时，熔核不对称于交界面而向厚板或导电、导热性差的一边偏移的现象。其结果造成导电、导热性好的焊件焊透率小，焊点强度降低。熔焊偏移是由两焊件产热和散热条件不相同引起的。焊件厚度不等时，厚件一边的电阻大，交界面离电极远，故产热多而散热少，致使熔核偏向厚件。材料不同时，导电、导热性差的材料产热易而散热难，故熔核偏向这种材料。

2. 防止熔核偏移的方法

防止熔核偏移的原则是：增加薄板或导电、导热好的焊件的产热，还要加强厚板或导电、导热差的焊件的散热。常用的方法如下：

（1）采用强规范　强规范电流大，通电时间短，可加大焊件间接触电阻产热的影响，降低电极散热的影响，有利于克服熔核偏移。

（2）采用不同接触表面直径的电极　在薄件或导热、导电好的焊件一侧，采用较小直径的电极，以增加该面的电流密度，同时减小其电极散热的影响。

（3）采用不同的电极材料　在薄件或导电好的材料一面选用导热差的铜合金，以减少这一侧的热损失。

（4）采用工艺垫片　在薄件或导电、导热好的焊件一侧，垫一块由导电、导热差的金属支撑的垫片（厚度为0.2～0.3mm），以减少这一侧的散热。

扩展知识

在电阻焊的操作中要对焊件加热，同时也需要加压。下面介绍一种只需要加压而不需要加压而不需要加热的焊接方法——冷压焊。

冷压焊是在没有外部热源或电流作用的条件下，仅仅通过在室温下对焊件施加压力的方法，使金属产生塑性变形，从而实现固态焊接的一种方法。因其焊接过程是以产生塑性变形为特征，故又称为变形焊。利用压力使被焊金属产生塑性变形是为了满足两方面需要：一是通过这相当大的塑性变形量来破坏结合界面的氧化膜，并使氧化膜及其他杂质排挤出界面；二是通过塑性变形克服界面的不平度，使已经纯净的被焊金属表面达到原子间距 [$(4\sim6)\times10^{-8}$cm]，形成晶间结合。

按接头形式，冷压焊可分为对接和搭接两类。冷压焊工艺过程有以下特点：

1）不需外热，焊接过程也不产生热量。

2）在外加压力下，焊接区产生明显的塑性变形。因此，被焊金属材料中至少有一种金属具有很高的延性，并且不会有严重的加工硬化现象。

3）结合界面没有明显的扩散，是一种晶间结合，被连接的金属特性不影响冷压焊过程进行的方式。

考证要点

1. 点焊机按加压机构传动装置的不同分为（　　　　）、（　　　　）、（　　　　）、（　　　　）以及（　　　　　）等。

2. 点焊机按安装方式的不同分为（　　　）、（　　　　）或（　　）等点焊机。

3. 点焊焊接参数主要包括（　　　　　）、（　　　　　）、（　　　　　）、（　　　　）等。

4. 焊接回路由（　　　）、（　　　）、（　　　）、（　　　）、（　　　）、（　　　　）等组成。

5. 电阻焊则利用本身的（　　　）及大量（　　　　）能量，形成结合面的共同晶粒而得到焊点、焊缝或对接接头。

6. 电阻点焊接头的设计有哪些要求？

7. 电阻焊的原理是什么？

8. 电阻焊具有哪些优点？

9. 电阻焊存在哪些缺点？

10. 点焊机的组成有哪些？

任务3　特殊焊接方法

任务描述

焊接方法的种类很多，除了焊接生产中常用的焊条电弧焊、埋弧焊、气体保护电弧焊、等离子弧焊、电阻焊外，还有一些适合于特殊焊接结构的焊接方法，如电渣焊、钎焊等。同时，还涌现出了一些新的焊接方法与设备，如扩散焊、焊接机器人等。这些方法与设备对保证产品质量，提高劳动生产率起到了十分重要的作用。

任务分析

本任务要求了解和掌握现代生产中，除了最熟悉的焊条电弧焊、CO_2 气体保护焊、氩弧焊等常见的焊接方法以外其他的一些先进的焊接方法，熟悉这些焊接方法的基本原理、特点、分类和焊接材料，明确这些焊接方法应用的范围并初步掌握这些焊接方法的操作要点。

相关知识

1. 钎焊

钎焊作为一种金属连接方法，已有几千年的历史，但是一直没有得到较大发展。直至近代，随着科学技术的进步，钎焊技术才有了较大的发展。目前，钎焊已成为现代焊接技术的三大重要组成部分之一，并在各工业部门中起着越来越重要的作用。在现代的生活中，到处可见钎焊的产品，如家居生活中的冰箱、空调、电视、手机等。尤其是在机械、电子、仪表及航空工业中，钎焊已成为一种不可取代的工艺方法。

（1）原理　钎焊是将熔点比焊件熔点低的金属材料作为钎料，将焊件和钎料加热到高于钎料熔点并低于焊件熔点的温度，利用液态钎料润湿母材，填充接头间隙并与母材相互扩散，实现连接焊件的方法，其过程如图 6-13 所示。

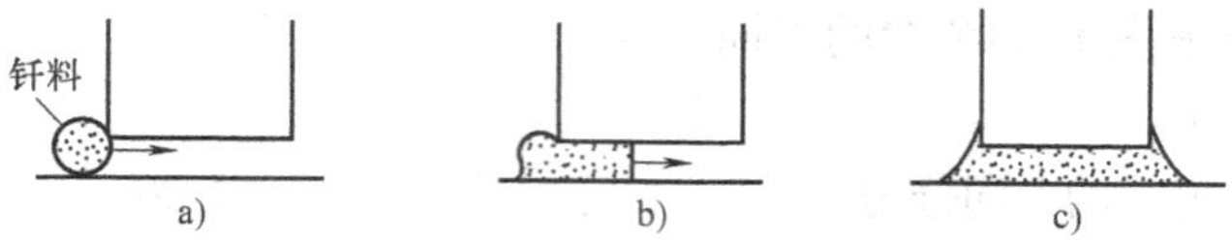

图 6-13　钎焊过程示意图

a）在接头处安置钎料，并对焊件和钎料进行加热　b）钎料熔化并开始流入钎缝间隙　c）钎料填满整个钎缝间隙，凝固后形成钎焊接头

从钎焊过程可知，要获得牢固的钎接接头，必须使熔化的钎料能很好地流入接头间隙中去，并与焊件金属相互作用，这样冷却结晶后，才能得到理想的接头。

（2）分类及特点　随着钎焊技术的发展，钎焊方法的种类越来越多，可按以下方法分类：

1）按钎焊温度的高低，钎焊通常分为低温钎焊（450℃以下）、中温钎焊（450～950℃）及高温钎焊（950℃以上）。450℃以下的钎焊也称为软钎焊，450℃以上的钎焊又称为硬钎焊。

2）按加热方法的不同，钎焊还可分为烙铁钎焊、火焰钎焊、炉中钎焊、电阻钎焊、感应钎焊以及浸渍钎焊等。近年来，在钎焊蜂窝型零件时，已采用了新的钎焊技术，如石英加热钎焊、红外线加热钎焊以及保证钎焊零件外形精度的陶瓷膜钎焊等。

3）按钎焊的反应特点，钎焊又可分为毛细钎焊、大间隙钎焊以及反应钎焊等。

同熔焊方法相比，钎焊具有以下优点：

1）接头平整光滑，外观美观。

2）工件变形量较小，尤其是对工件采用整体均匀加热的钎焊方法。

3）钎焊加热温度较低，对母材组织性能影响较小。

4）某些钎焊方法一次可焊成几十条或成百条焊缝，生产率高。

5）可以实现异种金属或合金以及金属与非金属的连接。

但是，钎焊也有它本身的缺点，如接头强度比较低、耐热能力较差、装配要求比较高等。

（3）钎料与钎剂　钎焊时用的填充金属称为钎料。由于焊件是依靠熔化的钎料凝固后而被连接起来的，因此钎焊接头的质量与性能在很大程度上取决于钎料。为了满足工艺要求和获得高质量的钎焊接头，钎料必须满足下列基本要求：

1）应具有合适的熔点。钎料的熔点至少应比母材的熔点低40～50℃。若两者熔点过于接近，则钎焊过程不易控制，甚至可能引起母材过热或局部熔化。

2）应具有良好的润湿性，能充分填满接头间隙。

3）与母材的物理化学作用应保证它们之间形成牢固的结合。

4）成分稳定，尽量减少钎焊温度下元素的损耗，少用或不用稀贵金属。

5）能够满足钎焊接头物理、化学和力学性能的要求。

钎料按其熔化温度范围分为软钎料和硬钎料两大类。软钎料熔点在450℃以下，硬钎料熔点在450℃以上。根据组成钎料的基体元素，可把这两类钎焊细分为各种基的钎料。

1）软钎料有铋基、铟基、锡基、铅基、镉基、锌基等钎料。

2）硬钎料有铝基、银基、铜基、锰基、镍基、金基、钛基等钎料。

从使用要求出发，对钎焊接头强度要求不高和工作温度不高时，可用软钎料钎焊，钢结构中应用最广的是锡铅钎料；对钎焊接头强度要求比较高时，可用硬钎料钎焊，主要是铜基钎料和银基钎料；在低温下工作的接头，应使用含锡量低的钎料；要求高温强度和抗氧化性好的接头，宜用镍基钎料。

选择钎料时，必须考虑钎料与母材的相互作用。另外，加热方法对钎料的选择也有一定的影响。除了在工艺上采取相应措施外，应采用熔点低的钎料或选用热膨胀系数介于两者之间的钎料。此外，从经济观点出发，应选用价格便宜的钎料。

钎焊时使用的熔剂称钎剂，又称为钎焊焊剂。钎剂的主要作用是去除母材和液态钎料表面上的氧化物，保护母材和钎料在加热过程中不致进一步氧化，并改善钎料对母材表面的润湿能力。

钎剂应能很好地溶解或破坏钎焊件和钎料表面的氧化膜。钎剂的熔点和最低活化温度应稍低于（低10～30℃）钎料的熔化温度；在钎焊温度下，钎剂黏度应小，流动性好，能很好地润湿钎焊金属和减小液态钎料的界面张力；钎剂及其清除氧化物后的生成物密度要小，有利于浮在表面呈薄层覆盖住钎料和钎焊金属，有效地隔绝空气，同时也易于排除，不致在钎缝中成为夹渣；钎剂及其残渣对钎焊金属和钎缝的腐蚀性要小，其挥发物的毒性要小，最好是焊后免清洗的钎剂。

钎剂的组分按功能可划分为三类：一是基质；二是去膜剂；三是界面活性剂。基质是钎剂的主要成分，它控制着钎剂的熔点，并且又是钎剂中其他组元的溶剂；去膜剂主要起去除母材和钎料表面氧化膜的作用；界面活性剂的作用是进一步降低熔化钎料与母材的界面张力，加速清除氧化膜并改善钎料的铺展。应该指出，上述每种组分的作用往往不是单一的，而是共同起作用。

从不同角度出发，可将钎剂分为多种类型。例如，按使用温度不同，分为软钎剂和硬钎剂；按用途不同，分为普通钎剂和专用钎剂。考虑到作用状态的特征不同，钎剂还可分为软钎剂和硬钎剂。软钎剂主要是指在450℃以下钎焊用的钎剂，主要分为非腐蚀性钎剂和腐蚀性钎剂两大类。硬钎剂是指在450℃以上钎焊用的钎剂。此外还有专用钎剂和气体钎剂。专用钎剂主要指铝用钎剂，由于铝的氧化膜致密稳定，因此钎焊铝及铝合金时必须采用专用的钎剂。气体钎剂是炉中钎焊和气体火焰钎焊过程中起钎剂作用的一种气体。其最大优点是钎焊后没有固体残渣，焊件不需清洗。

2. 电渣焊

电渣焊是利用电流通过液态熔渣时产生的电阻热进行焊接的方法。它可一次完成任意厚度焊件的焊接，是40mm以上厚板接头经济而优质的一种焊接方法。电渣焊已广泛应用于大型电站锅炉、大型水轮机、重型机械、大吨位船舶、大型冶金设备和核能装置等重型部件的制造中。

（1）电渣焊的原理　电渣焊原理如图6-14所示。

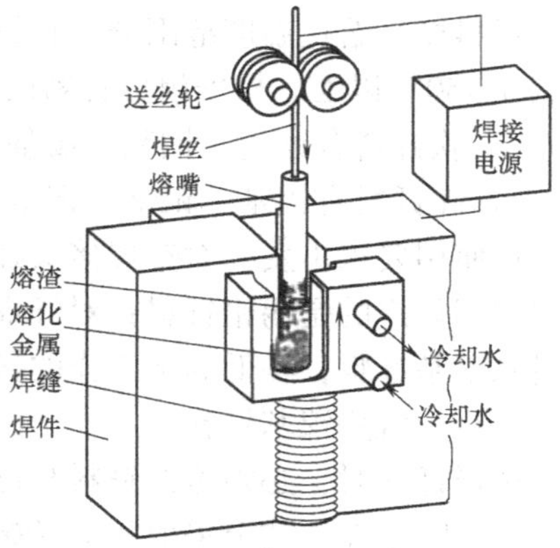

图6-14　电渣焊原理

焊前应把焊件垂直放置，在两焊件间留出一定的间隙（一般为20～40mm），在焊件下端装好引弧槽，上端装好引出板，并在焊件两侧装好强迫成形装置。先在电极（焊丝或板极等）与引弧板之间引燃电弧，然后不断加入少量焊剂，利用电弧的热量使之熔化，形成液态熔渣，即渣池，此阶段为造渣过程。待渣池达到一定深度时，增大焊丝送进速度并降低焊接电压，同时电极被浸入渣池，电弧熄灭，转入电渣焊过程。由于高温熔渣具有一定的导电性，当焊接电流从电极端部经渣池流向焊件时，在渣池内产生的电阻热将电极和焊件边缘熔化，熔化的金属沉积到渣池下面形成金属熔池。随着电极不断地送进和熔化，金属熔池逐渐升高，而熔渣始终浮于金属熔池上部。这时，离热源较远的熔化金属逐渐冷却，在强制成形装置的作用下凝固形成焊缝。随着焊接过程的进行，机头及强迫成形装置逐渐上升，从而完成了整条焊缝的焊接。

（2）电渣焊的特点

1）可以一次焊接很厚的焊件，从而可以提高焊接生产率。理论上电渣焊能焊接的板厚是无限的，但实际上要受到设备、电源容量和操作技术等方面限制，常焊的板厚为13～500mm。

2）电渣焊的另一特点是厚的焊件也不需开坡口，只要两焊件之间有一定的装配间隙即可，因而可以节约大量填充金属和加工时间。

3）由于处在立焊位置，金属熔池上始终存在着一定体积的高温渣池，使熔池中的气体和杂质较易析出，故一般不易产生气孔和夹渣等缺陷。又由于焊接速度缓慢，其热源的热量集中程度远比电弧焊弱，所以使近缝区加热和冷却速度缓慢。这对于易淬火的钢种来说，焊接时可降低近缝区产生淬火裂纹的可能性。

4）由于母材熔深较易调整和控制，所以使焊缝金属中的填充金属和母材金属的比例可在很大范围内调整，这对于调整焊缝金属的化学成分及降低有害杂质具有特殊意义。

（3）电渣焊的类型　按电极的形状，电渣焊方法分为丝极电渣焊、熔嘴电渣焊（含管状电渣焊和棒状电渣焊）和板极电渣焊三种，如图6-15所示。

1）丝极电渣焊。用焊丝作为熔化电极的电渣焊称为丝极电渣焊。根据焊件的厚度不同，可以用一根焊丝或多根焊丝焊接，焊丝可作横向摆动。此方法一般适用于厚度为40～450mm的焊件及较长焊缝的焊接，如图6-15a所示。

2）板极电渣焊。用金属板条作为电极的电渣焊称为板极电渣焊，如图6-15b所示。其特点是设备简单，不需要电极横向摆动，可利用边料作电极。此方法要求板极长度为焊缝长度的3～4倍。由于板极太长，操作不方便，使焊缝长度受到限制，故其多应用于大断面而长度小于1.5m的短焊缝及堆焊等。

3）熔嘴电渣焊。熔嘴电渣焊如图6-15c所示。其电极由固定在接头间隙中的熔嘴（由钢板和钢管点焊而成）和焊丝构成。熔嘴起着导电、填充金属和送丝的导向作用。熔嘴电渣焊的特点是设备简单，可焊接大断面的长焊缝和变断面的焊缝，目前可焊焊件厚度达2m，焊缝长度达10m以上。当被焊工件较薄时，熔嘴可简化为涂有涂料的一根或两根管子，因此也可称为管极电渣焊。它是熔嘴电渣焊的特例。

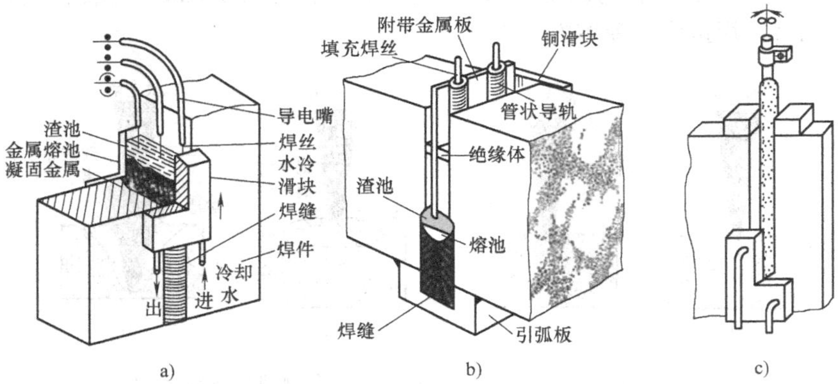

图6-15　电渣焊方法
a）丝极电渣焊　b）板极电渣焊　c）熔嘴电渣焊

（4）电渣焊的材料

1）电渣焊焊剂。目前常用的电渣焊焊剂有HJ360、HJ170。HJ360型焊剂是中锰高硅中氟焊剂，常用于焊接大型低碳钢和某些低合金结构。HJ170型焊剂在固态时具有导电性，用于在电渣焊开始时形成渣池。除上述两种专用焊剂外，HJ431型焊剂也广泛用于电渣焊。

2）电渣焊的电极材料。电渣焊时，由于渣池的温度较低，熔渣与金属冶金反应较弱，焊剂的消耗量又少，故难以通过焊剂向焊缝渗合金，主要靠电极直接向焊缝渗合金。电渣焊的电极有焊丝、熔嘴、板极等。生产中多采用低合金结构钢焊丝或材料作为电极，常用焊丝有 H08MnA、H08Mn2SiA、H10Mn2 等，板极和熔嘴板的材料通常为 Q295㊀钢等，熔嘴管为 20 钢无缝钢管。

（5）电渣焊的设备　电渣焊设备主要由电源、机头和滑块或挡板等组成。

1）电源。电渣焊可用交流或直流电源，一般多使用交流电源。为了保证电渣过程稳定和降低电网电压波动的影响，以及避免出现电弧放电或弧、渣混合过程，电渣焊用的电源必须是空载电压低、感抗小的平特性（即恒压）电源。电渣焊变压器应该是三相供电，其次级电压应具有较大的调节范围。由于焊接时间长，中途不停顿，故其负载持续率一般为 100%，每根焊丝的额定电流不应小于 750A，以 1000A 居多。

2）机头。机头主要包括送丝机构、摆动机构、行走机构、控制系统和导电嘴等。

3. 激光焊接

（1）原理　生活中几乎到处可以见到激光的应用，如节日的空中可以看见美化环境的夜空激光束，教师使用的激光指示器等。这些都是近代科学发展的结果，同时在焊接领域也得到一定程度的发展和应用。

激光是受激发射光，是利用辐射激发光放大原理，使工作物质受激而产生一种单色性高、方向性好及亮度大的光，经透镜或反射镜高度聚焦后，供给焊接、切割或材料表面处理等所需的高功率密度热源。

激光焊接是利用高能量的激光脉冲对材料进行微小区域内的局部加热，激光辐射的能量通过热传导向材料的内部扩散，将材料熔化后形成特定熔池，如图 6-16 所示。

（2）特点

1）高功率密度。聚焦后的激光，其光斑直径可小到 0.01mm，具有很高的功率密度（高达 $10^{13}W/m^2$），焊接多以深熔方式进行。

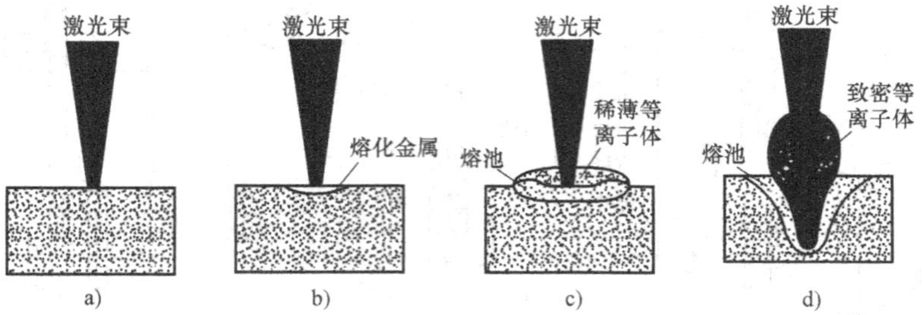

图 6-16　激光辐射金属材料时的几个物理状态变化

a）固态加热　b）表层熔化　c）形成稀薄等离子体　d）形成匙孔及致密等离子体

2）激光加热范围小，在相同功率和焊件厚度条件下，其焊接速度高。

3）焊接热输入小，焊缝和热影响区窄，焊接残余应力和变形小，可以焊接精密零件和结构，焊后不必矫正和机械加工。

㊀ Q295 钢在 GB/T 1591—2008 中已取消。

4）激光能反射、透射，可以通过光导纤维、棱镜等光学方法弯曲传输、偏转或聚焦。只要焊缝在视线之内，就可以进行远距离或一些难以接近部位的焊接。由于激光能穿透玻璃等透明体，适合于在玻璃的密封容器里焊接铍合金等剧毒材料。

5）焊接范围广，可以焊接一般焊接方法难以焊接的材料，如高熔点金属，甚至可用于非金属材料（如陶瓷、有机玻璃等）的焊接。

6）焊接安全性高。与电子束焊相比，激光焊不需要真空室，不产生 X 射线，光束不受电磁场作用，其可焊厚度比电子束焊小。

激光的电光转换及整体运行效率都很低。此外，激光会被光滑金属表面部分反射或折射，影响能量向焊件传输。所以用激光焊接一些高反射率的金属还比较困难。

（3）应用

1）制造业应用。激光拼焊技术在国外轿车制造中得到广泛的应用。据统计，2000 年全球范围内剪裁坯板激光拼焊生产线超过 100 条，年产轿车构件拼焊坯板 7000 万件，并继续以较高速度增长。日本以 CO_2 激光焊代替了闪光对焊进行轧钢卷材的连接。在超薄板焊接的研究中，板厚在 100μm 以下的箔片无法熔焊，但可以进行有特殊输出功率波形的激光焊，显示了激光焊应用的广阔前景。

2）粉末冶金领域。由于粉末冶金材料具有特殊的性能和制造优点，在某些领域（如汽车、飞机、工具刃具制造业）中正在取代传统的冶铸材料。随着粉末冶金材料的日益发展，它与其他零件的连接问题显得日益突出，使粉末冶金材料的应用受到限制。在 20 世纪 80 年代初期，激光焊以其独特的优点进入粉末冶金材料加工领域，为粉末冶金材料的应用开辟了新的前景。例如，粉末冶金材料连接中，常用钎焊焊接金刚石，但由于结合强度低，热影响区宽，特别是不能适应高温及强度要求，引起钎料熔化脱落，而采用激光焊接则可以提高焊接强度以及耐高温性能。

3）汽车工业。20 世纪 80 年代后期，千瓦级激光成功应用于工业生产，而今激光焊接生产线已大规模出现在汽车制造业中，成为汽车制造业突出的成就之一。欧洲的汽车制造企业在 20 世纪 80 年代就率先采用激光焊焊接车顶、车身、侧框等钣金件。20 世纪 90 年代，美国将激光焊接引入汽车制造，尽管起步较晚，但发展很快。根据汽车工业批量大、自动化程度高的特点，激光焊接设备向大功率、多路式方向发展。

4）电子工业。激光焊接在电子工业中，特别是微电子工业中得到了广泛的应用。由于激光焊接热影响区小，加热集中且迅速，热应力低，因而正在集成电路和半导体器件壳体的封装中，显示出独特的优越性。在真空器件研制中，激光焊接也得到了应用，如钼聚焦极与不锈钢支持环、快热阴极灯丝组件等。

5）生物医学。生物组织的激光焊接始于 20 世纪 70 年代，用激光焊接血管的成功及显示出来的优越性，使更多研究者尝试焊接各种生物组织，并推广到其他组织的焊接。与传统的缝合方法比较，激光焊接具有吻合速度快，愈合过程中没有异物反应，保持焊接部位的机械性质，被修复组织按其原生物力学性状生长等优点，将在以后的生物医学中得到更广泛的应用。

6）其他领域。在其他行业中，激光焊接的应用也逐渐增加，特别是在特种材料焊接中，我国进行了许多研究，如对 BT20 钛合金、HE130 合金、Li-ion 电池等进行激光焊接。

4. 扩散焊

焊件在高温下加压，但不产生可见变形和相对移动的固态焊接方法，称为扩散焊。扩散焊是压焊中的一种，是近十几年来才出现的一种新的焊接方法。

（1）基本原理　扩散焊是指把两个接触的金属焊件，加热到高温［一般为（0.7～0.8）$T_{熔}$］后，施加一定压力，此时焊件产生一定的显微变形，经过较长时间的原子互相扩散而得到牢固的连接。为了防止金属接触面在热循环中被氧化污染，扩散焊一般在真空或保护气氛中进行。加热、加压产生必要的显微变形都是为金属接触面原子相互扩散创造条件，以利于原子的扩散。

扩散焊根据被焊材料的组合形式可分为无中间层扩散焊和有中间层扩散焊两种。无中间层扩散焊是靠被焊金属接触面的原子扩散来完成的，主要用于同种材料的焊接。不产生脆性中间金属的异种材料也可用此方法焊接。有中间层扩散焊是靠中间层金属来完成的，可用于同种或异种金属的焊接。异种金属加中间层一般是为了防止接合处形成脆性中间金属或减少两种金属线膨胀系数的差异。同种金属焊接加中间层一般是为了在接合处形成所需性能的固溶体。

（2）特点及应用

1）接头质量好。焊接接头组织、性能都与焊件金属接近或相同，利用显微镜也难以看出接合面，接头质量好。

2）零部件变形量小。由扩散焊时所加压力较小，宏观塑性变形量小，因此焊件多数是整体加热，随炉冷却，故零部件变形量小，焊后一般无需进行机加工。

3）可焊接其他焊接方法难于焊接的焊件和材料。对于塑性差或熔点高的同种材料，对于相互不溶解或在熔焊时会产生脆性金属间化合物的异种材料，对于厚度相差很大的焊件和结构很复杂的焊件，扩散焊是一种优先选择的方法。

扩散焊主要不足之处是：焊接热循环时间长、生产率低，焊件装配要求较高，设备一次性投资较大，焊件尺寸受到相对限制等。

扩散焊特别适用于要求真空密封，要求与基本金属等强度，要求无变形的小零件，因此在工业生产中得到广泛的应用。在电子真空设备中金属与非金属的焊接，切削刀具中硬质合金、陶瓷、高速工具钢与碳素钢的焊接，都可以采用扩散焊。

任务准备

1. 焊接材料

（1）试件　20G，ϕ38mm×4mm 管材。采用机械切割的方法，将试件切割成 40mm 长的管段，每组试件取两段管件。另外制备套管用的试件，用 ϕ48mm×4mm 的管材加工成一段长度为 30mm 的管段。以上试件尽量采用机械加工的方式加工，要有光洁的端面，有利于焊料的润湿。

（2）钎料和钎剂　钎料采用 BCu62Zn，直径为 2mm，呈丝状；钎剂采用硼砂（75%，质量分数）、硼酸（25%，质量分数）。

2. 焊接设备及工具

（1）常用设备　氧气瓶、减压器、乙炔瓶、焊炬（H01—6 型）、橡胶软管等。

（2）辅助器具　护目镜、点火枪、通针、钢丝刷等。

3. 焊前清理

用钢丝刷、砂布或抛光等方法清理试件待焊表面的氧化皮、铁锈及油污等，直至露出金属光泽，然后用毛刷或脱脂棉蘸酒精清洗待焊表面；将钎料用体积分数为 15% ~20% 的硫酸氨水溶液在常温下清洗，或者用体积分数为 12.5% 的硫酸和体积分数为 1% ~3% 的硫酸钠水溶液在 30 ~77℃ 下清洗，并要求在 4h 之内进行焊接。

4. 装配与定位

如图 6-17 所示，将两试件端头对齐后套上套管，放在一水平位置，此时应注意保持试件与套管的间隙应均匀一致。保持 1mm 的间隙，以利于焊料的浸入。组对时，可将 1mm 厚的小薄片塞入间隙中，以固定整个试件。待定位完毕后，将薄片取出，采用与正式焊接相同的火焰、焊料及焊剂，定位焊 2 点或 3 点。定位焊点不要太大，以免影响焊接。

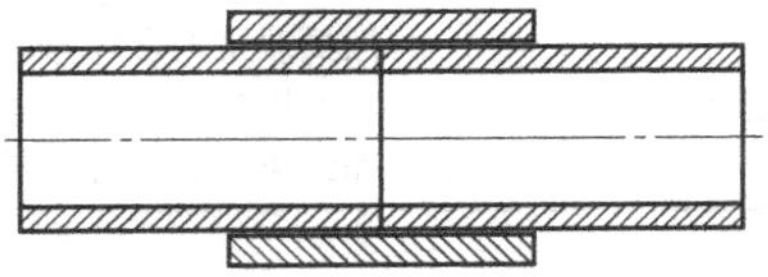

图 6-17　管钎焊组对示意图

任务实施

采用两种位置施焊，既采用水平转动管的位置或垂直管的位置焊接。这两种焊接位置都属于平角焊的范畴。其中，垂直位置更有利于钎料的润湿。

在焊接管接头前，先在管的接合处撒一些焊剂，然后用弱氧化焰将焊丝端部约 50mm 长的部分加热至 200 ~300℃，然后迅速插入焊剂中，这样焊剂就黏合在焊丝的表面，起到添加焊剂的作用，并且在以后的焊接过程中都采用此方法来添加焊剂。焊接时，用弱氧化焰先将管接头处预热至 300 ~400℃，然后再撒一些焊剂，待焊剂熔化后，将焊接部位集中加热至呈现暗红，添加焊丝。焊枪应与管的轴向呈 45°的夹角，与焊接方向呈 60°的夹角，采用左焊法焊接。用火焰的焰芯部位将焊丝的端部和管的待焊部位同时加热，此时熔化的焊丝会在焊接处熔化形成熔池，继而渗透到接缝中。在焊接时应注意要随时添加焊丝并且要及时粘取焊剂，直至将一周焊缝焊完。待这个端面的焊缝焊接完成后，可以立即焊接另外一端的焊缝。此外，钎焊结束后，不允许立即搬动焊件或将焊件的夹具卸下，以免产生裂纹等缺陷。

焊接水平放置的管接头时，应转动管接头使焊接位置始终处于平焊位置。这样能够保持熔化的铜液不会流淌。另外，焊枪应与管的轴向呈 45°焊接的夹角，与焊接方向呈 60°的夹角，也采用左焊法焊接。

钎焊后采用机械的方法将焊剂清除干净，如采用砂轮机、刮刀、锉刀等利器清除熔渣。

检查评议

检查评议表见表 6-5。

表 6-5　检查评议表

项目	考核要求	分值	扣分标准	检验结果	得分
焊前准备	1. 各项材料要准备充分 2. 焊前清理是否满足要求 3. 装配是否合理	20	视情况扣除 5 分		
焊接	1. 火焰是否合适 2. 焊枪角度是否合适 3. 填丝是否顺利 4. 能否控制住熔池	40	视情况扣除 10 分		

（续）

项目	考 核 要 求	分值	扣分标准	检验结果	得分
钎焊后清洗	1. 清洗方法是否正确 2. 清洗是否干净	10	视情况扣除5分		
钎缝表面质量	过渡均匀、圆滑，无裂纹、气孔、焊瘤、咬边等缺陷	30	视情况扣除10分		
安全文明生产	1. 气瓶摆放是否合理 2. 工具使用是否合适 3. 工作结束后有没有按要求检查安全工作		视情况扣分		

问题及防治

1. 为什么钎缝表面过渡不均匀？

在焊接时钎缝表面过渡不均匀由几个因素决定：焊枪的火焰能率过大，造成气体火焰的吹力过大，使得熔池金属被火焰吹散到周围，不能与母材形成良好的焊缝，也就不能形成良好的过渡效果；气体火焰的能率过小也会造成不好的过渡效果，其原因是当母材的温度过低时，熔化的钎料不能对母材产生润湿效果，造成钎料呈现出球状的熔滴，影响到过渡效果，

防止措施：主要是在焊接前将焊件预热到适当的温度，并且在焊接过程中要始终保持着温度不下降；再者是在焊接过程中要及时调整气体火焰的大小，确保合适的焊接温度，以略高于钎料的熔点为宜。

2. 为什么钎焊后钎缝残渣不易去除？

钎焊后钎缝残渣不易去除的原因主要是在焊接过程中使用的焊剂为硼砂。硼砂在焊接过程中起着保护熔池的作用，其熔化后的形成物是类似玻璃的结晶体。其硬度比较高，并且附着力也比较强，因此在焊后不容易去除。

防止措施：在焊后待焊件冷却后，用机械的方法进行清除，用沸水浸泡、蒸煮的方式也可以去除。

扩展知识

1. 随机多脉冲回火热处理点焊

该工艺可解决焊接性较差的可淬硬钢等的接头脆性和焊接质量不稳定等问题。其工艺特点如下：

1）采用增大的电极压力（为相同板厚低碳钢点焊时的1.5～1.7倍），调制焊接电流脉冲（使用热量递增控制以减轻或避免内喷溅），以防止点焊接头宏观缺陷（缩松、缩孔、裂纹）的产生。

2）采用随机多脉冲回火热处理（回火脉冲次数$n \geqslant 3$），以防止点焊接头显微组织缺陷（硬脆马氏体、过烧组织）的出现，以及准确控制点焊接头组织及其分布特征，使接头应力区获得完全回火处理。该工艺比通常采用的双脉冲点焊工艺可显著提高焊缝接头强度和疲劳性能。

2. 精密脉冲电阻对焊

该工艺可解决对几何尺寸要求严格、焊接性差和接头性能有特殊要求的精细零件的焊接

问题。其工艺特点如下：

1）采用调制焊接压力（通过由直流电磁铁为核心的电磁加压机构实现），使顶锻开始时间和顶锻力准确、及时。

2）采用调制电流脉冲（焊接脉冲+后热处理脉冲，后热处理脉冲可为单脉冲、双脉冲及多脉冲）。

3）调制焊接压力与调制电流脉冲可适当配合，组成最佳精密脉冲对焊焊接循环。

考证要点

1. 钎焊是采用比焊件熔点（　　）的金属材料作钎料，将焊件和钎料加热到（　　）钎料熔点而（　　）焊件熔点的温度，利用液态钎料润湿母材，填充接头间隙并与母材相互扩散，实现连接的方法，

2. 将（　　）以下的钎焊称为软钎焊，（　　）以上的钎焊称为硬钎焊。

3. 电渣焊是利用电流通过（　　　）时产生的（　　）进行焊接的方法。

4. 按电极的形状，电渣焊分为（　　　　）、（　　　　）和板极电渣焊三种。

5. 扩散焊是指把两个接触的金属焊件加热到高温［一般为（0.7～0.8）$T_{熔}$］，并施加一定（　　），此时焊件产生一定的显微变形，经过较长时间的（　　　　）而得到牢固的连接。

6. 与熔焊方法相比，钎焊具有什么优点？

7. 电渣焊的特点是什么？

8. 简述激光焊接的原理。

9. 简述激光焊接的特点。

10. 钎料的基本要求是什么？

单元7　常用金属材料焊接

7

知识目标：

1. 了解金属材料的焊接性及其影响因素。
2. 掌握金属材料焊接性的试验的目的。

技能目标：

1. 掌握金属焊接性试验的方法。
2. 了解通过碳当量评定焊接性。
3. 掌握常用的焊接工艺措施。

任务1　金属材料的焊接

任务描述

常用金属材料的焊接在工业生产领域中广泛应用。通过学习本任务，要掌握常用金属材料焊接操作能力。

任务分析

通过了解常用金属材料的特性，结合工业生产中应用的焊工工艺，合理地选择焊接方法、正确地选用焊接材料，采取必要的工艺方法来减少和防止焊接缺陷。

相关知识

一、焊接性概念

金属的焊接性是指金属材料对焊接加工的适应性和使用的可靠性，主要指在一定的焊接条件下，获得优质焊接接头的难易程度。

二、影响焊接性的因素

1. 材料方面

材料是指用于制造结构的金属材料及焊接所消耗的材料。前者称为母材，即被焊金属，后者称为焊接材料，包括焊条、焊丝、焊剂、保护气体等。

材料因素包括化学成分、冶炼轧制状态、热处理状态、组织状态和力学性能等。其中化学成分是主要的影响因素。碳对钢的焊接性影响最大，含碳量越高，焊接热影响区的淬硬倾向越大，焊接裂纹的敏感性越大。也就是说，含碳量越高焊接性越差。除碳外，钢中的一些杂质以及合金钢中常用的合金元素都不同程度地增加了钢的淬硬倾向，使焊接性变差。

若焊接材料选择不当或成分不合格，焊接时也会出现裂纹、气孔等缺陷，甚至会使焊接接头的强度、塑性、耐蚀性等变差。

2. 焊接方法及工艺方面

不同的焊接方法和工艺措施，所表现的焊接性也不同。对同种材料采用不同焊接方法，其焊接性也不同，如钛合金对氧、氮、氢极敏感，气焊、焊条电弧焊就焊不好，而用氩弧焊、真空电子束焊由于防止氧、氮、氢侵入熔池，其焊接效果好，容易焊好。对不同材料可以采用不同方法焊接来改善焊接性，高强钢热敏感，采用窄间隙焊、等离子弧焊以改善焊接性，而灰铸铁易产生白口，则易采用气焊、电渣焊，防止白口产生。采用合理的工艺措施，可以防止接头缺陷，提高使用性能，例如，预热、缓冷、去氢、合理的焊接顺序可以减小焊接应力。

3. 构件类型方面

焊接接头的结构设计直接影响应力状态，从而对焊接性发生影响。焊接接头应处于刚度较小的状态，能够自由收缩，以防焊接裂纹产生。缺口、截面突变、余高过大、交叉焊缝都易引起应力集中。焊件厚度或焊缝体积增大，会产生多向应力。

4. 使用条件方面

焊接结构的使用环境多种多样，高温、低温、交变载荷、腐蚀介质中工作等都会影响焊接性。高温时可能产生高温蠕变，低温时，易发生低温脆断，在腐蚀介质中，要求有（耐）蚀性。总之，使用环境越差，焊接性就越不好保证。

三、焊接性试验

1. 金属焊接性试验的目的

（1）评定金属材料的焊接性（按照有关标准规定的试件尺寸和焊接参数试验）

（2）研制和开发新型的焊接材料（同上）

（3）拟定产品的焊接工艺（试件尺寸应符合产品特点，焊接参数是调整的对象）

2. 金属焊接性试验的内容

（1）工艺焊接性试验目的　考察金属材料的结合性能

（2）焊接裂纹敏感性试验

1）焊接冷裂纹敏感性试验。

2）焊接热裂纹敏感性试验。

3）焊接再热裂纹敏感性试验。

4）层状撕裂敏感性试验。

（3）分析理化试验

1）焊接材料熔敷金属扩散氢试验。

2）焊缝和母材化学成分分析试验。

3）焊接接头金相试验。

4）焊接接头硬度试验。

3. 使用焊接性试验

使用焊接性试验的目的是为了考察焊接接头的使用性能。

（1）焊接接头力学性能试验　如拉伸试验、弯曲试验、冲击试验等。

（2）其他特殊性能试验　如焊接接头抗脆断试验、耐腐蚀性试验、高温性能试验等。

（3）分析理化试验　如焊接断口试验、焊接金相试验等。

判断焊接性的最简便方法是碳当量鉴定法。把钢中合金元素（包括碳）的含量按其所起作用换算成碳的相当含量（称碳当量），用碳当量作为评定钢材焊接性的一个参考指标的方法称碳当量鉴定法。化学成分是决定钢材淬硬的基本条件，碳是引起淬硬的主要元素。随着含碳量增加，钢的强度提高，塑性和韧性降低，产生裂纹的倾向增加，焊接性变差。其他元素（如 Mn、Cr、Mo、V 、Ni、Cu）对淬硬都有影响，所以，把这些元素按其影响焊接性程度的大小，折合成相当于碳的含量，来间接判断焊接性。用碳当量法来判断钢材的焊接性，只是一种近似的方法，它没有考虑焊件厚度、焊缝形状、焊接方法和焊接参数等对焊接性的影响。

国际焊接协会给出估算碳钢和低合金钢的碳当量公式：

$$CE = C + Mn/6 + (Cr + Mo + V)/5 + (Ni + Cu)/15(\%)$$

根据经验：

1）当 $CE < 0.4\%$ 时，淬硬倾向不明显，焊接性优良，焊接时不必预热。

2）当 $CE = 0.4\% \sim 0.6\%$ 时，淬硬倾向逐渐明显，需要采取适当的预热和控制热输入等工艺措施。

3）当 $CE > 0.6\%$ 时，淬硬倾向更强，属于难焊材料，需要采取较高的预热温度和严格的工艺措施。

任务准备

1. 焊接材料

（1）焊条　酸性焊条的型号是 E4303（牌号 J422），碱性焊条的型号是 E5016（牌号 J506），焊条直径采用 $\phi3.2mm$、$\phi4.0mm$。

（2）焊件　焊件材质为 Q345（16Mn）钢，焊件尺寸为 1000mm × 300mm × 10mm，2 件。

2. 焊接设备

选用焊机 ZX7—400 型逆变式焊机。

3. 焊接参数（见表 7-1）

表 7-1　焊接参数的选择

焊接层次	运条方法	焊条直径/mm	焊接电流/A
打底层	灭弧焊法	3.2	90 ~ 120
填充层	直线形或锯齿形运条法	3.2 4.0	100 ~ 130 160 ~ 180
盖面层	锯齿形或月牙形运条法	3.2 4.0	90 ~ 115 150 ~ 170

任务实施

1. 预热

（1）预热的作用 降低焊后冷却速度。冷却速度直接影响焊缝及热影响区的组织和性能。预热可减小热影响区的温度差别，在较宽范围内得到较均匀的温度分布，有助于减小因温度差别而造成的焊接应力。

（2）预热温度的选择 预热温度的选择应根据焊件成分、结构刚度、焊接方法等因素综合考虑，并通过焊接性试验来确定。

（3）预热方法 预热一般在坡口两侧约80mm内均匀加热，宽度大于5倍的板厚，且小于100mm。常采用火焰加热、工频感应加热和红外线加热等方法。

2. 后热

（1）后热的作用 使焊缝中的扩散氢加速逸出，降低焊缝和热影响区的氢含量，以防止产生冷裂纹。焊后保温缓冷，可以减缓焊缝和热影响区的冷却速度，起到与预热相似的作用。

（2）后热的方法 在焊缝冷却到100℃以上时立即将焊件加热到250～350℃，保温2～6h后空冷。其加热方法、加热宽度、加热区域等与预热相同。

3. 焊后热处理

（1）焊后热处理的作用和种类 焊后热处理是将焊件整体或局部加热保温，然后炉冷或空冷的处理方法。目的是为了降低焊接残余应力，软化淬硬部位，改善焊缝和热影响区的组织和性能，提高接头的塑性和韧性，稳定结构的尺寸。

（2）焊后热工艺及方法 在600～650℃范围内的消除应力退火；低于Ac_1点温度的高温回火；可改善铬镍奥氏体不锈钢抗腐蚀性能的稳定化处理。

（3）焊后热处理的应用 母材金属强度等级较高，产生延迟裂纹倾向较大的普通低合金钢；处在低温下工作的压力容器及其他焊接结构，特别是在脆性转变温度以下使用的压力容器；承受交变载荷工作，有疲劳强度要求的构件；大型受压容器；有应力腐蚀和焊后要求几何尺寸稳定的焊接结构。

检查评议

检查评议表见表7-2。

表7-2 检查评议表

项目	考核要求	分值	扣分标准	检验结果	得分
工艺措施的选择	选择合理	15	工艺措施不当酌情扣分		
裂纹	无	15	出现裂纹不得分		
未焊透	无	10	出现一处扣5分		
下凹	内壁趋于平整	10	出现一处扣5分		
夹渣	无	10	出现一处扣5分		
咬边	≤0.5mm	10	出现一处扣5分		
气孔	无	10	出现一处扣5分		
焊缝表面成形	波纹细腻、均匀，美观	20	根据成形情况酌情扣分		

问题防治

金属材料焊接是检验工艺人员、焊接操作人员水平的一个重要项目，因此要想得到优良的焊缝，必须掌握其焊接工艺要点和注意事项以及了解一些常用的焊接评定方法和实验方法。

考证要点

1. 焊接电弧被拉（　　）时，电弧电压即升（　　）。
2. 合金的结晶过程和（　　）金属的结晶过程从本质上讲是相似的。
3. 结晶过程中，冷却速度越（　　），则过冷度越大，结晶后的晶粒越（　　）。
4. 晶粒越细，晶界越多，塑性变形抗力就越（　　），则塑性和韧性越（　　）。
5. 正火在空气中进行冷却，（　　）火在炉中进行冷却，故正火后的组织较（　　）。

任务2　碳钢的焊接

任务描述

在生产领域中碳钢设备及产品部件最为广泛，学习本任务的训练来掌握碳钢的焊接操作要点和能力。

任务分析

通过对金属材料的认识，掌握焊接性的概念，掌握低碳钢、中碳钢的焊接性及焊接工艺。

相关知识

碳素钢按含碳量分为三种：

1）低碳钢：$w(C) < 0.25\%$

2）中碳钢：$w(C) = 0.25\% \sim 0.6\%$

3）高碳钢：$w(C) > 0.6\%$

碳素钢按含硫、磷量分为三种：

1）普通碳素钢：$w(S) \leqslant 0.055\%$，$w(P) \leqslant 0.045\%$

2）优质碳素钢：$w(S) \leqslant 0.045\%$，$w(P) \leqslant 0.04\%$

3）高级优质碳素钢：$w(S) \leqslant 0.035\%$，$w(P) \leqslant 0.035\%$

碳素钢的焊接性随着含碳量的增加而变差，主要是淬硬倾向的影响，在应力作用下易产生裂纹。

任务准备

1. 焊接材料

（1）焊条　酸性焊条的型号是E4303（牌号J422），碱性焊条的型号是E5016（牌号J506），焊条直径采用ϕ3.2mm、ϕ4.0mm。

（2）焊件　焊件材质为 Q345（16Mn）钢，焊件尺寸为 100mm × 300mm × 10mm，2 件。

2. 焊接设备

选用焊机 ZX7—400 型逆变式焊机。

3. 焊接参数（见表 7-3）

表 7-3　焊接参数的选择

焊接层次	运条方法	焊条直径/mm	焊接电流/A
打底层	灭弧焊法	3.2	90 ~ 120
填充层	直线形或锯齿形运条法	3.2	100 ~ 130
		4.0	160 ~ 180
盖面层	锯齿形或月牙形运条法	3.2	90 ~ 115
		4.0	150 ~ 170

任务实施

1. 低碳钢焊接工艺

低碳钢的含 C 量低，Mn、Si 含量又少，所以通常情况下不会因焊接而引起严重硬化组织或淬火组织。这种钢材的塑性和冲击韧度优良，焊接接头塑性和冲击韧度也很好，焊接时一般不需预热、控制层间温度和后热，焊后也不必采用热处理改善组织。可以说，整个焊接过程中不需要特殊的工艺措施，其焊接性优良。但是，钢材成分不合格时，C、S 含量超高，脱氧不完全，O 含量较高，S、P 分布很不均匀，局部含量超高，焊接时都会出现裂纹；焊条质量不好，焊缝含 C、S 量高，也能导致焊缝裂纹的产生。目前，焊条电弧焊、埋弧焊、CO_2 焊、气焊等都是低碳钢成熟的焊接方法。焊接低碳钢所用的焊接材料见表 7-4。

表 7-4　焊接低碳钢所用的焊接材料

焊接方法	焊条或焊丝牌号	应用情况及强度
焊条电弧焊	J422\J427	焊接强度等级较低的低碳钢和一般的低碳钢结构钢
	J506\J507	焊接强度等级较高的低碳钢或重要的低碳钢结构或在低温下工作的结构钢
埋弧焊	H08、H08A、HJ430、HJ431	焊接一般的结构件
	H08MnA、HJ431	焊接重要的低碳钢结构件
CO_2 焊	H08Mn2Si、H08Mn2SiA	焊接一般的结构件

2. 中碳钢焊接工艺

与低碳钢相比，含碳较高，强度也较高，焊接性较差。碳的质量分数接近 0.3%，Mn 含量较低时，焊接性良好。随着碳含量的增加。焊接性逐渐变差。碳的质量分数达到 0.5% 时，热影响区可能产生硬脆的马氏体组织，易于开裂。当焊接材料和焊接过程控制不好时，焊缝也如此。焊接时，相当数量的母材熔化进入熔池，使焊缝中 C 含量增高，容易产生焊缝热裂纹，弧坑处更为敏感，同时气孔敏感性也增大。

（1）焊接材料的选用　应当尽量选用低氢焊接材料，因为低氢焊条有一定的脱硫能力，熔敷金属塑性和韧性良好，扩散氢量少，所以，无论对热裂纹或氢致冷裂纹来说，抗裂性都较高。个别情况时也可采用钛铁矿型或钛钙型焊条，但是，一定要有严格的工艺措施配合，如认真控制预热温度，尽量减少母材熔深（减少 C 含量），方能有满意结果。若选用碳钢或低合金钢焊条，当焊缝与母材不要求等强时，可选用强度低一级的焊条。当焊缝要求强度较高时，可选用 E5015、E6015-D1、E7015-D2 等。

（2）焊接工艺要点　中碳钢焊接需要预热和一定的层间温度，以降低焊缝和热影响区冷却速度，防止产生马氏体。预热温度取决于碳当量、母材厚度、结构刚度、焊条类型和工艺方法。35 钢和 45 钢预热温度一般为 150～250℃，若含碳再高，或厚度大，或刚度大，则预热温度可在 250～400℃。焊后最好立即进行消除应力处理，消除应力处理的温度一般为 600～650℃。若不能立即消除应力处理，也应当后热，以使扩散氢逸出，后热温度视具体情况而定，后热保温时间大约 1h/10mm 左右。

检查评议

检查评议表见表 7-5。

表 7-5　检查评议表

项目	考核要求	分值	扣分标准	检验结果	得分
工艺措施的选择	选择合理	15	工艺措施不当酌情扣分		
裂纹	无	15	出现裂纹不得分		
未焊透	无	10	出现一处扣 5 分		
下凹	内壁趋于平整	10	出现一处扣 5 分		
夹渣	无	10	出现一处扣 5 分		
咬边	≤0.5mm	10	出现一处扣 5 分		
气孔	无	10	出现一处扣 5 分		
焊缝表面成形	波纹细腻、均匀，美观	20	根据成形情况酌情扣分		

问题防治

由于中碳钢的焊接性比较差，含碳量高，容易产生裂纹，采取以下措施可减轻或消除缺陷：

1）减少焊件熔入量，尽量开 U 形坡口。

2）焊接第一层时，尽量采用小电流、低焊速以减少焊件熔入焊缝金属中的比例（减少熔合比），防止热裂纹。

3）采用碱性焊条，350～400℃烘干，保温 2h。

4）采用锤击法减小焊接残余应力，细化晶粒。

5）焊后缓冷，石棉保温或炉中缓冷。

6）对含碳量高、厚度大、刚度大的焊件，采用 600～650℃的消除应力处理。

考证要点

1. 固态物质按（　　）部微粒的排列方式，可分为金属和（　　）金属。
2. 焊件通过退火可以降低钢的（　　）、提高塑性、（　　　　）、消除残余应力。
3. 焊缝中常出现的夹杂物主要有（　　　）、（　　　）等。
4. 焊接过程中，应尽量（　　）或减少（　　）金属氧化，以保证焊接质量。

任务3 低合金高强度结构钢的焊接

任务描述

某厂用Q390钢制造拖拉机的斗杆，斗杆为箱形结构，杆长7m，高0.5m，宽0.18m，盖板及辐板厚度分别为40mm及20mm。母材经930℃正火处理。焊缝全部采用埋弧焊，焊丝为H08Mn2Si，焊剂为HJ431，焊接电源为BX2—1000型弧焊变压器。

任务分析

低合金高强度结构钢的化学成分不同，强度差异也很大，因此焊接时的差异也较大。强度等级较低的强度钢的焊接性接近普通低碳钢，因而焊接时不必采用特殊的工艺措施。而强度较高的且厚度较大的结构时，则必须采用化学成分相匹配，力学性能相匹配的焊材；焊前进行预热焊后缓冷；控制层间温度等一定的工艺措施。

相关知识

一、低合金高强度结构钢简介

低合金高强度结构钢是在$w(C) \leqslant 0.20\%$的碳素结构钢基础上，加入少量的合金元素发展起来的，其具有强度高、综合性能好、使用寿命长、应用范围广、比较经济等优点。此类钢中除含有一定量硅或锰基本元素外，还含有其他适合我国资源情况的元素，如钒（V）、铌（Nb）、钛（Ti）、铝（Al）、钼（Mo）、氮（N）和稀土（RE）等微量元素。按化学成分和性能要求，其牌号由Q295A、B，Q345A、B、C、D、E，Q390A、B、C、D、E，Q420A、B、C、D、E，Q460C、D、E等钢级表示，其含义同碳素结构钢。

此类钢同碳素结构钢相比具有强度高、综合性能好、使用寿命长、应用范围广、比较经济等优点。该钢多轧制成板材、型材、无缝钢管等，被广泛用于桥梁、船舶、锅炉、车辆及重要建筑结构中。机电工程施工中使用的起重机就是由Q345钢材制造的，该钢多轧制成板材、型材、无缝钢管等，被广泛用于桥梁、船舶、锅炉、车辆及重要建筑结构中。例如，我国载重汽车的大梁采用Q345钢后，使载重比由1.05提高到1.25；又如，南京长江大桥采用Q345钢比用碳钢节约钢材15%以上。

二、低合金高强度结构钢的焊接性

1. 焊接裂纹

焊接低合金高强度结构钢时，在焊缝金属和热影响区易产生冷裂纹。特别是焊接强度级别高而且厚度大的材料时最易产生冷裂纹。这是因为强度级别越高其化学成分越复杂，淬硬倾向越大，焊接接头越易得到淬硬组织；而板材越厚其刚度越大，焊接时残余应力相应越大。

相比冷裂纹来讲，低合金高强度结构钢出现热裂纹的倾向就小的多，只有在原材料化学成分不符合规定时才有可能产生。

2. 粗晶区的脆化

低合金高强度结构钢在焊接时，热影响区中被加热到1100℃以上的粗晶区，是焊接接头的薄弱区，其冲击韧度最低，即所谓的脆化区。粗晶区脆化的原因有两个：一是热输入过大，粗晶区将因为晶粒长大或出现魏氏体组织而降低韧性；二是热输入过小，由于粗晶区组织中淬硬马氏体组织较多而降低韧性。

任务准备

1. 焊接材料

（1）焊条　酸性焊条的型号是E4303（牌号J422），碱性焊条的型号是E5016（牌号J506），焊条直径采用ϕ3.2mm、ϕ4.0mm。

（2）试件　试件材质为Q390钢，试件尺寸为100mm×300mm×10mm，2件。

2. 焊接设备

选用焊机ZX7—400型逆变式焊机。

3. 焊接参数（见表7-6）

表7-6　焊接参数的选择

焊接层次	运条方法	焊条直径/mm	焊接电流/A
打底层	灭弧焊法	3.2	90～120
填充层	直线形或锯齿形运条法	3.2	100～130
		4.0	160～180
盖面层	锯齿形或月牙形运条法	3.2	90～115
		4.0	150～170

任务实施

一、低合金高强度结构钢的焊接工艺

1. 焊接材料的选择

低合金钢强度钢焊接材料的选择应当遵循等强原则，并且根据焊件的化学成分、板厚、接头刚度、坡口形式、结构工作条件及经济效益才决定。

2. 预热

预热时防止冷裂纹，热裂纹和热影响区出现淬硬组织的有效措施。焊前预热能使焊后的冷却速度降低，避免出现淬硬组织，减小焊接应力是防止出现裂纹的有效措施。针对屈服强度较高的材料（390MPa以上）一般需要预热。

3. 后热及焊后热处理

多数情况下，普通低碳钢焊后不需要进行焊后热处理，只有在钢材强度等级较高、厚壁容器等钢材才采用焊后热处理。低合金钢强度钢焊后热处理的主要目的是进行消氢处理，是防止冷裂纹的有效措施之一。

4. 控制焊接热输入

当焊接含碳量较大的材料时，为了防止焊接冷裂纹的产生，应加大焊接热输入，以便降低焊后冷却速度。强度级别较高的低合金高强度结构钢的焊接时，淬硬倾向增大，应选择较

大的热输入，但是较大的热输入又会增加粗晶区催化倾向，这时应该采用预热来配合较小的热输入。

二、常用低合金高强度结构钢的焊接

1. Q345（16Mn）**钢的焊接**

Q345（16Mn）钢是含有锰和硅的低合金高强度结构钢。其碳的质量分数为 0.12% ~ 0.2%，锰的质量分数为 1.2% ~1.6%，它是在 Q235 的基础上加入了质量分数为 1% 锰，而使其屈服强度提高了约 35%。它属于 350MPa 级的低合金高强度结构钢，是目前应用最为广泛的低合金高强度结构钢，普遍应用在制造大型船舶、铁路车辆、桥梁、管道、压力容器等焊接结构。

Q345 钢具有良好的焊接性，但是由于它含有一定量的碳和锰，所以焊接时的淬硬倾向比 Q235 钢稍大些，冷裂纹倾向也稍大，一般不需要预热。但是在低温下或高刚度、大厚度结构上进行焊接时应采用较小的焊接参数，小焊道焊接并且进行适当的预热。

（1）焊条电弧焊　根据焊缝强度方面的要求，通常选用低氢型焊条 E5015（J507）或 E5016（J506），在焊接过程中只有当气温较低时（ -10℃以下），为了防止淬硬组织或冷裂纹的产生，焊接应进行适当的预热，预热温度可见表 7-7。但是对于刚度较大的结构即使在常温下，也应注意采取一定的措施，如预热，合理的焊接顺序和操作工艺，以及较好的焊缝成形系数等。

表 7-7　Q345 钢焊条电弧焊时的预热温度

焊件厚度/mm	预热温度/℃	焊 接 环 境
30 ~ 50	≥100	当焊件温度低于 0℃时，在始焊端周围 100mm 范围内预热到手感觉到温热的程度
50 ~ 100	≥100	

焊后是否需要热处理，主要根据钢板的厚度、结构的刚度、焊接方法及结构使用的环境等因素来确定。对于需要热处理的焊件进行焊后消除应力处理，焊后热处理温度为 600 ~ 650℃，保温 2h。

（2）其他焊接方法　常见的焊接方法都可以用于 Q345 钢的焊接

2. Q390（15MnV、15MnTi）**钢的焊接**

Q390 钢是在 Q345 钢的基础上加入了质量分数为 0.04% ~0.12% 的钒和质量分数为 0.12% ~0.20% 的钛等合金元素炼制而成的，钛和钒的加入使钢材的强度增高，同时又能细化晶粒，减小钢材的过热倾向。它属于 400MPa 级的低合金高强度结构钢，被广泛的应用在制造高、中压容器，大型船舶，桥梁等高负荷的结构中。

Q390（15MnV、15MnTi）钢的碳的质量分数的上限比 Q345（16Mn）钢低 0.02%，所以具有良好的焊接性。当板厚小于 30mm，在 0℃以上焊接时，原则上可以不需要预热。当板厚大于 30mm 或 0℃以下施焊时，应预热到 100 ~ 150℃，焊后进行 550 ~ 560℃的回火处理。

检查评议

检查评议表见表 7-8。

表 7-8　检查评议表

项　　目	考核要求	分值	扣分标准	检验结果	得分
焊接工艺	措施得当	10	措施不当不得分		
圆管的圆度	符合图样要求	5	不符合要求不得分		
圆管与法兰盘的垂直度	符合图样要求	5	不符合要求不得分		
焊脚尺寸	$K=14$mm	10	超差不得分		
焊缝宽度	14～18mm	10	超差不得分		
焊缝余高	0～3mm	10	超差不得分		
接头	圆滑过渡	10	过高或脱节不得分		
收尾处弧坑	弧坑填满	5	有弧坑不得分		
咬边、夹渣、气孔、焊瘤等缺陷	无	20	有一处缺陷扣 5 分		
煤油检验	无渗漏	15	有渗漏不得分		

问题及防治

低合金高强度结构钢在焊接时易出现裂纹，焊接时应格外注意焊接的热输入、焊前的预热以及焊后的消除应力热处理。

考证要点

1. 焊接过程中，焊缝的组织是（　　）晶体。
2. 焊接过程中，采用较（　　）的焊接热输入，有利于减轻接头的（　　）应变脆化程度。
3. 焊接过程中，加强对（　　）区域的保护是减少焊缝金属含（　　）量的重要措施。
4. 焊缝金属在高温停留时间越短，则结晶晶粒越（　　），力学性能越（　　）。

任务 4　珠光体耐热钢

任务描述

随着科学技术的发展，对材料的性能要求越来越高，也使材料科学和材料加工技术快速发展。其中，在特殊条件下（高温、高压、腐蚀等条件下）的金属材料的焊接加工技术也得到了很大的发展。蒸汽锅炉、石油化工、航空航天等工作在高温环境下的部件，其所使用的耐热钢和耐热金属材料种类繁多，如珠光体耐热钢、奥氏体耐热不锈钢、铁素体耐热钢等。今天介绍其中最常用的一种——珠光体耐热钢。

任务分析

珠光体耐热钢在焊接过程中应该严格遵循焊接工艺规程，由于其合金元素较多，在焊接时应该预热、采用保温焊和连续焊、焊后缓冷及热处理等。

相关知识

一、珠光体耐热钢的简介

珠光体耐热钢是以 Cr-Mo 为主要合金钢元素的低合金钢，又叫 Cr-Mo 耐热钢。其主加入合金元素铬（Cr）、钼（Mo）、钒（V），有时加入少量钨（W）、钛（Ti）、铌（Nb）、硼

(B) 等，合金元素总的质量分数少于 10%。低、中合金珠光体耐热钢具有很好的抗氧化性和耐热性，工作温度可达到 600℃，广泛应用于制造蒸汽动力发电设备。这类钢还具有良好的抗硫和氢腐蚀的能力，在石油、化工、电力、航空航天和其他工业部门也得到了广泛的应用。

二、珠光体耐热钢的性能

1. 高温强度

普通碳素钢在超过 400℃的温度下无法长期工作，因此，不能作为耐热金属材料使用。珠光体耐热钢中具有铬 (Cr)、钼 (Mo)、钒 (V)、钛 (Ti)、铌 (Nb) 等多种元素，其高温强度显著提高，在 500 ~ 600℃范围内仍能保持较高的强度。其中，钼 (Mo) 是主要的强化元素。珠光体耐热钢中的钼优先进入固溶体使其强化，提高钢的热强性；钼还能降低热脆敏感性。其中钒形成 VC 呈弥散分布，而钒能促进钼全部进入固溶体中，提高钢的高温强度。

2. 高温抗氧化性

铬主要是起到提高钢的耐蚀性和高温抗氧化性。铬和氧的亲和力较大，因此，高温时和氧发生氧化反应，在金属表面形成一层致密的氧化膜 (氧化铬)，相当于一层保护膜，可以有效地防止内部金属受到氧化。

三、珠光体耐热钢的焊接性

钢的化学成分对其焊接性有决定性的影响，而加入不同的合金元素及所含有的杂质元素是对焊接性影响的基础。

1. 含碳量的影响

碳对珠光体耐热钢的焊接性和使用性能都有重大的影响。碳对室温力学性能、高温短时力学性能的影响是非常显著的，随着含碳量的增加，钢的强度和硬度相应增加，塑性下降，但是随着温度的继续增加，这种现象相应的减小。

2. 含铬量的影响

铬能提高珠光体耐热钢的淬透性，引起焊缝和热影响区出现淬硬组织，甚至产生裂纹。随着铬含量的提高，珠光体耐热钢的焊接性变差。但是珠光体耐热钢中铬又是不可或缺的合金元素，因为铬主要用来提高钢的抗氧化性能和耐蚀性。铬在一定含量范围内还能提高钢的蠕变断裂强度和蠕变极限。

3. 含钼量的影响

钼是珠光体耐热钢中的主要强化元素，它引起晶格畸变，使钢强化，提高钢的再结晶温度，从而有效地提高钢的高温性能。随着钼含量的提高，钢的抗蠕变能力相应提高。但是，钼过多后对钢材的热强性并没有良好的影响，所以在耐热钢中钼的质量分数应小于 1.5%。

另外，由于珠光体耐热钢中含有钒、铌、钛、钼、铬等强碳化物形成元素，而且通常是在高温状态下长期使用，因此具有产生再热裂纹的问题。

任务准备

1. 焊接材料

(1) 焊条　焊条选择 E5515-B2，直径为 3.2mm。

（2）焊件　焊件材质为 12CrMo 钢，焊件尺寸为 100mm×300mm×10mm 两件。

2. 焊接设备

选用焊机 ZX7—400 型逆变式焊机。

3. 焊接参数（见表 7-9）

表 7-9　焊接参数的选择

焊接层次	运条方法	焊条直径/mm	焊接电流/A
打底层	灭弧焊法	3.2	90～120
填充层	直线形或锯齿形运条法	3.2 4.0	100～130 160～180
盖面层	锯齿形或月牙形运条法	3.2 4.0	90～115 150～170

任务实施

1. 预热

预热是焊接珠光体耐热钢的重要工艺措施，降低了焊接接头的冷却速度，减弱硬化，有效地避免形成淬硬组织，减小焊接应力，还能使扩散氢扩散逸出，同时也关系到焊接接头的力学性能。经过预热之后，强度略有降低，而塑性增加很多，可以防止冷裂纹和再热裂纹。

2. 保温焊和连续焊

层间温度不低于预热温度。在整个焊接过程中，保持被焊工件焊缝附近 30～100mm 范围内的温度不低于预热温度。焊接过程中应尽量避免中断焊接，尽可能一次焊完，焊完后立即进行焊后消除应力处理，若是间断后应使焊件缓慢均匀的冷却，在焊前应重新预热。

3. 短道焊

如果要焊一条长焊缝，每次不要焊得太长，以避免被焊的这一段焊缝及热影响区的每一点，在较短时间内重复受热。可实施多人分段同时焊接。

4. 减少焊接应力

由于珠光体耐热钢裂纹倾向较大，故在焊接时焊缝的拘束度不能过大，以免造成过大的刚度。特别在厚板焊接时，妨碍焊缝自由收缩的拉筋和夹具应尽量避免使用。

在厚板多层焊时，每焊完一根或两根焊条，可对焊缝进行锤击，目的是消除应力，改善焊缝力学性能。锤击应在温度高于 30℃时进行，锤击的力量不必过大。

5. 焊后缓冷

焊后进行 300～350℃缓冷，是焊接珠光体耐热钢必须严格遵循的原则，有条件时可进行去氢处理。

6. 焊后热处理

珠光体耐热钢焊后，必须立即进行消除应力处理，防止产生延迟裂纹。如果条件不具备，则要做好焊后保温缓冷工作。含钒钢、含铬量高的钢，及预热、缓冷条件不好的焊件，要求正火加回火处理；但仅从焊接的观点出发，一般只要求高温回火。

上面几条措施的作用，都可减缓焊接接头的冷却速度，降低淬硬程度，防止冷裂纹的发生。

7. 焊接方法

珠光体耐热钢可以采用的焊接方法有焊条电弧焊、埋弧焊、熔化极氩弧焊、非熔化极氩弧焊等。对于薄的板材、管材还可以用电阻焊，特殊情况下还可以采用电子束焊接，等离子焊接等。几乎所有的焊接方法都可以焊接珠光体耐热钢，但是应该根据自身的生产条件来选择。

检查评议

检查评议见表 7-10。

表 7-10　检查评议表

项目	考核要求	分值	扣分标准	检验结果	得分
工艺措施的选择	选择得当	15	选择不当不得分		
焊缝宽度	≤坡口宽度 +4mm	10	超差不得分		
焊缝余高	≤3mm	10	超差不得分		
咬边	≤0.5mm	10	超差不得分		
夹渣	无	10	出现不得分		
气孔	无	10	出现不得分		
焊瘤	无	10	出现不得分		
同心度	≤0.5mm	5	超差不得分		
通球检测	通球直径为 85% 管内径	20	通球不过不得分		

问题防治

典型耐热钢在焊接过程中易出现空淬性，焊接时容易出现冷裂、热裂、热影响区的脆化和软化以及再热裂纹等问题。所以在焊接过程中要严格执行焊接工艺规程。

考证要点

1. 焊缝熔池冶金反应过程中的脱（　　）就是脱去熔池中的（　　　　）。
2. 焊缝中氧化物与硫化物共晶体，存在于晶界会引起焊缝金属的（　　　）。

任务 5　低温钢的焊接

任务描述

低温 LPG 储罐的焊接，储罐几何尺寸：ϕ44000mm × 25600mm，储罐采用双层顶板；本体材质为：09MnNiDR；公称容积：30000m^3；设计温度：－45℃；单台储罐工程量：837t。

任务分析

低温钢的焊接时用尽量小的焊接电流，严格控制焊接热输入和层间温度，进行多层多道焊为宜，在焊接热输入一定的条件下，尽可能采用不摆动，小幅度运条和短弧操作。

相关知识

一、低温钢的性能及分类

低温钢是指工作在－10 ~ －196℃温度范围内工作的钢材，低于－196 ~ －273℃的钢称为超低温钢，主要用于低温下工作的容器、管道和结构等。其主要特点是在低温工作条件下具有足够的强度、塑性和韧性，同时具有良好的加工性，主要用来制造石油化工业中的低温设备，如液化石油气和液化天然气等的储存和运输的容器、管道等。

低温钢的钢种很多，按化学元素分无镍低温钢和含镍低温钢两种；按组织成分分铁素体低温钢、低碳马氏体低温钢和奥氏体低温钢。

二、低温钢的焊接性

1. 铁素体型低温钢

由于碳的质量分数在0.06%～0.02%范围内，碳当量不高（CE＝0.27%～0.57%），所以淬硬倾向小，室温下焊接不易产生冷裂纹，工艺焊接性良好，板厚小于25mm时不需预热。板厚超过25mm或接头刚性拘束较大或碳当量偏高时，应考虑预热，但预热温度不要过高，否则会使热影响区晶粒长大，并在晶界析出氧化物，所以焊接时应控制焊接热输入和层间温度。预热温度一般为100～150℃。此外板厚大于16mm时，焊后往往要进行消除应力处理，对于含有V、Ti、Nb、Cu和N等元素的钢种，在回火脆性敏感温度下加热时会析出脆性相，使低温韧性下降。因此要注意合理选择消除应力处理工艺。

2. 低碳马氏体型低温钢

低碳马氏体型低温钢的焊接性较一般高强度钢好。一般可不预热，厚度小于50mm的9Ni钢焊接结构，焊后可不进行消除应力处理。9Ni钢焊接时应注意以下4个方面问题：

（1）焊接材料的匹配　若选用与9Ni化学成分相近的焊缝金属合金系统，焊缝金属的低温韧性会比母材低得多。目前，通常用镍基合金焊接材料焊接9Ni钢，所得焊缝组织为奥氏体，但强度较低，焊接时对热裂纹敏感性高，熔深较浅，控制不当易产生未焊透及熔合不良等缺陷。

（2）材料的膨胀系数大　由于9Ni钢的膨胀系数较大，所以选择焊接材料时，应使焊缝与母材的膨胀系数相近，以免产生裂纹。

（3）直流焊接时的磁偏吹现象　9Ni钢属强磁性材料，直流焊接时会产生磁偏吹现象。防止措施是避免接触磁场、退磁，检测残留磁场使其低于50Oe。也可选用适于交流焊接的镍基合金焊条，以便克服磁偏吹现象。

（4）对焊接热循环的敏感性　9Ni钢的低温韧性是依靠控制化学成分，热处理制度和组织而获得的，凡热处理和焊接的热循环使组织发生不利的变化，均会使9Ni钢的热影响区韧性下降。故需控制焊接热输入和冷却速度。多数情况下应避免预热和控制层间温度。

3. 奥氏体型低温钢

奥氏体型低温钢焊接性良好，焊接时应注意以下三方面的问题：

1）奥氏体型低温钢的导热系数小，约为低碳钢的1/3，而膨胀系数比低碳钢高约50%。因此，焊接时变形量大。可选择母材膨胀系数大致相近的焊接材料，以避免产生裂纹，特别是弧坑裂纹。焊接时电流要适当减小，防止因电阻系数过大而引起焊条（焊丝）发红，影响焊接质量。

2）由于含铬、镍奥氏体型低温钢存在着过热区，450～850℃之间的敏化区，650～850℃之间的σ相脆化区，焊接时应控制焊接热输入和冷却速度，以防止晶粒长大和出脆性相而导致焊接接头延性和韧性下降，同时，要防止晶界处形成碳化铬。降低抗晶间腐蚀性能。

3）无铬、镍奥氏体型低温钢可采用与母材合金系统大致相同的焊条焊接。注意防止产生焊缝及熔合区的针状气孔。

任务准备

1. 焊接材料

（1）焊条　15Mn26A 焊条直径采用 ϕ3.2mm、ϕ4.0mm。

（2）焊件　焊件材质为 09MnNiDR，焊件尺寸为 1000mm × 300mm × 10mm，2 件。

2. 焊接设备

选用焊机 ZX7—400 型逆变式焊机。

3. 焊接参数（见表 7-11）

表 7-11　焊接参数的选择

焊接层次	运条方法	焊条直径/mm	焊接电流/A
打底层	灭弧焊法	3.2	90 ~ 120
填充层	直线形或锯齿形运条法	3.2	100 ~ 130
		4.0	160 ~ 180
盖面层	锯齿形或月牙形运条法	3.2	90 ~ 115
		4.0	150 ~ 170

任务实施

1. 焊接方法及焊接材料

低温钢中以铁素体型低温钢最为常见，下面以铁素体型低温钢为例。铁素体型低温钢焊接时，广泛采用焊条电弧焊和氩弧焊，埋弧焊的应用受到一定限制，气焊和电渣焊一般不用。为避免焊缝金属和热影响区形成粗大组织而使接头韧性降低，焊接热输入不宜过大，多层焊时要注意层间温度。采用焊条电弧焊焊接时，一般选用高韧性的焊条，焊接含 Ni 的低温钢所用的焊条含 Ni 量应与母材相当或稍高；采用埋弧焊焊接时一般选用中性熔炼焊剂配合 Mn-Mo 焊丝或碱性熔炼焊剂配合焊 Ni 焊丝，也可以采用 C-Mn 焊丝配合碱性非熔炼焊剂，以保证焊缝获得良好的低温韧性；采用氩弧焊焊接低温钢时，一般选用质量分数为 1.5% ~2.0% 的含 Ni 焊丝，保护气体可以是纯氩气，也可以用氩气和氧气的混合气体或是氩气和二氧化碳的混合气体。

2. 焊接工艺

铁素体低温钢的含碳量较低，且具有良好的塑性和韧性，保证了其优良的焊接性。焊接过程中关键是保证焊接接头的低温韧性，而对低温韧性影响最大的是铁素体的晶粒度。晶粒的尺寸越小，脆性转变温度就越向低温移动。因此在焊接时，要采用小的热输入，小电流、快速焊、多层多道焊。多层多道焊不应连续施焊，层间温度应控制在 200 ~ 300℃。焊接板厚 16mm 以下的钢材时，一般不需要预热和焊后热处理。厚板、大刚度结构，在低温环境下焊接时，需要适当的预热和焊后进行消除应力处理。此外，焊接前还需要清除待焊处的油、污、锈、垢；焊件和焊条等保持在低氢状态；避免和消除焊接缺陷，注意将弧坑填满；控制焊接热输入，减少焊接区高温停留时间，以确定焊接质量。

检查评议

检查评议表见表7-12。

表7-12 检查评议表

项目	考核要求	分值	扣分标准	检验结果	得分
焊缝余高	0~3mm	8	超差不得分		
焊缝余高差	≤2mm	8	超差不得分		
焊缝坡口两侧增宽	≤2.5mm	6	超差不得分		
焊缝宽度差	≤2mm	7	超差不得分		
焊缝边缘直线度	≤2mm	5	超差不得分		
焊后角变形	≤3°	8	超差不得分		
咬边	缺陷深度 ≤0.5mm	8	超差不得分		
未焊透	无	8	出现缺陷不得分		
错边量	≤1mm	5	超差不得分		
焊瘤	无	8	出现缺陷不得分		
气孔	无	8	出现缺陷不得分		
焊缝表面成形	波纹细腻、均匀，美观	21	根据成形情况酌情扣分		

问题防治

对低温钢的主要要求是保证在使用温度下具有足够的塑性及抵抗脆性破坏的能力。低温钢焊后可进行消除应力处理，以降低焊接结构的脆断倾向，所以在焊接过程中要严格执行焊接工艺规程。

考证要点

1. 易淬火钢的淬火区由于组织的不均匀性，易形成（　　）组织。
2. （　　）态与（　　）态下都具有良好互溶性的金属，在熔焊时可能形成完好的接头。

任务6 不 锈 钢

任务描述

不锈钢是金属材料中强度最高的材料之一，且具有良好的耐蚀性，所以它能使结构部件永久地保持工程设计的完整性，掌握不锈钢的焊接是非常必要的。

任务分析

不锈钢具有良好的焊接性，但焊接材料或焊接工艺不正确时，会出现晶间腐蚀和焊接热裂纹，所以不锈钢的焊接要合理的选择焊接参数和焊接工艺。

相关知识

一、不锈钢的焊接

1. 不锈钢的分类

不锈钢按空冷后室温组织不同可分为五大类：

(1) 奥氏体不锈钢 钢中含铬的质量分数大于18%。

(2) 马氏体不锈钢 这种钢除含有较高的铬外，还含有较高的碳。

(3) 铁素体不锈钢 铬的质量分数占13%～30%，含碳量很低，其质量分数在0.15%以下。

(4) 奥氏体+铁素体型不锈钢 铁素体的体积分数小于10%，是在奥氏体不锈钢的基础上发展的钢种。

(5) 沉淀硬化型不锈钢 这种钢具有良好的成形性能。在不锈钢中，奥氏体不锈钢比其他不锈钢具有更优良的耐蚀性、耐热性和塑性，且焊接性良好，因此，应用最广泛。

2. 不锈钢焊接时需注意的问题

不锈钢在进行焊接时需注意以下几个问题：

1) 要选用专用不锈钢焊条来进行焊接。

2) 在焊接时，应尽量采用小电流，焊条摆动幅度要小或不做摆动，尽量获得较深的熔深。

3) 采用直流反接的极性，减小热影响区，降低合金稀释率。

4) 焊接时要严格控制飞溅，粘附在焊缝表面的飞溅会破坏不锈钢表面的氧化膜，降低其使用性能，所以在焊接时要在焊件表面或坡口两侧150mm范围内涂上白垩水溶液，以防止飞溅的破坏。如果有部分飞溅也可以很容易地将这种防溅剂及各种飞溅物清理掉，可不损伤表面或带来轻微损伤。

二、奥氏体不锈钢的焊接

奥氏体不锈钢含有较高的铬，可形成致密的氧化膜，故具有良好的耐蚀性，同时具有耐高温性、塑性和焊接性，但在施焊中若焊接工艺选择不当，也会产生下列问题。

1. 晶间腐蚀

奥氏体不锈钢焊接时，沿焊缝金属粒边界发生的腐蚀破坏现象称为晶间腐蚀。晶间腐蚀在焊缝中发生后，不易从外观被观察出来，但由于晶界区因腐蚀已遭到破坏，晶粒结合强度完全丧失。严重时不锈钢形成粉末，从焊件脱落下来，这种腐蚀危害极大，是不锈钢中最危险的一种破坏形式。防止和减小奥氏体不锈钢晶间腐蚀的措施如下：

1) 在工艺上，采用小电流、快速焊、短弧焊，焊条不做横向摆动，减小焊缝在高温存在的时间。也可采用钨极氩弧焊来减小焊接热输入。

2) 先焊不与腐蚀介质接触的非工作面焊缝，与腐蚀介质接触的工作面焊缝最后焊接。

3) 加快冷却速度，因为奥氏体不锈钢不会产生淬硬现象，所以在焊接过程中，可以设法增加焊接接头的冷却速度，如焊件下用铜垫板，或直接浇水冷却。

4) 控制含碳量，通常所说的超低碳不锈钢其碳的质量分数小于0.03%，这样的含碳量就不会产生晶间腐蚀。

2. 焊接热裂纹

防止奥氏体不锈钢焊接产生热裂纹的措施如下：

1) 严格控制有害杂质，应严格控制母材与填充材料中硫、磷杂质在焊缝中的含量。

2) 选择适当焊条药皮类型，低氢型药皮焊条可以使焊缝晶粒细化，减少杂质偏析，提高抗裂性。

3）尽量减少焊缝的过热，在选择焊接参数时 尽量减小熔池过热，采用小热输入、快速焊、小截面焊道对提高焊缝抗裂性是有益的。

热裂纹是奥氏体不锈钢焊接时比较容易产生的缺陷，包括焊缝的纵向和横向裂纹。特别是含镍量较高的奥氏体不锈钢更容易产生。含镍量越高，产生裂纹的倾向也越大，并且越不容易控制。

任务准备

1. 焊接材料

（1）焊丝　06Cr19Ni10Ti 不锈钢焊丝，ϕ2.0mm，焊丝剪成 500mm 左右长度。

（2）钨极　WCe-20 钨极，ϕ2.0mm，端头磨 30°圆锥形，锥端直径为 0.5mm。

（3）试件　试件材质为 12Cr18Ni9Ti 钢，试件尺寸为 100mm×300mm×10mm，2 件。

2. 焊接设备

采用 WS—300 型手工钨极氩弧焊机，采用直流正极性。

3. 焊接参数（见表 7-13）

表 7-13　焊接参数的选择

焊接层次	焊丝直径/mm	焊接电流/A	电弧电压/V	气体流量/(L/min)
打底层	1.2mm	110～130	18～20	15～20
填充层		130～150	24～26	
盖面层		140～160	25	

任务实施

一、焊条电弧焊

1. 焊前准备

焊接奥氏体不锈钢时为了防止飞溅烧伤焊件表面，需在焊缝两侧涂白垩粉，其主要目的是防止电弧焊的火花飞溅到周边，在急速冷却过程中有可能引发溅落部位的烧伤或敏化作用，降低其耐腐蚀能力。

2. 焊条的选择

选用焊条应根据焊件化学成分来考虑，焊条的化学成分类型应尽量与母材相近，焊条的含碳量不要高于母材。焊接需使用专用的不锈钢焊条。焊接过程中焊条药皮不发红，具有较高的熔敷效率，如 E308（A102）、E347（A132）、E310（15）。

3. 焊接工艺的选择

不锈钢焊接时需采用直流反接的电源。由于不锈钢的焊条电阻大，焊接过程中药皮容易发红而失去保护作用，所以，焊接电流要比碳钢焊条小 20% 左右。焊接时采用小电流、短弧、快速、焊条不做横向摆动的操作方式。焊接开始时，不要在坡口以外的焊件上引弧，要用引弧板，收弧时要填满弧坑。为了加快焊缝的冷却速度，可用水强制冷却焊缝。

4. 焊后处理

首先，焊缝交接处要错开避免出现十字接头焊缝。焊接完成时，尽量不要用铁锤敲击，以免破坏不锈钢的保护膜。如焊接完成后出现焊接变形，不能有火焰矫正，只能用机械矫正。焊接前后需要进行热处理时，加热前必须把钢材表面的油污清理干净，以免加热时产生渗碳现象。

二、氩弧焊

1. 焊前准备

钨极氩弧焊适用于8mm以下的板结构焊接，特别适合3mm以下的薄板焊接。在坡口及坡口边缘各10～15mm范围内清除油污、锈垢，使之呈现金属光泽。严禁用砂轮打磨。不锈钢焊接时，夹具应采用铜垫板，防止碳钢表面铁离子吸附在不锈钢表面，导致该部位耐腐蚀性能的降低。

2. 焊丝的选择

焊接不锈钢是选用的为12Cr18Ni9Ti钢焊丝，直径1～2mm。焊前用棉丝蘸丙酮液擦拭焊丝，清除表面上的油污及杂质。

3. 焊接工艺的选择

焊接不锈钢薄板时，采用短弧左焊法，达到单面焊双面成形的质量要求。首先在焊件右端的始焊端定位焊缝处引弧，焊枪不移动，也不添加焊丝，对坡口根部进行预热，待坡口根部熔化并形成熔池后开始焊接。焊枪、焊丝的角度要保持稳定，随时注意观察熔池的变化，防止产生烧穿、塌陷、未焊透等缺陷。焊缝接头时，先将焊缝接头处的氧化膜打磨干净，并形成缓坡形，在弧坑处引弧、加热，使弧坑处焊道重新熔化与熔池连成一体，然后转入正常焊接。

4. 注意事项

焊缝焊完后，应保持焊缝的原始状态。在野外焊接时，在电弧周围应有防风措施，防止风力破坏氩气的保护，影响焊接质量。

三、埋弧焊

1. 焊前准备

将待焊焊接接头进行清理，焊缝两侧20～30mm范围内的铁锈、油污、氧化皮清除干净，露出金属光泽，防止气孔的产生。在焊缝起始端和焊缝末端应加入引弧板，引弧板和引出板的材料应报纸与母材相同。

2. 焊接工艺

注意焊丝与焊件的角度，焊枪应对准焊缝，防止偏离焊缝而造成焊接缺陷。同时防止铁液流失或下趟，保证焊缝质量。多层焊时，焊缝要求有一定的熔深，焊缝宽度不宜过大。防止产生咬边。

3. 注意事项

焊接完成后，应用风铲或电动工具清除渣皮，产生的噪声应佩带耳塞。埋弧焊焊机用电缆必须符合焊机额定的焊接电流的容量，保证绝缘性可靠。

四、等离子弧焊接

用等离子弧焊在不开坡口的情况下，可以单面焊接8～10mm厚的不锈钢板一次成形，而且焊接性能良好。

1. 焊前准备

焊前仔细清除待焊处两侧各20～30mm处的油污和铁锈。焊接小于1mm以下的薄板时，要适当的装夹，防止产生焊接变形。

2. 焊接过程

在使用等离子焊接时，要采用小电流，快速焊，焊枪不做横向摆动，以减小焊接热输入。为防止产生弧坑裂纹和引弧气孔，焊接过程采取起弧的焊接电流递增，收弧的焊接电流递减的焊接工艺。

【检查评议】

检查评议表见表7-14。

表7-14　检查评议表

项目	考核要求	分值	扣分标准	检验结果	得分
工艺措施的选择	选择得当	15	选择不当不得分		
焊缝宽度	≤坡口宽度+4mm	10	超差不得分		
焊缝余高	≤3mm	10	超差不得分		
咬边	≤0.5mm	10	超差不得分		
夹渣	无	10	出现不得分		
气孔	无	10	出现不得分		
焊瘤	无	10	出现不得分		
同心度	≤0.5mm	5	超差不得分		
焊缝成形	波纹细腻、均匀	20	酌情扣分		

任务7　铸铁的补焊

任务描述

铸铁在生产领域中广泛应用，如机械加工，化工等。铸铁在制造和使用中容易出现各种缺陷和损坏。铸铁补焊是对有缺陷铸铁件进行修复，在实际生产中具有很大的经济意义。

任务分析

铸铁的含碳量高，脆性大，焊接性很差，在焊接过程中易产生白口组织和裂纹。在焊接时的操作特点是：采取预热、缓冷、小电流、分散焊等措施减小焊件的温度差防止其产生裂纹。通过本任务的学习来掌握铸铁的补焊操作能力。

相关知识

一、铸铁的性能及分类

按碳在铸铁中存在的状态及形式的不同，可将铸铁分为：灰铸铁、白口铸铁、可锻铸铁和球墨铸铁四种。

（1）灰铸铁 含碳量及其杂质硫和磷存在较高，焊接过程具有冷速快及焊件受热不均匀而形成焊接应力较大的特殊性，这些因素导致焊接性不良。

（2）白口铸铁 白口组织是由于在铸铁补焊时，碳、硅等促进石墨化元素大量烧损，且补焊区冷速快，在焊缝区石墨化过程来不及进行而产生的组织。白口铸铁硬而脆焊接性很差。

（3）可锻铸铁 它与灰铸铁相比，可锻铸铁有较好的强度和塑性，特别是低温冲击性能较好，耐磨性和减振性优于普通碳钢。

（4）球墨铸铁 它和钢相比，除塑性、韧性稍低外，其他性能均接近，是兼有钢和铸铁优点的优良材料，在机械制造上应用广泛。

二、灰铸铁的焊接性

灰铸铁在化学成分上的特点是碳含量高及 S、P 含量高，这就增大了焊接接头对冷却速度变化的敏感性及冷热裂纹的敏感性。在力学性能上，灰铸铁强度低，基本无塑性。焊接过程具有冷速快及焊件受热不均匀而形成焊接应力较大的特殊性。这些因素都会导致焊接性不良。

1. 焊接接头产生白口组织

铸铁含碳量高、杂质多，并具有塑性低、焊接性差，对冷却速度敏感等特性，焊后容易出现白口组织。其性质硬而脆、冷、热加工均很困难，工业上极少应用。

在焊接过程中的防止措施主要有，焊前将工件整体或局部加热至 600～700℃，补焊过程中不低于 400℃，焊后缓慢冷却至室温。采用这种热焊法可有效地减少焊接接头的温差，从而减小焊接应力，同时还可以改善铸件的塑性，防止出现白口组织。

2. 焊接接头产生裂纹

灰铸铁焊接中局部快速加热和冷却时，会造成较大的内应力，易产生裂纹。此外，当焊缝处产生白口组织时，因白口组织硬而脆，它的冷却收缩率又比基体灰铸铁大的多，使焊缝金属在冷却时更易于开裂。

在焊接过程中的防止措施主要如下：

（1）焊前预热和焊后缓冷 将焊件整体或局部预热和焊后缓冷不但能减少焊缝的白口倾向，而且能减少焊接应力和防止焊件开裂。

（2）采用电弧冷焊减小焊接应力 选用塑性较好的焊接材料，如用镍、铜、镍铜、高钒钢等作为填充金属，使焊缝金属通过塑性变形释放应力，防止裂纹；采用小直径焊条、小电流、断续焊、分散焊等工艺措施可减少焊缝处和母材的温度差，从而减小焊接应力；通过锤击焊缝可以消除应力，防止裂纹。

（3）其他措施 加热“减应区”法、栽丝法。对于深坡口的焊接，在母材材质差、焊缝强度高时，或工件受力大、要求强度高时，可采用栽丝法。在母材坡口内钻孔、攻螺纹拧螺钉，然后补焊，这样使熔合区附近的应力主要由螺钉承受，从而防止了焊缝处的裂纹。

任务准备

1. 焊接材料

焊条选用 Z117 高钒铸铁焊条和 Z408 镍铁铸铁焊条，直径分别为 3.2mm 和 4.0mm。

2. 焊接设备

ZX5—300 型晶闸管直流弧焊机。

3. 焊接参数（见表 7-15）

表 7-15 焊接参数的选择

焊接层次	运条方法	焊条直径/mm	焊接电流/A
打底层	灭弧焊法	3.2	90～120
填充层	直线形或锯齿形运条法	3.2	100～130
		4.0	160～180
盖面层	锯齿形或月牙形运条法	3.2	90～115
		4.0	150～170

任务实施

1. 焊条电弧焊

焊前不预热焊接中也不辅助加热，可提高生产率，降低成本，改善劳动条件，减小焊件因预热不均匀而产生的变形和焊件已加面的氧化。推广使用并迅速发展。冷焊法因焊缝及热影响区冷却速度很快，极易形成白口组织；又因焊件受热不均匀，常形成较大的内应力，易造成裂纹。为了减小焊件熔化、避免混入更多的碳和硫、降低热影响区宽度出发，可采取以下措施：

1）彻底清理油污，两端打止裂孔，孔径 5mm。

2）用碳钢或铸铁以外的焊条时，尽量用小直径焊条，小电流，以便减小内应力和热影响区宽度。

3）采用短道焊接，每次焊 10～40mm，充分冷却后再焊。

4）采用分段倒退焊，可大大降低拉应力，对防止裂纹很有好处。

5）每焊一道短段后，立即用圆头锤快速锤击焊缝。

2. 气焊

氧炔焰温度比电弧温度低的多，因而焊件的加热和冷却比较缓慢，这对于防止灰铸铁在焊接时产生白口组织和裂纹很有利。所以补焊的质量比较好，因而气焊是补焊铸铁的常用方法。但与电弧焊相比，生产率低，成本高，焊工劳动强度大，焊件变形大，补焊大型铸件难以焊透，现已逐步被电弧焊代替。

为保证焊缝不产生白口组织并有良好的切削性，气焊焊丝应有高的含碳量和含硅量。

气剂选用碱性且熔点（650℃）低的 CJ201，能将气焊时产生的高熔点二氧化硅复合成易熔的盐类。

火焰采用中性焰或弱碳化焰，火焰能率易大些，可消除气孔和夹渣。

焊接时，待母材熔透后再加焊丝，防止熔合不良；加入气剂，消除夹渣、气孔，但不宜过多，否则也易引起夹渣、气孔；可适当加大火焰能率，提高熔池温度，有利于气体、杂物的浮起，减少气孔和夹渣；火焰始终覆盖熔池，加入焊丝时轻轻搅拌熔池，便于使气体、熔渣浮出。

检查评议

检查评议表见表7-16。

表7-16 检查评议表

项目	考核要求	分值	扣分标准	检验结果	得分
焊缝余高	0～3mm	8	超差不得分		
焊缝余高差	≤2mm	8	超差不得分		
焊缝坡口两侧增宽	≤2.5mm	6	超差不得分		
焊缝宽度差	≤2mm	7	超差不得分		
焊缝边缘直线度	≤2mm	5	超差不得分		
焊后角变形	≤3°	8	超差不得分		
咬边	缺陷深度 ≤0.5mm	8	超差不得分		
未焊透	无	8	出现缺陷不得分		
错边量	≤1mm	5	超差不得分		
焊瘤	无	8	出现缺陷不得分		
气孔	无	8	出现缺陷不得分		
焊缝表面成形	波纹细腻、均匀，美观	21	根据成形酌情扣分		

考证要点

铸铁焊接过程中容易出现的焊接缺陷有哪些？

任务8 不锈钢复合钢板的焊接

任务描述

不锈钢复合钢板在生产领域中广泛用于石油、化工、制盐制碱等国民经济各行各业，通过本任务的学习来掌握不锈钢复合钢板的焊接操作能力。

任务分析

熟悉不锈钢复合钢板焊接工艺的合理制作，不锈复合钢板操作有什么特点及注意事项。

相关知识

不锈钢复合钢板中含有一定的Cr，同时匹配有一定含量的C，Cr本身能增加钢的奥氏体稳定性，加入C后经固溶再空冷会发生马氏体转变，因此不锈钢复合钢板焊缝和热影响区焊后状态的组织为硬脆的马氏体组织。另外，不锈钢复合钢板的碳当量较高，因此它的焊接性较差。由于不锈钢复合钢板的导热性比碳钢差，焊接残余应力较大，所以从高温直接冷却很容易产生冷裂纹。由于焊接热循环的作用，不锈钢复合钢板有较大的过热倾向，晶粒易粗化，热影响区会出现粗大的铁素体和碳化物组织，塑性降低，冷却时能引起脆化，如果再有氢的作用，冷裂纹的倾向就更加明显，不锈钢复合钢板熔焊时会遇到很多困难。

1）金属的热导率和比热容强烈地影响着被焊材料的熔化、熔池的形成，以及焊接区温度场和焊缝的凝固结晶。不锈钢复合钢板热导率较小，因此熔池形成和金属结合不良，导致焊缝结晶条件变坏，焊缝性能和成形不良。

2）由于不锈钢与碳钢的线胀系数不同，造成不锈钢复合钢板焊接之后的冷却过程中，焊缝两侧的收缩量不同，导致焊接接头出现复杂的高应力状态，进而加速裂纹的产生。

3）不锈钢复合钢板焊接时同样存在焊缝稀释和形成过渡层的问题，导致碳钢一侧焊缝形成脱碳层而不锈钢一侧形成增碳层，随着扩散的持久，使碳钢一侧的含碳量降低，变成了铁素体组织，并使焊接接头的焊缝组织成为奥氏体加铁素体。

任务准备

1. 焊接材料

（1）焊条　E5MoV-15（R507）焊条，直径采用 ϕ3.2mm、ϕ4.0mm。

（2）焊件　焊件材质为12Cr5Mo，焊件尺寸为100mm×300mm×10mm，2件。

2. 焊接设备及工具

（1）焊接设备选用焊机ZX7—400型逆变式焊机。

（2）焊接工具：钢丝钳、不锈钢丝刷、常用锉刀、活动扳手各一把，台虎钳、台式砂轮、角向磨光机各一台，砂纸。

3. 焊接参数（见表7-17）

表7-17　焊接工艺参数的选择

焊接层次	运条方法	焊条直径/mm	焊接电流/A
打底层	灭弧焊法	3.2	90～120
填充层	直线形或锯齿形运条法	3.2	100～130
		4.0	160～180
盖面层	锯齿形或月牙形运条法	3.2	90～115
		4.0	150～170

任务实施

一、不锈钢复合钢板的焊接工艺

1. 正确选择焊接材料

不锈钢复合钢板焊接接头的焊缝金属化学成分主要取决于填充金属。为了保证结构使用性能的要求，焊缝金属的成分应力求接近于其中一种钢的成分。为了尽量减小构件的焊接变形，两名电焊工采用对称焊接的焊条弧焊方法，焊缝金属的Cr当量为5%～6%，经回火处理后具有良好的力学性能。

2. 预热温度和层间温度

焊前预热和层间温度的控制对减少裂纹的形成有一定影响。预热温度过高，会导致焊缝的冷却速度变慢，有可能引起焊接接头晶粒边界碳化物的析出和形成铁素体组织，大大地降低接头的冲击韧性。预热温度过低，则起不到预热的作用，无法防止裂纹的形成。不锈钢与碳钢焊接的预热温度和层间温度要控制在150～300℃。

3. 焊后温度的控制及回火热处理

焊后必须缓慢冷却至100～150℃，保温0.5～1h，使焊接接头的组织全部转变为马氏体，随后进行回火热处理。回火温度应控制在 700～730℃范围内，保温时间在 4～5h。

4. 操作工艺

1）选用小的热输入，小的焊接电流，较快的焊接速度。

2）采用短弧焊，电弧稍偏向碳钢母材侧，使两母材金属 受热均匀一致。

3）由于需要多层焊，前一层焊缝冷却至 200～300℃后焊下一道焊缝。

4）焊后进行缓冷。

二、不锈钢复合钢板的焊接操作方法

1）焊接顺序为先焊基层然后是过渡层最后是复层。焊接原则是，先焊基层，然后从背面碳弧气刨清根，并用角向磨光机打磨干净，经检验合格，焊接过渡层，最后焊接复层。

2）由于复合层中，两种金属成分的物理性能和力学性能有很大的差别，所以基层的焊接以保证接头的力学性能为原则，一般可参照低合金钢的焊接工艺。复层的焊接既要接头的耐腐蚀性能，又要获得满意的力学性能，焊接过程要遵守不锈钢的焊接工艺。

3）基层焊接时，要避免熔化至不锈钢层，复层焊接时要防止金属熔入焊缝而降低铬、镍含量，从而降低复层的耐腐蚀性能和塑性。

4）基层焊完后，要用碳弧气刨清根，并打磨渗碳层和氧化皮。

5）过渡层焊缝，需要同时熔合基层焊缝、母材和复层母材，且应盖满基层焊缝和基层母材。焊接要采用较小的电流，以限制基体母材的稀释作用。

检查评议

检查评议表见表 7-18。

表 7-18　检查评议表

项目	考核要求	分值	扣分标准	检验结果	得分
焊缝余高	0～3mm	8	超差不得分		
焊缝余高差	≤2mm	8	超差不得分		
焊缝坡口两侧增宽	≤2.5mm	6	超差不得分		
焊缝宽度差	≤2mm	7	超差不得分		
焊缝边缘直线度	≤2mm	5	超差不得分		
焊后角变形	≤3°	8	超差不得分		
咬边	缺陷深度 ≤0.5mm	8	超差不得分		
未焊透	无	8	出现缺陷不得分		
错边量	≤1mm	5	超差不得分		
焊瘤	无	8	出现缺陷不得分		
气孔	无	8	出现缺陷不得分		
焊缝表面成形	波纹细腻、均匀，美观	21	根据成形酌情扣分		

问题防治

不锈钢复合钢板焊接过程中应控制层间温度和后热温度，以防止腐蚀现象的出现。非焊道表面不应有划痕和焊道。

考证要点

不锈钢复合钢板焊后的焊件应该具有哪些焊接质量要求？

任务9　有色金属的焊接

任务描述

在焊接生产领域，越来越多的有色金属需要焊接加工能完成其使用要求。但在有色金属的焊接过程中存在诸多的问题需要注意。

任务分析

有色金属在焊接过程中需要注意的事项有，保证焊缝焊透、裂纹的预防等。

相关知识

一、钛及钛合金

1. 钛及钛合金的分类

（1）纯钛　灰白色，熔点1668℃，固态有同素异构转变。焊接性好、强度低、塑性好，易于冷压加工。

（2）α 钛合金　组织全部为固溶体，组织稳定。单相合金不能热处理强化。

（3）β 钛合金　具有较高的强度，良好的冲压性，但耐热性差，抗氧化低，可进行热处理强化。

（4）α + β 钛合金　室温组织为 α + β，具有 α 钛合金和 β 钛合金两者的优点。

2. 钛的应用特点

自 18 世纪末发现元素钛以来，随着对钛的性能、冶炼、工业化生产、加工制造的不断研究、实践，20 世纪 50 年代末即在国外工业领域中较广泛应用，成为新兴的有发展前途的一种金属材料，被认为是继人类广泛应用的铜、铁、铝之后的第 4 种金属。由于钛及其合金具有优良的耐腐蚀性能，良好的综合力学性能，比强度高，对液体的浸润性很小，能抗流体冲刷，因此在军事及民用工业上逐渐得到越来越广泛的应用。

二、镍及镍合金

1. 镍合金的分类

工业生产中常用的镍及镍合金的种类较多，通常是按合金元素、强化方式、成形方法和用途进行分类。主要有以下几种：

1）按合金元素分类，可分为工业纯镍和镍合金。

2）镍及镍合金根据强化方式，主要有固溶强化和沉淀强化镍合金。

3）按合金加工成形方法，可分为变形镍合金和铸造镍合金。

4）按用途分为镍基高温合金和镍基耐蚀合金。

2. 镍基合金的焊接特点

镍及镍合金焊接时产生裂纹的倾向较大。除了宏观裂纹外，还会产生微观小裂纹，这些微观裂纹危险性大。根据裂纹产生的原因，常见的有结晶裂纹、液化裂纹和应变时效裂纹。

1）结晶裂纹最容易发生在焊道弧坑、形成火口裂纹。

2）液化裂纹产生在近缝区，具有沿晶开裂，从熔合区向母材扩散的特征。减小和避免液化裂纹的办法是尽可能降低焊接热输入和减小过热区的高温停留时间。

3）铝、钛含量高的沉淀强化镍合金焊接后，在时效处理过程中，熔合区附近会产生一种沿晶扩展的裂纹，即应变时效裂纹。应变时效裂纹的形成与焊接残余应力引起的应变以及时效过程中塑性损失引起的应变时效有关。

任务准备

1. 焊丝

焊丝牌号为ER49-1（H08Mn2SiA），直径为ϕ2.5mm。用$\varphi(Ar)\geqslant$99.99%作保护气体，用强度比母材强度稍低的焊丝。

2. 焊件

对钛合金进行焊接焊件尺寸为300mm×200mm×12mm，V形坡口。

3. 焊接设备

选用WSJ—150型氩弧焊机，直流反接。

4. 焊接工具

钢丝钳、不锈钢丝刷、砂纸、常用锉刀、活动扳手各一把、台虎钳、台式砂轮、角向磨光机各一台。

5. 焊接参数的选择（见表7-19）

表7-19　焊接参数的选择

焊接层次	焊丝直径/mm	焊接电流/A	电弧电压/V	气体流量/(L/min)
打底层	1.2mm	100～110	22～22	15～20
填充层		130～150	22～22	
盖面层		130～140	22～24	

任务实施

一、钛的焊接工艺

1. 钛的焊接特点

钛及钛合金在高温下对氧、氮、氢和碳具有极大的亲和力，液态的熔池和熔滴金属若得不到有效的保护，则更容易受到空气及杂质的影响，脆化现象更严重，给焊接带来困难。同时，钛合金的导热性差，电阻系数大，焊接时产生的热量过多、热熔大，不容易散失，熔化时需要用惰性气体或在真空状态下进行保护。

2. 钛和钛合金的焊接方法

钛及钛合金焊接时，都有晶料粗大倾向，直接影响到焊接接头的力学性能。因此焊接采用钨极氩弧焊来进行焊接。焊接参数的选择不仅要考虑到焊缝金属氧化及形成气孔，还应考虑晶粒粗化因素，所以应尽量采用较小的焊接热输入。

3. 钛的焊接材料

钛及钛合金焊接时的填充金属应与母材的成分相似。为了改善接头的韧性和塑性，有时采用强度低于母材的填充材料，例如，用工业纯钛（TA2、TA3）作填充材料焊接 TA7 和厚度不大的 TC4。一般采用纯氩（体积分数不小于 99.99%）作保护气体，只有在深熔焊和仰焊位置焊接时才用氦气，前者为增加熔深，后者为改善保护。

4. 焊前准备

（1）焊件清理　钛及钛焊丝可采用机械清理及化学清理两种方法。

1）机械清理。机械清理对焊按质量要求不高或酸洗有困难的焊件，可用细砂纸或不锈钢丝刷擦拭，但最好是用硬质合金黄色刮削钛板，去除氧化膜。

2）化学清理。焊前可先对试件及焊丝进行酸洗，酸洗液可用 HF5% + $HNO_3$35%（体积分数）的水熔液。酸洗后用净水冲洗，烘干后立即施焊。或者用丙酮、乙醇、四氯化碳、甲醇等擦拭钛板坡口及其两侧（各 50mm 内）、焊丝表面、工夹具与钛板接触的部分。

（2）焊接设备的选择　钛及钛合金金钨极氩弧焊应选用具有下降外特性、高频引弧的直流氩弧焊电源，且延迟递气时间不少于 15s，避免焊遭受到氧化、污染。

（3）焊接材料的选择　氩气纯度应不低于 99.99%，露点在 -40℃以下，杂质总的质量分数 <0.001%。当氩气瓶中的压力降至 0.981MPa 时，应停止使用，以防止影响焊接接头质量。原则上应选择与母材成分相同的钛丝，有时为了握高焊缝金属的塑性，也可选用强度比母材稍低的焊丝。

（4）坡口形式的选择　原则上尽量减少焊接层数和焊接填充金属。随着焊接层数的增多，焊缝累计吸气量增加，以至影响焊接接头性能，又由于钛及钛合金焊接时焊接熔池尺寸较大，因此试件开单 V 形 70 ~ 80°坡口。

（5）试件组对及定位焊 为了减少焊接变形，焊前进行定位焊，一般定位焊间距为100 ~ 150mm，长度为 10 ~ 15 mm。定位焊所用的焊丝、焊接参数及气体保护条件应与焊接接头焊接时相同。间隙 0 ~ 2mm，钝边 0 ~ 1.0mm。

5. 焊后处理

钛在焊接完成后，需要进行焊接后消除应力处理。处理前，焊件表面必须进行彻底的清理，然后在惰性气氛中进行热处理。

二、镍及镍基合金的焊接工艺

1. 镍及镍基合金的焊接特点

镍的熔点高、热容量大、导热性差，因此在焊接时易形成较大的熔池，并且熔池温度高。这使得焊缝及热影响区金属在高温停留的时间比较长，晶粒长大倾向明显，使接头塑性和韧性降低，导致产生裂纹。长大的晶粒难以用热处理方法恢复，所以焊接时应严格控制焊接热输入。

2. 镍及镍基合金的焊接方法

固溶强化镍合金 TIG 焊具有良好的焊接性，采取较小的焊接热输入和稳定的电弧，可避免结晶裂纹，获得良好的接头。沉淀强化型镍合金采用 TIG 焊时，焊接性较差，须要求合金在固溶状态下进行焊接；接头设计和焊接顺序要合理，使焊件具有较小的拘束度；焊接时，采用较小的焊接电流，改善焊接熔池结晶状态，避免形成热裂纹。

镍合金 TIG 焊熔深较小，不足碳钢的一半，为奥氏体不锈钢的 2/3 左右，因此接头设计时，应加大坡口、减小钝边高度和适当加大根部间隙，在操作中应注意防止未焊透和根部缺陷。

焊前彻底清除焊接部位和焊丝表面上的氧化物、油污等，并保持清洁。定位焊在夹具上进行，以保证装配质量。为使焊接区快速冷却，常采用激冷块和垫板。垫板开有适宜尺寸的成形槽。成形槽一般为弧形，槽内有均匀分布的通入保护气体的小孔，以保证焊缝背面成形良好。焊缝两端可预装能拆除的引弧和引出板，其材料牌号和母材相同，以避免引弧和收弧缺陷。

焊接时采用高频引弧，焊接电流可控制递增和衰减。在保证焊透的条件下，应采用较小的焊接热输入。多层焊时，应控制层间温度。焊接时效强化及热裂敏感性大的镍合金时，应严格限制焊接热输入，保证电弧稳定燃烧，焊枪保持在接近垂直位置。弧长尽量短，不加焊丝时，弧长小于1.5mm；加焊丝时，弧长与焊丝直径相近。薄件焊接时，焊枪不作摆动。多层焊时，为使熔敷金属与母材和前焊道充分熔合，焊枪可作适当摆动。

镍合金薄板焊前不需预热，厚板因拘束度大，焊前可适当预热，焊后应及时进行消除应力处理，以防止裂纹。铸造镍合金焊接性差，一般不采用TIG焊。镍合金若需要与其他合金焊接时，除应防止焊缝产生热裂纹外，还应防止热影响区产生液化裂纹。焊接时应采用很小的焊接热输入，熔敷金属尽量少、熔深尽量浅，焊前预热，焊后应立即进行消除应力处理。

检查评议

检查评议表见表7-20。

表7-20 检查评议表

项目	考核要求	分值	扣分标准	检验结果	得分
焊缝余高	0～3mm	8	超差不得分		
焊缝余高差	≤2mm	8	超差不得分		
焊缝坡口两侧增宽	≤2.5mm	6	超差不得分		
焊缝宽度差	≤2mm	7	超差不得分		
焊缝边缘直线度	≤2mm	5	超差不得分		
焊后角变形	≤3°	8	超差不得分		
咬边	缺陷深度 ≤0.5mm	8	超差不得分		
未焊透	无	8	出现缺陷不得分		
错边量	≤1mm	5	超差不得分		
焊瘤	无	8	出现缺陷不得分		
气孔	无	8	出现缺陷不得分		
焊缝表面成形	波纹细腻、均匀，美观	21	根据成形酌情扣分		

考证要点

1. 镍及镍合金焊条的使用注意事项有哪些？
2. 钛及钛焊丝可采用哪两种清理方法？

任务10 低碳钢与低合金钢的焊接

任务描述

低碳钢与低合金钢广泛应用在机械加工，船舶制造，锅炉压力容器，化工等领域，学习本任务主要是掌握低碳钢与低合金钢的焊接工艺及其焊接操作能力。

任务分析

本任务重点是低碳钢与低合金钢在焊接时的操作特点，注意事项，以及合理地运用低碳钢与低合金钢的焊接工艺。

相关知识

一、低碳钢与低合金钢的焊接性

低碳钢一般塑性较好，没有淬硬倾向，对焊件加热和冷却不敏感，焊缝区和热影响区不容易产生冷裂纹，一般不需要采用预热，可采用交、直流电源，全位置焊接，工艺简单。低碳钢由于含碳量低，锰、硅含量也少，所以通常情况下不会因焊接而产生严重的硬化组织或淬火组织。焊接时，一般不需采取特殊的工艺措施，焊接性优良。但在少数情况下，低碳钢焊接也会出现困难。

低合金钢是在碳钢的基础上，加入少量或微量的合金元素，使碳钢的组织发生变化，从而获得较高的屈服强度和较好的冲击韧度。随着钢中合金元素的增加，低合金钢的强度等级逐步提高，碳当量随之增加，因此钢的淬硬性增加，焊接性变差。

二、低碳钢与低合金钢的焊接特点

1. 低碳钢的焊接特点

低碳钢的含碳量较低，且除 Mn、Si、S、P 等常见元素外，很少有其他合金元素，因而焊接性较好，焊接时有以下特点：

1）可装配成各种不同的接头适应各种不同位置的施焊且焊接工艺和技术较简单容易掌握。

2）焊前一般不需要预热。

3）塑性较好，焊接接头产生裂纹的倾向小，适于制造各种大型结构件和受压容器。

4）不需要使用特殊和复杂的设备，对焊接电源没有特殊的要求，交直流弧焊机都可以焊接，对焊接材料也无特殊要求，酸性碱性都可以。

5）低碳钢焊接时，如果焊条工艺或焊接参数选择不当，也可能出现热影响区晶粒长大或产生时效硬化，焊接温度越高，热影响区在高温停留时间越长，晶粒长大越严重。

2. 低合金钢的焊接特点

（1）热影响区的淬硬倾向　焊后冷却过程中，易在热影响区中出现低塑性的脆硬组织，这种组织在焊缝扩散氢量较高和接头拘束较大时易产生氢致裂纹。

（2）冷裂纹敏感性　低合金钢焊接时出现的裂纹主要是冷裂纹。因此，焊接时对于防止冷裂纹问题必须予以足够的重视。钢的强度级别越高，淬硬倾向越大，冷裂纹敏感性也越大。

（3）再热裂纹倾向　当焊接厚壁压力容器等结构件时，焊后需进行消除应力热处理，对于含铬、钼、钒、钛、铌等合金元素的钢材，在热处理过程中，易在热影响区的粗晶区产生晶间裂纹。

（4）层状撕裂　大型厚板结构件，特别是 T 形接头角焊缝处，由于母材轧制时产生的层状偏析、各向异性等缺陷，在热影响区或在远离焊缝的母材中产生与钢板表面成梯形平行的裂纹，叫层状撕裂。焊接大厚度钢板角焊缝时，应注意在选材和工艺上防止层状撕裂。

（5）液化裂纹　液化裂纹是一种热裂纹，某些低钢焊接时，可能有液化裂纹倾向，主要是由于母材杂质含量偏高，能在晶间形成低熔点的复合夹杂物。由于焊接时的高温使近缝区晶间液化，加之随后冷却所出现的焊接应力的作用而引起沿晶开裂。

任务准备

1. 焊接材料

（1）焊条　酸性焊条的型号是 E4303（牌号 J422），碱性焊条的型号是 E5016（牌号 J506），焊条直径采用 ϕ3.2mm、ϕ4.0mm。

（2）焊件　焊件材质为 Q345（16Mn）钢，焊件尺寸为 100mm × 300mm × 10mm，2 件。

2. 焊接设备

选用焊机 ZX7—400 型逆变式焊机。

3. 焊接参数（见表 7-21）

表 7-21　焊接参数的选择

焊接层次	运条方法	焊条直径/mm	焊接电流/A
打底层	灭弧焊法	3.2	90～120
填充层	直线形或锯齿形运条法	3.2	100～130
		4.0	160～180
盖面层	锯齿形或月牙形运条法	3.2	90～115
		4.0	150～170

任务实施

一、低合金钢的焊接工艺

1. 焊接方法的选择

低合金钢可采用焊条电弧焊，熔化极气体保护焊，埋弧焊，钨极氩弧焊，气焊，电渣焊等所有常用的熔焊及压焊方法焊接，具体选用何种焊接方法取决于所焊产品的结构，板厚及生产条件等。其中焊条电弧焊、埋弧焊、实心焊丝及药芯焊丝气体保护电弧焊是常用的焊接方法。对于氢致裂纹敏感性较强的低合金高强度钢的焊接，无论采用那种焊接工艺，都应采取低氢的工艺措施。厚度大于 100mm 低合金高强度钢结构的环形和长直线焊缝，常常采用单丝或双丝间隙埋弧焊。当采用高热输入的焊接工艺方法，如电渣焊、气焊及多丝埋弧焊焊接低合金高强度钢时，在使用前应对焊缝金属和热影响区的韧性能够满足使用要求。

2. 焊接材料的选择

低合金高强度钢焊接材料的选择首先应保证焊缝金属的强度、塑性、韧性达到产品的技术要求，同时还应该考虑抗裂性及焊接生产效率等。由于低合金高强度氢致裂纹敏感性较强，因此，选择焊接材料时应优先采用低氢焊条和碱度适中的埋弧焊焊剂。焊条，焊剂使用前应按制造厂或工艺规程规定进行烘干。为了保证焊接接头具有与母材相当的冲击韧度，正火钢焊接材料优先选用高韧性焊材，配以正确的焊接工艺以保证焊缝金属和热影响区具有优良的冲击韧度。

3. 焊接热输入的控制

焊接热输入的变化将改变焊接冷却速度，从而影响焊缝金属及热影响区的组织组成，并最终影响焊接接头的力学性能及抗裂性。焊接操作上尽量不用横向摆动和挑弧焊接，推荐采用多层窄焊道焊接。热输入对焊接热影响区的抗裂性及韧性也有显著的影响。低合金高强度钢焊缝热影响区组织的脆化或软化都与焊接冷却速度有关。各种低合金钢焊接时应根据其自身的焊接性特点，结合具体的结构形式及板厚，选择合适的焊接热输入。与正火或正火加回火钢及控轧控冷钢相比，热轧钢可以适应较大的焊接热输入。含碳量较低的热轧钢以及含碳量偏下限的Q345（16Mn）钢焊接时，焊接热输入没有严格的限制。因为这些钢焊接热影响区的脆化及冷裂纹倾向较小。但是，当焊接含碳量偏上限的Q345（16Mn）钢时，为降低淬硬倾向，防止冷裂纹的产生，焊接热输入应偏大一些。

4. 预热及焊道间温度

预热可以控制焊接冷却速度，减少或避免热影响区中淬硬马氏体组织的产生，降低热影响区硬度，同时预热还可以降低焊接应力，并有助于氢从焊接接头的逸出。因此，预热是防止低合金钢焊接氢致裂纹产生的有效措施。但预热常常会恶化劳动条件，使生产工艺复杂化，不合理的、过高的预热和焊道间温度还会损害焊接接头的性能。因此，焊前是否需要预热及合理的预热温度，都需要认真考虑并通过试验来确定。预热温度的确定取决于钢材的成分、板厚、焊件结构形状和拘束度、环境温度以及所采用的焊接材料的成分等。

5. 焊接后热及焊后热处理

（1）焊接后热及消氢处理　焊接后热是指焊接结束或焊完一条焊缝后，将焊件或焊接区立即加热到150～250℃范围内，并保温一段时间；而消氢处理则是在300～400℃加热温度范围内保温一段时间。两种处理的目的都是加速焊接接头中氢的扩散逸出，消氢处理比后热效果更好。焊后及时后热及消氢处理是防止焊接冷裂纹的有效措施之一，特别是对于氢致裂纹敏感性较强的14MnMoV、18MnMoNb等厚钢板焊接接头，采用这一工艺不仅可以降低预热温度，减轻焊工劳动强度，而且还可以采用较低的焊接热输入使焊接接头获得良好的综合力学性能。对于厚度超过100mm的厚壁压力容器及其他重要的产品构件，焊接过程中，应至少进行2～3次中间消氢处理，以防止因厚板多道多层焊氢的积聚而导致的氢致裂纹。

（2）焊后热处理　热轧及正火钢一般焊后不进行热处理。电渣焊的焊缝及热影响区的晶粒粗大，焊后必须进行正火处理以细化晶粒。某些焊成的部件在热校和热整形后也需要正火处理温度应控制在钢材Ac_3点以上30～50℃，过高的正火温度会导致晶粒长大，保温时间按1～2min/mm计算。厚壁受压部件经正火处理后产生较高的内应力，正火后应作回火处理。

（3）消除应力处理　厚壁高压容器，要求抗应力腐蚀的容器，以及要求尺寸稳定性的焊接结构，焊后需要进行消除应力处理。此外，对于冷裂纹倾向大的高强钢，也要焊后及时进行消除应力处理。消除应力处理是最常用的松弛焊接残余应力的方法，该方法是将焊件均匀加热到Ac_1点以下某一温度，保温一段时间后，随炉冷到300～400℃，最后焊件在炉外空冷。合理的消除应力处理工艺可以起到消除内应力并改善接头的组织与性能的目的。对于某些含V、Nb的低合金钢热影响区和焊缝金属。

二、低碳钢与低合金钢的焊接操作方法

现以焊条电弧焊焊接低碳钢和低合金钢平板对接单面焊双面成形为例，低碳钢可以不需要预热而低合金钢需要预热。低碳钢和低合金钢运用焊条电弧焊焊接时具有工艺灵活，适应性强的特点，适用于各种厚度，各种结构开关及位置。

1. 打底焊

1）在定位焊处引弧电弧稍作停顿预热 1～2s，焊出熔孔听到噗的一声后，运用连弧焊法采用横向锯齿形或月牙形摆动，匀速前进，且焊接过程中时刻都有熔孔出现。焊条角度与前进方向成 70°～80°，焊条的投影与焊缝基本重合。

2）当熔孔变大时减小焊条前进方向的角度反之熔孔缩小时则压低电弧，同时增大焊条前进方向的角度。

3）焊条即将用完时进行收弧，收弧时将焊条下压使熔孔变大慢慢的向前带弧使其形成坡口，为下一根焊条接头打基础。

4）接头时在收弧熔池后约 10mm 处引弧引燃后慢慢向前拉弧待电弧达到收弧熔池前端时电弧下压形成熔孔然后依次施焊。

5）打底焊时电弧必须是短弧。

2. 填充焊

1）填充焊时在距离端部约 10mm 处引弧，然后将电弧拉回开头施焊。

2）运条时采用横向锯齿形或月牙形摆动，在坡口两侧稍加停顿，焊条角度与前进方向成 75°～85°，焊条的投影与焊缝重合。

3）焊接时采用短弧。

4）填充层距离焊件表面约为 2mm。

3. 盖面焊

1）盖面焊时在距离端部约 10mm 处引弧，然后将电弧拉回开头施焊。

2）运条时采用横向锯齿形或月牙形摆动，在坡口两侧稍作停顿，焊条角度与前进方向成 75°～85°，焊条的投影与焊缝重合。

3）接头时应在弧坑前 10mm 处引弧向回拉弧将弧坑添满后进行施焊。

4. 焊接结束后进行热处理及消氢处理等

检查评议

检查评议表见表 7-22。

表 7-22　检查评议表

项目	考核要求	分值	扣分标准	检验结果	得分
焊缝余高	0～3mm	8	超差不得分		
焊缝余高差	≤2mm	8	超差不得分		
焊缝坡口两侧增宽	≤2.5mm	6	超差不得分		
焊缝宽度差	≤2mm	7	超差不得分		
焊缝边缘直线度	≤2mm	5	超差不得分		
焊后角变形	≤3°	8	超差不得分		
咬边	缺陷深度≤0.5mm	8	超差不得分		

（续）

项目	考核要求	分值	扣分标准	检验结果	得分
未焊透	无	8	出现缺陷不得分		
错边量	≤1mm	5	超差不得分		
焊瘤	无	8	出现缺陷不得分		
气孔	无	8	出现缺陷不得分		
焊缝表面成形	波纹细腻、均匀，美观	21	根据成形情况酌情扣分		

问题防治

问题防治见表 7-23。

表 7-23 低合金钢焊接时常见缺陷及防治措施

焊接方法	缺陷及防治措施			
	未熔合	未焊透	裂纹	气孔
焊条电弧焊	1. 选用适当焊接电流 2. 改用适当焊接速度 3. 增加摆动幅度	1. 选用较具渗透力的焊条 2. 选用适当焊接电流 3. 改用适当焊接速度 4. 增加开槽度数，增加间隙，并减少根深	1. 选用低氢性焊条 2. 选用适宜焊条，并注意干燥 3. 改良结构设计，注意焊接顺序 4. 避免使用不良钢材 5. 预热母材，焊后缓冷 6. 选用适当焊接电流	1. 选用适当的焊条并注意烘干 2. 焊接前清洁被焊部分 3. 降低焊接速度，使内部气体容易逸出 4. 调整适当电弧长 5. 施行适当的预热工作
CO_2 气体保护焊	1. 增加焊接电流和速度 2. 降低电弧长度 3. 增加摆动幅度	1. 增加焊接电流和速度 2. 降低电弧长度 3. 增加开槽度数。增加间隙减少根深	1. 注意适当开槽角度与电流的配合，必要时要加大开槽角度 2. 采用含碳量低的焊丝 3. 改良结构设计，注意焊接顺序，焊后进行热处理 4. 注意焊丝保存 5. 注意焊件组合之精度 6. 注意正确的焊接电流及焊接速度	1. 焊接前注意清洁被焊部位 2. 选用适当的焊丝并注意保持干燥 3. 点焊焊道不得有缺陷，同时要清洁干净，且使用焊丝尺寸要适当 4. 减小焊丝伸出长度，调整适当气体流量 5. 加装挡风设备 6. 降低速度使内部气体逸出 7. 注意清除喷嘴处焊渣，并涂以飞溅附着防止剂，以延长喷嘴寿命
埋弧焊	1. 提高焊接电流 2. 降低焊接速度 3. 增加电弧电压	1. 提高焊接电流 2. 提高焊接速度 3. 降低电弧电压 4. 采用开槽角度大一点	1. 使用含锰量较高的焊丝，在母材含碳量多时，要有预热之措施 2. 焊接电流及电压需增加，焊接速度降低，母材需加热措施 3. 更换焊丝 4. 将焊接电流及焊接速度减低，改变极性	1. 焊缝需研磨或以火焰烧除，再以钢丝刷清除 2. 焊剂干燥，注意焊剂的储存及焊接部位附近地区的清洁，以免杂物混入 3. 降低焊接速度 4. 换用清洁焊丝 5. 将直流正接改为直流反接

考证要点

简述低碳钢的焊接特点。

参 考 文 献

[1] 中国机械工程学会焊接学会. 焊接手册：第1卷　焊接方法与设备［M］. 3版. 北京：机械工业出版社，2008.

[2] 陈裕川. 焊工手册［M］. 北京：机械工业出版社，2006.

[3] 张应力. 新编焊工实用手册［M］. 北京：金盾出版社，2004.

[4] 吴敢生. 埋弧自动焊［M］. 沈阳：辽宁科学技术出版社，2007.

[5] 王长忠. 高级焊工技能训练［M］. 北京：中国劳动社会保障出版社，2006.

[6] 周荣华. 新编气焊与电焊实用技术［M］. 长沙：湖南科学技术出版社，2010.

[7] 《焊接工艺与操作技巧丛书》编委会. 气焊、气割工艺与操作技巧［M］. 沈阳：辽宁科学技术出版社，2010.

[8] 《焊接工艺与操作技巧丛书》编委会. 埋弧焊工艺与操作技巧［M］. 沈阳：辽宁科学技术出版社，2010.

[9] 冯明河. 焊工技能训练［M］. 北京：中国劳动社会保障出版社，2009.

[10] 机械工业职业技能鉴定指导中心. 电焊工技能鉴定考核试题库［M］. 北京：机械工业出版社，1999.

[11] 刘云龙. 焊工（中级）［M］. 2版. 北京：机械工业出版社，2013.

[12] 石学军. 埋弧焊和气体保护焊［M］. 北京：中国劳动社会保障出版社，2009.

[13] 朱庄安. 焊工实用手册［M］. 北京：中国劳动社会保障出版社，2002.

[14] 杨兵兵，杨新华. 焊条电弧焊实作［M］. 北京：机械工业出版社，2011.

[15] 李文聪. 焊条电弧焊技术［M］. 北京：中国劳动社会保障出版社，2011.